“十三五”职业教育国家规划教材
“十二五”职业教育国家规划教材

（第三版）

工程测量

主　编　赵雪云　李　峰
编　写　张要明　刘　娟　胡海斌　白　玉
主　审　周建郑　葛永慧

中国电力出版社
CHINA ELECTRIC POWER PRESS

内 容 提 要

本书为“十三五”职业教育国家规划教材。本书主要介绍了工程测量的基本知识、技能和方法。全书共11个单元，内容包括绪论、水准测量、角度测量、距离测量与直线定向、测量误差的基本知识、小地区控制测量、大比例尺地形图的测绘与应用、施工测量的基本知识、建筑施工测量、线路测量与桥梁施工测量、建筑物变形监测等，每章末附有思考题与习题。全书配有工程测量课堂实训指导书、工程测量综合实训指导书及施工测量模拟实训指导书。

本书可作为建筑类相关专业的教材或参考用书，还可作为工程技术人员的自学参考书。

图书在版编目（CIP）数据

工程测量/赵雪云，李峰主编．—3版．—北京：中国电力出版社，2019.10（2021.7重印）

“十二五”职业教育国家规划教材

ISBN 978-7-5198-3914-7

Ⅰ.①工… Ⅱ.①赵…②李… Ⅲ.①工程测量—高等职业教育—教材 Ⅳ.①TB22

中国版本图书馆CIP数据核字（2019）第237072号

出版发行：中国电力出版社
地　　址：北京市东城区北京站西街19号（邮政编码100005）
网　　址：http://www.cepp.sgcc.com.cn
责任编辑：孙　静（010-63412542）
责任校对：黄　蓓
装帧设计：赵姗姗
责任印制：吴　迪

印　　刷：北京雁林吉兆印刷有限公司
版　　次：2007年8月第一版　2019年10月第三版
印　　次：2021年7月北京第十六次印刷
开　　本：787毫米×1092毫米　16开本
印　　张：20.75
字　　数：482千字
定　　价：59.00元

前 言

本书根据住房和城乡建设部高职高专教育土建类专业教学指导委员会制定的土建类专业教学基本要求、专业实训及实训基地建设导则，以及工程测量核心教学内容与训练项目的教学要求编写、修订。主要是为了满足高等职业教育土建类专业的教学需要，也能适应其他相关专业教学及岗位培训等的需要。

工程测量是土建类专业的一门重要的专业技术课。本书作为其配套教材，重点介绍了建筑工程测量的基本知识，工程测量常规仪器设备的构造和使用方法，专项技能训练，小地区大比例尺地形图测绘，施工测量及变形观测等内容。书末附有工程测量课堂实训指导书、工程测量综合实训指导书及施工测量模拟实训指导书，三本指导书独立成册，供学生测量实训使用。

本书主要特色：突出技能训练与技术应用，突出以能力为本位的思想；注重紧密结合工程测量实际，应用国家现行新技术、新规范、新标准，侧重工程施工阶段的测量工作，坚持为土建类专业高等职业教育服务；内容深入浅出，文字通俗易懂，知识面较宽，适应面较广，能满足工程领域高等职业教育相关各专业教学的需要。

本书由浙江建设职业技术学院赵雪云教授统稿并担任主编，浙江建设职业技术学院李峰教授任第二主编，由黄河水利职业技术学院周建郑教授、太原理工大学葛永慧教授主审。本书编写分工如下：单元一、单元四、单元六、单元七、工程测量综合实训指导书由赵雪云编写，单元二、单元三、单元八、工程测量课堂实训指导书由李峰编写，单元十一、附录一、附录二、施工测量模拟实训指导书由山西建筑职业技术学院胡海斌编写，单元九由山西四建集团有限公司张要明编写，单元十由太原学院刘娟编写，单元五由山西建筑职业技术学院白玉编写。

在本书编写过程中，得到了有关方面的大力支持和帮助，在此一并表示感谢。

由于水平、时间有限，书中定有不少欠妥之处，恳请广大读者批评指正。

本书有配套电子资源，读者可扫码获取。

编 者

2019 年 8 月

目 录

单元一 绪 论

任务一　测量学概述及工程测量的任务

一、测量学概述

测量学是研究地球的形状、大小以及确定地面点位关系的学科。其主要任务是为工程建设和科学研究服务。

对工程建设而言，其基本任务包括测定和测设两个方面。

1. 测定

测定是指使用测量仪器和工具，按照测量的有关原理和方法，将地球表面的地物和地貌绘制成地形图，为经济建设、国防建设和科学研究等服务。

地物是指地面上人工建（构）筑物或自然形成的所有物体，如海洋、河流、湖泊、道路、房屋、桥梁等；地貌是指地面高低起伏的自然形态，如山地、丘陵、平原、河谷、洼地等。

2. 测设

测设是指使用测量仪器和工具，按照测量的有关原理和方法，将图纸上规划设计好的建（构）筑物的平面位置和高程，在实地标定出来，作为施工的依据。

在科学研究方面，例如研究地壳的升降、海岸线的变迁、地震预报以及地极周期性运动等，都要用到测绘资料。

根据研究对象、应用范围和测量手段等的不同，测量学又可分为大地测量学、普通测量学、摄影测量学、工程测量学等学科，简述如下：

大地测量学是以地球表面上一个较大的区域，甚至整个地球为研究对象，研究在地球表面广大区域内建立国家大地控制网，测定地球的形状、大小和研究地球重力场的理论、技术和方法的学科，为测量学的其他分支学科提供最基础的测量数据和资料。

普通测量学是研究地球表面局部区域（忽略地球曲率的影响，把该小区域内的投影球面直接作为平面看待）内测绘工作的基本理论、技术和方法的学科，主要是指用地面作业方法，将地球表面局部区域的地物和地貌绘制成地形图和一般工程的施工测量。

摄影测量学是研究如何利用摄影相片来测定地物的形状、大小、位置并获取其他信息的学科，是目前我国测绘国家基本地形图的主要方法，多用于测绘城市基本地形图和大规模地形复杂地区的地形图。

工程测量学是研究各种工程建设中测量方法和理论的一门学科。主要研究在各种工程、工业和城市建设以及资源开发各个阶段进行地形和有关信息的采集、处理、施工放样、变形监测、分析和预报的理论和技术，以及与研究对象有关的信息管理和使用，为工程建设提供测绘保障。

二、工程测量的任务

工程测量是指各种建（构）筑物、道路、桥梁等工程在勘测、设计、施工和运营管理各阶段所进行的各项测量工作，其主要任务包括：

1. 测绘大比例尺地形图

把工程建设区域内的各种地面物体的位置、形状以及地面的起伏形态，依据规定的符号和比例尺绘制成地形图，为工程建设的规划设计提供必要的图纸和资料。

2. 施工测量

把图纸上已设计好的各种工程的平面位置和高程，按设计要求在地面上标定出来，作为施工的依据，并配合施工，进行各种施工标志的测设工作，确保施工质量；施测竣工图，为工程验收、日后扩建和维修提供资料。

3. 变形观测

对于一些重要的工程，在施工和运营期间，为了确保安全，还需要进行变形观测。

总之，测量工作贯穿于工程建设的整个过程，这就要求从事工程建设的人员，都应掌握必要的测量知识与技能。为了让读者更有针对性地进行学习，本书附录二给出了《工程测量员》国家职业标准（6-01-02-04）。

任务二 地面点位的确定

一、测量工作的实质

地球表面上的点称为地面点。测量工作的实质就是确定地面点的位置，因为地球表面上的地物和地貌的形状可以认为是由点、线、面构成的，其中点是最基本的单元。所以，地面点位的确定是测量工作中最基本的问题。由于地球表面高低起伏不平，因此，地面点为三维空间的点，其位置须由三个量来确定，这三个量就是地面点在大地水准面上（一般是在参考椭球面上）的投影位置（两个量）和该点到大地水准面的铅垂距离。

二、测量的基准面和基准线

地球是一个南北极稍扁、赤道稍长、平均半径约为6371km的不规则椭球体。测量工作是在地球表面上进行的，而地球的自然表面有高山、丘陵、平原、盆地、湖泊和海洋等高低起伏不平的形态。如果将地球表面上的物体投影到这个复杂的曲面上，计算起来非常困难，为了解决投影计算问题，引入以下测量的基准面和基准线。

1. 水准面

地球上自由静止的水面称为水准面。

2. 大地水准面

地球表面呈现高低起伏形态，测量学设想静止的平均海水面延伸穿过陆地与岛屿，形成一个封闭的椭球体曲面，称为大地水准面。大地水准面是唯一的。

其实，大地水准面也是一个复杂的不规则曲面，实际工作中，通常是以参考椭球面作为投影计算的基准面。

3. 水平面

与水准面相切的平面称为水平面。

4. 铅垂线

地球表面物体的重力方向线，称为铅垂线。

三、确定地面点位的方法

在高低起伏的地球自然表面上，地面点的位置通常以坐标和高程来表示。

（一）地面点的坐标

地面点的平面位置可以用大地坐标或平面直角坐标表示。平面直角坐标又有高斯平面直角坐标和独立平面直角坐标两种。

1. 大地坐标

地面点在参考椭球面上投影位置的坐标，可用大地坐标系统的经度和纬度来表示。如图 1-1 所示，O 为地球参考椭球面的中心，N、S 为北极和南极，NS 为旋转轴，通过旋转轴的平面称为子午面，它与参考椭球面的交线称为子午线，其中通过英国格林尼治天文台的子午线称为首子午线。通过 O 点并且垂直于 NS 轴的平面称为赤道面，它与参考椭球面的交线称为赤道。

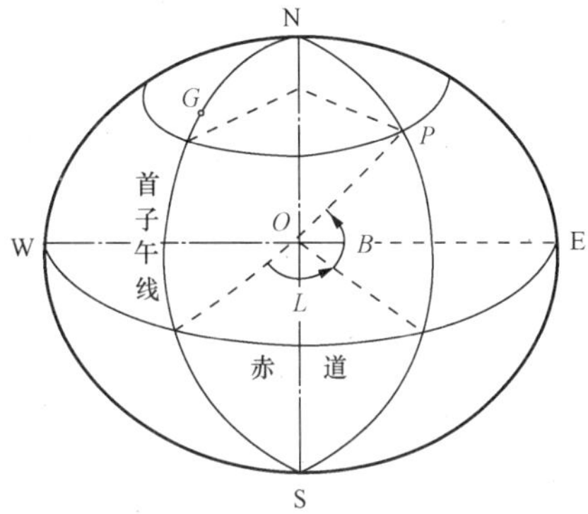

图 1-1　大地坐标

地面点 P 的经度，是指过该点的子午面与首子午线之间的夹角，用 L 表示，经度从首子午线起算，往东自 0°～180°称为东经，往西自 0°～180°称为西经。地面点 P 的纬度，是指过该点的法线与赤道面之间的夹角，用 B 表示，经度从赤道面起算，往北自 0°～90°称为北纬，往南自 0°～90°称为南纬。我国位于地球上的东北半球，因此所有点的经度和纬度均为东经和北纬，例如北京某点的大地坐标为东经 113°46′，北纬 23°08′。

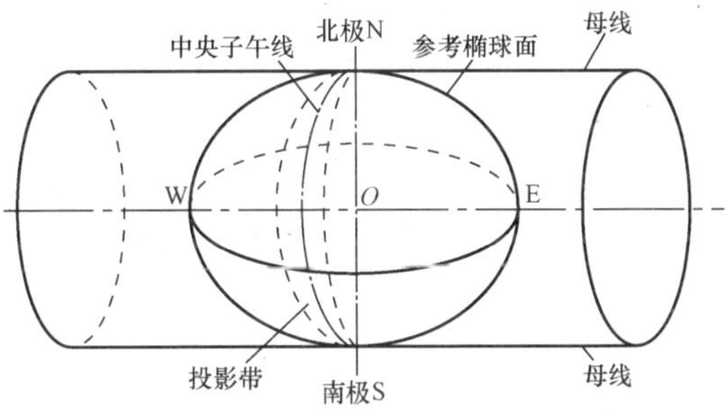

图 1-2　高斯平面直角坐标的投影

2. 高斯平面直角坐标

大地坐标是球面坐标，对测量计算和绘图来说，不便于直接进行各种计算。采用高斯平面直角坐标系，可将球面上的图形用平面表示出来，使测量计算和绘图变得容易。

高斯投影的方法是将地球划分为若干带，然后将每带投影到平面上。投影带是从起始子午线开始，每隔经度 6°划分为一带，如图 1-2 所示，自西向东将整个地球划分为 60 个带，带号从起始子午线开始，用阿拉伯数字 1，2，3，…，60 表示，东经 0°～6°为第 1 带，6°～12°为第 2 带，依此类推，直到 60°带。位于各带中央的子午线称为该带的中央子午线，第 1 带的中央子午线的经度为 3°，第 2 带的中央子午线的经度为 9°，任意带的中央子午线的经度为 L_0，它与投影带号 N 的关系为

$$L_0 = 6N - 3 \tag{1-1}$$

式中　N——6°带的带号。

反之，若已知地面某点的大地经度为 L，可按下式计算该点所属的 6°带的带号，即

$$N = \mathrm{Int}\left(\frac{L+3}{6} + 0.5\right) \tag{1-2}$$

式中　Int——取整函数。

高斯投影是设想用一个平面卷成一个空心椭圆柱横着套在地球参考椭球体的外面，使空心椭圆柱的中心轴线位于赤道面内并通过球心，使地球参考椭球体上某一中央子午线与椭圆

柱面相切。在圆形保持等角的条件下，将整个带投影到椭圆柱面上。然后将此椭圆柱沿着南北极的母线剪切并展开抚平，并在该平面上定义平面直角椭圆柱坐标。

在由高斯投影而成的平面上，中央子午线和赤道均为直线，两者相互垂直。以中央子午线为坐标系纵轴 x，以赤道为坐标系横轴 y，其交点为 O，便构成此带的高斯平面直角坐标系，如图 1-3（a）所示。在这个投影面上 P，Q 点的位置，都可用直角坐标 x，y 确定。此坐标与地理坐标的经纬度 L、B 是对应的，它们之间有严密的数学关系，可以互相换算。

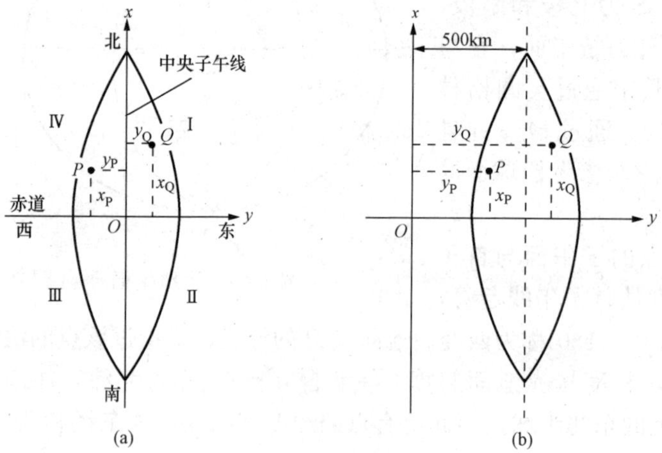

图 1-3 高斯平面直角坐标系

中国位于北半球，x 坐标均为正值，而 y 坐标则有正有负，图 1-3（a）中是 P 点位于中央子午线以西，其 y 坐标值为负值。对于 6°带的高斯平面直角坐标系，最大的 y 坐标负值为 −365km。为避免 y 坐标出现负值，规定将 x 轴向西平移 500km，如图 1-3（b）所示。此外，为表明某点位于哪一个 6°带的高斯平面直角坐标系，又规定 y 坐标值前加上带号。例如某点坐标为 $x=3263245$m，$y=21534357$m，表示该点位于第 21 个 6°带上，距赤道 3263245m，距中央子午线 34357m（去掉带号后的 y 坐标减 500000m，结果为正，表示该点在中央子午线东侧；若结果为负，表示该点在中央子午线西侧）。

在投影精度要求较高时，可以把投影带划分得再小一些，例如采用 3°分带（甚至于 1.5°分带），共分为 120 带，第 n 带的中央子午线经度 L_0' 为

$$L_0' = 3n \tag{1-3}$$

式中 n——3°带的带号。

反之，若已知地面某点的大地经度为 L，可按下式计算该点所属的 3°带的带号

$$n = \mathrm{Int}\left(\frac{L}{3} + 0.5\right) \tag{1-4}$$

3. 平面直角坐标

在小地区的工程测量中，可将这个小区域（一般半径不大于 10km 的范围内）的水准面近似看作水平面，并在该面上建立独立平面直角坐标系，用平面直角坐标来表示地面点的平面位置。

如图 1-4 所示，测量上选用的独立平面直角坐标系，规定南北方向为纵坐标轴，记作 x 轴，x 轴向北为正，向南为负；以东西方向为横坐标轴，记作 y 轴，规定向东为正，向西为负。纵、横坐标轴的交点为坐标系的原点，记作 O 点。由于测量坐标系 x 轴、y 轴的位置正好与数学坐标系相反，为了使数学中的计算公式能够在测量上直接应

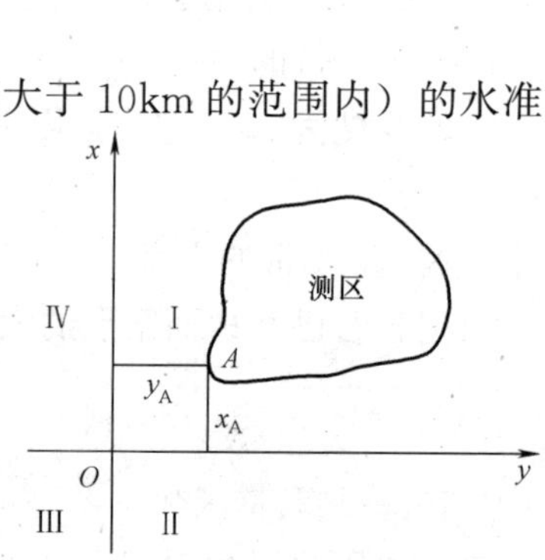

图 1-4 平面直角坐标系

用，测量坐标系的象限编号顺序也与数学坐标系相反，即从北东方向开始，按顺时针方向编号。为了避免坐标值出现负值，坐标原点 O 一般选在测区的西南角。

（二）地面点的高程

1. 绝对高程

地面点到大地水准面的铅垂距离，称为该点的绝对高程，用 H 表示。如图 1-5 所示，H_A、H_B 分别为地面点 A、B 的绝对高程。

目前我国采用的是“1985 国家高程基准”，是以 1952 年至 1979 年青岛验潮站观测资料确定的黄海平均海水面，作为绝对高程基准面，并在青岛建立了国家水准原点，其高程为 72.260m。

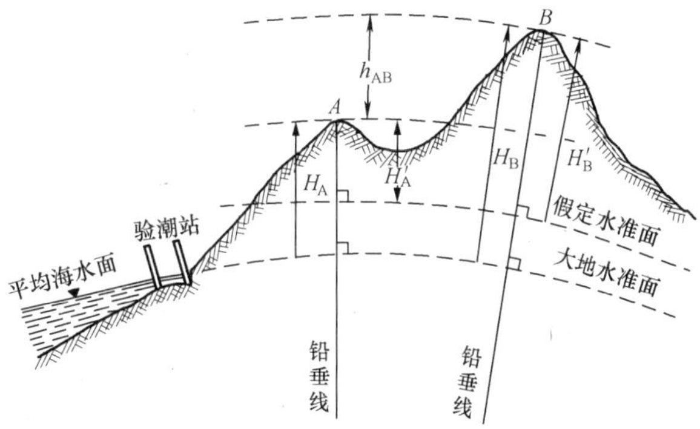

图 1-5　高程和高差

2. 相对高程

当采用绝对高程有困难或不方便时，可以假定一个水准面作为高程基准面。地面点到假定水准面的铅垂距离，称为该点的相对高程，用 H' 表示。如图 1-5 所示，H'_A、H'_B 分别为地面点 A、B 的相对高程。

3. 高差

两个地面点之间的高程之差，称为高差，用 h 表示，如图 1-5 中，A、B 两点之间的高差为

$$h_{AB} = H_B - H_A = H'_B - H'_A \tag{1-5}$$

可见，高差的大小与起算面无关，但有正负之分。

综上所述，只要知道地面点的三个量，即 x、y、H，就可以确定地面点的空间位置。

四、用水平面代替水准面的限度

上面已经提到在小测区进行测量时可把地球面的投影面看作平面，用平面直角坐标表示地面点在投影面上的位置。以下讨论用水平面代替水准面可以容许的范围。

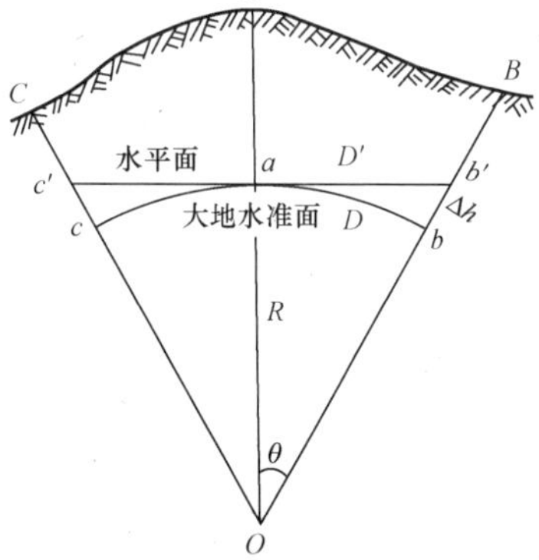

图 1-6　地球曲率对水平距离的影响

1. 地球曲率对水平距离的影响

如图 1-6 所示，A、B、C 为地面点，它们在大地水准面上的投影为 a、b、c，切于该区域 a 点的水平面上的投影是 a、b'、c'。A、B 两点在大地水准面上的距离为 D，在水平面上的距离为 D'，两者之差 ΔD 就是用水平面代替水准面后对距离的影响。由图 1-6 可得

$$\Delta D = D' - D = R\tan\theta - R\theta = R(\tan\theta - \theta) \tag{1-6}$$

根据三角函数的级数公式：$\tan\theta = \theta + \frac{1}{3}\theta^3 + \frac{2}{15}\theta^5 + \cdots$。因 θ 角很小，只取其前两项，代入式（1-6）得

$$\Delta D = R\left(\theta + \frac{1}{3}\theta^3 - \theta\right) = \frac{1}{3}R\theta^3$$

以 $\theta=\frac{D}{R}$ 代入上式，得

$$\Delta D = \frac{D^3}{3R^2} \tag{1-7}$$

或

$$\frac{\Delta D}{D} = \frac{D^2}{3R^2} \tag{1-8}$$

以地球半径 $R=6371$km 及不同的距离 D 代入式（1-8），可得到表 1-1 所列的结果。

表 1-1　地球曲率对水平距离的影响

D（km）	ΔD（cm）	$\Delta D/D$
10	0.82	1∶1200000
20	6.57	1∶304000
50	103	1∶48500

由以上数据可知，当水平距离为 10km 时，以水平面代替水准面所产生的误差为距离的 1∶1200000。目前最精密的距离丈量，其容许相对误差为 1∶1000000。因此，可以得出结论：在半径为 10km 的区域内，地球曲率对水平距离的影响可以忽略不计。

2. 对水平角的影响

从球面三角学可知，球面上三角形内角之和比平面上相应的三角形内角之和多出一个球面角超 ε，如图 1-7 所示。其值可根据多边形面积求得，即

$$\varepsilon = \frac{P}{R^2}\rho \tag{1-9}$$

式中　ε——球面角超，（″）；

P——球面多边形面积；

ρ——206265″；

R——地球半径。

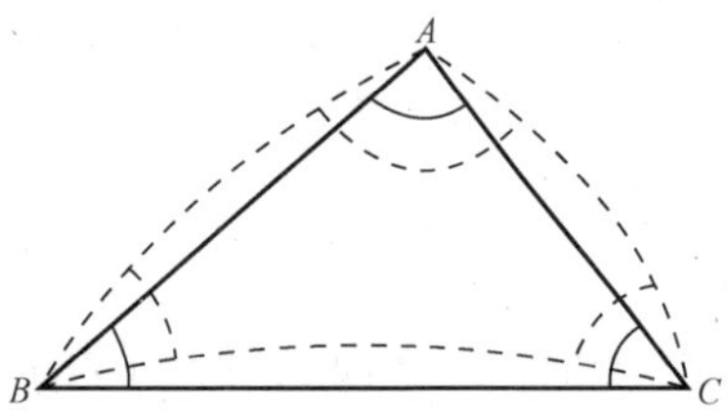

图 1-7　球面角超

表 1-2 为水平面代替水准面对水平角的影响。以球面上不同的面积代入式（1-9），求出球面角超，列入表 1-2 中。

计算结果表明，当测区范围在 100km² 时，水平面代替水准面对水平角的影响仅为 0.51″，在普通测量工作中可以忽略不计。

表 1-2　水平面代替水准面对水平角的影响

球面面积（km²）	ε（″）	球面面积（km²）	ε（″）
10	0.05	100	0.51
50	0.25	500	2.54

3. 对高程的影响

如图 1-6 所示，地面点 B 的高程为 H_B，用水平面代替水准面后，B 点的高程为 H'_B，其差值 Δh 即为用水平面代替水准面对高程的影响。由图可得

$$(R+\Delta h) = R^2 + D'^2$$

$$2R \cdot \Delta h + (\Delta h)^2 = D'^2$$

则
$$\Delta h = \frac{D'^2}{2R+\Delta h}$$

前面已经证明了 D 与 D' 相差很小，可以用 D 代替 D'，同时 Δh 与 R 比较，Δh 很小可以忽略不计。因此，上式可改写为

$$\Delta h = \frac{D^2}{2R} \tag{1-10}$$

以地球半径 R=6371km 及不同的距离 D 代入式（1-10），可得到表 1-3 所列的结果。

表 1-3 地球曲率对高程的影响

D/km	0.1	0.2	0.5	1	2	3	4	5
Δh/cm	0.08	0.31	2.0	7.8	31	71	126	196

由表 1-3 可以看出，地球曲率对高程的影响很大，因此，在高程测量中即使距离很短时，也要考虑地球曲率对高程的影响。

任务三 测 量 工 作 概 述

一、测量的基本工作

如前所述，地面点的空间位置是以地面点在投影平面上的坐标（x、y）和高程（H）决定的。但是在实际测量工作中，x、y、H 的值不能直接测定，而是通过观测未知点与已知点之间的表示相互位置关系的基本要素，利用已知点的坐标和高程，用公式推算未知点的坐标和高程。

如图 1-8 所示，A、B 为地面上两已知点，其坐标（x_A、y_A）、（x_B、y_B）和高程 H_A、H_B 均为已知，欲确定 1 点的位置，即 1 点的坐标（x_1、y_1）和高程 H_1，若观测了 B 点和 1 点之间的水平距离 D_{B1}、高差 h_{B1} 和未知方向与已知方向之间的水平角 β_1，则可利用公式推算出 1 点的坐标（x_1、y_1）和高程 H_1。

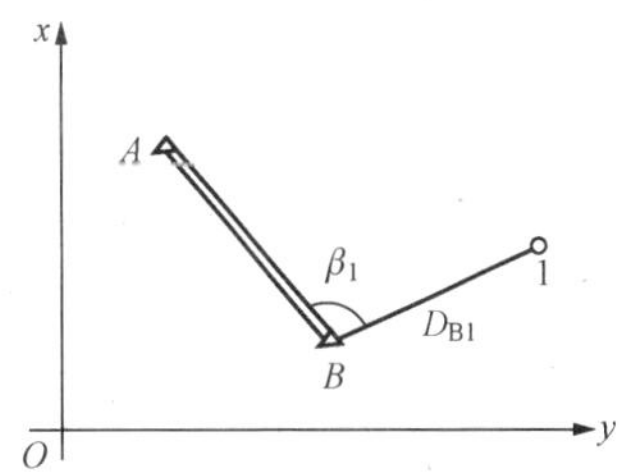

图 1-8 测量基本工作示意图

由此可见，确定地面点位的三个基本要素是水平角、水平距离和高差。所以，测量的三项基本工作是水平角测量、水平距离测量和高差测量。

二、测量工作的基本原则

1. “从整体到局部，先控制后碎部”的原则

无论是测绘地形图还是施工放样，在测量过程中，为了减少误差的累积，保证测区内所测点的必要精度，首先应在测区内选择若干对整体具有控制作用的点，组成控制网，采用高精度的测量仪器和精密的测量方法，确定控制点的位置，然后以控制点为测站进行碎部测量。这样，不仅可以很好地限制误差的积累，而且可以通过控制测量将测区划分为若干个小区，同时展开几个工作面施测碎部，加快测量进度。

2. “边工作边检核”的原则

测量工作有内业和外业之分。为了确定地面点的位置，利用测量仪器和工具在现场进行

测角、量距和测高差等测量工作，称为外业工作。将外业观测数据、资料在室内进行整理、计算和绘图等工作，称为内业工作。测量成果的质量取决于外业，但外业又要通过内业才能得出成果。为了防止出现错误，不论外业或内业，都必须坚持“边工作边检核”的原则，这样才能保证测量成果的质量和较高的工作效率。

三、测量工作的基本要求

1. 严肃认真的工作态度

测量工作是一项严谨细致的工作，可谓“失之毫厘，差之千里”，施工测量的精度，会直接影响到施工的质量，施工测量的错误，将会直接给施工带来不可弥补的损失，甚至导致重大质量事故。因此，测量人员必须在测量工作中严肃认真、小心谨慎，坚持“边工作边检核”的原则。

2. 保持测量成果的真实、客观和原始性

测量工作的科学性，要求在测量工作中必须实事求是，尊重客观事实，严格遵守测量规则与规范，而不得似是而非、随心所欲，更要杜绝弄虚作假、伪造成果之举。同时，为了随时检查与使用测量成果，应长期保存测量原始记录与成果。

3. 爱护测量仪器和工具

测量仪器精密贵重，是测量人员的必备武器，任何仪器的损坏、丢失，不但造成较大的经济损失，而且会直接影响到工程建设的质量和进度，因此，爱护测量仪器和工具是每个测量人员应有的品德，也是每个公民的神圣职责。要求对测量仪器和工具轻拿轻放、规范操作、妥善保管；操作仪器要手轻心细，各制动螺旋不可拧得太紧；仪器一经架设，不得离人。

4. 培养团队精神

测量工作是一项实践性很强的集体性工作，任何个人很难单独完成。因此，在测量工作中必须发扬团队精神，各成员之间互学互助，默契配合。

5. 测量工作中关于记录的基本要求

记录后要回读复核；记录手簿不允许使用橡皮，改正数据时将原数据用删除线标记（应仍能辨清原数据），将改正后数据记在原数据上面，以便将来检查复核，并做必要的备注说明；观测成果不能连环涂改；记录数据（包括观测、计算数据）要注意取位适当，必须满足精度要求。

四、测量实训的组织

每次测量实训，将学生分为若干小组，为保证实训效果，原则上每个小组 5 人，最多不得超过 6 人。每组设组长一人，负责本组实训的领导组织工作，负责领借和归还仪器等，要求组长认真负责，有一定的领导组织才能和威信。原则上每 5 个小组配备一名指导教师，最多不得超过 8 个小组，在学生实训期间，指导教师必须到位，认真履行实训指导职责。

思考题与习题

1. 测定和测设有何不同？
2. 简述建筑工程测量的任务。
3. 名词解释：水准面　水平面　大地水准面　高程　绝对高程　相对高程

4. 高程有无负值，建筑图纸上地下室的地坪标高为－3.200m是什么意思？这是绝对标高还是相对标高？

5. 测量学上的平面直角坐标系与数学坐标系有何不同？

6. 地面上某点，测得其相对高程为639.528m，若后来又测出假定水准面的绝对高程为88.452m，试求该点的绝对高程，并画简图说明之。

7. 测量工作的原则是什么？简述其实际意义。

8. 测量的三项基本工作是什么？

9. 已知A点的高程为720.284m，B点到A点的高差为－20.112m时，求B点的高程是多少？

单元二 水 准 测 量

测定地面点高程的工作称为高程测量，高程测量是测量的三项基本工作之一。按照使用的仪器和施测的方法不同，可分为几何水准测量（简称水准测量）、三角高程测量（间接高程测量）、GPS高程测量和气压高程测量（物理高程测量）等方法。其中水准测量能满足不同的精度要求，是测定地面点高程的主要方法，它广泛应用于国家高程控制测量和工程测量中。本章主要介绍水准测量的原理、水准测量仪器构造与使用、水准测量方法和成果处理及微倾水准仪的检验与校正。

任务一 水 准 测 量 原 理

一、水准测量原理

水准测量是利用水准仪提供一条水平视线，借助于竖立在地面点上的水准尺，直接测定地面上两点之间的高差，然后根据其中一点的已知高程，推算出未知点的高程。

如图 2-1 所示，已知 A 点高程 H_A，欲测定 B 点的高程 H_B。在 A、B 两点之间安置水准仪，并在 A、B 两点上各立一根水准尺，根据水准仪提供的水平视线在 A 点水准尺上的读数 a，在 B 点水准尺上的读数 b。设水准测量前进方向由 A 点向 B 点进行，如图 2-1 中的箭头所示，则称 A 点为后视点，B 点为前视点，a、b 分别为后、前视读数，A、B 点到仪器的水平距离分别为后、前视距离。可求得 B 点相对于 A 点的高差为

$$h_{AB} = a - b \tag{2-1}$$

$$H_B = H_A + h_{AB} \tag{2-2}$$

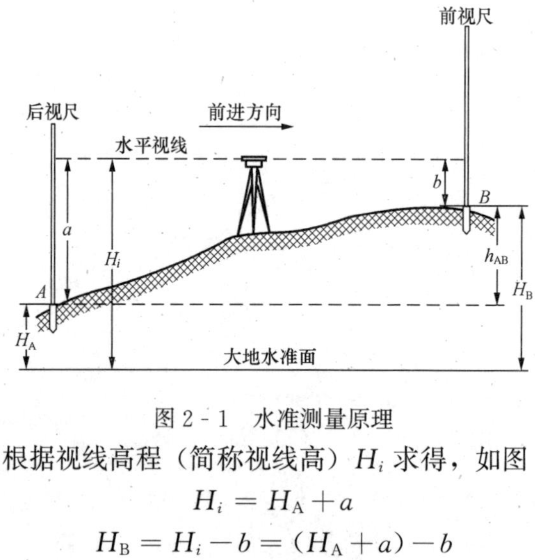

图 2-1 水准测量原理

B 点的高程也可以根据视线高程（简称视线高）H_i 求得，如图 2-1 所示，即

$$H_i = H_A + a \tag{2-3}$$

$$H_B = H_i - b = (H_A + a) - b \tag{2-4}$$

说明：

（1）h_{AB}表示 B 点相对于 A 的高差，当 h_{AB}为正时，表示 B 点高于 A 点，相反，表示 A 点高于 B 点。

（2）高差的计算有两种方法，其一是高差法，如式（2-1）、式（2-2）；其二是视线高法，如式（2-3）、式（2-4）；两种方法各有其优点。

二、转点、测站

图 2-1 表示安置一次仪器，称为一个测站，就能测出两点间的高差。当 A、B 相距较长或者高差较大时，就须在两点间临时选定若干立尺点，并依次连续地测出相邻点间的高差 h_1、h_2、h_3、…、h_n，才能测出 A、B 两点之间的高差（图 2-2）。

$$h_1 = a_1 - b_1$$

$$h_2 = a_2 - b_2$$

$$\vdots$$

$$h_n = a_n - b_n$$

$$h_{AB} = \sum h = (a_1 - b_1) + (a_2 - b_2) + \cdots + (a_n - b_n) = \sum a - \sum b \qquad (2-5)$$

$$H_B = H_A + \sum h \qquad (2-6)$$

在水准测量过程中临时选定的立尺点，其上既有前视读数，又有后视读数，这些点称为转点（通常用 TP 表示）。转点在水准测量过程中起转移仪器，传递高程的重要作用，应该选择在坚实稳固的地面上，以免水准尺下沉。

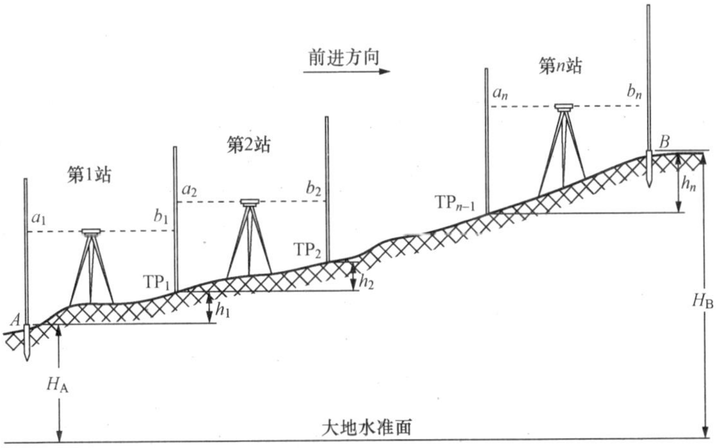

图 2-2　连续设置若干个测站的水准测量

任务二　水准测量的仪器和工具

水准测量所用的仪器为水准仪，工具有水准尺和尺垫。

一、DS_3 型微倾式水准仪的构造

水准仪的种类、型号很多，按其精度指标可划分为 DS_{05}、DS_1、DS_3 和 DS_{10} 四个等级，D 和 S 分别为“大地测量”和“水准仪”汉语拼音的第一个字母，数字 05、1、3、10 指用该类型水准仪进行水准测量时每公里往、返测高差中数的偶然中误差，分别不超过 ±0.5mm、±1mm、±3mm、±10mm。一般工程测量中，常用 DS_3 型微倾式水准仪，所以本章以 DS_3 型微倾式水准仪为例来介绍水准仪的构造。

水准仪由望远镜、水准器和基座三部分组成，如图 2-3 所示。

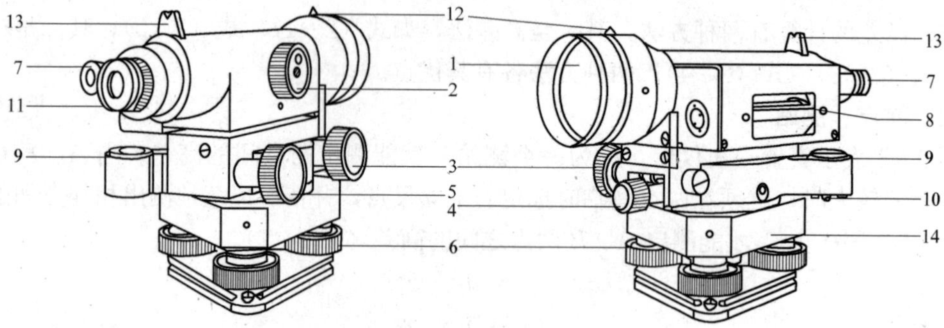

图 2-3　DS_3 型微倾式水准仪

1—物镜；2—物镜调焦螺旋；3—微动螺旋；4—制动螺旋；5—微倾螺旋；6—脚螺旋；7—水准管气泡观察窗；8—管水准器；9—圆水准器；10—圆水准器校正螺钉；11—目镜；12—准心；13—照门；14—基座

1. 望远镜

望远镜是用来瞄准目标、提供水平视线，并在水准尺上进行读数的装置。主要由物镜、物镜对光螺旋和对光透镜、十字丝分划板、目镜和目镜对光螺旋等部件构成，如图 2-4 所示。各部件的作用如下。

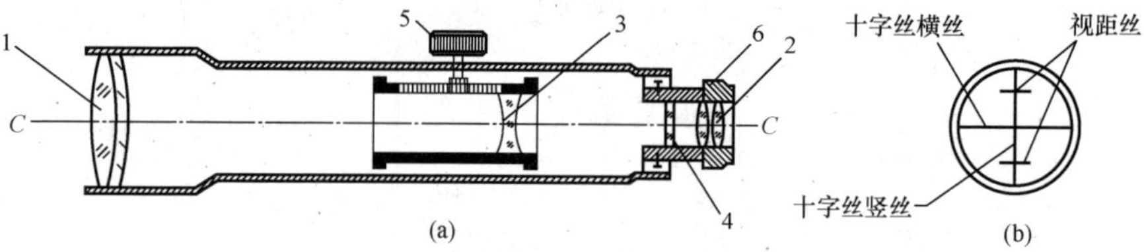

图 2-4　望远镜

1—物镜；2—目镜；3—对光透镜；4—十字丝分划板；5—物镜调焦螺旋；6—目镜调焦螺旋

（1）物镜　使瞄准的目标成像。

（2）物镜对光螺旋和对光透镜　转动物镜对光螺旋可使对光透镜前后移动，起到调焦作用，从而使目标清晰。

（3）十字丝分划板　用来瞄准目标并读取读数的装置。十字丝分划板是安装在目镜镜筒内的一块平板玻璃，上面刻有相互垂直的两条细丝，竖直的一条称为纵丝，中间水平的一条称为横丝（又称中丝），用它在水准尺上读数，在横丝的上、下刻有两条对称的短丝，称为视距丝，用于测量仪器到目标的距离。

（4）目镜和目镜对光螺旋　使十字丝分划板连同成像在其上的物像一起放大成虚像，转动目镜对光螺旋使十字丝清晰。

十字丝交点与物镜光心的连线，称为望远镜的视准轴 CC，即水准仪提供的水平视线轴。

2. 水准器

水准器是整平仪器的装置，有管水准器（水准管）和圆水准器两种。

（1）圆水准器　圆水准器用于粗略整平仪器。如图 2-5 所示，它是一个密封玻璃圆盒，里面装有液体并形成一个气泡，其顶面为球面，球面中央小圆圈中心为圆水准器零点，零点与球心的连线 $L'L'$ 称为圆水准器轴。圆水准器灵敏度较低，其分划值一般为 8′/2mm。

当气泡中心与零点重合时，表示气泡居中，圆水准器轴处于铅垂位置，此时若 $L'L' \parallel$ 竖轴 VV，则竖轴也处于铅垂位置。

(2) 水准管 水准管用于精确整平仪器。如图 2-6 所示，它是一个密封的玻璃管，里面装有酒精或乙醚液体，加热、封闭后冷却并形成一个长形气泡。由于气泡比液体轻，所以气泡总处在管内圆弧的最高位置。

水准管壁的两端各刻有间隔为 2mm 的分划线，分划线的对称中心称为水准管零点，过零点与圆弧相切的切线 LL 称为水准管轴。水准管灵敏度较高，其分划值一般为 20″/2mm。

为提高水准管气泡居中的精度，在水准管的上方，设有棱镜组，通过棱镜的反射，将气泡两端的影像，反映到目镜旁的气泡观察窗内。当气泡两端的半影像符合成一个圆弧时，表示气泡居中，如图 2-7 所示，称为符合水准装置。

3. 基座

基座的作用是支撑仪器的上部，并通过连接螺旋与三脚架相连，主要由脚螺旋、轴座、底板和三角压板组成。

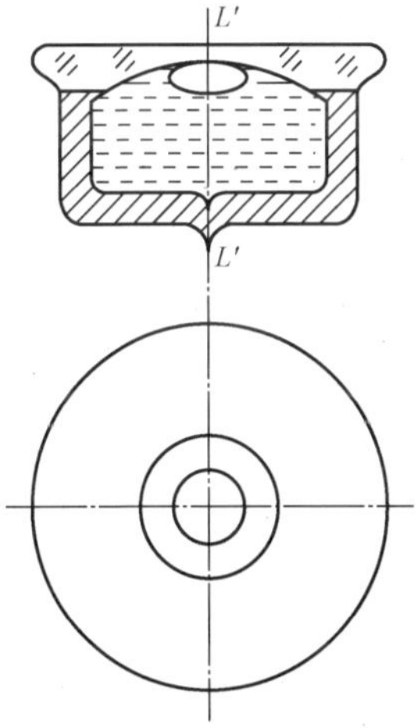

图 2-5 圆水准器

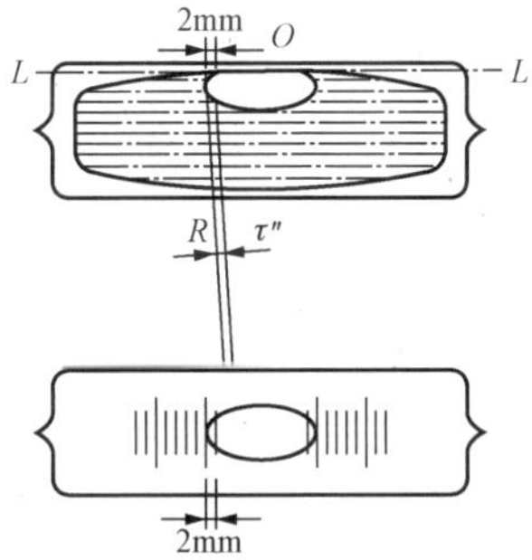

图 2-6 水准管

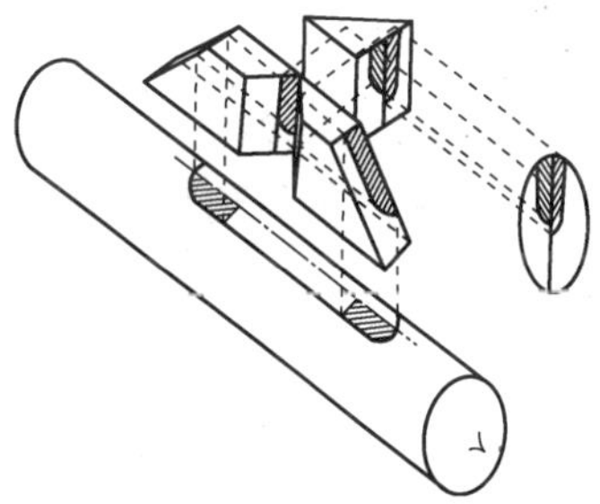

图 2-7 符合水准器

二、水准尺

水准尺用优质的木材或铝合金制成。常用的有双面水准尺和塔尺两种。

在等外水准测量中，主要用塔尺。塔尺全长 3m 或 5m，由两节或三节套接而成，如图 2-8 所示。尺的底部为零点，尺上黑白（或红白）格相间，每格宽度为 1cm 或 0.5cm，每分米处注有数字，数字有正字和倒字两种，分米上的红色或黑色圆点表示米数。双面水准尺，可用于三、四等水准测量。

三、尺垫

尺垫由铸铁铸成，如图 2-9 所示，其形状为三角形，中央有一个半圆球突起，下有三尖脚，使用时将三尖脚踩入地下，然后将水准尺立于半圆球突起的顶部，以防水准尺下沉和点位移动。

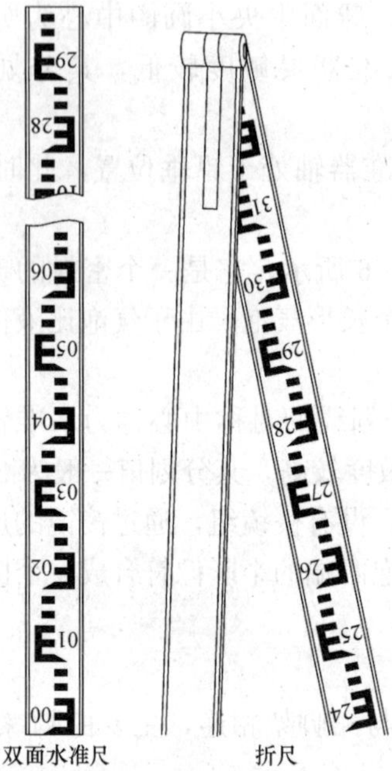

图 2 - 8　水准尺

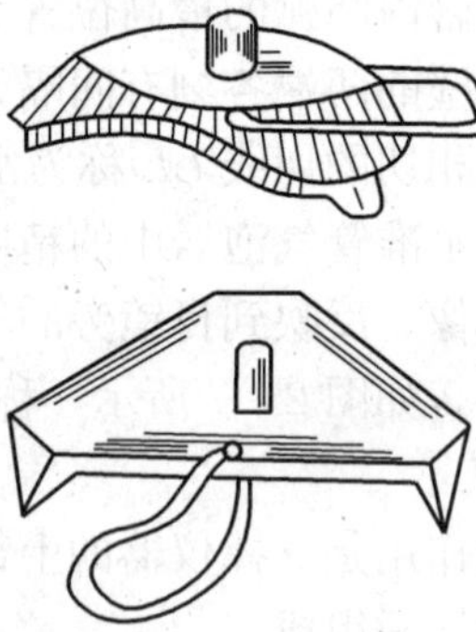

图 2 - 9　尺垫

任务三　水准仪的使用

水准仪的基本操作步骤为：安置仪器与粗平、调焦与照准、精平与读数。

一、安置仪器与粗平

首先，选好测站位置（尽量使前、后视距离相等），在测站上调节三脚架固定螺旋，使其高度适中，然后张开三脚架，撑稳，目估架头大致水平。

从仪器箱中取出水准仪，用连接螺旋将仪器固定在三脚架上。转动脚螺旋使圆水准器气泡居中，称为粗平。粗平的操作步骤如图 2 - 10 所示，先用两手按箭头所指的相对方向转动

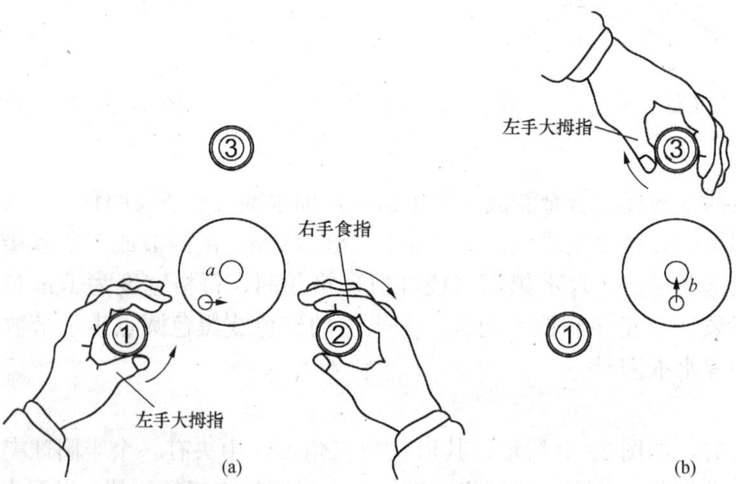

图 2 - 10　圆水准器整平

脚螺旋 1 和 2，使气泡沿 1、2 连线方向由 a 移至 b，再按箭头所指方向转动脚螺旋 3，使气泡由 b 移至圆水准器中心。

整平时，气泡移动方向始终与左手大拇指移动方向一致。

二、调焦与照准

（1）目镜调焦：把望远镜对向明亮的背景，转动目镜对光螺旋，使十字丝清晰。

（2）粗略照准：松开水平制动螺旋，旋转望远镜，使照门和准心的连线对准水准尺，旋紧制动螺旋。

（3）物镜调焦：转动物镜对光螺旋，使水准尺成像清晰。

（4）精确瞄准：转动水平微动螺旋，使十字丝纵丝照准水准尺的中央或边缘。

（5）消除视差：当尺像与十字丝分划板不重合时，眼睛靠近目镜上下微微移动，可看见十字丝横丝在水准尺上的读数随之变动，这种现象叫视差。消除视差的方法是仔细转动目镜对光螺旋与物镜对光螺旋，直至尺像与十字丝网平面重合。

三、精平与读数

转动微倾螺旋，使符合水准器两半边气泡影像严密吻合（注意：微倾螺旋旋转方向与左侧半边气泡影像的移动方向一致），然后立即用十字丝中丝在水准尺上读数。如图 2－11 所示，一般读四位数，估读至毫米。读完后再检查气泡是否居中，如不居中，应再次精平，重新读数。

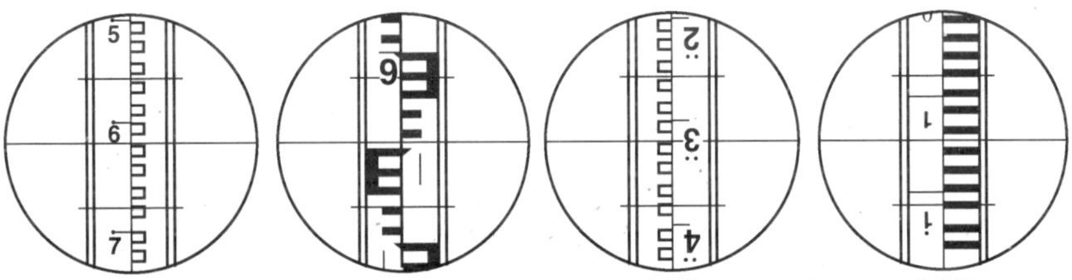

1.622 0.995 2.290 1.046

(a) (b) (c) (d)

图 2－11 瞄准水准尺读数

任务四 水 准 测 量 方 法

一、水准点和水准路线

1. 水准点

用水准测量方法建立的高程控制点称为水准点。水准点是水准测量中测高程的依据，一般用 BM 表示。

水准点有永久性水准点和临时性水准点两种。永久性水准点多用石料、金属或混凝土制成，顶面设置半球状的金属标志，其顶点表示水准点的高程和位置，如图 2－12（a）所示。水准点应埋设在不易损坏的坚实土质内。也可将水准点埋设于基础稳定的建筑物墙角适当高度处，称之为墙上水准点。在冻土带，水准点应深埋在冰冻线以下 0.5m，称之为地下水准点。水准点的高程可在当地测量主管部门索取，作为地形图测绘、工程建设和科学研究引测高程的依据。工地上布设的临时性水准点通常可将大木桩打入地下，桩顶钉一个半球状铁钉来标定，也可以利用稳固的地物，如坚硬的岩石、房角等，如图 2－12（b）所示。临时性水准点的绝对高程都是从国家等级水准点上引测的，若引测有困难，可采用相对高程。临时性水准点一般都为等外水准测量的水准点。

水准点埋好后，应编号并绘制点位略图，在图上要注明定位尺寸、水准点编号和高程，称为“点之记”。便于日后寻找和使用。

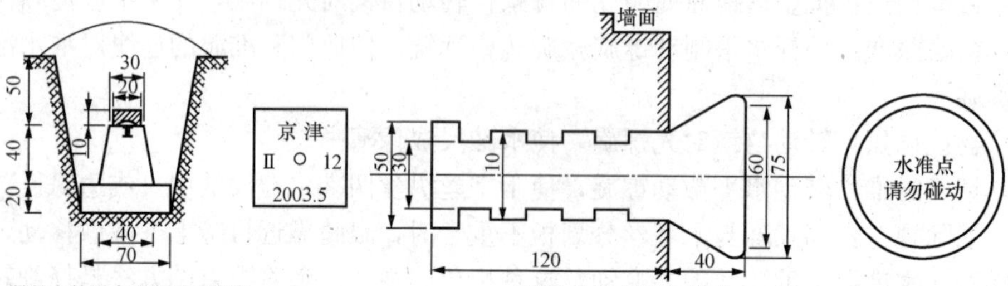

混凝土普通水准标石（单位：cm）
(a)

墙角水准标志埋设（单位：mm）
(b)

图 2-12 水准点标志

2. 水准路线

在水准测量中，为了避免观测、记录和计算中发生人为错误，并保证测量成果达到一定的精度要求，必须布设成某种形式的水准路线，利用一定的条件来检验所测成果的正确性。水准路线一般有以下三种形式：

（1）闭合水准路线　如图 2-13（a）所示，其布设方法是从一个已知水准点 BM_5 开始，沿各待测高程点 1、2、3 等点进行水准测量，最后又回到原水准点 BM_5，这种水准路线称为闭合水准路线。

其检核条件是闭合水准路线各测段的高差代数和理论上等于零，即 $\sum h_{理}=0$。

（2）附合水准路线　如图 2-13（b）所示，其布设方法是从一个已知水准点 BM_1 开始，沿各待测高程点 1、2、3 等点进行水准测量，最后附合到另一水准点 BM_2 上，这种水准路线称为附合水准路线。

其检核条件是附合水准路线各测段的高差代数和，理论上等于两个已知水准点 BM_1、BM_2 之间的高差，即 $\sum h_{理}=H_{BM2}-H_{BM1}$。

（3）支水准路线　如图 2-13（c）所示，其布设方法是从一个已知水准点 BM_8 开始，沿各待测高程点 1、2 等点进行水准测量，既不闭合到原出发点，也不附合到其他已知水准点，这种水准路线称为支水准路线。其检核条件是支水准路线往返测高差代数和理论上等于零，即 $\sum h_{往理}+\sum h_{返理}=0$。

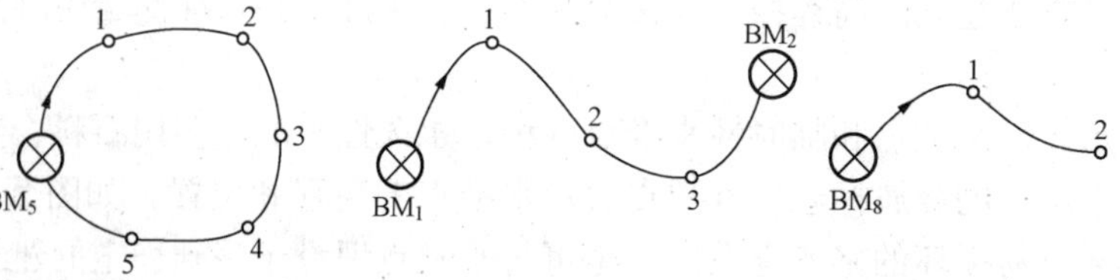

(a) (b) (c)

图 2-13 水准路线

二、水准测量的方法、记录和计算

水准点埋设完毕，即可按选定的水准路线进行水准测量。如图 2-14 所示，已知水准点

BM_A 点的高程为 100.000m，欲测定 B 点的高程。

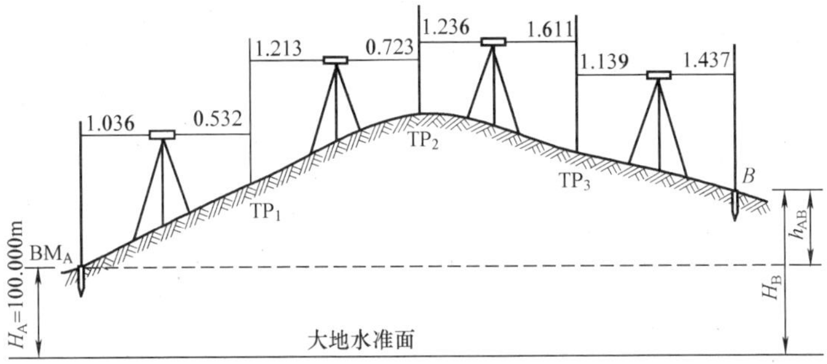

图 2-14 水准测量的实测

如果安置一次仪器不能测出两点间高差，必须设置多个测站。作业时，先在适当位置选择转点 TP_1，在水准点 BM_A 和转点 TP_1 上立尺，然后选择测站点安置仪器（水准仪至前、后视点的距离应尽量相等），施测第一测站。再选择转点 TP_2，在转点 TP_1 和 TP_2 上立尺，用同样的方法施测第二测站，依次类推，直至 B 点。具体步骤如下：

1. 观测与记录

第一测站：安置仪器与粗平后，首先调焦与照准后视尺，精平后读取后视读数 $a_1=1.036$m，记录员回读后记入水准测量手簿相应栏内（表 2-1）；然后松开制动螺旋，转动望远镜，调焦与照准前视尺，精平后读取前视读数 $b_1=0.532$m，记录员回读后记入手簿。

第一站测完后，TP_1 点上的水准尺不动，在 TP_2 点上立尺，用同样的方法观测、记录，依次测至 B 点。

表 2-1 **水 准 测 量 手 簿**

测站	点号	后视读数（m）	前视读数（m）	高差（m）		高程（m）
				+	−	
1	BM_A	1.036				100.000
1/2	TP_1	1.213	0.532	0.504		
2/3	TP_2	1.236	0.723	0.490		
3/4	TP_3	1.139	1.611		0.375	
4	B		1.437		0.298	100.321
Σ		4.624	4.303	0.994	0.673	
计算检核		$\Sigma a-\Sigma b=0.321$		$\Sigma h=0.321$		$h_{AB}=0.321$

2. 计算及计算检核

(1) 计算每一测站的高差

$$h_1=a_1-b_1=1.036-0.532=+0.504(\text{m})$$
$$h_2=a_2-b_2=1.213-0.723=+0.490(\text{m})$$

⋮

将计算出来的高差记入手簿相应栏内（表 2 - 1）。

（2）计算 B 点高程

$$h_{AB}=\sum h=(a_1-b_1)+(a_2-b_2)+\cdots+(a_n-b_n)=\sum a-\sum b=0.321(\mathrm{m})$$

则 B 点的高程为

$$H_B=H_A+\sum h=100.000+0.321=100.321(\mathrm{m})$$

（3）计算检核　为了保证计算数据正确，须进行计算检核。检核方法是：分别计算后视读数代数和减去前视读数代数和，各测站高差代数和，A、B 两点高程之差，这三个数字应相等，否则，计算有误。例如表中

$$\sum a-\sum b=\sum h=H_B-H_A=0.321(\mathrm{m})$$

说明计算正确。

3. 测站检核

对于每一测站，为了保证观测数据的正确性，需进行测站检核，测站检核的方法有双仪器高法和双面尺法。

（1）双仪器高法　双仪器高法是在同一个测站上用两次不同的仪器高度（改变仪器高度约 10cm），测得两次高差进行检核。两次所测高差之差对于等外水准测量来说，如果≤5mm，则认为符合要求，取其平均值作为最后结果，否则需重测。

（2）双面尺法　双面尺法是在同一测站上，分别用双面水准尺的黑面和红面两次测定高差进行检核。

任务五　水准测量成果计算

成果计算时，要首先检查水准测量手簿，检查手簿中各项数据是否齐全、正确，然后计算高差闭合差，若高差闭合差符合精度要求，则调整闭合差，最后求出各点的高程。在成果计算时注意"边计算边检核"。

一、水准测量精度要求

不同等级的水准测量，对高差闭合差的容许值有不同的规定。对于等外水准测量，高差闭合差的容许值 $f_{h容}$（单位为 mm）按下面的公式计算：

$$\text{平地}\qquad f_{h容}=\pm 40\sqrt{L}\tag{2-7}$$

$$\text{山地}\qquad f_{h容}=\pm 12\sqrt{n}\tag{2-8}$$

式中　L——水准路线长，km；

n——测站数。

原则上当 $\sum n/\sum L>15$ 站时，用山地公式。

二、附合水准路线成果计算

如图 2 - 15 所示，A、B 为两个已知水准点，1、2、3 点为待测点，其已知数据和观测数据见图 2 - 15。计算步骤如下：

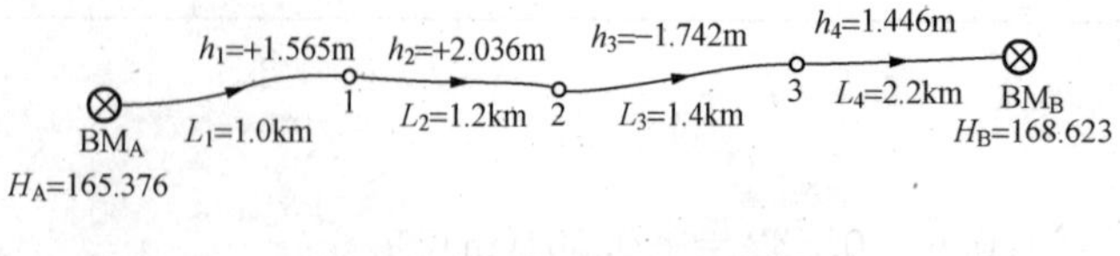

图 2 - 15　附合水准路线

（1）列表填写已知数据和观测数据，见表 2 - 2。

表 2-2 **附合水准路线成果计算表**

测段编号	点名	距离 (km)	实测高差 (m)	改正数 (mm)	改正后高差 (m)	高程 (m)	点名
1	2	3	4	5	6	7	8
	BM_A					165.376	BM_A
1		1.0	+1.565	−10	+1.555		
	1					166.931	1
2		1.2	+2.036	−12	+2.024		
	2					168.955	2
3		1.4	−1.742	−14	−1.756		
	3					167.199	3
4		2.2	+1.446	−22	+1.424		
	BM_B					168.623	BM_B
Σ		5.8	+3.305	−58	+3.247		
辅助计算	$f_h=\sum h_{测}-(H_B-H_A)=0.058\text{m}=58\text{mm}$ $f_{h容}=\pm 40\sqrt{L}=\pm 96(\text{mm})$ $\lvert f_h\rvert<\lvert f_{h容}\rvert$，精度符合要求 $\sum V=-58\text{mm}$ $H_B-H_A=+3.247\text{m}$						

（2）精度评定　如前所述，对于附合水准路线$\sum h_{理}=H_B-H_A$；实测各测段高差代数和$\sum h_{测}$与$\sum h_{理}$之差称为附合水准路线高差闭合差 f_h，即

$$f_h=\sum h_{测}-(H_B-H_A) \tag{2-9}$$

本例中，高差闭合差为

$$f_h=\sum h_{测}-(H_B-H_A)=3.305-(168.623-165.376)=0.058(\text{m})=58(\text{mm})$$

计算高差闭合差的容许值为

$$f_{h容}=\pm 40\sqrt{L}=\pm 40\sqrt{5.8}=+96(\text{mm})$$

因为$\lvert f_h\rvert<\lvert f_{h容}\rvert$，显然精度符合要求。

（3）调整高差闭合差　高差闭合差调整的原则和方法是按与测段距离或测站数成正比的原则，反号分配到实测高差中，即

$$V_i=-f_h\times L_i/\sum L \text{ 或 } V_i=-f_h\times n_i/\sum n \tag{2-10}$$

式中　V_i——第 i 段的高差改正数；

$\sum L$、$\sum n$——水准路线总长度与测站总数；

L_i、n_i——第 i 段的水准路线长与测站数。

本例中，各测段改正数为

$$V_1=-f_h\times L_i/\sum L=-58/5.8\times 1.0=-10(\text{mm})$$

$$V_2=-f_h\times L_i/\sum L=-58/5.8\times 1.2=-12(\text{mm})$$

⋮

计算检核：$\sum V=-f_h=-58\text{mm}$，计算无误。

（4）计算改正后高差为

$$h_{i改}=h_{i测}+V_i \tag{2-11}$$

本例中，各测段改正后的高差为

$$h_{1改}=h_{1测}+V_1=1.555\text{m}$$

$$h_{2改} = h_{2测} + V_2 = 2.024\text{m}$$

$$\vdots$$

计算检核$\sum h_{i改} = H_B - H_A = +3.247\text{mm}$，计算无误。

（5）计算各点高程　根据起点高程和各测段改正后的高差，依次推算各点高程，即

$$H_1 = H_A + h_{1改} = 166.931\text{m}$$

$$H_2 = H_1 + h_{2改} = 168.955\text{m}$$

$$\vdots$$

计算检核：$H_{B(推算)} = H_{B(已知)} = 168.623\text{m}$，计算无误。

三、闭合水准路线成果计算

闭合水准路线成果计算方法与步骤和附合水准路线成果计算基本相同，只有形式上的两点不同归纳如下：

（1）$f_h = \sum h_{测}$。

（2）计算检核。若$\sum h_{i改} = 0\text{mm}$，则计算无误；若$H_{A(推算)} = H_{A(已知)}$，则计算无误。

四、支线水准路线成果计算

举例说明：如图 2 - 16 所示，已知$H_A = 86.785\text{m}$，往返共测 16 站，求H_1。

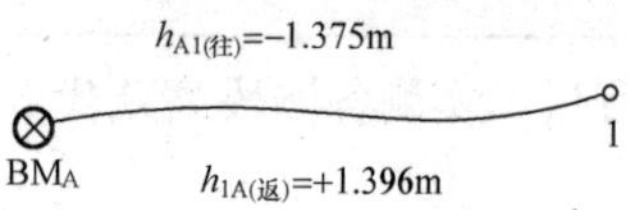

图 2 - 16　支线水准路线

计算过程如下：

（1）计算高差闭合差。

$$f_h = h_{往} + h_{返} = -1.375 + 1.396 = +0.021(\text{m})$$

（2）计算高差闭合差容许值，即

$$f_{h容} = \pm 12\sqrt{n} = \pm 12\sqrt{16} = \pm 48(\text{mm})$$

显然精度符合要求，可以平差。

（3）计算平均高差，即

$$h_{A1改} = (h_{A1} - h_{1A})/2 = (-1.375 - 1.396)/2 = -1.386(\text{m})$$

（4）计算未知点高程，即

$$H_1 = H_A + h_{A1改} = 85.399(\text{m})$$

任务六　微倾式水准仪的检验与校正

一、水准仪的主要轴线及其应满足的条件

1. 水准仪的四条主要轴线

望远镜视准轴CC、水准管轴LL、圆水准器轴$L'L'$和仪器竖轴VV，如图 2 - 17 所示。

2. 水准仪的主要轴线应满足的几何条件

（1）$CC /\!/ LL$。

（2）$L'L' /\!/ VV$。

（3）十字丝横丝$\perp VV$。

其中，$CC /\!/ LL$为主要条件，因为水准测量的关键在于水准仪能否提供一条水平视线，而水平视线就是根据这个条件来实现的。

上述几何条件在仪器出厂时均检验合格，但由于长期使用和运输中的振动等影响，各部分连接可能松动，使各轴线关系发生变化。因此，仪器使用前必须进行检验，必要时进行

校正。

二、水准仪的检验与校正

1. 圆水准器的检验与校正

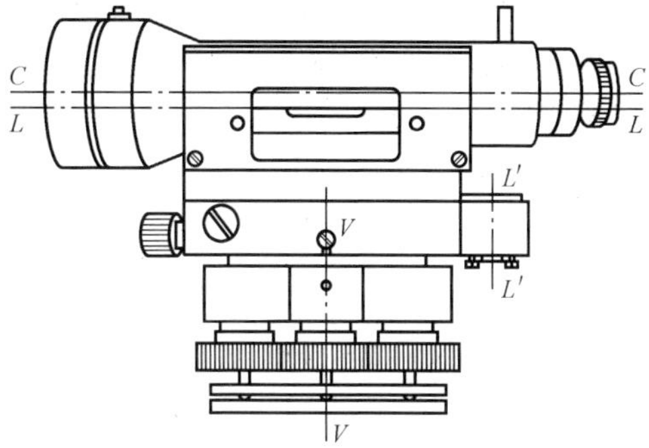

图 2-17 水准仪的主要轴线

（1）检验目的　使圆水准器轴平行于仪器竖轴。

（2）检验原理　假设竖轴与圆水准器轴不平行，那么当气泡居中时，圆水准器轴竖直，竖轴则偏离竖直位置 α 角，如图 2-18（a）所示。将仪器绕竖轴旋转 180°时，如图 2-18（b）所示，此时圆水准器轴从竖轴右侧移至左侧，与铅垂线夹角为 2α。圆水准器气泡偏离中心位置，气泡偏离的弧长所对的圆心角等于 2α。

（3）检验方法　转动脚螺旋使圆水准器气泡居中，然后将仪器绕竖轴旋转 180°，看气泡是否居中，若气泡仍居中，说明此项检验合格；若气泡不居中则需要校正。

（4）校正方法　转动脚螺旋使气泡回到偏离零点距离的一半，如图 2-18（c）所示，此时竖轴处于竖直位置，圆水准器轴仍偏离铅垂线方向一个 α 角。然后用校正针松开圆水准器底下的固定螺钉，拨动三个校正螺钉，使气泡居中，如图 2-18（d）所示，此时圆水准器轴亦处于铅垂线方向。

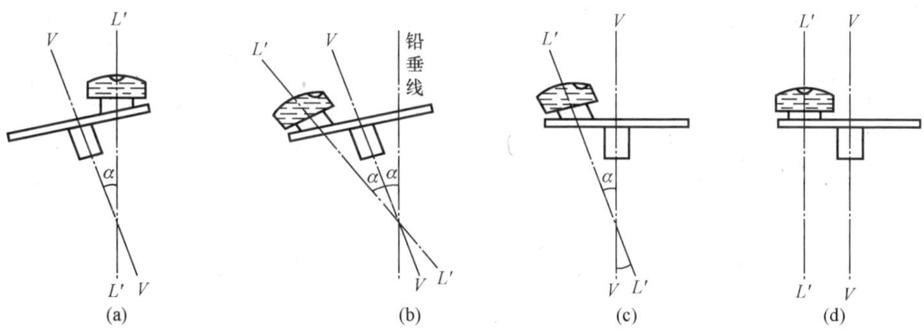

图 2-18 圆水准器的检验与校正

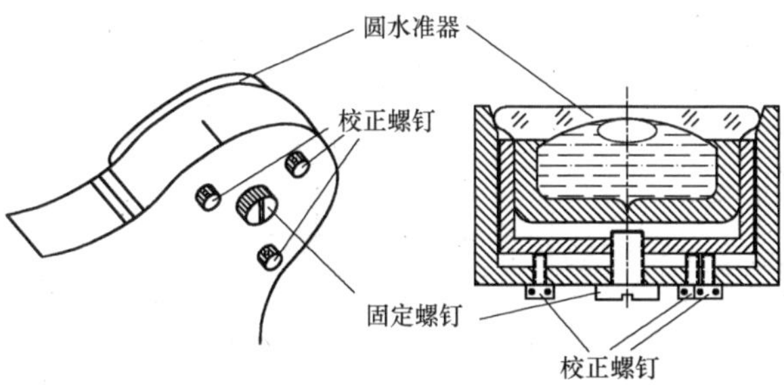

图 2-19 圆水准器装置

圆水准器装置如图 2-19 所示。此项校正需反复进行，直到仪器旋转至任何位置时，圆水准器气泡都居中为止，然后将固定螺钉拧紧。

2. 十字丝的检验与校正

（1）检验目的　使十字丝横丝垂直于仪器竖轴。

（2）检验原理　如果十字丝横丝垂直于仪器竖轴，当竖轴处于竖直位置时，十字丝横丝是不水平的，横丝的不同部位在水准尺上的读数也不相同。

（3）检验方法　仪器整平后，用十字丝交点对准远处目标，拧紧制动螺旋。转动微动螺旋，如果目标点始终在横丝上做相对移动，如图 2 - 20（a）、（b）所示，说明十字丝横丝垂直于仪器竖轴；如果目标偏离横丝，如图 2 - 20（c）、（d）所示，则说明十字丝横丝不垂直于仪器竖轴，应进行校正。

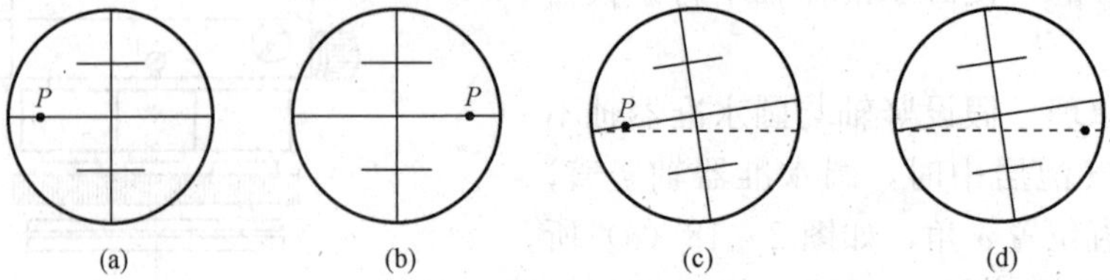

图 2 - 20　十字丝横丝的检验

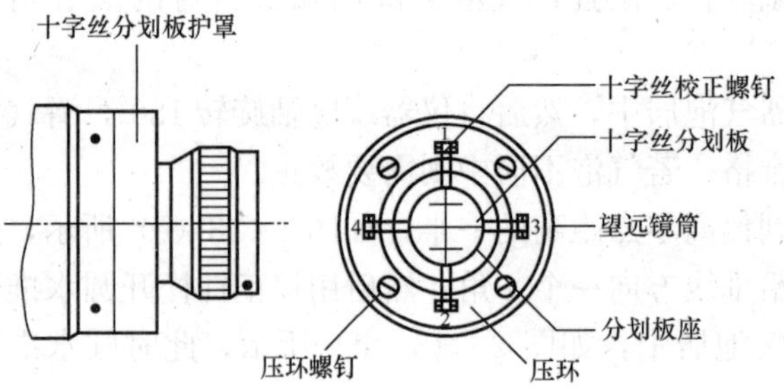

图 2 - 21　十字丝的校正装置

（4）校正方法　松开目镜座上的三个十字丝环固定螺钉，松开四个十字丝环压环螺钉，如图 2 - 21 所示，转动十字丝环，使横丝与目标点重合，再进行检验，直至目标点在横丝上做相对移动为止，再拧紧固定螺钉，盖好护罩。

3. 水准管的检验与校正

（1）检验目的　使水准管轴平行于视准轴。

（2）检验原理　若水准管轴不平行于视准轴，会出现一个交角 i，由于 i 角的影响产生的读数误差称为 i 角误差。在地面上选 A、B 两点，将仪器安置在 A、B 两点中间，测出正确高差 h，然后将仪器移至 A 点（或 B 点）附近，再测高差 h'，若 $h=h'$，则水准管轴平行于视准轴，若 $h\neq h'$，则两轴不平行。

（3）检验方法

1）如图 2 - 22 所示，在平坦地面上，选择相距 80～100m 的两点 A 和 B，将仪器严格置于 A、B 两点中间，采用两次测量（即双仪器高法）的方法，取平均值得出 A、B 两点的正确高差 h_{AB}（注意两次高差之差不得大于 3mm）。

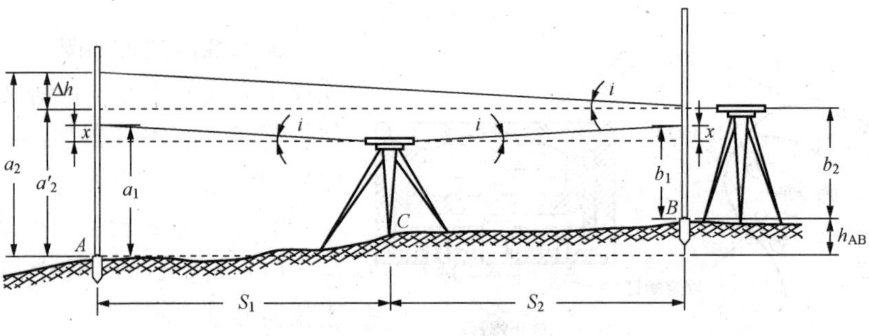

图 2 - 22　水准管轴的检验

2）将仪器搬至 B 点附近约 3m 处重新安置，读取 B 尺读数 b_2，计算 $a'_2=b_2+h_{AB}$，如 A 尺读数 a_2 与 a'_2 不符，则表明误差存在，其误差大小为

$i=(a_2-a_2')\times\rho''/D_{AB}$，$\rho''=206265''$，对于 DS_3 型水准仪，当 $i>20''$时，应校正。

（4）校正方法 首先转动微倾螺旋，使读数 a_2 变成 a'_2，如图 2 - 23 所示，然后用校正针拨动水准管的左右两个固定螺钉，然后拨动上下两个校正螺钉，一松一紧，升降水准管的一端，使水准管气泡居中，符合要求后，再拧紧校正螺钉即可。

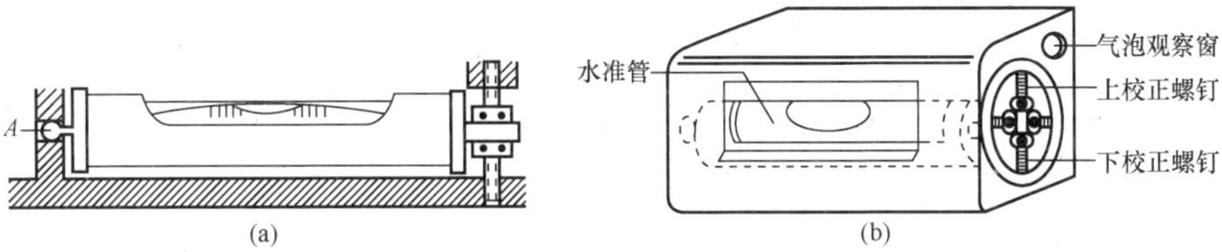

图 2 - 23 水准管轴的校正

任务七 三、四等水准测量

一、三、四等水准测量的技术要求

三、四等水准测量，除用于国家的高程控制加密外，还可直接用于地形测图和各种工程建设的高程控制。根据条件和用途，水准路线可布设成附合水准路线和闭合水准路线。三、四等水准测量的主要技术要求见表 2 - 3。

表 2 - 3 三、四等水准测量技术指标

等级	水准仪	水准尺	视线离地高度	视线长度（m）	前后视距差（m）	前后视距差累积值（m）	红黑面读数差（m）	红黑面高差之差（mm）	检测间歇高差之差（mm）	观测次数		往返较差、附合或环形闭合差	
										与已知点连测	附和或环形	平地（mm）	山地（mm）
三	DS_3	双面	三丝能读数	65	3.0	6.0	2	3	3	往返各一次	往返各一次	$\pm12\sqrt{L}$	$\pm4\sqrt{n}$
四	DS_3	双面		80	5.0	10.0	3	5	5	往返各一次	往一次	$\pm20\sqrt{L}$	$\pm6\sqrt{n}$

注 L 为单程路线长度，以 km 计；n 为测站数（单程）。

二、一个测站的观测程序

三等水准测量的观测程序为：后、前、前后；四等水准测量也可采用后、后、前、前的观测程序。现以三等水准测量为例，介绍一测站的观测程序（表 2 - 4）。

（1）安置仪器、粗平；

（2）后视黑面尺，精平，读上、下、中三丝读数，记入表 2 - 4 中（1）、（2）、（3）栏；

（3）前视黑面尺，精平，读中、上、下三丝读数，记入表 2 - 4 中（4）、（5）、（6）栏；

（4）前视红面尺，精平，读中丝读数，记入表 2 - 4 中（7）栏；

（5）后视红面尺，精平，读中丝读数，记入表 2 - 4 中（8）栏。

表 2-4 三、四等水准测量手簿

测站编号	后尺 上丝	前尺 上丝	方向及尺号	中丝读数		k+黑减红	高差中数	备注
	后尺 下丝	前尺 下丝		黑面	红面			
	后视距	前视距						
	视距差 Δd	$\sum\Delta d$						
	(1)	(4)	后	(3)	(8)	(13)		水准尺：
	(2)	(5)	前	(6)	(7)	(14)		No. 16
	(9)	(10)	后－前	(15)	(16)	(17)	(18)	k_{16}=4687
	(11)	(12)						No. 17
1	2.121	2.196	后 16	1.934	6.621	0		k_{17}=4787
	1.747	1.821	前 17	2.008	6.796	－1		
	37.4	37.5	后－前	－0.074	－0.175	＋1	－0.0745	
	－0.1	－0.1						
2	1.571	0.739	后 17	1.384	6.171	0		
	1.197	0.363	前 16	0.551	5.239	－1		
	37.4	37.6	后－前	＋0.833	＋0.932	＋1	＋0.8325	
	－0.2	－0.3						
3	1.540	2.813	后 16	1.284	5.971	0		
	1.069	2.357	前 17	2.580	7.368	－1		
	47.1	45.6	后－前	－1.296	－1.397	＋1	－1.2965	
	＋1.5	＋1.2						
4	1.965	2.141	后 17	1.832	6.619	0		
	1.700	1.874	前 16	2.007	6.694	0		
	26.5	26.7	后－前	－0.175	－0.075	0	－0.1750	
	－0.2	＋1.0						

三、测站上的计算与检核

1. 视距部分

视距原理见本书单元四任务二，计算公式见式（4-12）。

后视距离 $d_{后}$　　　(9) = [(1) − (2)] × 100

前视距离 $d_{后}$　　　(10) = [(4) − (5)] × 100

前后视距差 Δd　　　(11) = (9) − (10)

三等水准测量不得大于 5m。

视距差累积值 $\sum\Delta d$　　　(12) = 上站(12) + 本站(11)

三等水准测量不得大于 6m，四等水准测量不得大于 10m，因此在观测时安置仪器应尽可能做到 $\sum d_{后} \approx \sum d_{前}$ 使之不得超过上述限差。

2. 高差部分

先进行同一标尺的黑红读数检核，然后进行高差计算。

后视尺黑红读数差 $(13) = k_{16} + (3) - (8)$

前视尺黑红读数差 $(14) = k_{17} + (6) - (7)$

(13)、(14) 栏应等于零，若不为零时，对于三等水准测量不符值不得大于 2mm，四等水准测量不得大于 3mm，否则应重新观测。满足上述要求后，即可进行黑红高差的计算和检核，即

黑面高差 $(15) = (3) - (6)$

红面高差 $(16) = (8) - (7)$

黑红高差之差 $(17) = (15) - [(16) \pm 100\text{mm}]$

作为测量检核，(17) 栏应为零。若不为零时，对于三等水准测量，不符值不应大于 3mm，四等水准测量不应大于 5mm。式中的 100mm 是前视尺的 $k_{前}$ 与前视尺的 $k_{后}$ 之差，即 $k_{前} - k_{后} = \pm 100\text{mm}$，$k_{前} > k_{后}$ 取正，反之为负。

作为计算检核，$(17) = (13) - (14)$。若不等，表示计算有误。检核时应注意它们的符号。在满足上述要求后，则可计算黑红高差的平均值。即

平均高差 $(18) = [(15) + (16) \pm 100\text{mm}]$

以上各项限差经检核无误后，方可迁入下一测站。否则，不许搬站，应重测，直至达到要求为止。

四、观测结束后的计算与检核

检核时，可按测段或每页记录进行。

高差的检核 $\sum(15) = \sum(3) - \sum(6)$

$$\sum(16) = \sum(8) - \sum(7)$$

对于偶数站 $\sum(18) = 1/2[\sum(15) + \sum(16)]$

或 $2\sum(18) = \sum[(3) + (8)] - \sum[(6) + (7)]$

对于奇数站 $\sum(18) = 1/2[\sum(15) + \sum(16) \pm 100\text{mm}]$

或 $2\sum(18) \pm 100 = \sum[(3) + (8)] - \sum[(6) + (7) \pm 100\text{mm}]$

视距的检核 末站$(12) = \sum(9) - \sum(10)$

检查无误后，即可计算路线长度 L_i，即

$$L_i = \sum(9) + \sum(10)$$

式中 i——测段或页码的编号，路线的总长 $L = \sum 1 = \sum[(9) + (10)]$。

五、成果检核与高程计算

水准测量结束后，应立即进行成果检核，计算出路线的高差闭合差是否在表 2 - 3 的容许值范围内。符合要求后，应进行闭合差调整。最后按调整的高差计算各水准点的高程。

任务八 水准测量的误差及注意事项

水准测量的误差包括仪器误差、观测误差和外界条件的影响三个方面。为了提高水准测量的精度，必须分析和研究误差的来源及其影响规律，根据误差产生的原因，采取相应措施，尽量减弱或消除其影响。

一、仪器误差

1. 视准轴与水准管轴不平行误差

仪器误差主要是望远镜的视准轴与水准管轴不平行所带来的 i 角误差。规范规定，DS_3 水准仪的 i 角大于 20″才需要校正，水准仪虽经检验校正，但不可能彻底消除 i 角对高差的影响，要求在作业中采用前后视距相等的方法来消除。规范规定，对于四等水准测量，一站的前、后视距差不大于 5m，前、后视距累积差不大于 10m。

2. 水准尺误差

水准尺误差包括：分划误差、尺面弯曲误差、尺长误差等，这些误差是由于标尺本身的原因和使用不当所引起的，要求检定其分划与变形；由于使用、磨损等原因，水准标尺的底面与其分划零点不完全一致，其差值称为零点差，可采用在两固定点间设偶数站的方法来消除。

二、观测误差

1. 水准管气泡居中误差

水准测量是利用水平视线来测定高差的，视线的水平是根据水准管气泡居中来实现的。由于气泡居中存在误差，致使视线偏离水平位置，从而带来读数误差。为了减弱该误差的影响，要求每次读数前，必须使水准管气泡严格居中。

2. 读数误差

水准尺估读毫米数的误差大小与望远镜的放大倍率及视线长度有关，也与视差有关。要求望远镜的放大倍率和最大视线长度应遵循规定，以保证读数精度，并仔细调焦，消除视差。

3. 水准尺倾斜误差

水准尺倾斜，将使尺上读数增大，从而带来误差。如水准尺倾斜 3°30′，在水准尺上 1m 处读数时，将产生 2mm 的误差。为了减小该误差的影响，要求用水准尺气泡居中或“摇尺法”来读数。

三、外界条件的影响

1. 大气折光与地球曲率的影响

因大气层密度不同，对光线产生折射，使视线产生弯曲，从而使水准测量产生误差。视线离地面愈近，视线愈长，大气折光影响愈大。要求用前后视距相等，选择有利的观测时间，控制视线与地面物体的距离等方法减弱其影响。地球曲率的影响采用前后视距相等的方法来消除。

2. 温度和风力的影响

由于温度高和日晒，读水准尺接近地面部分的读数时会产生跳动，从而影响读数。规范规定，四等水准测量视线离地面最低高度应达到三丝能同时读数。另外，当水准管在烈日的直接照射下，气泡会向温度高的方向移动，从而影响气泡居中，所以要求打测伞，防止阳光直接照射仪器，特别是气泡。

当风力超过四级时，将影响仪器的精平，应停止观测。

3. 仪器和尺垫升沉的影响

由于水准仪升沉，使视线发生改变，而引起高差误差。如采用“后前前后”的观测程序可减弱其影响；如果在转点发生尺垫升沉，将使下一站的后视读数改变，也将引起高差的误差。如采用往返观测方法，取成果的中数，可减弱其影响。

为了防止仪器和尺垫升沉的影响，测站和转点应选在土质坚实处，并踩实三脚架和尺垫，使其稳定。

任务九 自动安平水准仪和高精度水准仪

一、自动安平水准仪

自动安平水准仪是一种只需概略整平即可获得水平视线读数的仪器，即利用水准仪上的圆水准仪将仪器概略整平时，由于仪器内部自动安平机构（自动安平补偿器）的作用，十字丝交点上读得的读数始终为视线严格水平时的读数。这种仪器操作迅速简便，测量精度高，深受测量人员欢迎。近几年来，国产 S_3 级自动安平水准仪已广泛应用于建筑工程测量作业中。以下简要介绍仪器的自动安平原理，国产 DZS3-1 型自动安平水准仪的结构特点和使用方法。

1. 自动安平原理

如图 2 - 24 所示，若视准轴倾斜了 α 角，为使经过物镜光心的水平光线仍能通过十字丝交点 A，可采用以下两种方法：

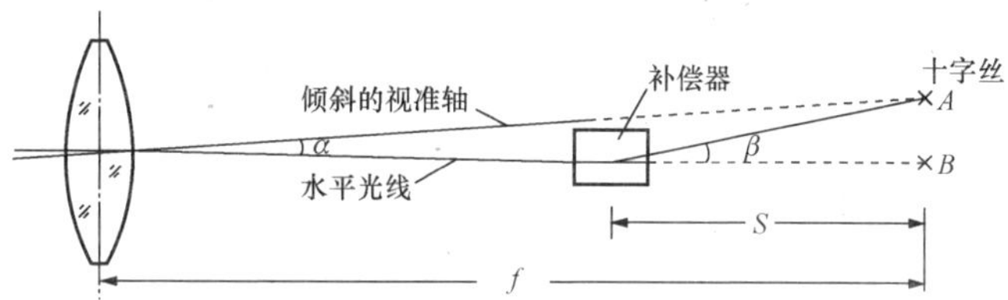

图 2 - 24 自动安平原理

（1）在望远镜的光路中设置一个补偿器装置，使光线偏转一个 β 角而通过十字丝交点 A。

（2）若能使十字丝交点移至 B 点，也可使视准轴处于水平位置而实现自动安平。

2. DZS3-1 型自动安平水准仪

如图 2 - 25 所示，它是北京光学仪器厂生产的 DZS3-1 型自动安平水准仪，其结构特点是没有管水准器和微倾螺旋，该型号中的字母 Z 代表“自动安平”汉语拼音的第一个字母。

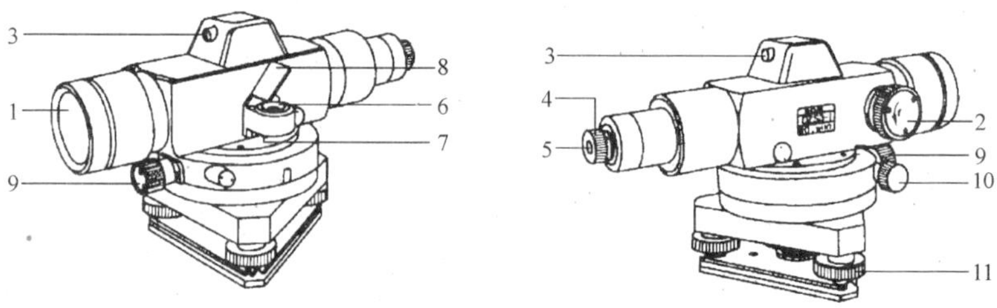

图 2 - 25 DZS3-1 型自动安平水准仪

1—物镜；2—物镜调焦螺旋；3—粗瞄器；4—目镜调焦螺旋；5—目镜；6—圆水准器；7—圆水准器校正螺钉；8—圆水准器反光镜；9—制动螺旋；10—微动螺旋；11—脚螺旋

DZS3-1 型自动安平水准仪具有如下特点：

（1）采用轴承吊挂补偿棱镜的自动安平机构，为平移光线式自动补偿器。

（2）设有自动安平警告指示器，可以迅速判别自动安平机构是否处于正常工作范围，提高了测量的可靠性。

（3）采用空气阻尼器，可使补偿元件迅速稳定。

（4）采用正像望远镜，观测方便。

（5）设置有水平度盘，可方便地粗略确定方位。

仪器望远镜光路如图 2-26 所示。光线通过物镜、调焦透镜、补偿棱镜及底棱镜后，首先成像在警告指示板上，然后指示板上的目标影像连同红绿颜色膜一起经转像物镜，第二次在十字丝分划板上成像，再通过目镜进行放大观察。

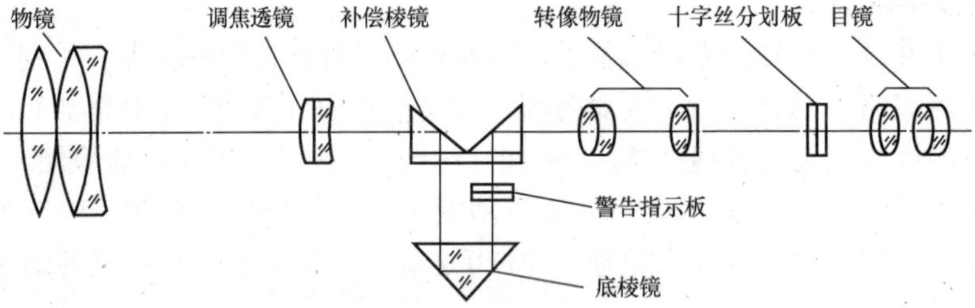

图 2-26 DZS3-1 型自动安平水准仪望远镜光路图

测量时，在测站上用脚螺旋使圆水准器气泡居中，即可瞄准水准尺进行读数。读数时应注意先观察自动报警窗的颜色，若全窗是绿色，则可读数；若窗的任一端出现红色，则说明仪器的倾斜量超出了安平范围，应重新整平仪器后再读数。

二、精密水准仪

精密水准仪主要用于国家一、二等水准测量和高精度的工程测量、如大型建筑物的施工测量、大型机械设备的安装测量、建筑物的变形观测等测量工作。

精密水准仪的构造与 DS_3 型水准仪基本相同，也是由望远镜、水准器和基座三部分组成。

1. 精密水准仪的特点

（1）高质量的望远镜光学系统 为了获得水准标尺的清晰影像，望远镜的放大倍率应大于 40 倍，物镜的孔径应大于 50mm。

（2）高灵敏度的管水准器 精密水准器的管水准器的格值为 5mm。

（3）高精度的测微器装置 精密水准仪必须有光学测微器装置，以测定小于水准标尺最小分划间格值的尾数，光学测微器可直读 0.1mm，估读到 0.01mm。

（4）坚固稳定的仪器结构 为了相对稳定视准轴与水准轴之间的关系，精密水准仪的主要构件均采用特殊的合金钢制成。

（5）高性能的补偿器装置。

2. DS_1 型精密水准仪

图 2-27 DS_1 型精密水准仪

如图 2-27 所示，为国产 DS_1 型精密水准仪，其光学测微器的最小读数为 0.05mm。光学测微器是由平行玻璃板、测微尺、传动机构和测微读数系统组成。平行玻璃板装在物镜前，通过传动机构和测微尺相连，而测微尺的读数指标线刻在一块固定的棱镜上。传动机构由测微轮控制，转动测微轮，带有齿条的传动杆推动平行玻璃板绕其轴前、后倾斜，测微尺也随之移动。当平行玻璃板竖直时，水平视线不产生平移；倾斜时，视线则上下平行移动，其有效移动范围为5mm（尺上注记10mm，实际为5mm），在测微尺上为量取5mm而刻有100格，即测微尺的最小分划值为0.05mm。

3. 精密水准尺

精密水准仪必须配备精密水准尺，如图2-28所示，水准标尺全长为3m，在木质尺身中间的槽内，装有膨胀系数极小的因瓦合金带，带的下端固定，上端用弹簧拉紧，以保证因瓦合金带的长度不受木质尺身伸缩变形的影响。在因瓦合金带上漆有左右两排分划，每排的最小分划值均为10mm，彼此错开5mm，把两排分划合在一起便成为左、右交替形式的分划，其分划值为5mm。水准标尺分划值的数字是注记在因瓦合金带两旁的木质尺身上，右边从0～5注记米数，左边注记分米数，大三角形标志对准分米分划线，小三角形标志对准5cm分划线。注记的数值为实际长度的2倍，故用此水准标尺进行测量作业时，须将观测高差除以2才是实际高差。

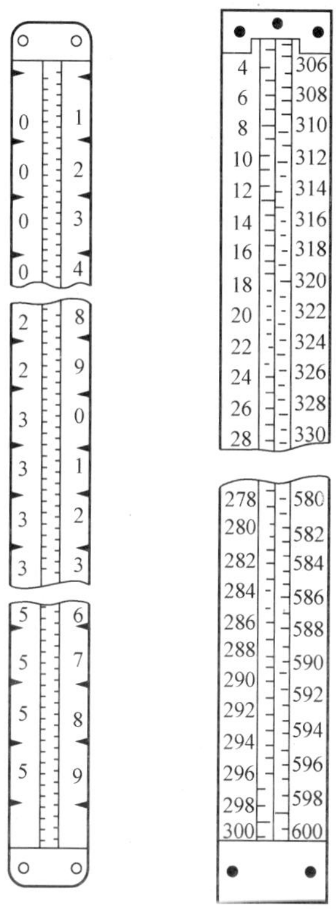

图2-28 精密水准尺

4. DS_1 型精密水准仪的使用

精密水准仪的使用方法与 S_3 型水准仪基本相同，不同之处是精密水准仪是采用光学测微器读数。作业时，先转动微倾螺旋，使望远镜视场左侧的符合水准管气泡两端的影像精确符合，如图2-29所示，这时视线水平。再转动测微轮，使十字丝上楔形丝精确夹住整分划线，读取该分划线读数，图2-29为1.97m，再从目镜右下方的测微尺读数窗内读取测微尺读数，图中为1.50mm。水准尺的全读数等于楔形丝所夹分划线的读数与测微尺读数之和，即1.97150m，实际读数为全读数的一半，即0.98575m。

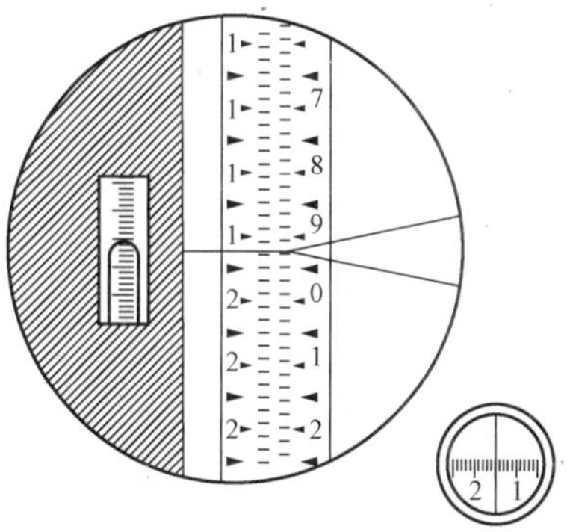

图2-29 DS_1 型精密水准仪读数视场

三、电子水准仪

电子水准仪又称数字水准仪，是以自动安平水准仪为基础，在望远镜光路中增加了分光镜和读数器（CCD Line），并采用条码标尺和图像处理电子系统构成的光电测量一体化的高科技产品。

目前，电子水准仪的照准标尺和调焦仍需目视进行。人工调试后，标尺条码一方面被成像在望远镜分划板上，供目视观测，另一方面通过望远镜的分光镜，又被成像在光电传感器（又称探测器）上，供电子读数。由于各厂家标尺编码的条码图案各不相同，因此条码标尺一般不能互通使用。

1. 电子水准仪测量原理

条码标尺的条形码作为参考信号存储在仪器内，测量时译码器捕获仪器视场内的标尺影像作为测量信号，然后与仪器的参考信号进行比较，就获得视线高度和水平距离。测量时标尺要立直。

2. 电子水准仪特点

电子水准仪与传统仪器相比有以下特点：

（1）读数客观。不存在误差、误记问题，没有人为读数误差。

（2）精度高。视线高和视距读数都是采用大量条码分划图像经处理后取平均值得出来的，因此削弱了标尺分划误差的影响。多数仪器都有进行多次读数取平均值的功能，可以削弱外界条件影响。不熟练的作业人员也能进行高精度测量。

（3）速度快。由于省去了报数、听记、现场计算的时间以及人为出错的重测数量，测量时间与传统仪器相比可以节省1/3左右。

（4）效率高。只需调焦和按键就可以自动读数，减轻了劳动强度。视距还能自动记录、检核、处理并能输入电子计算机进行后处理，可实现内外业一体化。

3. 仪器简介

下面以天宝DiNi03电子水准仪为例进行介绍。

（1）硬件。天宝DiNi03电子水准仪如图2-30所示，配套的条码标尺如图2-31所示。

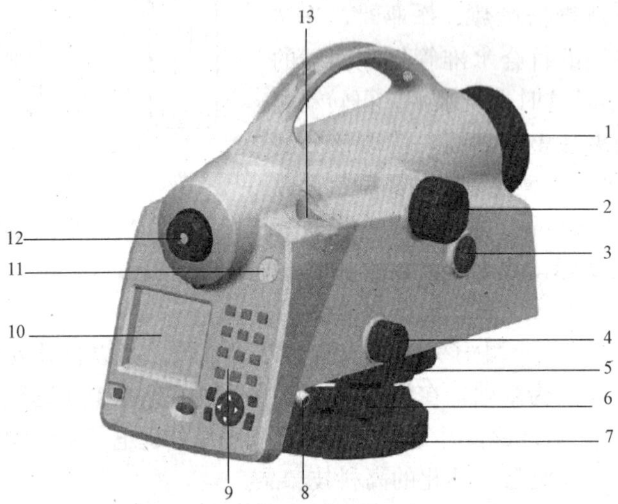

图2-30　天宝DiNi03电子水准仪

1—望远镜遮阳板；2—望远镜调焦螺旋；3—触发键；4—水平微调；5—刻度盘；6—脚螺旋；7—底座；8—电源/通信口；9—键盘；10—显示器；11—圆水准器气泡；12—十字丝；13—圆水准器气泡调节器

图2-31　条码标尺

（2）软件。天宝DiNi03电子水准仪内置软件基本功能见表2-5。

表 2-5 天宝 DiNi03 电子水准仪内置软件基本功能

主菜单	子菜单	子菜单	描述
1. 文件	工程菜单	选择工程	选择已有工程
		新建工程	新建一个工程
		工程重命名	改变工程名称
		删除工程	删除已有工程
		工程间文件复制	在两个工程间复制信息
	编辑器	—	编辑已存数据，输入、查看数据，输入改变代码列表
	数据输入/输出	DiNi 到 USB	将 DiNi 数据传输到数据棒
		USB 到 DiNi	将数据棒数据传入 DiNi
	存储器	USB 格式化	记忆棒格式化，注意警告信息
		—	内/外存储器，总存储空间，未占用空间，格式化内/外存储器
2. 配置	输入	—	输入大气折射、加常数、日期、时间
	限差/测试	—	输入水准线路限差（最大视距、最小视距高、最大视距高等信息）
	校正	Forstner 模式	视准轴校正
		Nabauer 模式	视准轴校正
		Kukkamaki 模式	视准轴校正
		日本模式	视准轴校正
	仪器设置	—	设置单位、显示信息、自动关机、声音、语言、时间
	记录设置	—	数据记录、记录附加数据、线路测量、单点测量、中间点测量
3. 测量	单点测量	—	单点测量
	—	—	—
	水准线路	—	水准线路测量
	中间点测量	—	基准输入
	放样	—	放样
	断续测量	—	断续测量
4. 计算	线路平差	—	线路平差

（3）键盘和显示器。如图 2-32 所示。

1）键盘。操作键功能说明见表 2-6。

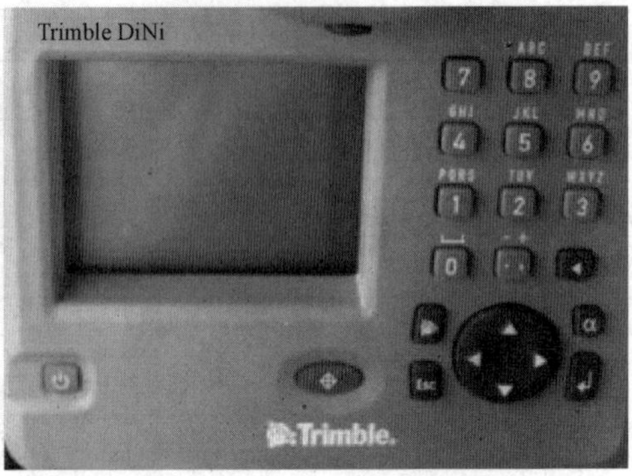

图 2 - 32　键盘和显示器

表 2 - 6　　**操 作 键 功 能 说 明**

按键	描述	功能
	开关键	仪器开关机
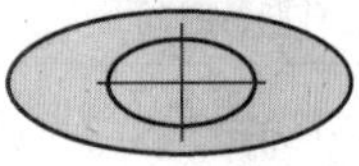 or 	测量键	开始测量
	导航键	通过菜单导航/上下翻页/改变复选框
	回车键	确认输入
Esc	退出键	回到上一页
α	Alpha 键	按键切换、按键情况在显示器上端显示
	Trimble 按键	显示 Trimble 功能菜单
	后退键	输入前面的输入内容
	句号/逗号	第一功能　输入逗号句号 第二功能　加减
808	O 或空格	第一功能　0 第二功能　空格

续表

按键	描述	功能
818	1 或 PQRS	第一功能 1 第二功能 PQRS
222	2 或 TUV	第一功能 2 第二功能 TUV
333	3 或 WXYZ	第一功能 3 第二功能 WXYZ
848	4 或 GHI	第一功能 4 第二功能 GHI
251	5 或 JKL	第一功能 5 第二功能 JKL
666	6 或 MNO	第一功能 6 第二功能 MNO
878	7	输入 7
888	8 或 ABC	第一功能 8 第二功能 ABC
99	9 或 DEF	第一功能 9 第二功能 DEF

2）显示器。显示内容说明如图 2-33 所示。

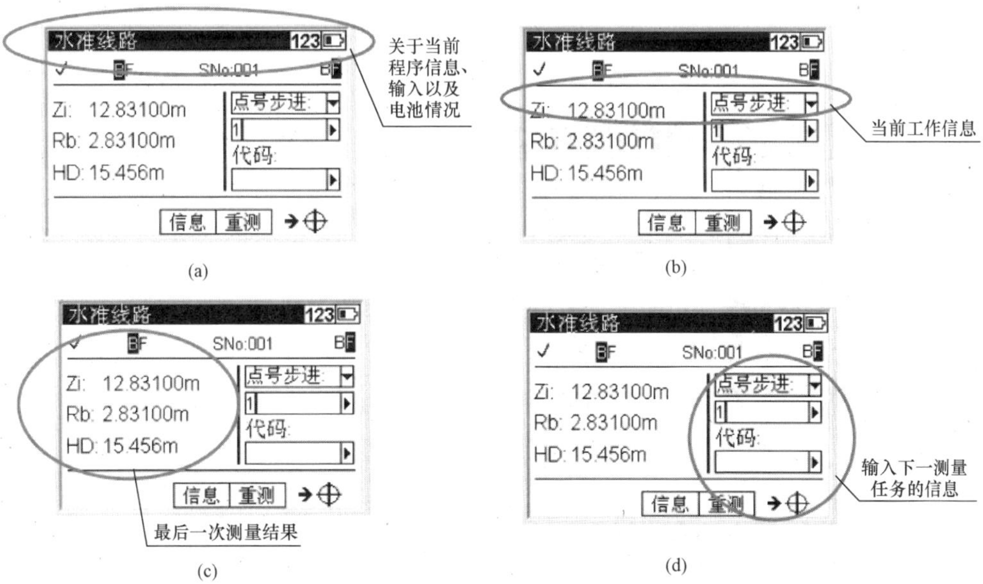

图 2-33 显示内容说明（一）

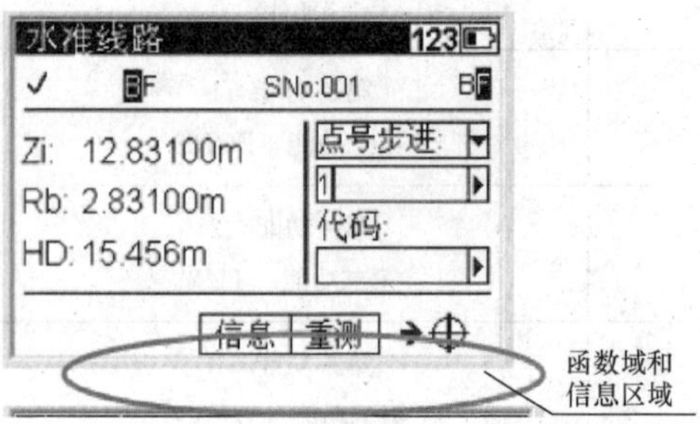

(e)

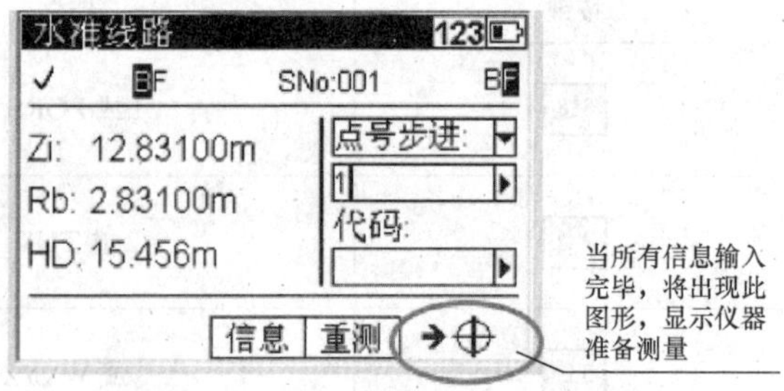

(f)

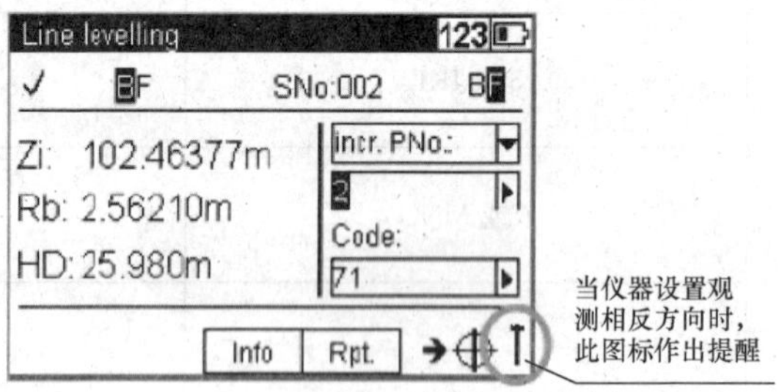

(g)

图 2-33　显示内容说明（二）

（4）菜单操作说明见表 2-7。

表 2-7　　菜单操作说明

显示内容	操作说明
	用方向键进行导航，显示要选择的项目

续表

显示内容	操作说明
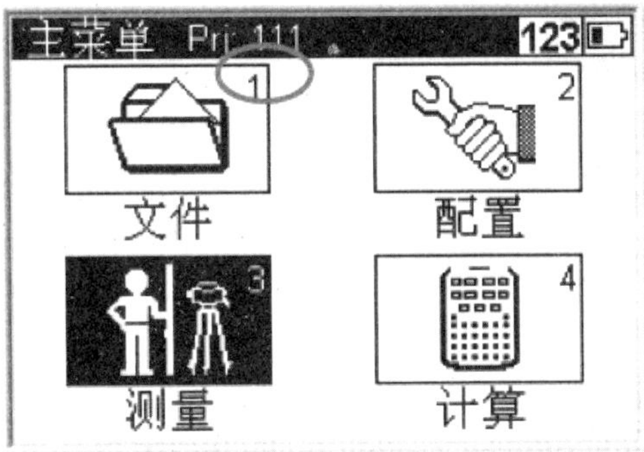	1→按↵键确认或者1键选择项目
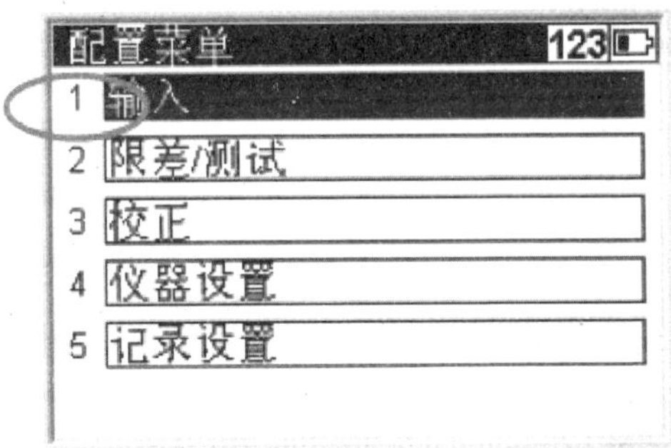	使用者可以在此区域对所进行项目进行基本设置
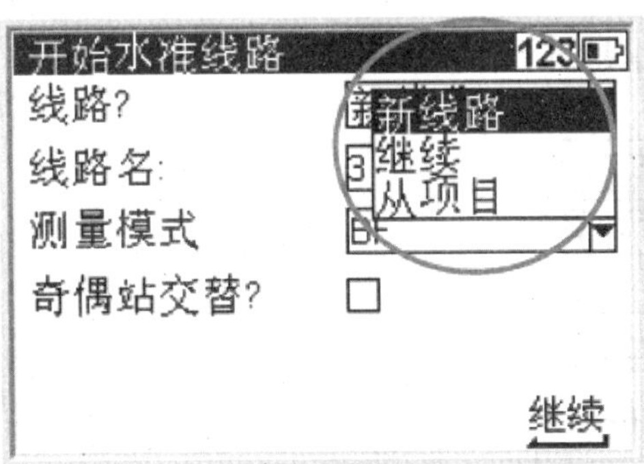	一些输入区域带有下拉菜单，可以对已有菜单进行选择，用导航键向右可以显示下拉菜单，向左可直接进行项目选择

续表

显示内容	操作说明
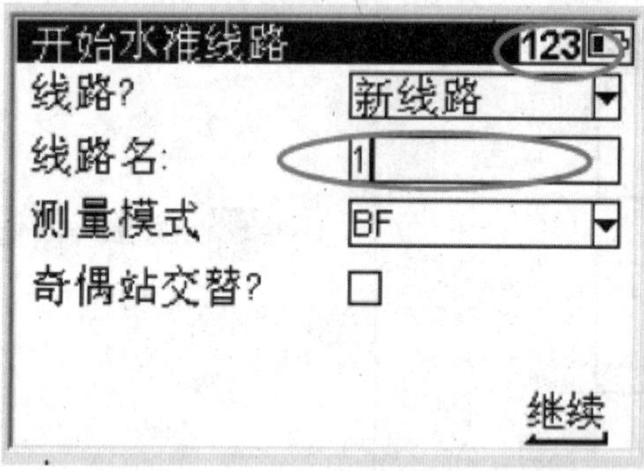	使用者可以在此区域输入数字和字母，从键盘选择要输入的数字和字母，用 α 键进行切换，屏幕上方显示输入状态
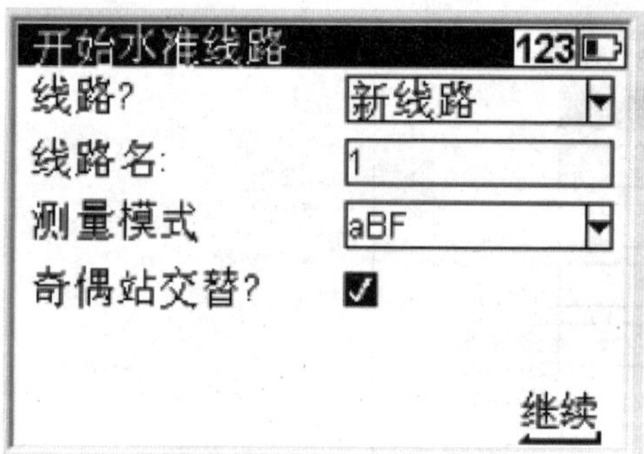	一些输入区域带有复选框，使用导航键进行导航，激活复选框，按左箭头键进行选择或不选择
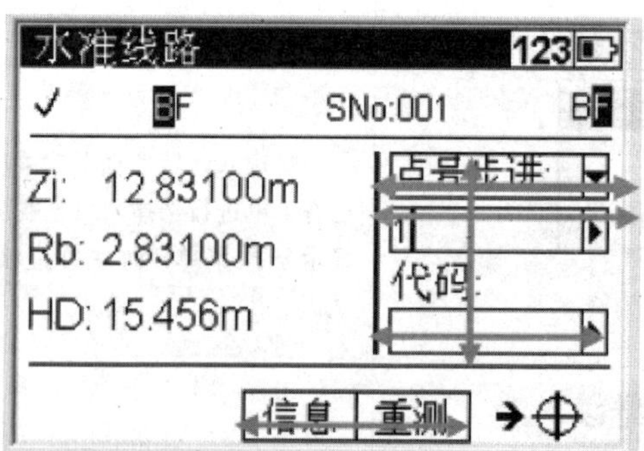	用导航键可以上下左右进行选择

续表

显示内容	操作说明
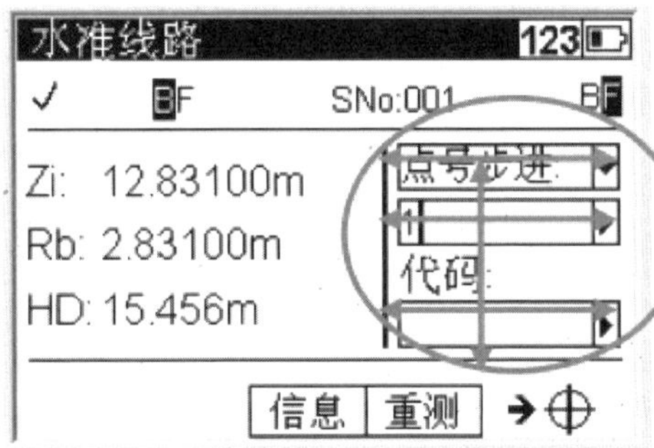	在这部分使用导航键向上或向下通过不同的输入区域，可以进入显示器底部的软键，当此部分被激活，可以使用导航键向右选择下拉菜单，向左直接逐个进行选择
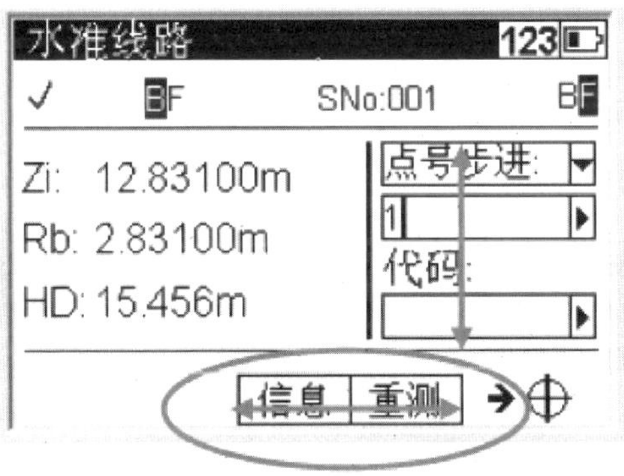	在显示器的这部分可以使用导航键向左或向右进行选择，按键激活所选软键。 若要返回输入区域，则必须移到输入区域正下方的软键，然后向上选择区域
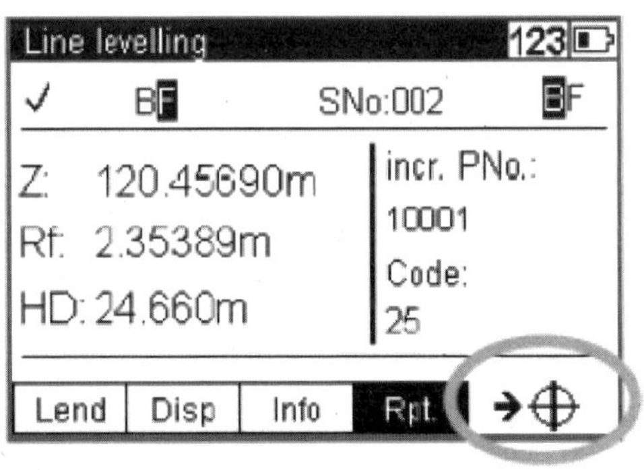	右下角符号显示下一步将要进行的工作

思考题与习题

1. 绘图说明水准测量的基本原理。

2. 设 A 点为后视点，B 点为前视点，A 点高程为 87.452m，当后视读数为 1.267m 时，前视读数为 1.663m，问 A、B 两点之间的高差是多少？并绘图说明。

3. 说明以下螺旋的作用：

（1）脚螺旋。

（2）目镜调焦螺旋。

（3）物镜调焦螺旋。

（4）微倾螺旋。

4. 何为视差？其产生的原因是什么？如何消除？

5. 何为转点？在选择转点时应注意什么问题？尺垫的作用是什么？

6. 何为水准路线？绘图说明其布设形式？为什么水准测量中必须布设成一定形式的水准路线？

7. 水准测量外业观测数据见表 2-8，计算各测站实测高差及各点的高程，并进行计算检核。

表 2-8　　　　**水 准 测 量 手 簿**

测站	点号	后视读数/m	前视读数/m	高差/m		高程/m	备　注
				+	−		
1	BM_A	1.273				718.243	
2	TP_1	2.012	1.825				
3	TP_2	1.626	0.998				
4	TP_3	0.871	1.575				
5	TP_4	1.787	1.644				
	BM_B		1.439				
计算检核							

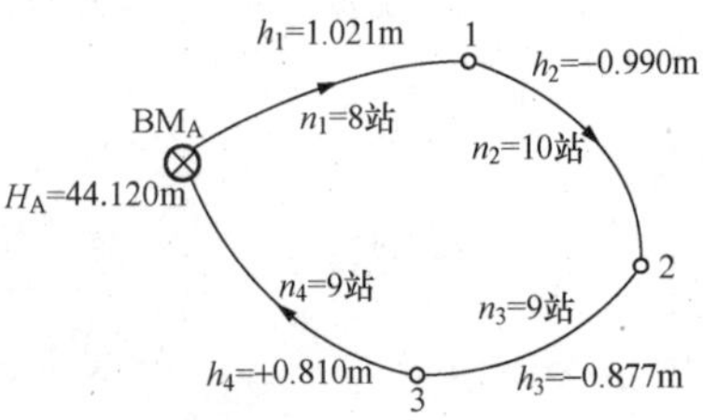

图 2-34　闭合水准路线略图

8. 在水准测量中，为什么要求前后视距相等？

9. 说明水准测量成果计算中调整高差闭合差的原则和方法。

10. 如图 2-34 所示，为一闭合水准路线，施测结果已在图中注明，试进行内业成果计算。

11. 如图 2-35 所示，为一附合水准路线的观测成果和简图，试进行内业成果计算。

12. 一支线水准路线，已知 A 点的高程为 752.342m，由 A 点往测到 1 点的实测高差为 +1.342m，返测结果为 −1.325m。往、返测站总数为 25 站，试计算 1 点的高程。

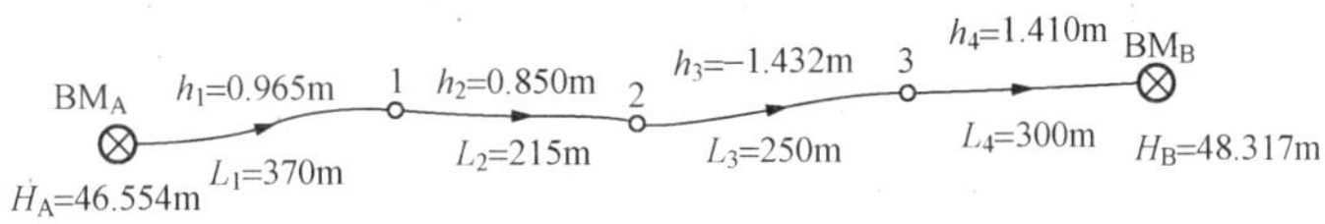

图 2 - 35 附合水准路线略图

13. 微倾式水准仪上有哪几条轴线？各轴线间应满足什么条件？其中哪个是主要条件？为什么？

14. 仪器安置在两点中间，且距 A、B 两点的距离均为 100m，用改变仪器高法测得 A、B 两点的尺读数分别为 $a'_1=1.437$m，$b'_1=1.655$m 和 $a''_1=1.563$m，$b''_1=1.779$m，搬仪器到 B 点附近，测得 B 点尺读数为 $b_2=1.478$m，A 点尺读数为 $a_2=1.267$m，问水准管轴是否平行于视准轴？为什么？如不平行，怎样校正？

单元三 角 度 测 量

角度测量是测量工作的基本内容之一。它包括水平角测量和竖直角测量。其中水平角是确定地面点位关系的三个基本要素之一，用以确定点的平面位置；而竖直角可用来间接测定地面点的高程，或用于将倾斜距离换算成水平距离，在三角高程测量和视距测量等工作中必不可少。

经纬仪是角度测量的主要仪器，在工程测量中，最常用的普通仪器有 DJ_6 和 DJ_2 型光学经纬仪。

任务一 水平角测量原理

一、水平角的定义

水平角是某一点到两目标的方向线垂直投影在水平面上的夹角，换句话说，即通过这两方向线所作两竖直面间的二面角，用 β 来表示，其角值范围为 0°～360°。

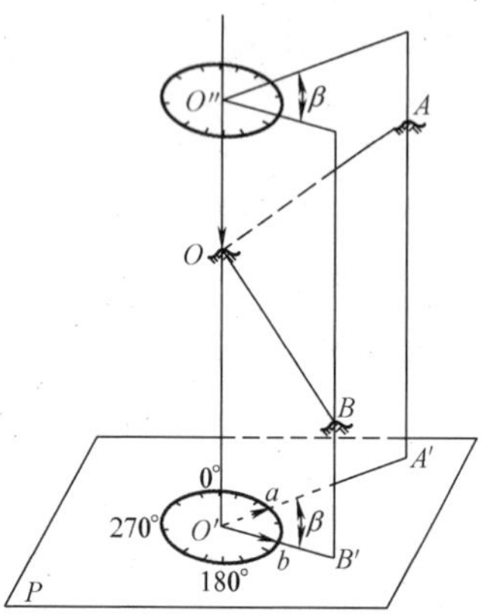

图 3-1 水平角测量原理

如图 3-1 所示，A、O、B 是地面上任意三个点，OA 和 OB 两条方向线所夹的水平角，就是通过 OA 和 OB 沿两个竖直面投影在水平面 P 上的两条水平线 $O'A'$ 和 $O'B'$ 的夹角 $\beta=\angle A'O'B'$。

二、水平角测角原理

如图 3-1 所示，为了获得水平角 β 的大小，在水平面 P 上放置一个顺时针方向刻划的圆形度盘，将其中心置于 O' 点上，那么 $O'A'$ 和 $O'B'$ 在水平度盘上总有相应读数 a 和 b，则水平角为

$$\beta = b - a \tag{3-1}$$

同理，此水平度盘只要保持水平放置且其中心在 O 点所决定的铅垂线上，置于任何位置均可。如图 3-1 中将其中心置于 O'' 点上。

根据上述原理，经纬仪必须具备一个水平度盘及用于照准目标的望远镜。测水平角时，要求水平度盘能放置水平，且水平度盘的中心位于水平角顶点的铅垂线上，望远镜不仅可以水平转动，而且能俯仰转动以瞄准不同方向和高低不同的目标，同时保证俯仰转动时望远镜视准轴扫过一个竖直面。经纬仪就是根据上述原理设计制造的测角仪器。

任务二 光学经纬仪的构造

经纬仪有不同的种类和型号。按读数设备的不同，经纬仪可分为游标经纬仪、光学经纬仪和电子经纬仪三种，其中游标经纬仪已淘汰，光学经纬仪开始逐步向电子经纬仪过渡。

经纬仪按精度不同，可分为 DJ_{07}、DJ_1、DJ_2、DJ_6 和 DJ_{15} 等型号，其中“DJ”表示大地测量经纬仪，数字 2、6 等表示仪器的精度等级，即“一测回水平方向的中误差，单位为秒”。

经纬仪虽然种类多，但测角原理相同，其基本结构也大致相同，从目前看，DJ_6 型光学经纬仪在工程测量中最常用，其次是 DJ_2 型光学经纬仪和电子经纬仪。所以，本章主要介绍 DJ_6 型光学经纬仪。

一、DJ_6 型光学经纬仪的构造

各种不同型号和厂家的光学经纬仪的构造大致相同，如图 3 - 2 所示，它主要由照准部、水平度盘和基座三大部分组成。

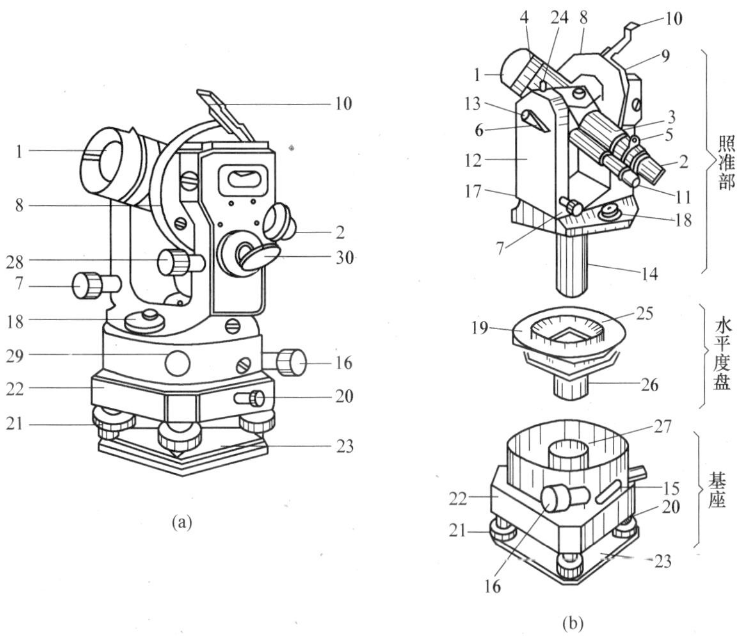

图 3 - 2 DJ_6 型光学经纬仪

1—望远镜物镜；2—望远镜目镜；3—望远镜调焦螺旋；4—准星；5—照门；6—望远镜制动螺旋；7—望远镜微动螺旋；8—竖直度盘；9—竖盘指标水准管；10—竖盘指标水准管反光镜；11—读数显微镜目镜；12—支架；13—水平轴；14—竖轴；15—照准部制动螺旋；16 —照准部微动螺旋；17—水准管；18—圆水准器；19—水平度盘；20—轴套固定螺旋；21—脚螺旋；22—基座；23—三角形底板；24—罗盘插座；25—度盘轴套；26—外轴；27—度盘旋转轴套；28—竖盘指标水准管微动螺旋；29—水平度盘变换手轮；30—反光镜

1. 照准部

照准部是指经纬仪基座上能绕竖轴旋转的部分。它主要包括：望远镜、支架、横轴、读数设备、竖直度盘、照准部水准管、竖轴和光学对中器等。

（1）望远镜　望远镜是用以瞄准目标，构造与水准仪上的望远镜大致相同，只不过放大倍率更高，十字丝局部由单线变成了双线，使照准精度更高。安置好仪器后，望远镜不但可以随照准部水平转动，而且可以绕水平轴俯仰转动。水平轴与望远镜固连在一起，组装在仪器两侧支架上，水平轴可在支架上转动，从而使望远镜随之俯仰转动。为了方便使用，望远

镜的水平与俯仰转动分别设有制动螺旋和微动螺旋加以控制。根据测角原理，望远镜构造还满足以下关系：望远镜视准轴垂直于水平轴，水平轴垂直于仪器竖轴，以实现测角时望远镜俯仰转动能扫过一个竖直面的要求。

（2）读数设备　读数设备为比较复杂的光学系统。光线由反光镜进入仪器，通过一系列透镜和棱镜，分别把水平度盘和竖直度盘及测微器的分划影像，反映在望远镜旁的读数显微镜内，以便读取水平度盘和竖直度盘的读数。图 3-3 为 DJ_6 型光学经纬仪的读数系统光路图。

（3）竖直度盘　竖直度盘固定在水平轴的一端，与水平轴垂直，且二者中心重合，并随望远镜一起旋转，同时设有竖盘指标水准管及其微动螺旋，以控制竖盘指标。此系统用于测量竖直角，将于第五节中进一步介绍。

（4）照准部水准管　照准部水准管用于精确整平仪器，有的经纬仪上还装有圆水准器，用于粗略整平仪器。水准管轴垂直于竖轴，借以使经纬仪的竖轴竖直和水平度盘处于水平位置。

（5）竖轴　竖轴是照准部的旋转轴，插入基座上筒状形的轴套内，使整个照准部绕竖轴平稳地旋转。

（6）光学对中器　光学对中器由目镜、物镜、分划板和转向棱镜组成，专门用于仪器对中，使仪器中心与测站点位于同一条铅垂线上。

2. 水平度盘

水平度盘是由光学玻璃制成的圆盘，其刻划为 0°～360°按顺时针方向注记，独立装于仪器竖轴上，套在基座上筒状形的轴套内，与竖轴垂直。由于其刻划为 0°～360°按顺时针方向注记，所以顺时针方向旋转照准部时，读数始终是增加的。

设置有复测扳手的仪器，照准部与水平度盘的离合关系由固定在照准部外壳上的复测扳手控制：将复测扳手扳上，则照准部与水平度盘分离，转动照准部时指标随照准部单独转动，水平度盘不动，而读数改变；将复测扳手扳下，则照准部和水平度盘结合，转动照准部时，就带动水平度盘一起转动，而读数不变。这种装置叫离合器，测角时用来配置度盘。

有的经纬仪没有复测扳手，而装置有水平度盘变换手轮来代替复测扳手。这种仪器转动照准部时，水平度盘不随之转动。如要改变水平度盘读数，可以转动水平度盘变换手轮。

3. 基座

基座是用来支承仪器并与三脚架连接的部件。主要包括轴座、轴座固定螺旋、脚螺旋、连接板等。转动脚螺旋，可使圆水准器和照准部水准管气泡居中，从而使仪器竖轴竖直和水平度盘处于水平位置。将三脚架头的连接螺旋旋进连接板，可使仪器与三脚架固连在一起。在连接螺旋下面的正中有一挂钩可悬挂垂球，当垂球尖端对准地面上欲测角度顶点的标志时，水平度盘的中心即位于该角顶点的铅垂线上。这项工作称为对中。为了提高对中精度和对中时不受风力影响，有的光学经纬仪装有光学对中器，代替垂球进行对中。如图 3-4 所示，它是由目镜、分划板、物镜和转向棱镜组成的小型折式望远镜。一般装在仪器的基座或照准部上。使用时先将仪器整平，再通过调焦使地面点清晰，并移动基座使对中器中的十字丝或小圆圈中心对准地面标志中心。

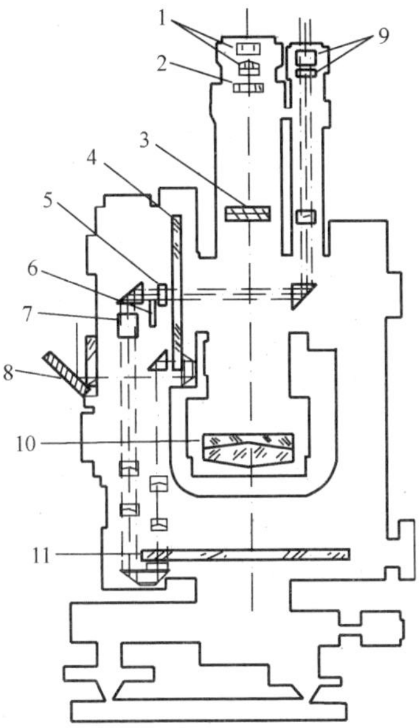

图 3-3 DJ_6 型光学经纬仪光路系统

1—目镜；2—十字丝；3—对光透镜；4—竖直度盘；
5—读数指标；6—测微分划尺；7—平板玻璃；
8—反光镜；9—读数显微目镜；10—物镜；
11—水平度盘

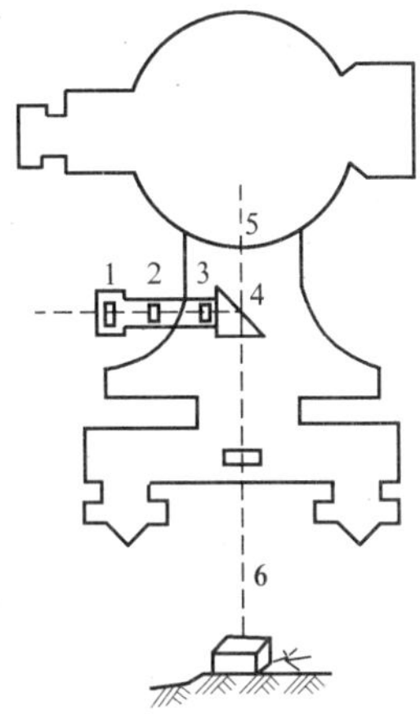

图 3-4 光学对中器

1—目镜；2—分划板；3—物镜；4—旋转棱镜；
5—竖轴轴线；6—光学垂线

二、读数设备及读数方法

光学经纬仪上的水平度盘和竖直度盘都是用光学玻璃制成的圆盘，一般把整个圆周划分为 360°。最小度盘分划值一般为 60′或 30′，即每隔 60′或 30′有一条分划线，每度注记数字。度盘上小于度盘分划值的读数利用测微器读出。常见的光学经纬仪上的测微装置有分微尺、单平板玻璃测微器和度盘对径分划重合读数三种。其中 DJ_6 型光学经纬仪常用前两种方式。其读数方法如下：

1. 分微尺测微器的读数方法

装有分微尺的经纬仪，在读数显微镜内能看到两条带有分划的分微尺以及水平度盘和竖直度盘的分划影像，如图 3-5 所示，根据上下半部刻划可分别读出水平与竖直度盘的读数。两度盘分划值均为 1°，正好等于分微尺全长，显然，分微尺全长读数值亦为 1°。分微尺等分成 6 大格，等分线依次注一数字，从 0～6，每大格再分为 10 小格。因此，该读数窗读数可精确到 1′，估读到 6″（即 0.1′）。读数时，根据在分微尺上重叠的度盘分划线上的注记读出整度数，再根据该分划线与分微尺上 0 注记之间的刻划读出分和秒。如图 3-5 所示，其水平度盘读数为 164°06′30″，竖直度盘读数为 86°51′42″。

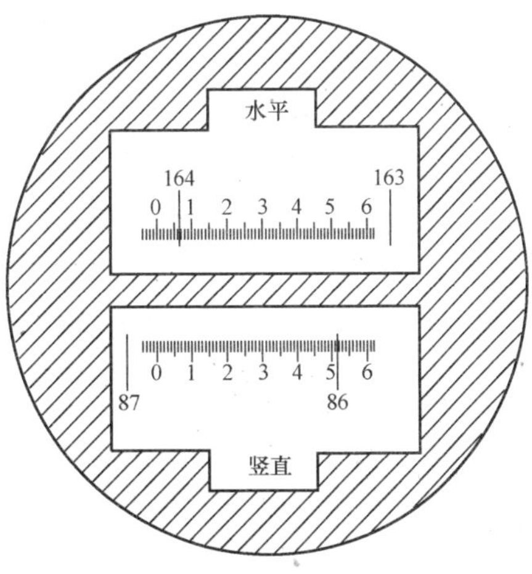

图 3-5 分微尺测微器的读数方法

2. 单平板玻璃测微器的读数方法

采用单平板玻璃测微器装置的仪器，在读数显微镜内能看到如图 3 - 6 所示读数窗，该读数窗由三部分组成，上面小窗口有测微尺分划和较长的单指标线，中间窗口有竖直度盘分划和双指标线，下面窗口有水平度盘分划和双指标线。显然，度盘分划值为 30′，每度指标线上有注记。测微尺全长读数值亦为 30′，再将其分成 30 大格，大格分划线逢 5 的倍数注一相应数字，每大格又分成三小格，因此，该读数窗读数可精确到 20″，估读到 2″。

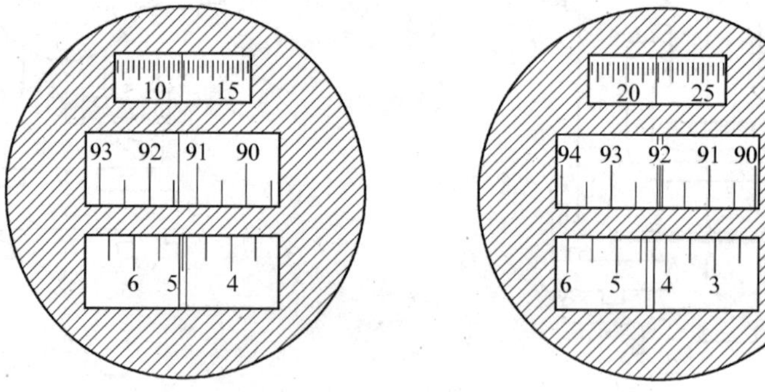

(a) (b)

图 3 - 6 单平板玻璃测微器的读数方法

单平板玻璃测微器的读数方法：望远镜瞄准目标后，先转动测微轮，使度盘上某一分划精确移至双指标线的中央，读取该分划的度盘读数，再在测微尺上根据单指标线读取 30′以下的分、秒数，两数相加，即得完整的度盘读数。如图 3 - 6（a）所示的水平度盘读数为 5°＋11′54″＝5°11′54″；图 3 - 6（b）所示的竖直度盘读数为 92°＋21′52″＝92°21′52″。

三、DJ_2 型光学经纬仪简介

1. DJ_2 型光学经纬仪的特点

DJ_2 型光学经纬仪精度较高，常用于国家较高等级平面控制测量和精密工程测量。图 3 - 7 是苏州第一光学仪器厂生产的 DJ_2 型光学经纬仪的外形，与 DJ_6 型光学经纬仪相比，在结构上除望远镜的放大倍数较大，照准部水准管的灵敏度较高外，主要是读数设备及读数方法不同。另外，在 DJ_2 型光学经纬仪读数显微镜中，只能看到水平度盘和竖直度盘中的一种影像，如果要读另一种，就要转动换像手轮，使读数显微镜中出现需要读数的度盘影像。

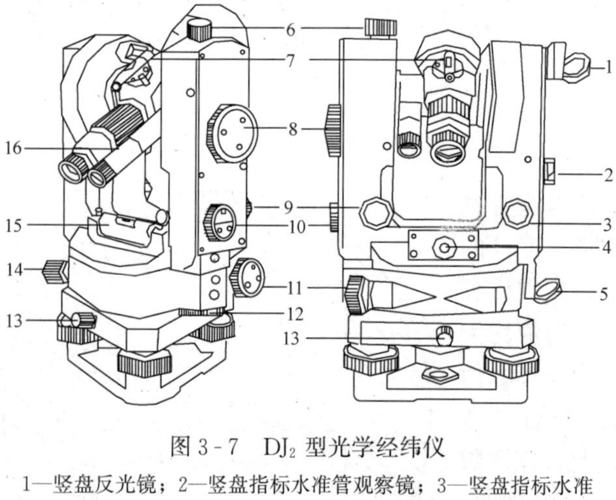

图 3 - 7 DJ_2 型光学经纬仪

1—竖盘反光镜；2—竖盘指标水准管观察镜；3—竖盘指标水准管微动螺旋；4—光学对点器；5—水平度盘反光镜；6—望远镜制动螺旋；7—光学瞄准器；8—测微手轮；9—望远镜微动螺旋；10—换像手轮；11—水平度盘变换手轮；12—照准部；13—轴座固定螺旋；14—照准部制动螺旋；15—照准部水准管；16—读数显微镜

2. DJ_2 型光学经纬仪的读数方法

在 DJ_2 型光学经纬仪中，一般都采用度盘对径分划重合的读数方法，读数精度明显提高。现将常见读数形式和方法介绍如下：

第一种，如图 3-8 所示，大窗为度盘的影像，仍然是每度做一注记，每度分三格，度盘分划为 20′。小窗为测微尺的影像，左边注记数字从 0 到 10 以 1′为单位，右边注记数字从 0 到 10 以 10″为单位，最小分划为 1″，可估读到 0.1″。当转动测微轮，使测微尺读数由 0′移动到 10′时，度盘正、倒像的分划线向相反的方向各移动半格（相当于 10′）。

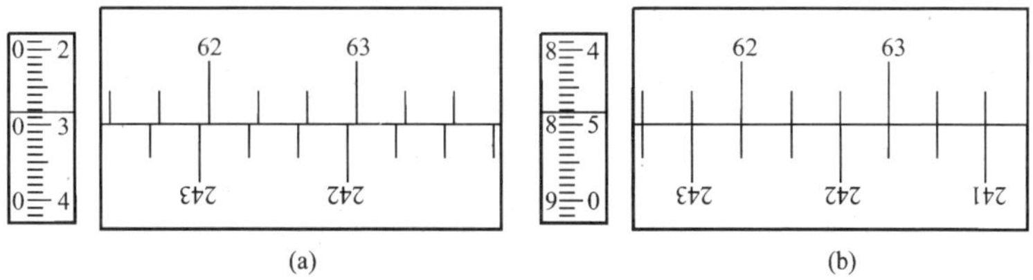

图 3-8 DJ_2 型光学经纬仪读数

读数时，先转动测微轮，使正、倒像的分划线精确重合，然后找出邻近的正、倒像相差 180°的分划线，并注意正像应在左侧，倒像在右侧，此时便可读出度盘的度数，即正像分划的数字；再数出正像的分划线与倒像的分划线之间的格数，乘以度盘分划值的一半（因正倒像相对移动），即 10′便得出度盘读数的 10′数；最后从左边小窗中的测微尺上读取不足 10′的分数和秒数，其中分数和 10″数根据单指标线的位置和注记数字直接读出，估读到 0.1″。

如图 3-8（a）所示，正、倒像的分划线没有精确重合，不能读数；应使用测微轮将其调节成如图 3-8（b）所示，其读数为 62°28′48.3″。

第二种，如图 3-9 所示，其读数原理同第一种，所不同的是采用了数字化读数。其左下侧小窗为测微窗，读数方法完全同第一种（图中为 7′14.9″）；右下侧小窗为度盘对径分划线重合后的影像，没有注记，但在读数时必须上下线精确重合；上面的小窗左侧的数字为度盘读数，中间偏下的数字为整 10′的注记（图中为 75°30′）。所以，图中所示度盘读数为 75°37′14.9″。

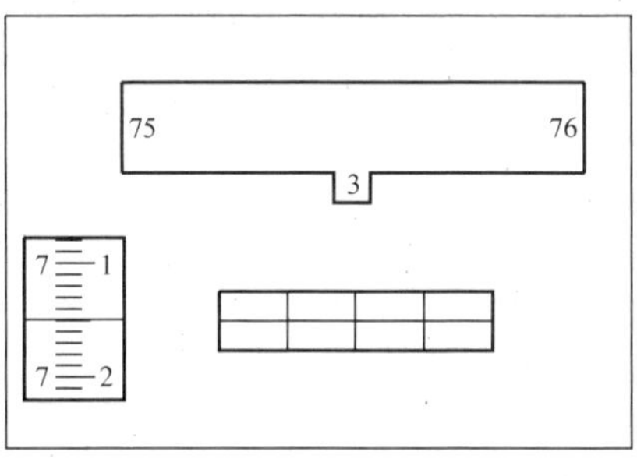

图 3-9 DJ_2 型光学经纬仪读数

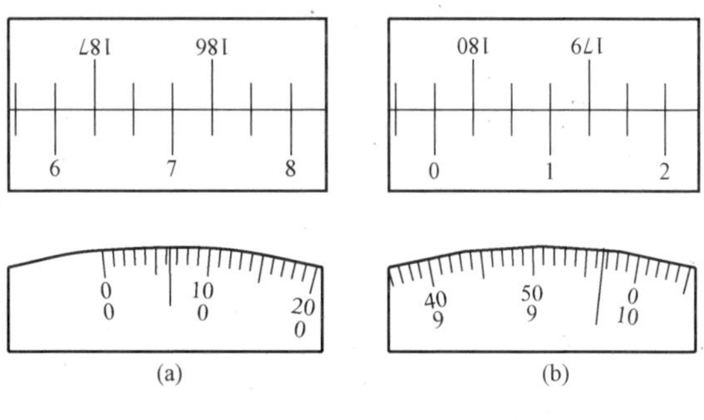

图 3-10 DJ_2 型光学经纬仪读数

第三种，如图 3-10 所示，其读数方法类似于第一种。其上面小窗为度盘对径分划线重合后的影像，读数方法完全同第一种；下面小窗称为秒盘（测微分划盘），不足 10′的分数和秒数由此读出，秒盘上的下排数字以 1′为单位，上排数字以 1″为单位，估读到 0.1″。如图

3-10（a）所示水平度盘读数为6°40′06.3″，图3-10（b）所示竖直度盘读数为0°19′56.6″。

任务三 经纬仪的使用

经纬仪的使用包括对中、整平、调焦与照准及读数四项基本操作。现将操作方法介绍如下：

一、对中

对中的目的是使仪器中心与测站点标志中心位于同一铅垂线上。具体做法如下：

（1）先松开三脚架架脚固定螺旋，按观测者身高调整好脚架的长度，然后将螺旋拧紧。

（2）将三脚架张开，目估使三脚架高度适中，架头水平，且架头中心与测站点位于同一铅垂线上。

（3）挂上垂球初步对中。如果相差太大，可前后左右摆动三脚架架腿，或整体移动三脚架，使垂球尖大致对准测站点标志，并注意架头基本保持水平，然后将三脚架的脚尖踩入土中。

（4）将仪器从仪器箱中取出，用连接螺旋将仪器安装在三脚架上。

（5）垂球精确对中。若垂球尖偏离测站点标志中心，可稍旋松连接螺旋，两手扶住仪器基座，在架头上平移仪器，使垂球尖精确对中测站点标志中心，最后旋紧连接螺旋。对中误差一般不应大于3mm。

另外，对中也可用光学对中器进行。由于光学对中器的视线与仪器竖轴重合，因此，只有在仪器整平后视线才处于铅垂位置。对中时，最好也先用垂球尖大致对中，概略整平仪器后取下垂球，再调节对中器的目镜和物镜，使分划板小圆圈和测站点标志清晰，并通过平移仪器的办法，使测站点标志中心位于分划板小圆圈中心。由于在平移仪器时，整平可能受到影响，所以再精确整平，在精确整平时，对中又可能受到影响，于是这两项工作需要反复进行，直到两者都满足为止。

二、整平

整平的目的是使仪器竖轴竖直和水平度盘处于水平位置。

整平的原理类似于水准仪，如图3-11（a）所示，整平时，先转动仪器的照准部，使水准管平行于任意一对脚螺旋的连线，然后用两手同时相对转动两脚螺旋，直到气泡居中，注意气泡移动方向始终与左手大拇指移动方向一致；再将照准部转动90°，如图3-11（b）所示，使水准管垂直于原两脚螺旋的连线，转动另一脚螺旋，使水准管气泡居中。如此反复进行，直到在这两个方向气泡都居中为止。居中误差一般不得大于一格。

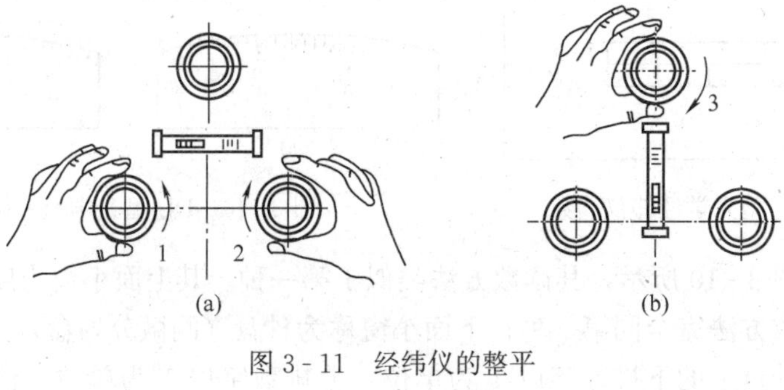

图3-11 经纬仪的整平

三、调焦与照准

调焦包括目镜调焦和物镜调焦两部分，照准就是使望远镜十字丝交点精确照准目标，如图 3-12 所示。步骤如下：

（1）照准前先松开望远镜制动螺旋与照准部制动螺旋，将望远镜朝向明亮背景，调节目镜对光螺旋，使十字丝清晰。

（2）利用望远镜上的照门和准心粗略照准目标，拧紧照准部及望远镜制动螺旋。

（3）调节物镜对光螺旋，使目标清晰，并消除视差。

（4）转动照准部和望远镜微动螺旋，精确照准目标。

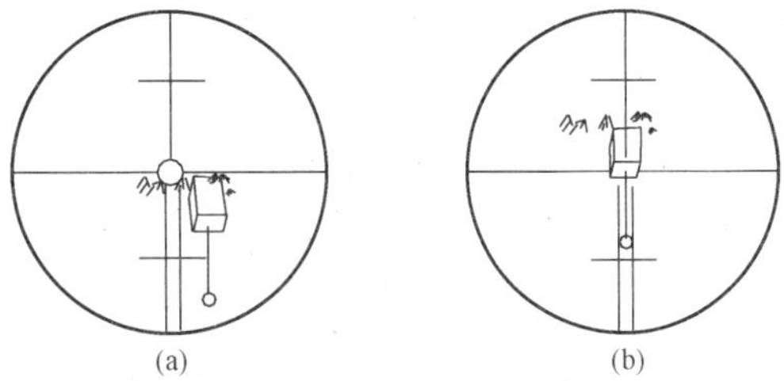

图 3-12　瞄准目标

值得注意的是，测水平角时，要使十字丝纵丝精确照准目标，并尽量使十字丝交点照准目标底部，如图 3-12（b）所示；测竖直角时，要使十字丝横丝精确照准目标，也尽量用十字丝交点照准目标。

四、读数

调节反光镜，使读数系统明亮，且亮度适中为好；转动读数显微镜目镜调焦螺旋，使度盘、测微尺及指标线的影像清晰；然后根据仪器的读数设备，按前述的读数方法读数。

任务四　水平角测量方法

水平角测量的方法，根据施测时目标的多少、所使用的仪器精度和测角精度要求的不同，常用测回法和方向观测法两种方法，现分述如下。

一、测回法

测回法适用于观测两个方向之间的单个角度。即在某点 O 安置经纬仪，只需要通过观测两个目标 A 和 B 确定某个单角$\angle AOB$，如图 3-13 所示。

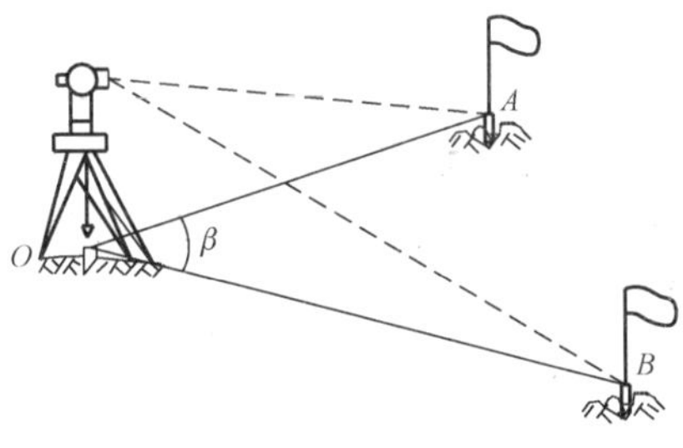

图 3-13　测回法观测示意图

具体施测步骤如下：

1. 准备工作

（1）首先在 A、B 两点树立标杆或测钎等标志，作为照准目标。

（2）将经纬仪安置于所测角的顶点 O 上，进行对中和整平。注意架头高度适中，对中和整平反复进行、逐步完成，直至满足精度要求。

2. 盘左位置

首先将仪器置于盘左位置（竖盘位于望远镜的左侧），完成以下工作：

（1）顺时针方向旋转照准部，首先调焦与照准起始目标（即角的左边目标）A，读取水平度盘读数 $a_{左}$，设为 $0°00'12''$，记入表 3-1 中。

（2）继续顺时针旋转照准部，调焦与照准右边目标 B，读取水平度盘读数 $b_{左}$，设为 $91°18'42''$，记入表 3-1 中。

表 3-1　　测回法观测手簿

测站	竖盘位置	目标	水平度盘读数 (° ′ ″)	半测回角值 (° ′ ″)	一测回角值 (° ′ ″)	各测回平均值 (° ′ ″)	备注
第一测回 O	左	A	0 00 12	91 18 30	91 18 36	91 18 32	
		B	91 18 42				
	右	A	180 00 30	91 18 42			
		B	271 19 12				
第二测回 O	左	A	90 00 06	91 18 24	91 18 27		
		B	181 18 30				
	右	A	270 00 06	91 18 30			
		B	1 18 36				

（3）计算盘左位置的水平角 $\beta_{左}$ 为

$$\beta_{左}=b_{左}-a_{左}=91°18'42''-0°00'12''=91°18'30''$$

以上完成了上半测回工作，$\beta_{左}$ 即上半测回角值。

3. 盘右位置

倒转望远镜成盘右位置，完成以下工作：

（1）逆时针旋转照准部，首先调焦与照准右边目标 B，读取水平度盘读数 $b_{右}$，设为 271°19′12″，记入表 3-1 中。

（2）继续逆时针旋转照准部，调焦与照准左边目标 A，读取水平度盘读数 $a_{右}$，设为 180°00′30″，记入表 3-1 中。

（3）计算盘右位置的水平角 $\beta_{右}$ 为

$$\beta_{右}=b_{右}-a_{右}=271°19'12''-180°00'30''=91°18'42''$$

以上便完成了下半测回工作，$\beta_{右}$ 即下半测回角值。

4. 计算一测回角值

上下两个半测回称为一测回。对于 DJ_6 型光学经纬仪来说，当上、下半测回角值之差为

$$\Delta\beta=\beta_{左}-\beta_{右}=91°18'30''-91°18'42''=-12''\leqslant\pm 36''$$

取其平均值作为一测回角值，即

$$\beta=1/2(\beta_{左}+\beta_{右})=91°18'36''$$

将结果记入表 3-1 中。

为了提高测角精度，对角度需要观测多个测回，此时各测回应根据测回数 n，按 $180°/n$ 的原则改变起始水平度盘位置，即配度盘。各测回值互差若不超过 36″（对于 DJ_6 型），取各测回角值的平均值作为最后角值，记入表 3-1 中。

配度盘操作步骤如下：

首先，如有测微手轮，先转动测微手轮，使测微尺的读数为 00′00″，然后视仪器构造采用不同的方法。

（1）经纬仪设置有离合器，则先将复测扳手扳上，转动照准部使度盘读数变为所配数值（如 0°）附近，拧紧水平制动螺旋，利用水平微动螺旋使度盘 0°分划线精确位于双指标线的

中央；然后，扳下复测扳手；松开水平制动扳手，转动照准部精确调焦与照准目标（此时照准部是制动的）；最后再扳上复测扳手，此时读数便是所配的起始读数。

（2）经纬仪设置有度盘变换手轮，则先转动照准部精确调焦与照准目标（此时照准部是制动的），然后再转动度盘变换手轮，使度盘读数精确为所配数值（如0°），配度盘完成。

二、方向观测法

在一个测站上当观测方向超过两个时，可将这些方向合并为一组一并观测，称为方向观测法。当方向数超过三个时，为保证精度每次测量须再次瞄准起始方向，称为全圆方向观测法。

1. 方向法

此方法适用于在一个测站上有三个观测方向，见表3-2中简图。其观测、记录和计算方法如下：

表3-2 **方向法观测手簿**

测站	测回数	目标	水平度盘读数		归零后读数		一测回方向平均值	各测回方向平均值	简图及角值
			盘左	盘右	盘左	盘右			
			(° ′ ″)	(° ′ ″)	(° ′ ″)	(° ′ ″)	(° ′ ″)	(° ′ ″)	
O	1	A	0 00 12	180 00 00	0 00 00	0 00 00	0 00 00	0 00 00	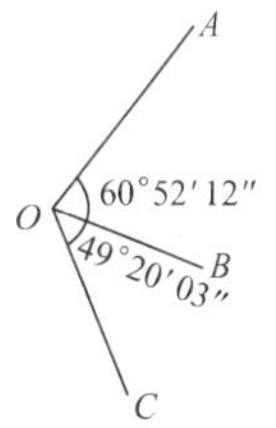
		B	60 52 24	240 52 00	60 52 12	60 52 00	60 52 06	60 52 12	
		C	110 12 06	290 12 18	110 11 54	110 12 18	110 12 06	110 12 15	
	2	A	90 02 06	270 02 00	0 00 00	0 00 00	0 00 00		
		B	150 54 30	330 54 12	60 52 24	60 52 12	60 52 18		
		C	200 14 24	20 14 30	110 12 18	110 12 30	110 12 24		

（1）树立标志于A、B、C三个目标点，安置仪器于测站点O（包括对中和整平）。

（2）盘左位置，顺时针方向旋转照准部依次照准目标A、B和C（注意从左边即起始目标开始），分别读取水平度盘读数，并依次记入观测手簿（表3-2），称为上半测回。

（3）盘右位置，倒转望远镜，逆时针方向旋转照准部依次照准目标C、B和A（注意从左边即起始目标开始），分别读取水平度盘读数，并依次记入观测手簿（表3-2），称为下半测回。

上、下两个半测回合称一测回。如果为了提高精度需要测n个测回时，仍然需要配度盘，即每个测回的起始目标读数按$180°/n$的原则进行配置，如表中测了两测回。

（4）计算　方向法测角的记录、计算见表3-2。首先计算归零后读数，表中“归零后读数”是将起始方向读数换算为$0°00'00''$，即从各方向读数中减去起始方向读数，即得各方向的归零后读数，填入表中相应位置。然后计算一测回方向平均值。

一测回方向平均值=1/2（归零后盘左读数+归零后盘右读数）。例如第一测回OB方向平均值$=1/2\ (60°52'12''+60°52'00'')\ =60°52'06''$。

最后再求各测回方向平均值。并求差计算各角值，标注在表中简图上。

注意：在方向法中，各测回同一方向归零后方向值较差限差：DJ_6型经纬仪为$24''$；DJ_2型经纬仪为$9''$。计算中应随时复核观测结果是否在规定的限差范围内，符合后才可进行下一步计算。

2. 全圆法

当观测方向超过三个时，用全圆法，其观测、记录和计算方法如下：

（1）树立标志于所有目标点，如 A、B、C、D 四点，安置仪器于测站 O 点（包括对中和整平），选定起始方向（又称零方向）如 A 点。

（2）盘左位置，顺时针方向旋转照准部依次照准目标 A、B、C、D、A，分别读取水平度盘读数，并依次记入观测手簿（表 3－3）。其中两次照准 A 目标是为了检查水平度盘位置在观测过程中是否发生变动，称为归零，其两次读数之差，称为半测回归零差，其限差要求为：DJ_6 型经纬仪不得超过 18″，DJ_2 型经纬仪不得超过 8″。计算中应注意检核。

以上称为上半测回。

表 3－3　　全圆方向法观测手簿

测站	测回数	目标	水平度盘读数		2c＝左－(右±180°)	平均读数	归零后方向值	各测回归零后方向平均值	略图及角值
			盘左	盘右					
			(° ′ ″)	(° ′ ″)	(° ′ ″)	(° ′ ″)	(° ′ ″)	(° ′ ″)	
1	2	3	4	5	6	7	8	9	10
O	1					(0 02 10)			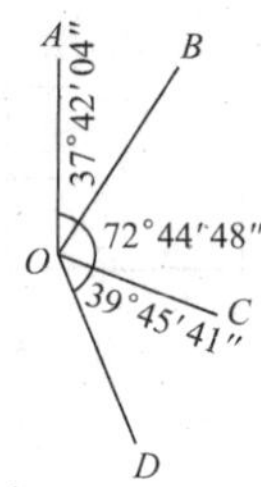
		A	0 02 12	180 02 00	+12	0 02 06	0 00 00	0 00 00	
		B	37 44 15	217 44 05	+10	37 44 10	37 42 04	37 42 06	
		C	110 29 04	290 28 52	+12	110 28 58	110 26 48	110 26 52	
		D	150 14 51	330 14 43	+8	150 14 47	150 12 37	150 12 33	
		A	0 02 18	180 02 08	+10	0 02 13			
	2					(90 03 24)			
		A	90 03 30	270 03 22	+8	90 03 26	0 00 00		
		B	127 45 34	307 45 28	+6	127 45 31	37 42 07		
		C	200 30 24	20 30 18	+6	200 30 21	110 26 57		
		D	240 15 57	60 15 49	+8	240 15 53	150 12 29		
		A	90 03 25	270 03 18	+7	90 03 22			

（3）盘右位置，倒转望远镜，逆时针方向旋转照准部依次照准目标 A、D、C、B 和 A，分别读取水平度盘读数，并依次记入观测手簿（表 3－3），称为下半测回。同样注意检核归零差。

这样就完成了一测回。如果为了提高精度需要测 n 个测回时，仍然需要配度盘，即每个测回的起始目标读数按 $180°/n$ 的原则进行配置，如表中测了两测回。

（4）计算　方向法测角的记录、计算见表 3－3。

①计算二倍视准轴误差 $2c$ 值　同一方向，盘左和盘右读数之差，即 $2c$ ＝盘左读数－（盘右读数±180°），表中第一测回目标 B 为

$$2c = 37°44'15'' - (217°44'05'' - 180°) = +10''$$

将各方向 $2c$ 值记入表的第 6 栏中。

同一测回各方向 2c 互差 对于 DJ_2 型经纬仪不应超过±13″；DJ_6 型经纬仪一般没有 2c 互差的规定。

②计算各方向的平均值 如 2c 互差在规定的范围以内，取同一方向盘左和盘右的平均值，就是该方向的方向值。

方向值=1/2［盘左读数+（盘右读数±180°）］

例如，起始目标 A 的方向值为 0°02′06″，由于归零，另有一个方向值为 0°02′13″，因此取两个方向值的平均值 0°02′10″，作为目标 A 的最后方向值，记入表 3-3 中第 7 栏的第一行目标 A 的方向值上面的括号里。

③计算归零后的方向值 将起始方向值换算为 0°00′00″，即从各方向值的平均值中减去起始方向值的平均值，即得各方向的“归零后方向值”，填入表中第 8 栏相应位置。

④计算各测回归零后方向值的平均值 各测回中同一方向归零后的方向值较差限差：DJ_6 型经纬仪为 24″；DJ_2 型经纬仪为 9″。当观测结果在规定的限差范围内时，取各测回方向的平均值作为该方向的最后结果，填入表中第 9 栏相应位置。

最后根据各测回归零后方向值的平均值计算各水平角的角值并注于备注栏简图上。

任务五 竖直角测量方法

一、竖直角测量原理

1. 竖直角定义

竖直角是在同一竖直面内，一点到目标的方向线与水平线之间的夹角，又称倾角，用 α 表示。如图 3-14 所示，方向线在水平线上方，竖直角为仰角，在其角值前加“+”；方向线在水平线下方，竖直角为俯角，在其角值前加“-”。竖直角的角值范围为-90°～+90°。

2. 竖直角测量原理

同水平角测量原理，竖直角是利用其竖直度盘来度量的。如图 3-14 所示，望远镜照准目标的方向线与水平线分别在竖直度盘上有对应读数，两读数之差即为竖直角的角值。由于在过 O 点的铅垂线上不同的位置设置竖直度盘时，所测竖直角值不同，所以应引起注意，必要时需要量仪器高和目标高。

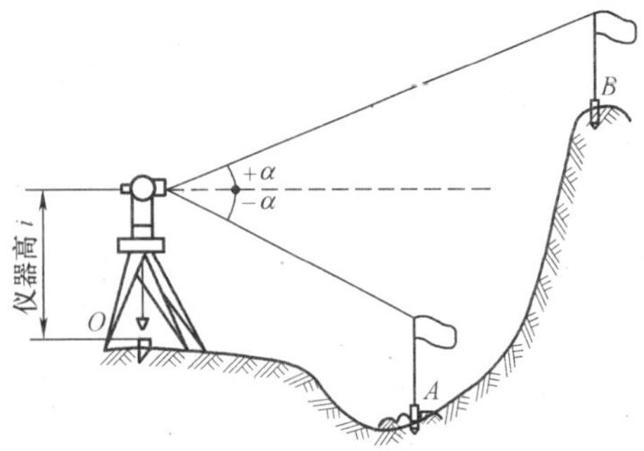

图 3-14 竖直角测量原理

二、竖直度盘的构造

如图 3-15 所示，光学经纬仪竖直度盘的构造包括竖直度盘、竖盘读数指标、竖盘指标水准管和竖盘指标水准管微动螺旋。

竖直度盘固定在望远镜水平轴的一端，与水平轴垂直，且二者中心重合。望远镜与竖直度盘固连在一起，当仪器整平后，竖直度盘随望远镜在竖直面内转动；而竖盘读数指标固定于指定位置，不随望远镜转动。

竖盘读数指标与竖盘指标水准管固连在一起，通过竖盘指标水准管的微动螺旋，使水准管气泡居中，指标处于正确位置。

光学经纬仪的竖直度盘也是由玻璃制成，其度盘刻划按 0°～360°注记，其形式有顺时针和逆时针方向注记两种。图 3 - 16 所示为顺时针方向注记。

竖盘构造的特点：当望远镜视线水平、竖盘指标水准管气泡居中时，盘左和盘右位置的竖盘读数均为 90°或 90°的整数倍。

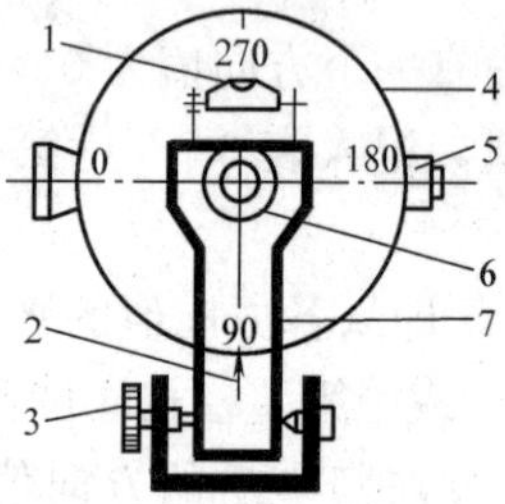

图 3 - 15　竖直度盘的构造

1—竖盘指标水准管；2—竖盘指标；3—竖盘指标水准管微动螺旋；4—竖盘；5—望远镜；6—水平轴；7—框架

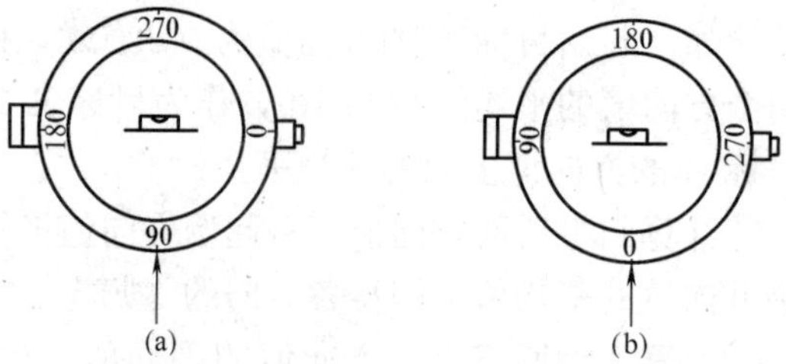

图 3 - 16　竖直度盘刻度注记（盘左位置）

三、竖直角计算公式

根据竖直角测量原理，竖直角是在同一竖直面内目标方向线与水平线的夹角，测定竖直角也就是测出这两线在竖直度盘上的读数差。尽管竖直度盘的注记形式不同，但是根据其构造特点，当视准轴水平时，不论是盘左还是盘右，竖盘的读数都有个定值，正常状态应该是 90°的整数倍。所以测定竖直角，实际上只对视线照准目标进行读数。

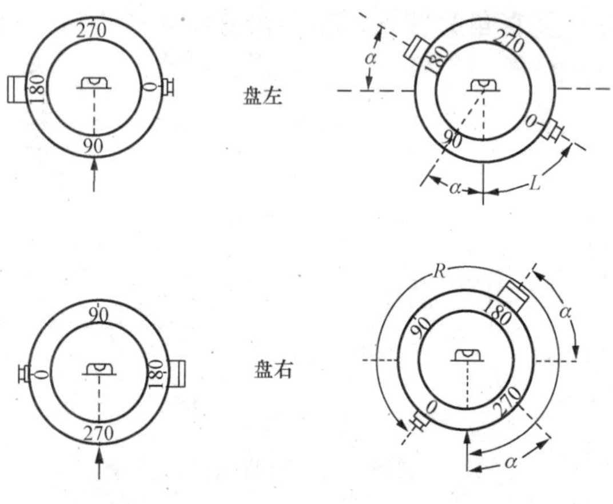

图 3 - 17　竖直角公式推导

现以顺时针注记的竖盘为例来推导竖直角计算公式。如图 3 - 17 所示，设盘左时瞄准目标的读数为 L，盘右时瞄准目标的读数为 R，盘左和盘右位置所测竖直角分别用 α_L 和 α_R 表示，则其公式为

$$\alpha_L = 90° - L \tag{3-2}$$

$$\alpha_R = R - 270° \tag{3-3}$$

在实际操作仪器观测竖直角之前，将望远镜大致放置水平，观察一个读数，首先确定视线水平时的读数；然后上仰望远镜，观测竖盘读数是增加还是减少，若读数增加，则竖直角的计算公式为

$$\alpha = (\text{瞄准目标时的读数}) - (\text{视线水平时的读数})$$

若读数减少，则

$$\alpha = (\text{视线水平时的读数}) - (\text{瞄准目标时的读数})$$

四、竖直角观测

如图 3 - 14 所示，竖直角的观测、记录和计算步骤如下：

（1）准备工作　在测站点 O 安置经纬仪（包括对中和整平），按前述方法确定仪器竖直角计算公式，为方便应用，可将公式记录于竖直角观测手簿（表 3 - 4）备注栏中。

（2）盘左位置　调焦与照准目标 A，使十字丝横丝精确地切于目标顶端。转动竖盘指标水准管微动螺旋，使水准管气泡严格居中，然后读取竖盘读数 L，设为 97°12′00″，记入竖直角观测手簿（表 3-4）。

（3）盘右位置，重复步骤 2，设其读数 R 为 262°47′24″。

（4）根据竖直角计算公式计算，得

$$\alpha_L = 90° - L = 90° - 97°12'00'' = -7°12'00''$$

$$\alpha_R = R - 270° = 262°47'24'' - 270° = -7°12'36''$$

则一测回竖直角为

$$\alpha = 1/2(-7°12'00'' - 7°12'36'') = -7°12'18''$$

将计算结果分别记入手簿，其角值为负，显然是俯角。同理观测目标 B，其结果是正值，说明是仰角。

表 3-4　　竖直角观测手簿

测站	目标	竖盘位置	竖盘读数	半测回竖直角	指标差	一测回竖直角	备注
1	2	3	4	5	6	7	8
O	A	左	97° 12′ 00″	−7° 12′ 00″	−18″	−7° 12′ 18″	
		右	262° 47′ 24″	−7° 12′ 36″			
O	B	左	78° 12′ 36″	11° 47′ 24″	−21″	11° 47′ 03″	
		右	281° 46′ 42″	11° 46′ 42″			

注意在竖直角观测中，每次读数前必须使竖盘指标水准管气泡居中，才能正确读数。为防止遗忘并加快施测速度，有些厂家生产的经纬仪，其竖盘指标采用自动补偿装置，其原理与自动安平水准仪补偿器基本相同，从而明显提高了竖直角观测的速度和精度。

五、竖盘指标差

在竖直角计算公式中，认为当视准轴水平、竖盘指标水准管气泡居中时，竖盘读数应是 90°的整数倍。但是实际上这个条件往往不能满足，竖盘指标常常偏离正确位置，这个偏离的差值角为 x，称为竖盘指标差。竖盘指标差 x 有正、有负，一般规定当竖盘指标偏移方向与竖盘注记方向一致时，x 取正号，反之 x 取负号。

如图 3-18 所示盘左位置，由于存在指标差，其正确的竖直角计算公式为

$$\alpha = (90° + x) - L = \alpha_L + x$$

或 $$\alpha = 90° - (L - x) = \alpha_L + x \tag{3-4}$$

同理，如图 3-18 所示盘右位置，其正确的竖直角计算公式为

$$\alpha = (R - x) - 270° = \alpha_R - x$$

或 $$\alpha = R - (270° + x) = \alpha_R - x \tag{3-5}$$

式（3-4）和式（3-5）相加，并除以 2，得

$$\alpha = 1/2(R - L - 180°) = 1/2(\alpha L + \alpha R) \tag{3-6}$$

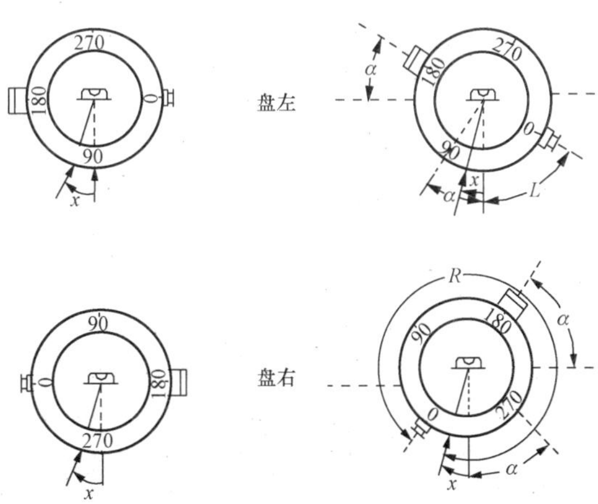

图 3-18　竖盘指标差

由此可见，在竖角测量时，用盘左、盘右法测竖直角可以消除竖盘指标差的影响。

将式（3-4）和式（3-5）相减，得

$$2x=(R+L)-360° \tag{3-7}$$

$$x=1/2[(R+L)-360°] \tag{3-8}$$

式（3-8）为竖盘指标差的计算式。指标差互差，即所求指标差之间的差值可以反映观测成果的精度。有关规范规定：竖直角观测时，指标差互差的限差：DJ_2 型仪器不得超过 ±15″；DJ_6 型仪器不得超过 ±25″。

任务六　经纬仪的检验与校正

测量规范要求，在正式作业前，应对经纬仪进行检验和校正。仪器检校合格后方可使用。

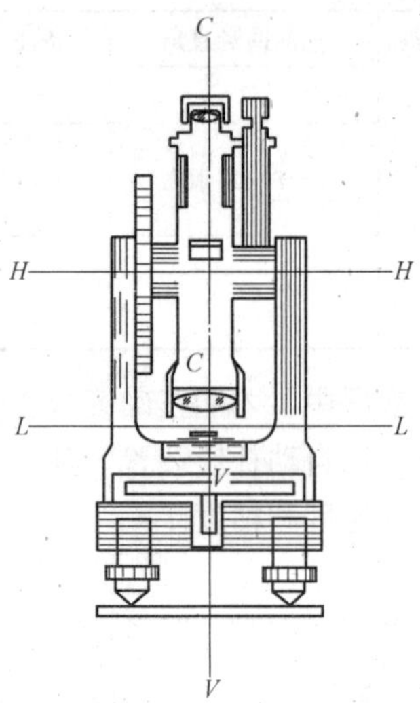

图 3-19　经纬仪的主要轴线

一、经纬仪的主要轴线及其应满足的几何关系

1. 经纬仪的主要轴线

如图 3-19 所示，经纬仪的主要轴线有：竖轴（VV）、横轴（HH）、视准轴（CC）和水准管轴（LL）。

2. 经纬仪各轴线间应满足的几何关系

（1）水准管轴应垂直于竖轴（$LL \perp VV$）。

（2）十字丝纵丝应垂直于水平轴。

（3）视准轴应垂直于水平轴（$CC \perp HH$）。

（4）水平轴应垂直于竖轴（$HH \perp VV$）。

（5）望远镜视准轴水平、竖盘指标水准管气泡居中时，指标读数应为 90°的整倍数，即竖盘指标差为零。

经纬仪在出厂时，上述几何条件是满足的。但是，由于仪器长期使用或受到碰撞、振动等影响，均能导致轴线位置发生变化。所以，在正式作业前，应对经纬仪进行检验，如发现上述几何关系不满足，必须校正，直到满足为止。

二、经纬仪的检验与校正

1. 水准管轴的检验与校正

（1）检验　首先利用圆水准器粗略整平仪器，然后转动照准部使水准管平行于任意两个脚螺旋的连线方向，调节这两个脚螺旋使水准管气泡居中，再将仪器旋转 180°，如水准管气泡仍居中，说明水准管轴与竖轴垂直；若气泡不再居中，则说明水准管轴与竖轴不垂直，需要校正。

（2）校正　如图 3-20（a）所示，设竖轴与水准管轴不垂直，偏离了 α 角，则当仪器绕竖轴旋转 180°后，竖轴不垂直于水准管轴的偏角为 2α，如图 3-20（b）所示。

校正时，用校正针拨动水准管一端的校正螺钉，使气泡回到偏离中心位置的一半，即图 3-20（c）所示位置，此时水准管轴与竖轴垂直，然后再相对转动这两只脚螺旋，使气泡居中，如图 3-20（d）所示。

此项检校需要反复进行，直至仪器旋转到任意方向，气泡仍然居中或偏离零点不大于半

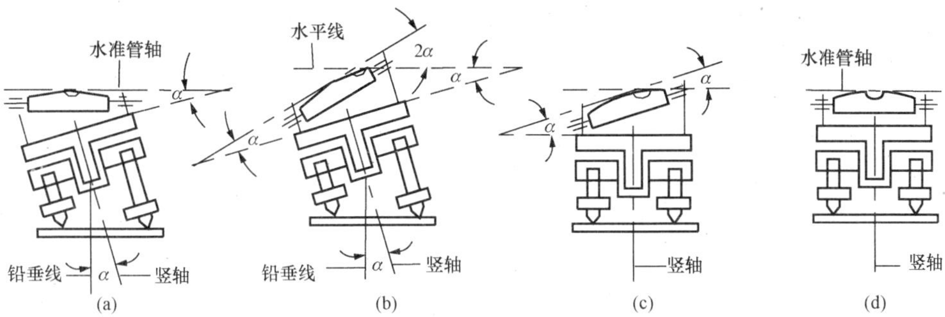

图 3 - 20 水准管轴的检验与校正

格为止。

2. 十字丝纵丝的检验与校正

(1) 检验 首先整平仪器，用十字丝纵丝的上端或下端精确照准远处一明显的目标点，如图 3 - 21 所示，然后制动照准部和望远镜，转动望远镜微动螺旋使望远镜绕横轴作微小俯仰，如果目标点始终在纵丝上移动，说明条件满足，如图 3 - 21（a）所示；否则需要校正，如图 3 - 21（b）所示。

(2) 校正 常见结构如图 3 - 22 所示，是将装有十字丝环的目镜筒用压环和四个压环螺钉与望远镜筒相连接。校正时，先旋下目镜分划板护盖，松开四个压环螺钉，转动目镜筒，使目标点在望远镜上下俯仰时始终在十字丝纵丝上移动为止，最后将压环螺钉拧紧，拧上护盖。

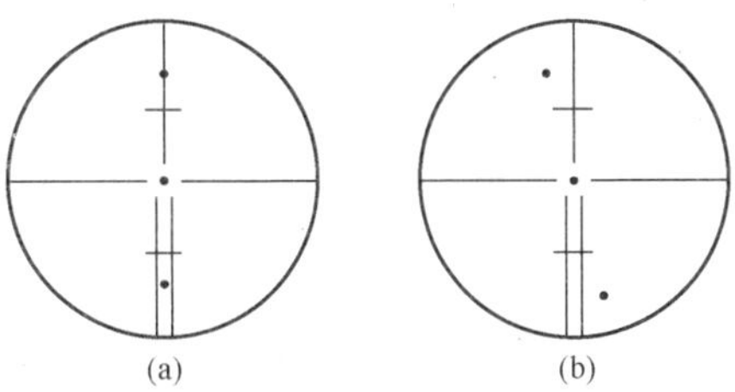

图 3 - 21 十字丝纵丝的检验

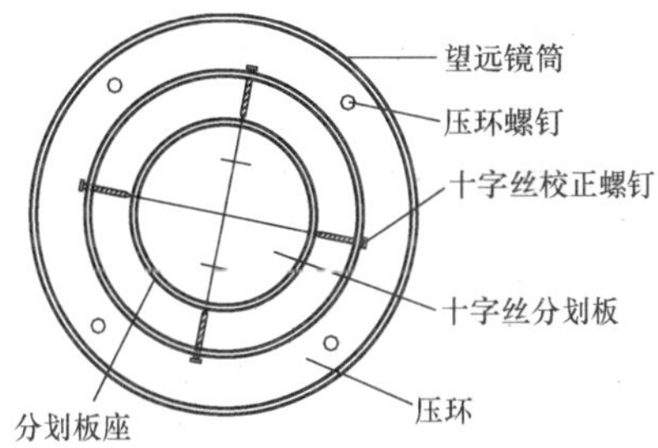

图 3 - 22 十字丝纵丝的校正

3. 望远镜视准轴的检验与校正

视准轴不垂直于水平轴所偏离的角值 c 称为视准轴误差。具有视准轴误差的望远镜绕水平轴旋转时，视准轴将扫过一个圆锥面，而不是一个平面。这样观测同一竖直面内不同高度的点，水平度盘的读数将不相同，从而产生测角误差。

这个误差通常认为是由于十字丝交点在望远镜筒内的位置不正确而产生的，其检校方法如下：

(1) 检验。

①在平坦地面上选择一条长约 100m 的直线 AB，将经纬仪安置在 A、B 两点的中点 O 处，如图 3 - 23 所示，并在 A 点设置一瞄准标志，在 B 点横放一根刻有毫米分划的尺子，使尺子与 OB 尽量垂直，标志、尺子应大致与仪器同高。

②用盘左瞄准 A 点，制动照准部，倒转望远镜在 B 点，尺上读数为 B_1，如图 3 - 23（a）所示。

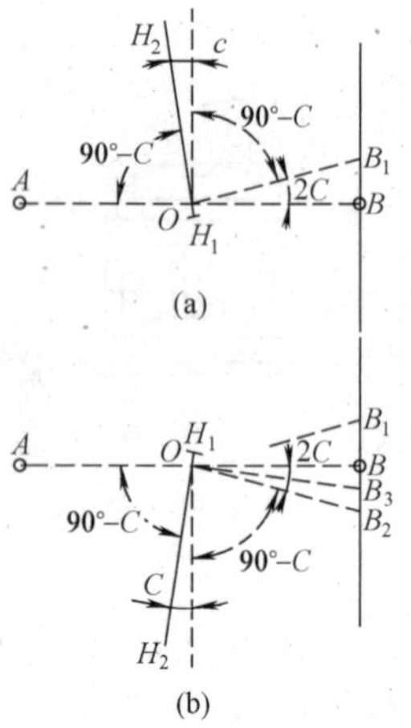

图 3-23 视准轴的检验
（a）盘左；（b）盘右

③用盘右再瞄准 A 点，制动照准部，倒转望远镜再在 B 点，尺上读数为 B_2，如图3-23（b）所示。

若 B_1 与 B_2 两读数相同，则说明条件满足。如不相同，由图可知，$\angle B_1OB_2=4c$，由此算得

$$c''=B_1B_2\times\rho''/4D$$

式中 D——O 点到尺子的水平距离，若 $c''>60''$，则必须校正。

（2）校正 校正时，在尺子上定出一点 B_3，使 $B_2B_3=B_1B_2/4$，OB_3 便与横轴垂直。所以，用拨针拨动图 3-22 中左右两个十字丝校正螺钉，一松一紧，左右移动十字丝分划板，直至十字丝交点与 B_3 影像重合。这项校正也需反复进行。

4. 水平轴的检验与校正

若水平轴不垂直于竖轴，则仪器整平后竖轴虽已竖直，水平轴并不水平，因而视准轴绕倾斜的水平轴旋转所形成的轨迹是一个倾斜面。这样，当照准同一铅垂面内高度不同的目标点时，水平度盘的读数并不相同，从而产生测角误差，影响测角精度，因此必须进行检校，方法如下：

（1）检验

①在距一垂直墙面 20～30m 处，安置经纬仪，整平仪器，如图 3-24 所示。

②盘左位置，照准墙上部某一明显目标 P，仰角稍大于 30°为宜。

③然后制动照准部，放平望远镜在墙上标定 A 点。

④倒转望远镜成盘右位置，仍照准 P 点，再将望远镜放平，标定 B 点。

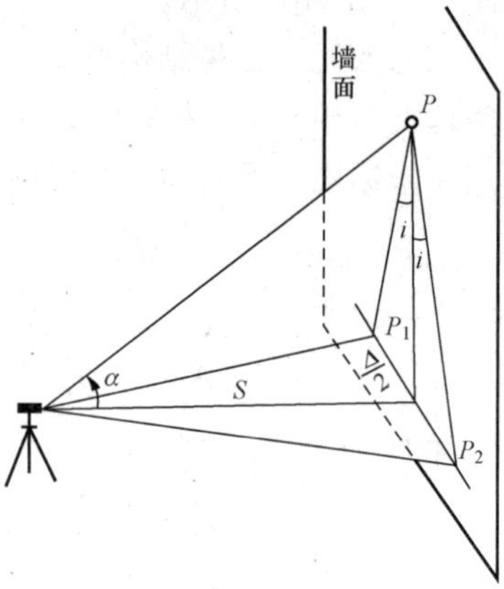

图 3-24 水平轴的检验

若 A、B 两点重合，说明水平轴是水平的，水平轴垂直于竖轴；否则，说明水平轴倾斜，水平轴不垂直于竖轴，设 P_1、P_2 两点距离为 Δ，则有

$$i=\frac{\Delta\cot\alpha}{2S}\rho'',\rho''=206265 \tag{3-9}$$

式中 α——照准高点 P 的竖直角；

S——仪器中心至墙壁之间的距离，m。

当 $i>\pm1''$时，应进行校正。

（2）校正。

①在墙上定出 A、B 两点连线的中点 M，仍以盘右位置转动水平微动螺旋，照准 M 点，转动望远镜，仰视 P 点，这时十字丝交点必然偏离 P 点，设为 P'点。

②打开仪器支架的护盖，松开望远镜水平轴的校正螺钉，转动偏心轴承，升高或降低水平轴的一端，使十字丝交点准确照准 P 点，最后拧紧校正螺钉。

由于光学经纬仪密封性好，仪器出厂时又经过严格检验，一般情况下水平轴不易变动。但测量前仍应加以检验，如有问题，最好送专业修理单位检修。

5. 竖盘指标差的检验与校正

（1）检验　安置仪器，用盘左、盘右两个镜位观测同一目标点，分别使竖盘指标水准管气泡居中，读取竖盘读数 L 和 R，用式（3-8）计算竖盘指标差 x，若 x 值超过 $1'$ 时，应进行校正。

（2）校正　先计算出盘右（或盘左）时的竖盘正确读数 $R_0=R-x$（或 $L_0=L-x$），仪器仍保持照准原目标，然后转动竖盘指标水准管微动螺旋，使竖盘指标在 R_0（或 L_0）上，此时竖盘指标水准管气泡不再居中了，用校正针拨动水准管一端的校正螺钉，使气泡居中。

此项检校亦须反复进行，直至指标差小于规定的限度为止。

任务七　水平角观测的误差来源及消减措施

水平角观测的误差来源主要有三方面：仪器误差、观测误差和外界条件的影响。只有了解这些误差产生的原因和规律，才能自觉地有针对性地采取相应措施，尽量消除或减小误差，从而提高测量的精度与速度。

一、仪器误差

仪器误差可分为两部分：一是由于仪器制造和加工不完善而引起的误差，如度盘分划不均匀，水平度盘中心和仪器竖轴不重合而引起度盘偏心误差；这些误差不能通过检校来消除或减小，只能用适当的观测方法予以消除或减弱。二是由于仪器检校不完善而引起的误差，如望远镜视准轴不垂直于水平轴、水平轴不垂直于竖轴、水准管轴不垂直于竖轴等。这些仪器检校后的残余误差，可以采用适当的观测方法来消除或减弱其影响。

消除或减弱上述误差的具体方法如下：

（1）采用盘左、盘右两个位置取平均值的方法，可以消除视准轴不垂直于水平轴、水平轴不垂直于竖轴和水平度盘偏心等误差的影响。

（2）采用变换度盘位置观测取平均值的方法，可以减弱由于水平度盘分划不均匀给测角带来的误差影响。

（3）仪器竖轴倾斜引起的水平角测量误差，无法采用一定的观测方法来消除。因此，在经纬仪使用之前应严格检校，确保水准管轴垂直于竖轴；尤其是在视线倾斜较大的地区测量水平角时，要特别注意仪器的严格整平。

二、观测误差

1. 对中误差

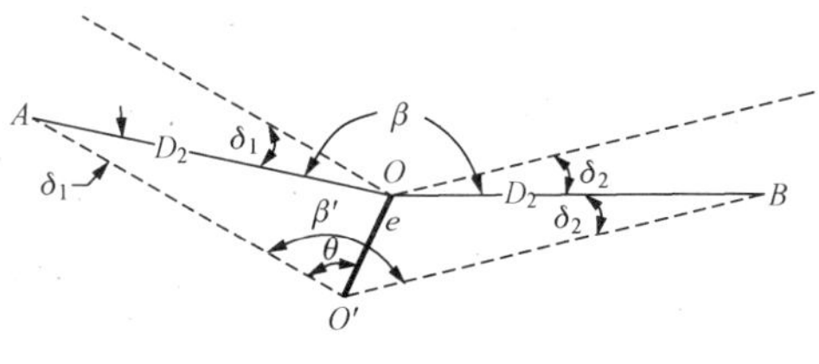

图 3-25　对中误差示意图

如图 3-25 所示，O 为测站点，O' 为仪器中心，仪器对中误差对水平角的影响，与测站点的偏心距 e、边长 D，以及观测方向与偏心方向的夹角 θ 有关。观测的角值 β' 与正确的角值 β 之间的关系为

$$\beta=\beta'+(\delta_1+\delta_2)$$

因 δ_1 和 δ_2 很小，故

$$\delta_1=\rho''/D_1\cdot e\cdot \sin\theta$$

$$\delta_2 = \rho''/D_2 \cdot e \cdot \sin(\beta' - \theta)$$

故仪器对中误差对水平角的影响为

$$\delta = \delta_1 + \delta_2 = \rho'' \cdot e \cdot [\sin\theta/D_1 + \sin(\beta' - \theta)/D_2] \tag{3-10}$$

当 $\beta'=180°$，$\theta=90°$时，δ 最大。设 $D_1 = D_2 = 100\text{m}$，$e=3\text{mm}$，则

$$\delta = 2e/D \cdot \rho'' = 2 \times 3/(100 \times 10^3) \times 206265'' = 12''$$

由式（3-10）可见，仪器对中误差对水平角的影响与偏心距成正比，与测站点到目标的距离 D 成反比，e 愈大，距离愈短，误差 δ 愈大。而且此项误差不能用观测方法来消除，因此，当边长较短时，更应注意仪器的对中，把对中误差限制到最小的限度。精度较高的光学经纬仪上都装配有光学对中器，以提高对中的精度。一般规定在观测过程中，对中误差不得大于 3mm。

2. 整平误差

整平误差引起的竖轴倾斜误差，在同一测站竖轴倾斜的方向不变，其对水平角观测的影响与视线倾斜角有关，倾角越大，影响也越大。因此，如前所述，应注意水准管轴与竖轴垂直的检校和使用中的整平。一般规定在观测过程中，水准管偏离零点不得超过一格。

3. 目标偏心误差

水平角观测时，常用标杆或其他工具立于目标点上作为照准标志，当标杆倾斜或没有立在目标点的中心时，将产生目标偏心误差。如图 3-26 所示，设 L 为标杆长度，α 为标杆与铅垂线的夹角，目标的偏心距 $e' = L \cdot \sin\alpha$。目标偏心对水平角观测的影响与对中误差的影响类似，当偏心方向与观测方向垂直时，对水平角测量的影响最大，其误差为

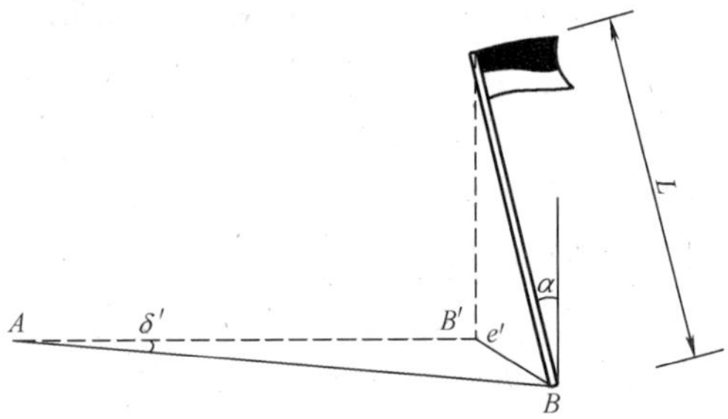

图 3-26　目标偏心误差示意图

$$\delta' = e'/D \cdot \rho'' = L \cdot \sin\alpha/D \cdot \rho'' \tag{3-11}$$

设标杆长为 2m，标杆倾斜 $\alpha=15'$，而边长$=100\text{m}$，则

$$\delta' = 2 \times \sin 15' \times 206265''/100$$
$$= 2 \times 0.0044 \times 206265''/100 = 18''$$

由式（3-11）可见，边长愈短，偏心距愈大，目标偏心误差对水平角观测的影响愈大；同时，照准标志愈长、倾角愈大，偏心距愈大。因此，在水平角观测中，除注意把标杆立直外，还应尽量照准目标的底部。边长愈短，更应注意。

4. 照准误差

影响望远镜照准精度的因素主要有人眼的分辨能力，望远镜的放大倍率，以及目标的大小、形状、颜色和大气的透明度等。

正常人眼睛的最小分辨角为 60″，即当所观测的两点在眼睛构成的视角小于 60″时就不能分辨。当使用放大倍率为 V 的望远镜照准目标时，眼睛的鉴别能力可提高 V 倍，此时用该仪器的照准误差为 $60''/V$。一般 DJ_6 型光学经纬仪望远镜的放大倍率为 25～30 倍，因此其照准误差一般为 2″～4″。

此外，在观测中应尽量消除视差，选择适宜的照准标志，熟练操作仪器，掌握照准方法，并仔细照准以减小误差。

5. 读数误差

读数误差主要取决于仪器的读数设备，同时也与照明情况和观测者的经验有关。对于 DJ_6 型光学经纬仪，用分微尺测微器读数，一般估读误差不超过分微尺最小分划的十分之一，即不超过 6″。如果反光镜进光情况不佳，读数显微镜调焦不好，以及观测者的操作不熟练，则估读的误差可能会超过 6″。因此，读数时必须仔细调节读数显微镜，使度盘与测微尺分划影像清晰，也要仔细调整反光镜，使影像亮度适中，然后再仔细读数。使用测微轮时，一定要使度盘分划线位于双指标线正中央。

对于 DJ_2 型光学经纬仪来说，原理相同，不再详述。

三、外界条件的影响

外界条件的影响很多，如大风、松软的土质会影响仪器的稳定，地面的辐射热会引起物象的跳动，观测时大气透明度和光线的不足会影响照准精度，温度变化影响仪器的正常状态等等，这些因素都直接影响测角的精度。因此，要选择有利的观测时间和避开不利的观测条件，使这些外界条件的影响降低到较小的程度。例如，安置经纬仪时要踩实三脚架腿；晴天观测时要打测伞，以防止阳光直接照射仪器；观测视线应尽量避免接近地面、水面和建筑物等，以防止物像跳动和光线产生不规则的折光，使观测成果受到影响。

任务八 电子经纬仪及其应用

电子经纬仪是在光学经纬仪的基础上发展起来的新一代测角仪器，它由精密光学器件、机械器件、电子扫描度盘、电子传感器和微处理器组成。在微处理器的控制下，按度盘位置信息，自动以数字显示角值（水平角、竖直角）。测角精度有：6″、5″、2″、1″等多种。电子经纬仪可广泛应用于国家和城市的三、四等三角测量，用于铁路、公路、桥梁、水利、矿山等方面的工程测量，也可用于建筑、大型设备的安装，应用于地籍测量、地形测量和多种工程测量。

一、电子经纬仪的主要特点

（1）采用电子测角系统，实现了测角自动化、数字化，能将测量结果自动显示出来，减轻了劳动强度，提高了工作效率。

（2）可与光电测距仪组合成全站型电子速测仪，配合适当的接口可将观测的数据输入计算机，实现数据处理和绘图自动化。

二、电子经纬仪测角原理

电子经纬仪仍然是采用度盘来进行测角的。与光学测角仪器不同的是，电子测角是从度盘上取得电信号，根据电信号再转换成角度，并自动以数字方式输出，显示在显示器上。电子测角度盘根据取得信号的方式不同，可分为光栅度盘测角、编码度盘测角和电栅度盘测角等。

图 3-27 所示为 DJD_2 型电子经纬仪，该仪器采用光栅度盘测角，水平、竖直度盘显示读数分辨率为 1″，测角精度可达 2″。图 3-28 所示为液晶显示窗和操作键盘。键盘上有 6 个键，可发出不同指令。液晶显示窗中可显示提示内容、竖直角（V）和水平角（HR）。

三、电子经纬仪的使用

电子经纬仪使用前，首先要在测站点上安置仪器，在目标点上安置目标，然后调焦与照

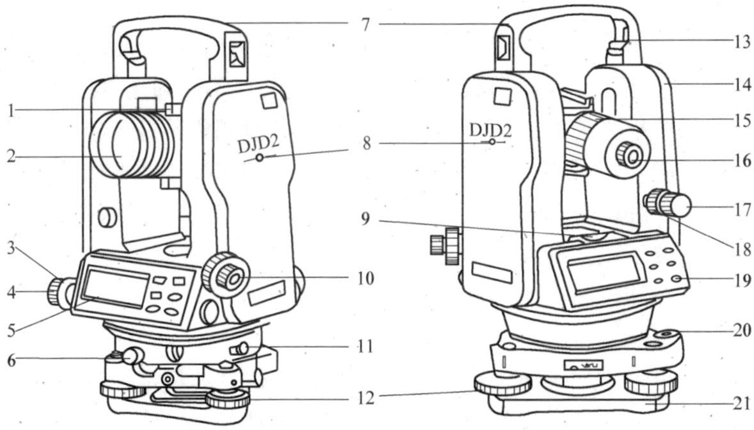

图 3-27 DJD_2 型电子经纬仪

1—粗瞄准器；2—物镜；3—水平微动螺旋；4—水平制动螺旋；5—液晶显示屏；6—基座固定螺旋；7—提手；8—仪器中心标志；9—水准管；10—光学对点器；11—通信接口；12—脚螺旋；13—手提固定螺钉；14—电池；15—望远镜调焦手轮；16—目镜；17—垂直制动手轮；18—垂直微动手轮；19—键盘；20—圆水准器；21—底板

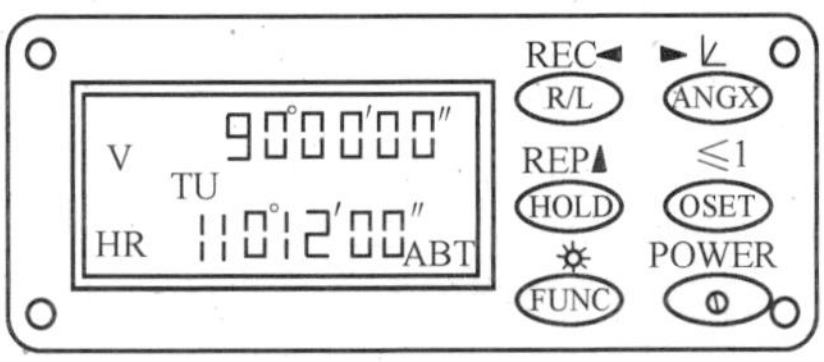

图 3-28 DJD_2 型电子经纬仪的显示窗和操作键盘

准目标，最后在操作键盘上按测角键，显示屏上即显示角度值。对中、整平以及调焦与照准目标的操作方法与光学经纬仪一样。

1. 开机、关机

（1）按＊键开机，接通电源，显示器上首先显示全部符号，然后显示要求垂直角置零的符号。

（2）旋转望远镜使垂直角置零。

（3）长按＊键（超过 2min）可关闭电源，关机。

2. 更换电池

拆卸电池（按下两侧钩块取下电池）。

安装电池（按下两侧钩块将电池朝仪器方向推动直至电池卡入位置为止）。

3. 角度测量

（1）水平角右旋增量和垂直角测量（确定处于测角模式）见表 3-5。

表 3-5　水平角右旋增量和垂直角测量

操作过程	显　示
1. 照准第一个目标 A	
2. 连续按（置零）键两次，把目标 A 的水平角置于 0°、00′、00″	垂直水平 13—03—25　8：21 90°00′00″ 0°00′00″
3. 照准第二个目标 B，得到目标 B 的水平角和垂直角	垂直水平 13—03—25　8：21 90°00′00″ 40°06′18″

（2）水平角右旋增量 HR 和左旋增量 HL 转换（确定处于测角模式）见表 3-6。

表 3-6 水平角右旋增量 HR 和左旋增量 HL 转换

操作过程	显示
1. 照准第一个目标 A	垂直水平 13—03—25 8：21 90°00′00″ 右 0°00′00″
2. 按（左/右）键，水平角度由右旋增量模式转换到左旋增量模式	垂直水平 13—03—25 14：38 90°00′00″ 左 359°00′00″
3. 以左旋增量模式进行测量	
每一次按动（左/右）键，两种测量模式交替转换	

（3）水平角度设置见表 3-7。

表 3-7 水 平 角 度 设 置

操作过程	显示
1. 转动微动手轮，设置水平角度	垂直水平 13—03—25 14：38 90°00′00″ （右）30°00′00″
2. 连续按（锁定）键两次，水平角度值锁定	垂直水平 13—03—25 14：38 90°00′00″ （左）30°00′00″ 锁定
3. 照准目标	
4. 按动（锁定）键，水平角度解除锁定	垂直水平 13—03—25 14：38 90°00′00″ （右）30°00′00″

（4）重复角度测量（确定处于测角模式）见表 3-8。

表 3-8 重 复 角 度 测 量

操作过程	显示
1. 按动（☼）键，再按动（锁定）键，进入复测模式	水平 13—03—25 14：38 N—0 T1 右 30°00′00″ 复测 切换
2. 照准第一个目标 A	

续表

操作过程	显示
3. 转动（置零）键，将每一目标读数置为 0°00′00″	水平　13—03—25　14：38 N—0　T2 右　0°00′00″ 复测　　切换
4. 照准第二个目标 B	
5. 按动（锁定）键，将水平角锁定	水平　13—03—25　14：38 N—0　T2 右　45°00′08″ 复测　切换
6. 松开水平度盘制动，再次照准目标 A	
7. 按动（置零）键，将第一个目标读数置为 0°00′00″	水平　13—03—25　14：38 N—1　　T2 右　0°00′00″ 复测　　切换
8. 松开水平度盘制动，再次照准目标 B	水平　13—03—25　14：38 N—1　T2 右　0°00′00″ 复测　　切换
9. 按动（锁定）键，水平角显示两次测角之角度平均值	水平　13—03—25　14：38 N—2　T1 右　45°00′07″ 复测　　切换
10. 重复 2～8 的步骤，可进行所需的复测次数的测量	
Ⅰ. 复测模式，复测次数应限定在 9 次以内，超过 9 次，仪器将显示错误信息。 Ⅱ. 在进行复测时，每次测量水平角互差≥30″时，仪器将显示错误信息，可以从第二步重新做起。 Ⅲ. 按动（[illegible]），退出复测模式	

（5）坡度测量（确定处于测角模式）见表 3-9。

表 3-9　　坡　度　测　量

操作过程	显示
1. 按动（坡度）键，垂直角转换为坡度值显示	垂直水平 13—03—25　14：38 —3.108　% 右　30°00′00″
2. 再次按动（坡度）键，坡度值返回角度值显示	垂直水平 13—03—25　14：38 91°46′50″ 右　30°00′00″
每次按动（坡度）键，显示模式将会交替进行转换，在显示坡度值时，从望远镜水平位置开始算起，当测量角度超过正负 100%，垂直坡度将显示（EEEE. EEEE）	

4. 数据记录及串行通信

DJD2-C 系列仪器具有数据记录功能，可将测量的角度、距离数据记录在仪器内存（可存储 500 组数据）或向串口发送。存储或发送的数据含有时间信息，在进行数据记录前需设置记录媒介。

（1）RS-232C 串行通信。DJD2-C 系列仪器配有 RS-232C 串行通信接口，通过通信电缆使 DJD2-C 系列与电子计算机或电子手簿相连接，可将 DJD2-C 系列仪器的观测值输至计算机或数据采集器。注意接口位于垂直手轮的下方，显示器在侧方。

（2）数据记录。DJD2-C 系列在不同的测量模式下，按下（*）键，再按下（坡度）键，可将测量结果从仪器传输到计算机或电子手簿（功能设置中记录媒介选择串口），或直接记录至仪器内存（功能设置中记录媒介选择仪器内存）。

5. 内存模式

在内存模式下，可以将内存中数据清除，也可将内存中数据发送至串口，具体操作见表 3-10。

表 3-10　　内 存 操 作 步 骤

操作过程	显示
1. 按住［坡度（记录）］键，开机，进入内存模式。第一行显示为内存中的有效数据数目	07—03—06　8：21 N　3 ………… 、、、、
2. 按下［坡度（记录）］键，第二行显示闪烁，仪器向串口发送内存全部数据，数据发送完后，停止闪烁	07—03—06　8：21 N　3 ………… 、、、、
3. 按下［锁定］键，第一行显示闪烁，5s 时间内再次按下［锁定］键，则删除内存全部数据，完成操作后，仪器退出内存模式	08—03—20　14：38 垂直　91°46′50″ 水平（右）30°00′00″ 、、、、
内存模式下，按动［☼］键，退出内存模式，返回测角模式	

在 DJD_2 型电子经纬仪支架上可以加装红外测距仪，与电子手簿相结合，可组成组合式电子速测仪。能测水平角、竖直角、水平距离、斜距、高差、点的坐标数值等。

思考题与习题

1. 何谓水平角？若某测站点与两个不同高度的目标点位于同一竖直面内，那么其构成的水平角是多少？

2. 对照图 3-2，简述各部件和螺旋的作用。

3. 观测水平角时，对中整平的目的是什么？试述用光学对点器对中整平的步骤和方法。

4. 为什么安置经纬仪比安置水准仪的步骤复杂？

5. 简述测回法测水平角的步骤。

6. 完成表 3-11 测回法测水平角的计算。

表 3-11　　测 回 法 观 测 手 簿

测站	竖盘位置	目标	水平度盘读数 (° ′ ″)	半测回角值 (° ′ ″)	一测回角值 (° ′ ″)	各测回平均角值 (° ′ ″)	备　注
第一测回 O	左	A	0 01 00				
		B	97 18 48				
	右	A	180 01 30				
		B	277 19 12				
第二测回 O	左	A	90 00 06				
		B	187 17 36				
	右	A	270 00 36				
		B	7 18 00				

7. 观测水平角时，若测三个测回，各测回盘左起始方向读数应配为多少？

8. 分述具有复测扳手和度盘变换手轮装置的经纬仪的配零步骤。

9. 完成表 3-12 全圆方向观测法观测水平角的计算。

表 3-12　　全圆方向法观测手簿

测站	测回数	目标	水平度盘读数 盘左 (° ′ ″)	水平度盘读数 盘右 (° ′ ″)	2c=左－(右±180°) (° ′ ″)	平均读数 (° ′ ″)	归零后方向值 (° ′ ″)	各测回归零方向值 (° ′ ″)	略图及角值
O	1	A	0 02 30	180 02 36					
		B	60 23 36	240 23 42					
		C	225 19 06	45 19 18					
		D	290 14 54	110 14 48					
		A	0 02 36	180 02 42					
	2	A	90 03 30	270 03 24					
		B	150 23 48	330 23 30					
		C	315 19 42	135 19 30					
		D	20 15 06	200 15 00					
		A	90 03 24	270 03 18					

10. 计算水平角时，如果被减数不够减时为什么可以再加 360°？

11. 试述竖直角观测的步骤。

12. 请完成表 3-13 的计算（注：盘左视线水平时指标读数为 90°，仰起望远镜读数减小）。

表 3-13 竖直角观测手簿

测站	目标	竖盘位置	竖盘读数 (° ′ ″)	半测回竖直角 (° ′ ″)	指标差 (″)	一测回竖直角 (° ′ ″)	备 注
O	A	左	78 18 18				
		右	281 42 00				
	B	左	91 32 36				
		右	268 27 30				

13. 经纬仪有哪几条主要轴线？各轴线间应满足怎样的几何关系？
14. 采用盘左盘右可消除哪些误差？能否消除仪器竖轴倾斜引起的误差？
15. 当边长较短时，更要注意仪器的对中误差和瞄准误差对吗？为什么？
16. 何谓竖盘指标差？观测竖直角时如何消除竖盘指标差的影响？
17. 电子经纬仪的主要特点是什么？

单元四 距离测量与直线定向

距离测量是测量的三项基本工作之一，其主要任务是测量地面两点之间的水平距离。水平距离是指地面上两点垂直投影在同一水平面上的直线距离，是确定地面点平面位置的要素之一。按照使用工具和量距方法的不同，距离测量的方法有钢尺量距、视距测量、电磁波测距和 GPS 测距等。

钢尺量距是用钢卷尺沿地面丈量距离。该方法适用于平坦地区的短距离量距，易受地形限制。

视距测量是利用经纬仪或水准仪望远镜中的视距丝装置按几何光学原理测距。该方法适用于低精度的短距离量距。

电磁波测距是用仪器接收并发射电磁波，通过测量电磁波在待测距离上往返传播的时间计算出距离。该方法精度高，测程远，适用于高精度的远距离量距。

GPS 测距是利用两台 GPS 接收机接收空间轨道上 4 颗以上 GPS 卫星发射的载波信号，通过一定的测量和计算方法，求出两台 GPS 接收机天线相位中心的距离。

直线定向是确定两点间相对位置关系的必要环节，在此一并介绍。

任务一 钢 尺 量 距

一、量距工具

1. 钢尺

钢尺是用薄钢片制成的带状尺，可卷入金属圆盒内，故又称钢卷尺，如图 4 - 1 所示。尺宽约 10～15mm，长度有 20m、30m 和 50m 等几种。钢尺最小刻划至毫米（少数钢尺只在起点 10cm 内有毫米分划），在每厘米、分米和米分划处注有数字。根据尺的零点位置不同，有端点尺和刻线尺之分，如图 4 - 2 所示，使用中注意区分。

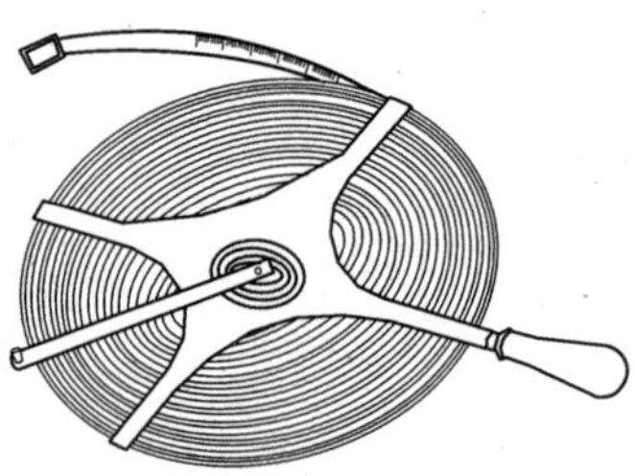

图 4 - 1 钢尺

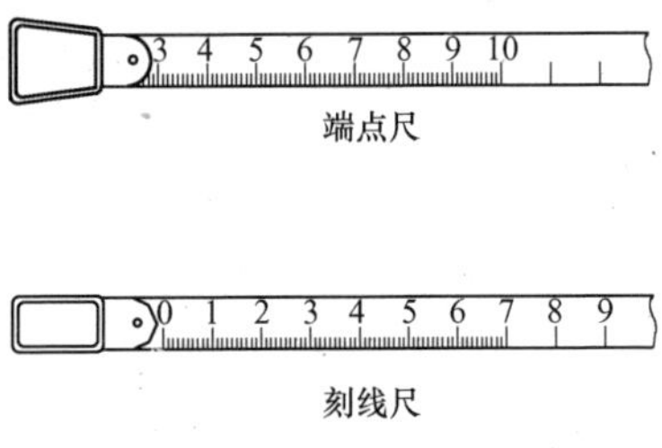

图 4 - 2 端点尺和刻线尺

钢尺抗拉强度高，不易拉伸，所以量距精度较高，在工程测量中常用钢尺量距。钢尺性脆，易折断，易生锈，使用时要避免扭折、防止受潮。

2. 标杆

标杆多用木料或铝合金制成，直径约 3cm、全长有 2m、2.5m 及 3m 等几种规格。杆上油漆成红、白相间的 20cm 色段，非常醒目，标杆下端装有尖头铁脚，如图 4 - 3 所示，便于插入地面，作为照准标志。

3. 测钎

测钎一般用钢筋制成，上部弯成小圆环，下部磨尖，直径 3～6mm，长度 30～40cm。钎上可用油漆涂成红、白相间的色段，穿在圆环中。如图 4-4 所示。量距时，将测钎插入地面，用以标定尺的端点位置和计算整尺段数，亦可作为照准标志。

4. 垂球、弹簧秤和温度计等

垂球用金属制成，上大下尖呈圆锥形，上端中心系一细绳，如图 4-5 所示，悬吊后，要求垂球尖与细绳在同一铅垂线上。它常用于在斜坡上丈量水平距离。

图 4-3　标杆

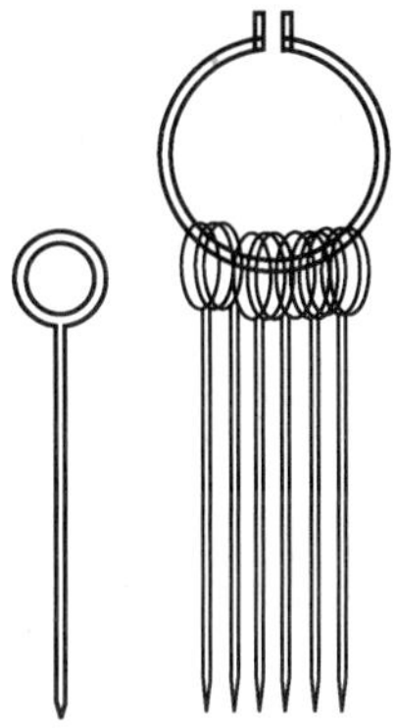

图 4-4　测钎

图 4-5　垂球

在精密量距中使用的工具还有弹簧秤和温度计等。

二、直线定线

当地面上两点间的距离超过尺子的全长时，或地势起伏较大，一尺段无法完成丈量工作时，量距前必须在通过直线两端点的竖直面内，定出若干分段点，以便分段丈量，这项工作称为直线定线。

按精度要求的不同，直线定线有目估定线和经纬仪定线两种方法，现分别介绍如下：

1. 目估定线

（1）两点间目测定线　如图 4-6 所示，A、B 两点为地面上互相通视的两点，今欲在过 AB 线的竖直面内定出 C、D 等分段点。定线工作可由甲、乙两人进行。定线时，先在 A、B 两点上竖立标杆，然后由甲立于 A 点标杆后面约 1～2m 处，用眼睛自 A 点标杆后面瞄准 B 点标杆。乙持另一标杆沿 BA 方向走到离 B 点大约一尺段长的 C 点附近，按照甲指挥手势左右移动标杆，直到标杆位于 AB 直线上为止，插下标杆（或测钎），得 C 点。然后乙又带着标杆走到 D 点处，同法在 AB 直线上竖立标杆（或测钎），定出 D 点，依此类推。这种从直线远端 B 走向近端 A 的定线方法，称为走近定线。反之，称为走远定线。走近定线法比走远定线法较为准确。在平坦地区一般量距中，直线定线工作常与量距工作同时进行，即边定线边丈量。

图 4-6　目估定线

（2）过高地定线　如图 4-7 所示，当 A、B 两端点互不通视，或两端点虽互相通视，却不易到达，可采用如下逐步接近的办法。

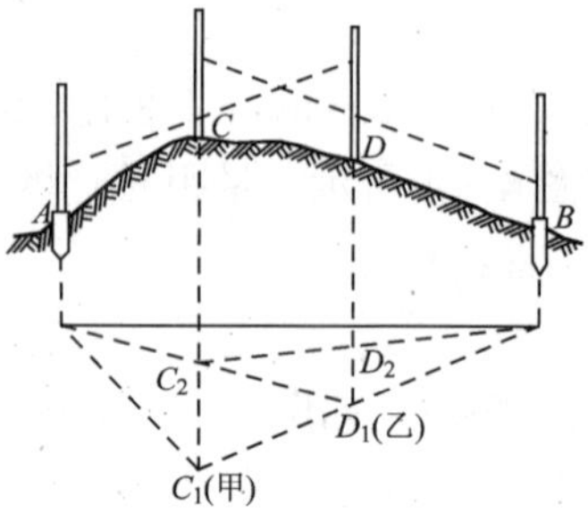

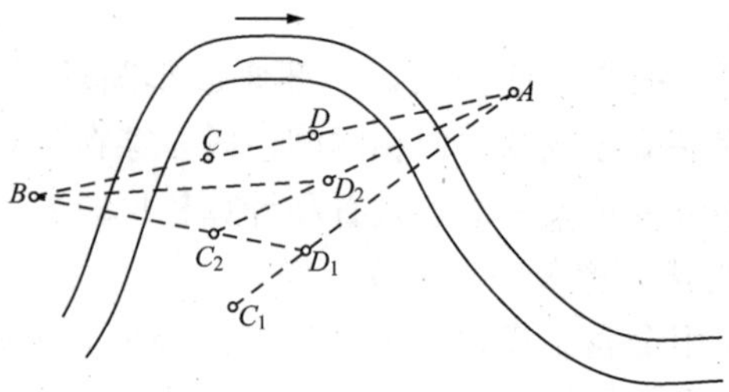

图 4－7　过高地定线

先在 A、B 两点上竖立标杆，标定端点位置，然后甲在能看到 B 点 C_1 处立一标杆，并指挥乙立标杆于能看到 A 目标的 C_1B 方向线上的 D_1 点处。再由乙指挥甲把 C_1 处标杆移动到 D_1A 方向上的 C_2 处。同法继续下去，逐渐趋近，直至 CDB 在同一直线上，同时 DCA 也在同一直线上，这样 C、D 两点就位于 AB 方向线上，定线完毕。

2. 经纬仪定线

当直线定线精度要求较高时，可用经纬仪定线。如图 4－8 所示，欲在 AB 线内精确定出 1、2 等分段点的位置，可由甲将经纬仪安置于 A 点，用望远镜瞄准 B 点，固定照准部制动螺旋，然后将望远镜向下俯视，用手势指挥乙移动标杆与十字丝纵丝重合时，便在标杆的位置打下木桩，再根据十字丝纵丝在木桩上钉小钉，准确定出 1 点的位置。以此类推，确定其他各分段点。

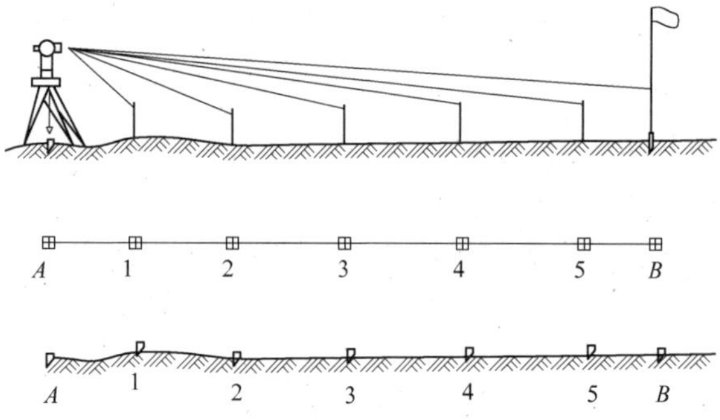

图 4－8　经纬仪定线

三、钢尺量距的一般方法

1. 平坦地面的距离丈量

此方法为量距的基本方法。丈量前，先将待测距离的两个端点用木桩（桩顶钉一小钉）标志出来，清除直线上的障碍物后，一般由两人在两点间边定线边丈量，具体做法如下：

（1）如图 4－9 所示，量距时，先在 A、B 两点上竖立标杆（或测钎），标定直线方向，然后，后尺手持钢尺的零端位于 A 点的后面，前尺手持尺的末端并携带一束测钎，沿 AB 方向前进，至一尺段处时停止。

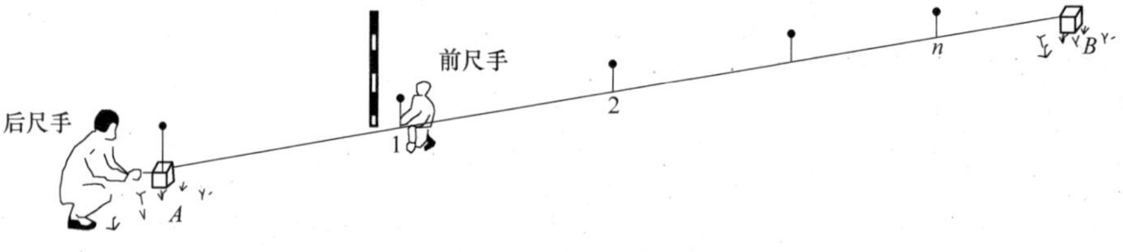

图 4－9　平坦地面的距离丈量

（2）后尺手以手势指挥前尺手将测钎插在 AB 方向上；后尺手以尺的零点对准 A 点，两人同时将钢尺拉紧、拉平、拉稳后，前尺手喊“预备”，后尺手将钢尺零点准确对准 A

点，并喊“好”，前尺手随即将测钎对准钢尺末端刻划竖直插入地面，得1点。这样便完成了第一尺段A1的丈量工作。

（3）接着后尺手与前尺手共同持尺前进，后尺手走到1点时，即喊“停”。再用同样方法量出第二尺段1—2的丈量工作。然后后尺手拔起1点上的测钎，与前尺手共同持尺前进，丈量第三段。如此继续丈量下去，直到最后不足一整尺段n—B时，后尺手将钢尺零点对准n点测钎，由前尺手读B端点余尺读数，此读数即为零尺段长度l'。这样就完成了由A点到B点的往测工作。从而得到直线AB水平距离的往测结果为

$$D_{往} = nl + l' \tag{4-1}$$

式中　n——整尺段数（即A、B两点之间所拔测钎数）；

l——钢尺长度；

l'——不足一整尺的零尺段长度。

为了校核和提高精度，一般还应由B点量至A点进行返测。最后，以往、返两次丈量结果的平均值作为直线AB最终的水平距离。以往、返丈量距离之差的绝对值ΔD与距离平均值D之比，并化为分子为1的分数，称为相对误差K，作为衡量距离丈量的精度，即

直线AB的水平距离为
$$D_{平均} = \frac{1}{2}(D_{往} + D_{返}) \tag{4-2}$$

相对误差为
$$K = \frac{|D_{往} - D_{返}|}{D_{平均}} = \frac{|\Delta D|}{D_{平均}} = \frac{1}{\frac{D_{平均}}{|\Delta D|}} \tag{4-3}$$

例如，由30m长的钢尺往返丈量A、B两点间的水平距离，丈量结果分别为：往测4个整尺段，零尺段长度为9.98m，返测4个整尺段，零尺段长度为10.02m。试校核丈量精度，并求出A、B两点间的水平距离，即

$$D_{往} = nl + l' = 4 \times 30 + 9.98 = 129.98(\text{m})$$
$$D_{返} = nl + l' = 4 \times 30 + 10.02 = 130.02(\text{m})$$

AB水平距离为　$D_{平均} = \frac{1}{2}(D_{往} + D_{返}) = \frac{1}{2}(129.98 + 130.02) = 130.00(\text{m})$

相对误差为$K = \frac{|D_{往} - D_{返}|}{D_{平均}} = \frac{|129.98 - 130.02|}{130.00} = \frac{0.04}{130.00} = \frac{1}{3250}$

相对误差分母愈大，则K值愈小，精度愈高；反之，精度愈低。量距精度取决于使用的要求和地面起伏情况，在平坦地区，钢尺量距一般方法的相对误差一般不应大于1/3000；在量距较困难的地区，其相对误差也不应大于1/1000。

2. 倾斜地面的距离丈量

（1）平量法　如图4-10所示，当地面倾斜或高低起伏较大时，可沿斜坡由高向低分小段拉平钢尺进行丈量。各小段丈量结果的总和，即为直线AB的水平距离。丈量时，后尺手以尺的零点对准地面A点，并指挥前尺手将钢尺拉在AB直线方向上，同时前尺手抬高尺子的一端，并目估使尺水平，将垂球绳紧靠钢

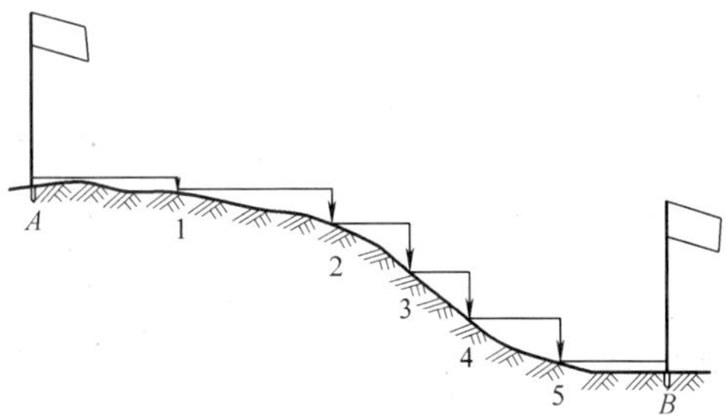

图4-10　平量法

尺上某一分划，用垂球尖投影于地面上，再插以测钎，得 1 点。此时钢尺上分划读数即为 A、1 两点间的水平距离。同法继续丈量其余各尺段。当丈量至 B 点时，应注意垂球尖必须对准 B 点。为了方便起见，返测也应由高向低丈量。若精度符合要求，取往返测的平均值作为最后结果。

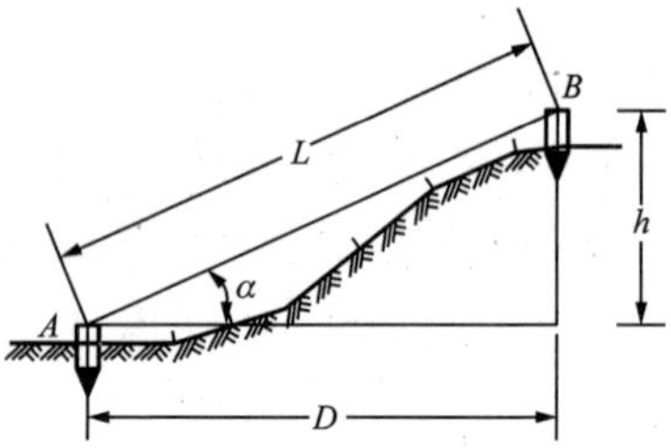

图 4 - 11　斜量法

（2）斜量法　如图 4 - 11 所示，当倾斜地面的坡度比较均匀或坡度较大时，可以沿斜坡丈量出 A、B 两点间的斜距 L，用经纬仪测出直线 AB 的倾斜角 α、或 A、B 两点的高差 h，按下式计算直线 AB 的水平距离

$$D = L\cos\alpha \tag{4-4}$$

$$D = \sqrt{L^2 - h^2} \tag{4-5}$$

四、钢尺量距的精密方法

钢尺量距的一般方法，精度不高，相对误差一般只能达到 1/2000～1/5000。但在实际测量工作中，有时量距精度要求很高，如在建筑工地测设建筑方格网的主轴线，量距精度要求在 1/10000 以上，甚至要求更高。这时若用钢尺量距，应采用钢尺量距的精密方法。

1. 钢尺检定

（1）尺长方程式　由于钢尺材料的质量及刻划误差、长期使用的变形以及丈量时温度和拉力不同的影响，其实际长度往往不等于其名义长度（即钢尺上所标注的长度）。因此，量距前应对钢尺进行检定。

尺长方程式正反映了钢尺实际长度与名义长度的关系，其一般形式为

$$l_t = l_0 + \Delta l + \alpha(t - t_0)l_0 \tag{4-6}$$

式中　l_t——钢尺在温度 t_0℃时的实际长度；

l_0——钢尺的名义长度；

Δl——尺长改正数，即钢尺在温度 t_0 时的改正数（即实际长度与名义长度之差）；

α——钢尺的膨胀系数，一般钢尺当温度变化 1℃时 1m 钢尺的长度变化值约为 1.15×10^{-5}～1.25×10^{-5}m；

t_0——钢尺检定时的温度；

t——钢尺使用时的温度。

式（4 - 6）所表示的含义：钢尺在施加标准拉力（一般 30m 钢尺为 100N，50m 钢尺为 150N）下，其实际长度等于名义长度与尺长改正数和温度改正数之和。

钢尺出厂时，必须经过检定，注明钢尺检定时的温度、拉力和尺长以及钢尺的编号、名义长度和尺膨胀系数。但钢尺经过长期使用，尺长方程式中的 Δl 会起变化，故尺子使用一段时间后必须重新检定，以求得新的尺长方程式。

（2）钢尺的检定方法　钢尺的检定方法有与标准尺比长和在已知长度的两固定点间量距两种方法。下面介绍与标准尺比长的方法。

以检定过的已有尺长方程式的钢尺作为标准尺，将标准尺与被检定钢尺并排放在地面上，在每根钢尺的起始端施加标准拉力，并将两把尺子的末端刻划对齐，在零分划附近读出两尺的差数。这样就能够根据标准尺的尺长方程式计算出被检定钢尺的尺长方程式。这里认为两根钢尺的膨胀系数相同。检定宜选在阴天或背阴的地方进行，使

温度变化不大。

例如，设Ⅰ号标准尺的尺长方程式为

$$l_{t\text{I}} = 30\text{m} + 0.004\text{m} + 1.20 \times 10^{-5} \times 30(t - 20^\circ\text{C})\text{m}$$

被检定的Ⅱ号钢尺，其名义长度也是30m。比较时的温度为24℃，当两把尺子的末端刻划对齐并施加标准拉力后，Ⅱ号钢尺比Ⅰ号标准尺短0.007m，根据比较结果，可以得出

$$\begin{aligned} l_{t\text{II}} &= l_{t\text{I}} - 0.007\text{m} \\ &= 30\text{m} + 0.004\text{m} + 1.20 \times 10^{-5} \times 30(24^\circ\text{C} - 20^\circ\text{C}) - 0.007\text{m} \\ &= 30\text{m} - 0.002\text{m} \end{aligned}$$

故Ⅱ号钢尺的尺长方程式为

$$l_{t\text{II}} = 30\text{m} - 0.002\text{m} + 1.20 \times 10^{-5} \times 30(t - 24^\circ\text{C})\text{m}$$

由于不需考虑尺长改正数 Δl 因温度升高而引起的变化，因此如将Ⅱ号钢尺的尺长方程式中的检定温度换算为20℃为准，则

$$\begin{aligned} l_{t\text{II}} &= l_{t\text{I}} - 0.007\text{m} \\ &= 30\text{m} + 0.004\text{m} + 1.20 \times 10^{-5} \times 30(t - 20^\circ\text{C})\text{m} - 0.007\text{m} \\ &= 30\text{m} - 0.003\text{m} + 1.20 \times 10^{-5} \times 30(t - 20^\circ\text{C})\text{m} \end{aligned}$$

2. 钢尺量距的精密方法

(1) 准备工作。

1) 清理场地　在欲丈量的两点方向线上，首先要清除影响丈量的障碍物，如杂物、树丛等，必要时要适当平整场地，使钢尺在每一尺段中不致因地面障碍物而产生挠曲。

2) 直线定线　精密量距用经纬仪定线。如图4-8所示，安置经纬仪于 A 点，照准 B 点，固定照准部，沿 AB 方向用钢尺进行概量，按稍短于一尺段长的位置，由经纬仪指挥打下木桩。桩顶高出地面约10～20cm，并在桩顶钉一小钉，使小钉在 AB 直线上；或在木桩顶上包一铁皮（也可用铝片），并用小刀在铁皮上刻划十字线，使十字线交点在 AB 直线上，小钉或十字线交点即为丈量时的标志。

3) 测桩顶间高差　利用水准仪，用双面尺法或往、返测法测出各相邻桩顶间高差。所测相邻桩顶间高差之差，对于一级小三角起始边不得大于5mm，对于二级小三角起始边不得大于10mm，在限差内其平均值作为相邻桩顶间的高差。以便将沿桩顶丈量的倾斜距离化算成水平距离。

(2) 丈量方法　人员组成：两人拉尺，两人读数，一人测温度兼记录，共5人。

如图4-12所示，丈量时，后尺手挂弹簧秤于钢尺的零端，前尺手执尺子的末端，两人同时拉紧钢尺，把钢尺有刻划的一侧贴切于木桩顶十字线的交点，待弹簧秤指示钢尺检定时的标准拉力左右时，由后尺手发出“预备”口令，两人拉稳尺子，由前尺手喊“好”。在此瞬间，后尺手将弹簧秤指示准确调整为标准拉力，前、后读尺员同时读取读数，估读至

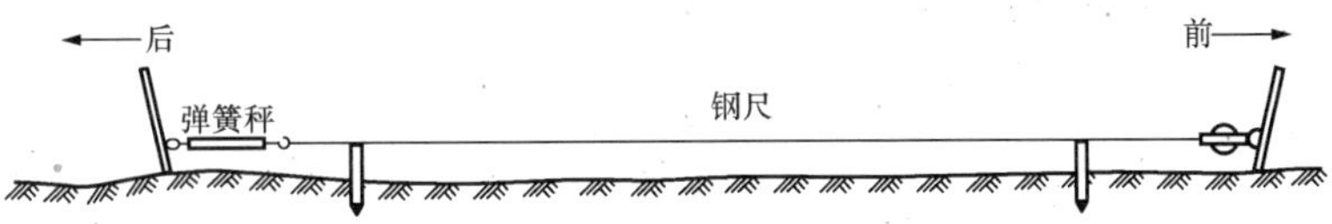

图4-12　钢尺精密量距

0.5mm，记录员依次记入手簿，见表 4-1，并计算尺段长度。

表 4-1　　　　精密量距记录计算表

钢尺号码：No：12　　钢尺膨胀系数：0.000012　　钢尺检定时温度 t_0：20℃

钢尺名义长度 l_0：30m　　钢尺检定长度 l'：30.005m　　钢尺检定时拉力：100N

尺段编号	实测次数	前尺读数/m	后尺读数/m	尺段长度/m	温度/℃	高差/m	温度改正数/mm	倾斜改正数/mm	尺长改正数/mm	改正后尺段长/m
A—1	1	29.4350	0.0410	29.3940	+25.5	+0.36	+1.9	−2.2	+4.9	29.3976
	2	510	580	930						
	3	025	105	920						
	平均			29.3930						
1—2	1	29.9360	0.0700	29.8660	+26.0	+0.25	+2.2	−1.0	+5.0	29.8714
	2	400	755	645						
	3	500	850	650						
	平均			29.8652						
2—3	1	29.9230	0.0175	29.9055	+26.5	−0.66	+2.3	−7.3	+5.0	29.9057
	2	300	250	050						
	3	380	315	065						
	平均			299057						
3—4	1	29.9253	0.0185	29.9050	+27.0	−0.54	+2.5	−4.9	+5.0	29.9083
	2	305	255	050						
	3	380	310	070						
	平均			29.9057						
4—*B*	1	15.9755	0.0765	15.8990	+27.5	+0.42	+1.4	−5.5	+2.6	15.8975
	2	540	555	985						
	3	805	810	995						
	平均			15.8990						
总　和				134.9686			+10.3	−20.9	+22.5	134.9805

前、后移动钢尺一段距离，同法再次丈量。每一尺段测三次，读三组读数，由三组读数算得的长度之差要求不超过 2mm，否则应重测。如在限差之内，取三次结果的平均值，作为该尺段的观测结果。同时，每一尺段测量应记录温度一次，估读至 0.5℃。如此继续丈量至终点，即完成往测工作。完成往测后，应立即进行返测。为了校核，并使所量水平距离达到规定的精度要求，甚至可以往返若干次。

（3）成果计算　将每一尺段丈量结果经过尺长改正、温度改正和倾斜改正化算成水平距离，并求总和，得到直线往测、返测的全长。往、返测较差符合精度要求后，取往、返测结果的平均值作为最后成果。

1）尺段长度计算。

①尺长改正，即

$$\Delta l_{d} = \frac{\Delta l}{l_{0}} l \tag{4-7}$$

式中　Δl_d——尺段的尺长改正数；

l——尺段的观测结果。

例如，表 4-1 中的 A—1 尺段，l=29.3930m，Δl=+0.005m，l_0=30m，故 A—1 尺段的尺长改正数为

$$\Delta l_{d} = \frac{+0.005}{30} \times 29.3930 = +0.0049(\mathrm{m})$$

②温度改正，即

$$\Delta l_{t} = \alpha(t - t_{0})l \tag{4-8}$$

例如，表 4-1 中的 A—1 尺段，l=29.3930m，$\alpha=1.20\times10^{-5}$，t=25.5℃，t_0=20℃，故 A—1 尺段的温度改正数为

$$\Delta l_{t} = 1.20 \times 10^{-5} \times (25.5 - 20) \times 29.3930 = 0.0019(\mathrm{m})$$

③倾斜改正。

如图 4-13 所示，l 为量得的倾斜距离；h 为尺段两端点间的高差；d 为水平距离；Δl_h 为倾斜改正数。

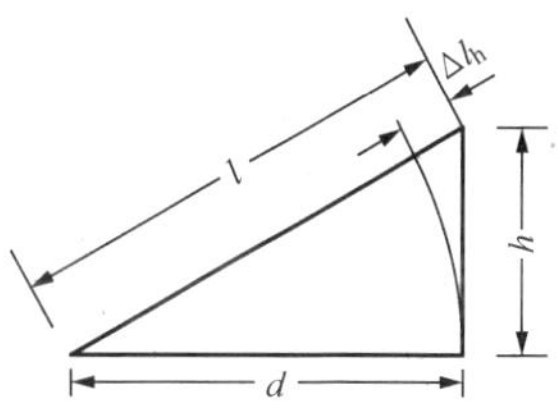

图 4-13　倾斜改正

由图 4-12 中可知

$$\Delta l_{h} = d - l = (l^{2} - h^{2})^{\frac{1}{2}} - l = l\left[\left(1 - \frac{h^{2}}{l^{2}}\right)^{\frac{1}{2}} - 1\right]$$

将 $\left(1-\frac{h^{2}}{l^{2}}\right)^{\frac{1}{2}}$ 用级数展开并代入上式，则

$$\Delta l_{h} = l\left[\left(1 - \frac{h^{2}}{2l^{2}} - \frac{h^{4}}{8l^{4}} - \cdots\right) - 1\right] = -\frac{h^{2}}{2l} - \frac{h^{4}}{8l^{3}} \tag{4-9}$$

当高差 h 不大时，只可取式（4-9）的第一项。由式（4-9）中可见倾斜改正数恒为负值。

例如，表 4-1 中的 A—1 尺段，l=29.3930m，h=0.36m，故 A—1 尺段的倾斜改正数为

$$\Delta l_{h} = -\frac{0.36^{2}}{2 \times 29.3930} = -0.0022(\mathrm{m})$$

④改正后的水平距离。

综上所述，改正后的水平距离为

$$d = l + \Delta l_{d} + \Delta l_{t} + \Delta l_{h} \tag{4-10}$$

例如，表 4-1 中的 A—1 尺段，l=29.3930m，Δl_d=+0.0049m，Δl_t=+0.0019m，Δl_h=−0.0022m，故 A—1 尺段的水平距离为

$$d = 29.3930 + 0.0049 + 0.0019 - 0.0022 = 29.3976(\mathrm{m})$$

2）计算全长　将各个尺段改正后的水平距离相加，便得到直线的全长。如表 4-1 中为往测的总长为

$$D_{往} = 134.9805\mathrm{m}$$

同样，按返测记录，计算出返测的直线总长为

$$D_{返} = 134.9868\mathrm{m}$$

取平均值 $D_{平均}=134.9837\mathrm{m}$

其相对误差为

$$K=\frac{|D_{往}-D_{返}|}{D_{平均}}=\frac{0.0063}{134.9837}\approx\frac{1}{21000}$$

相对误差如果在限差以内，则取其平均值作为最后成果。若相对误差超限，应返工重测。

五、钢尺量距的误差及注意事项

1. 尺长误差

钢尺的名义长度与实际长度不符，产生尺长误差。尺长误差具有积累性，它与所量距离成正比。精密量距时，钢尺已经检定并在丈量结果中进行了尺长改正，其误差可忽略不计。

2. 定线误差

丈量时钢尺偏离定线方向，将导致丈量结果偏大。精密量距时用经纬仪定线，其误差可忽略不计。

3. 温度改正

钢尺的长度随温度变化，丈量时温度与标准温度不一致，或测定的空气温度与钢尺温度相差较大，都会产生温度误差。所以，精度要求较高的丈量，应进行温度改正，并尽可能用点温计测定尺温，或尽可能在阴天进行，以减小空气温度与钢尺温度的差值。

4. 拉力误差

钢尺有弹性，受拉会伸长。一般量距时，保持将钢尺拉平、拉稳、拉直即可。精密量距时，必须使用弹簧秤，以控制丈量时的拉力与检定时的拉力相同，将误差减小到可忽略不计。

5. 尺垂曲与不水平误差

钢尺悬空丈量时中间下垂，称为垂曲。故在钢尺检定时，按悬空与水平两种情况分别检定，得出相应的尺长方程式。按实际情况采用相应的尺长方程式进行成果整理，这项误差可以忽略不计。

钢尺不水平的误差可采用加倾斜改正的方法减小至忽略不计。

6. 丈量误差

钢尺端点对不准、测钎插不准、尺子读数等引起的误差都属于丈量误差，这种误差由于人的感官能力所限而产生，也是误差的一项主要来源。所以在量距时应尽量认真操作，提高操作熟练程度，以减小量距误差。

任务二　视 距 测 量

视距测量是利用望远镜中的视距丝装置，根据几何光学原理同时测定水平距离和高差的一种方法。虽然测距精度仅能达到 1/200～1/300，但由于具有操作简便、不受地形限制等优点，被广泛应用于对量距精度要求不高的碎部测量中。

一、视距测量的计算公式

1. 水平距离计算公式

如图 4 - 14 所示，水平距离计算公式为

$$D = Kl\cos^2\alpha \qquad (4-11)$$

式中　K——视距乘常数，其值一般为 100；

l——尺间隔，上、下丝读数之差，m；

α——竖直角。

显然，当视线水平时，竖直角为零，即

$$D = Kl \qquad (4-12)$$

2. 高差计算公式

如图 4-14 所示，高差计算公式为

$$h = \frac{1}{2}Kl\sin2\alpha + i - v \qquad (4-13)$$

式中　i——仪器高，m；

v——十字丝中丝在视距尺（或水准尺）上的读数，m。

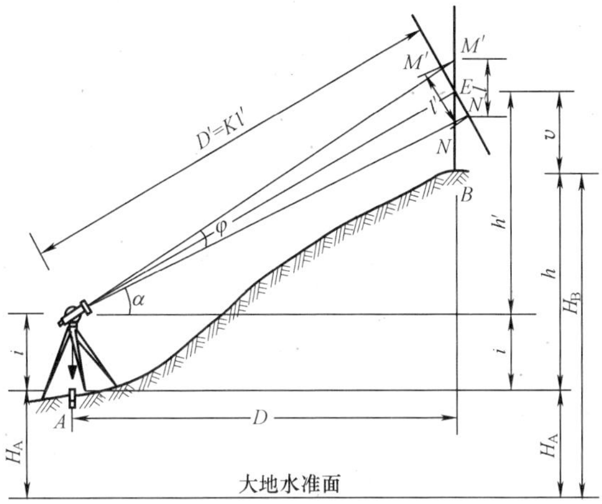

图 4-14　视距测量

显然，当视线水平时，竖直角为零，即

$$h = i - v \qquad (4-14)$$

二、视距测量的观测与计算

如图 4-14 所示，欲求 A、B 两点之间的水平距离和高程，需观测四个量 i、v、l、α，然后代入公式计算，并记录成果。

（1）将经纬仪安置于 A 点，量取仪器高 i，在 B 点竖立视距尺。

（2）盘左位置，转动照准部精确瞄准 B 点视距尺，分别读取上、中、下丝在视距尺上的读数 M、v、N，算出尺间隔 $l=M-N$。在实际操作中，为方便高差计算，可使中丝对准尺上仪器高（先做好标记）读数，即 $v=i$；还可以微动望远镜，将中丝对准拟读的读数 v 附近，使上丝或下丝正好在视距尺某整刻度线上，从而直接读出尺间隔 l，但应注意读完后，将中丝对准拟读的读数 v 处。

（3）转动竖盘指标水准管微动螺旋，使竖盘指标水准管气泡居中，读取竖盘读数，计算竖直角 α。

（4）根据 i、v、l、α，用计算器计算或查视距计算表，并记录计算成果。

三、视距测量的注意事项

（1）作业前，应检验校正仪器，严格测定视距乘常数，应校正竖盘指标差不超过±1′。

（2）读数时注意消除视差，控制视距不要超过规范要求。

（3）观测时应尽可能使视线离开地面 1m 以上。

（4）标尺应竖直，尽量使用装有水准器的尺子。

任务三　电 磁 波 测 距

电磁波测距是以光电波作为载波，通过测定光电波在测线两端点间往返传播的时间来测量距离。在其测程范围内，能测量任何可通过两点间的距离，如高山之间，大河两岸等。与传统的钢尺量距相比，具有精度高、速度快、灵活方便、受气候和地形影响小等特点。

测距仪按其测程可分为短程测距仪（2km以内）、中程测距仪（3～15km）和远程测距仪（大于15km）；按其采用的光源可分为激光测距仪和红外测距仪等。本节以普通测量工作中广泛应用的短程测距仪为例，介绍测距仪的工作原理和测距方法。

一、测距原理

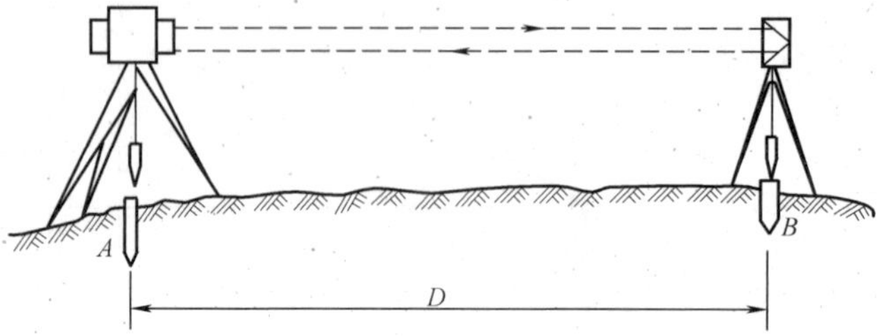

图4-15 光电测距原理

如图4-15所示，欲测定A、B两点间的距离D，可在A点安置能发射和接收光波的光电测距仪，在B点设置反射棱镜，光电测距仪发出的光束经棱镜反射后，又返回到测距仪。通过测定光波在待测距离两端点间往返传播一次的时间t，根据光波在大气中的传播速度C，按下式计算距离D

$$D = \frac{1}{2}Ct \tag{4-15}$$

光电测距仪根据测定时间t的方式，分为直接测定时间的脉冲测距法和间接测定时间的相位测距法。由于脉冲宽度和电子计数器时间分辨率的限制，脉冲式测距仪测距精度较低。高精度的测距仪，一般采用相位式。

相位测距法的基本工作过程是：给光源（如砷化镓发光二极管）注入频率为f的高频交变电流，使光源发出光的光强成为按同样频率变化的调制光，这种光射向测线另一端的反光镜，经反射后被接收器接收。然后由相位计将发射信号与接收信号相比较，获得调制光在测线上往返传播引起的相位差φ，从而间接测算出传播时间t，再算出距离。

为说明方便，将调制光的往程和返程展开，则如图4-16所示的波形。

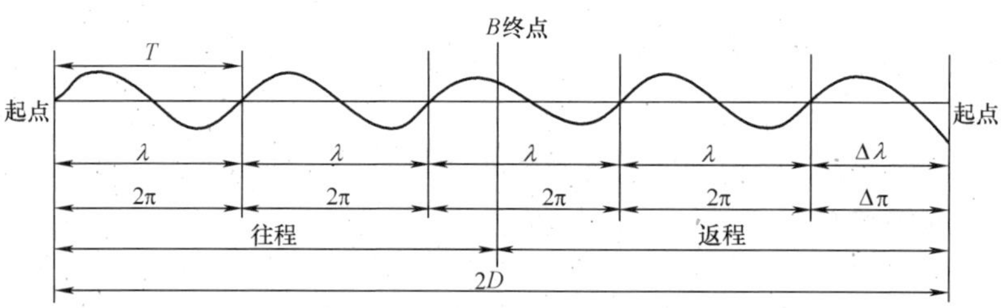

图4-16 相位式光电测距原理

由物理学可知，调制光在传播过程中产生的相位差φ等于调制光的角频率ω乘以传播时间t，即$\varphi=\omega t$，又因$\omega=2\pi f$，则传播时间为

$$t = \frac{\varphi}{\omega} = \frac{\varphi}{2\pi f}$$

由图4-16还可以看出

$$\varphi = N \cdot 2\pi + \Delta\varphi = 2\pi(N + \Delta N)$$

式中 N——零或正整数，表示相位差中的整周期数；

$\Delta N=\Delta\varphi/2\pi$——不足整周期的相位差尾数。

将上列各式整理得

$$D=\mu(N+\Delta N) \tag{4-16}$$

式（4-16）为相位法测距基本公式。将此式与钢尺量距公式（4-1）比较，若把 u 当作整尺长，则 N 为整尺数，$u\cdot\Delta N$ 为余长，所以，相位法测距相当于用“光尺”代替钢尺量距，而 u 为光尺长度。

相位式测距仪中，相位计只能测出相位差的尾数 ΔN，测不出整周期数 N，因此对大于光尺的距离无法测定。为了扩大测程，应选择较长的光尺。但由于仪器存在测相误差，一般为 1/1000，测相误差带来的测距误差与光尺长度成正比，光尺愈长，测距精度愈低，例如：1000m 的光尺，其测距精度为 1m。为了解决扩大测程与保证精度的矛盾，短程测距仪上一般采用两个调制频率，即两种光尺。例如：$f_1=150$kHz，$u=1000$m（称为粗尺），用于扩大测程，测定百米、十米和米；$f_2=15$MHz，$u=10$m（称为精尺）用于保证精度，测定米、分米、厘米和毫米。这两种尺联合使用，可以准确到毫米的精度测定 1km 以内的距离。

二、红外测距仪及其使用方法

下面以常州大地测距仪厂生产的 D2000 短程红外光电测距仪为例，介绍光电测距仪的结构和使用方法。其他型号的光电测距仪的结构和使用方法与此大致相同。具体可参见各仪器的使用说明书。

1. 仪器结构

D2000 短程红外光电测距仪如图 4-17 所示，主机通过连接器安置在经纬仪上部，如图 4-18 所示，经纬仪可以是普通光学经纬仪，也可以是电子经纬仪。利用光轴调节螺旋，可使主机的发射——接受器光轴与经纬仪视准轴位于同一竖直面内。另外，测距仪横轴到经纬仪横轴的高度与觇牌中心到反射棱镜高度一致，从而使经纬仪瞄准觇牌中心的视线与测距仪瞄准反射棱镜中心的视线保持平行，如图 4-19 所示。

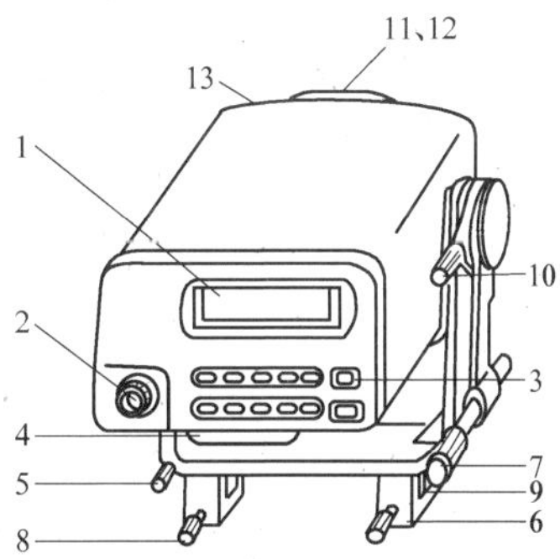

图 4-17　短程红外光电测距仪

1—显示器；2—望远镜目镜；3—键盘；4—电池；5—水平方向调节螺旋；6—座架；7—垂直微动螺旋；8—座架固定螺旋；9—间距调整螺旋；10—垂直制动螺旋；11—物镜；12—物镜罩；13—RS—232 接口

配合主机测距的反射棱镜如图 4-20 所示，根据距离远近，可选用单棱镜（1500m 内）或三棱镜（2500m 内），棱镜安置在三脚架上，根据光学对中器和长水准管进行对中整平。

2. 仪器主要技术指标及功能

D2000 短程红外光电测距仪的最大测程为 2500m，测距精度可达 $\pm(3\text{mm}+2\times10^{-6}\times D)$（其中 D 为所测距离）；最小读数为 1mm；仪器设有自动光强调节装置，在复杂环境下测量时也可人工调节光强；可输入温度、气压和棱镜常数自动对结果进行改正；可输入竖直角自动计算出水平距离和高差；可通过距离预置进行定线放样；若输入测站坐标和高程，可自动计算观测点的坐标和高程。测距方式有正常测量和跟踪测量，其中正常测量所需时间为 3s，还能显示数次测量的平均值；跟踪测量所需时间为 0.8s，每隔一定时间间隔自动重复测距。

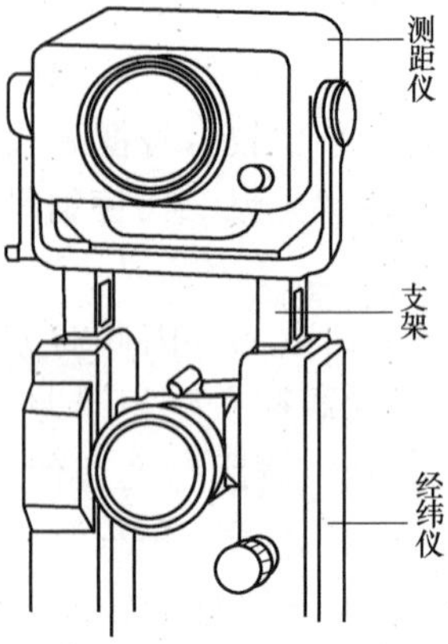

图 4 - 18　测距仪与经纬仪的连接

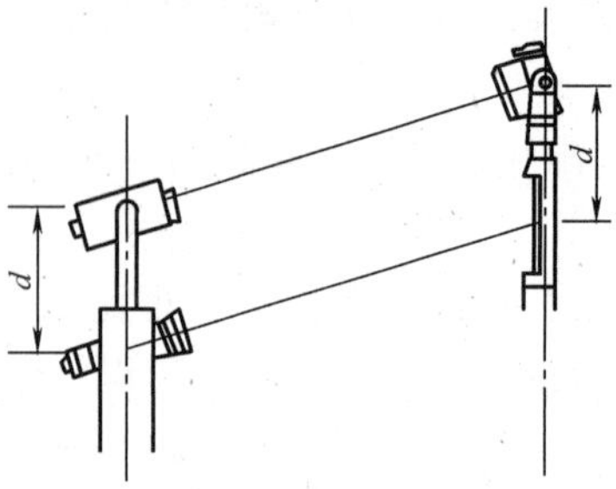

图 4 - 19　视线平行示意图

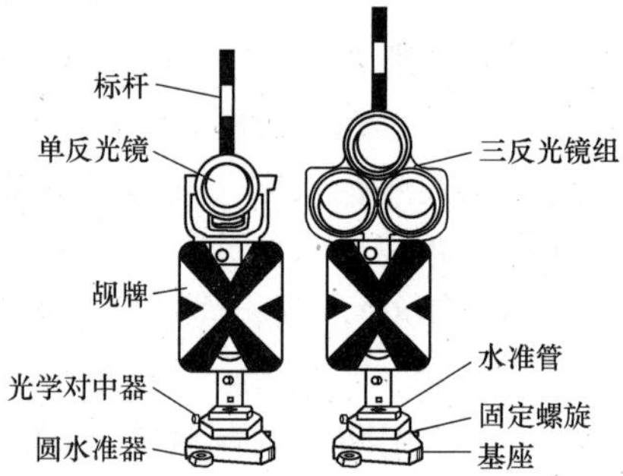

图 4 - 20　反射棱镜与觇牌

3. 仪器操作与使用

（1）安置仪器　先在测站上安置好经纬仪（应事先做好连接测距仪的准备），对中整平；再将测距仪主机安装在经纬仪支架上，用连接器固定螺丝锁紧，将电池插入主机底部、扣紧。在目标点安置反射棱镜，对中、整平，并使镜面朝向主机。

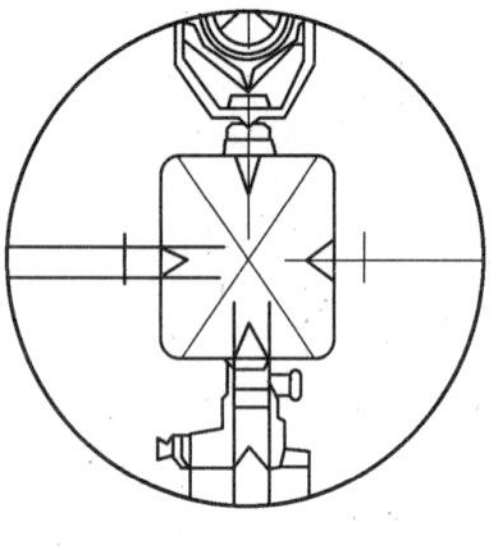

图 4 - 21　经纬仪瞄准觇牌中心

（2）观测竖直角、气温和气压　用经纬仪十字横丝照准觇牌中心，如图 4 - 21 所示，读竖盘读数后求出竖直角 α。同时，观测和记录温度和气压计上的读数。观测竖直角、气温和气压，目的是对测距仪测量出的斜距进行倾斜改正、温度改正和气压改正，以得到正确的水平距离。

（3）测距准备　按电源开关键“PWR”开机，主机自检并显示原设定的温度、气压和棱镜常数值，自检通过后将显示“good”。

若修正原设定值，可按“TPC”键后输入温度、气压值或棱镜常数（一般通过“ENT”键和数字键逐个输入）。一般情况下，只要使用同一类的反光镜，棱镜常数不变，而温度、气压每次观测均可能不同，需要重新设定。

（4）距离测量　调节主机照准轴水平调整手轮（或经纬仪水平微动螺旋）和主机俯仰微动螺旋，使测距仪望远镜精确瞄准棱镜中心，如图 4 - 22（三棱镜为三个棱镜中心）所示。在显示“good”状态下，精确瞄准也可根据蜂鸣器声音来判断，信号越强声音越大，上下左右微动测距仪，使蜂鸣器的声音最大，便完成了精确瞄准，出现“*”(其他情况下，瞄准棱镜光强正常则显示“*”)。

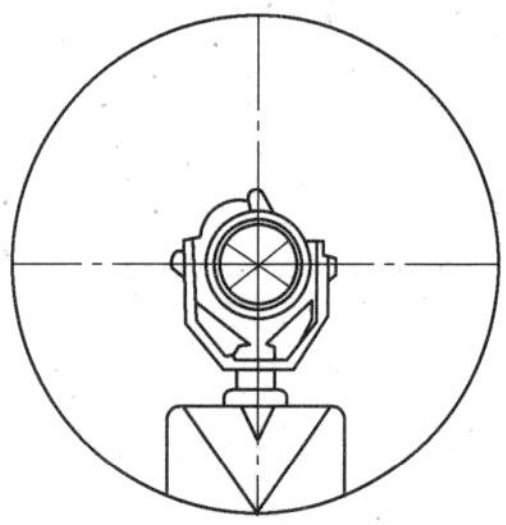

图 4 - 22　测距仪瞄准棱镜

精确瞄准后，按“MSR”键，主机将测定并显示经温度、气压和棱镜常数改正后的斜距。在测量中，若光速受挡或大气抖动等，测量将暂被中断，此时“*”消失，待光强正常后继续自动测量；若光束中断 30s，须光强恢复后，再按“MSR”键重测。

斜距到平距的改算，一般在现场用测距仪进行，方法是：按“V/H”键后输入竖直角值，再按“SHV”键显示水平距离。连续按“SHV”键可依次显示斜距、平距和高差。

D2000测距仪的其他功能、按键操作及使用注意事项，详见有关使用说明书。

三、使用测距仪的注意事项

（1）气象条件对光电测距影响较大，微风的阴天是观测的良好时机。

（2）测线应尽量离开地面障碍物1.3m以上，避免通过发热体和较宽水面的上空。

（3）测线应避开强电磁场干扰的地方，例如测线不宜接近变压器、高压线等。

（4）镜站的后面不应有反光镜和其他强光源等背景的干扰。

（5）要严防阳光及其他强光直射接收物镜，避免光线经镜头聚焦进入机内，将部分元件烧坏，阳光下作业应撑伞保护仪器。

任务四 全站仪测量技术

全站仪是全站型电子速测仪的简称，它由光电测距仪、电子经纬仪和数据处理系统组成。

用全站仪可以任意测算出斜距、平距、高差、高程、水平角、方位角、竖直角，还可以测算出点的坐标或根据坐标进行自动测设等测量工作，即人工设站瞄准目标后，通过操作仪器上的操作按键即可自动记录被测地面点的坐标、高程等参数。

一、全站仪的结构原理

全站仪按结构一般分为组合式和整体式两种。组合式全站仪的测距部分和电子经纬仪不是一个整体，测量时，将光电测距仪安装在电子经纬仪上进行作业，作业结束后卸下来分开装箱。整体式全站仪则将光电测距仪与电子经纬仪集成一体，也就是将测距部分和测角部分设计成一体的仪器，它可以同时进行角度测量和距离测量；望远镜的视准轴和光波测距部分的光轴是同轴的，并可进行电子记录处理和测量数据传输，使用更为方便。按数据存储方式来分，全站仪可分为内存型与电脑型。内存型全站仪所有程序固化在存储器中，不能添加，也不能改写，因此无法对全站仪的功能进行扩充，只能使用全站仪本身提供的功能；而电脑型全站仪则内置Microsoft DOS等操作系统，所有程序均运行于其上，可根据测量工作的需要以及测量技术的发展，操作者可进行软件的开发，并通过添加程序来扩充全站仪的功能。

因整体式全站仪具有使用方便，功能齐全，自动化程度高，兼容性强等诸多优点，已作为常用的测量仪器普遍使用。

全站仪的结构原理如图4-23所示。键盘是测量过程中的控制系统，测量人员通过按键调用所需要的测量工作过程和测量数据处理。图4-23中左半部分包含有测量的四大光电系统：测水平角、测竖直角、测距和水平补偿。以上各系统通过I/O接口接入总线与数字计算机系统连接。

微处理器是全站仪的核心部件，仪器瞄准目标棱镜后，按操作键，在微处理器的指令控制下启动仪器进行测量工作，可自动完成水平角测量、竖直角测量、距离测量等测量工作。还可以将其运算处理成指定的平距、高差、方位角、点的坐标和高程等结果，并进行测量过程的检核、数据传输、数据处理、显示、存储等工作。输入、输出单元是与外部设备连接的装置（接口），它可以将测量数据传输给计算机。为便于测量人员设计软件系统，处理某种目的的测量工作，在全站仪中还提供有程序存储器。

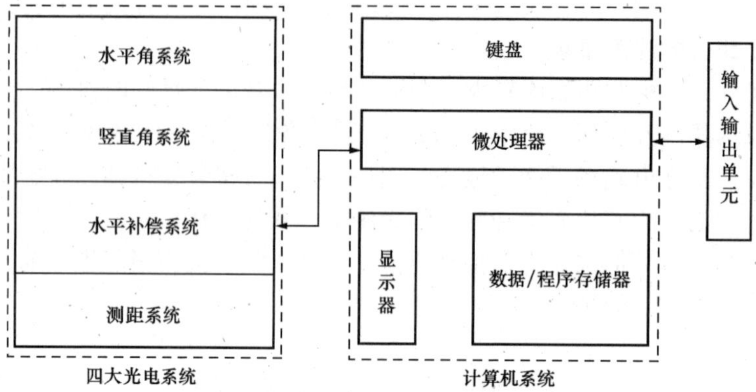

图 4-23　全站仪的结构原理

整体式全站仪的种类很多，精度、价格不一。全站仪的精度主要从测角精度和测距精度两方面来衡量。国内外生产的高、中、低等级全站仪多达几十种。目前普遍使用的全站仪有：日本拓普康（Topcon）公司的 GTS 系列、索佳（Sokkia）公司的 SET 系列及 Power-SET 系列、宾得（Pentax）公司的 PTS 系列、尼康（Nikon）公司的 DTM 系列；瑞士徕卡（Lejca）公司的 WildTC 系列；中国南方测绘公司的 NTS 系列等。

无论哪个品牌的全站仪，其主要外部构件均由望远镜、电池、显示器及键盘、水准器、制动和微动螺旋、基座、手柄等组成。

二、全站仪的主要性能指标

衡量一台全站仪的性能指标有：精度（测角及测距）、测程、测距时间、程序功能、补偿范围等。表 4-2 中列出了瑞士徕卡公司的 TS06plus 系列全站仪的主要性能指标供参考。

表 4-2　　全站仪主要性能指标

技术参数	徕卡 5″全站仪（TS06plus Ultra-5D）	徕卡 2″全站仪（TS06plus Power-2）
角度测量（Hz，V）		
精度（标准偏差 ISO-17123-3）	5″	2″
测量方法	绝对编码，连续，对径测量	
最小读数	0.1″/0.1mgon/0.01mil	
补偿方式	四重轴系补偿	
设置精度	1.5″	0.5″
距离测量		
圆棱镜测程（GPR1）	3500m	
反射片（60mm×60mm）	250m	
精度/测量时间（标准偏差 ISO-17123-4）	标准：$(1mm+1.5\times10^{-6}D)$ /2.4s，快速：$(2mm+2\times10^{-6}D)$ /0.8s，跟踪：$(3mm+2\times10^{-6}D)$ /<0.3s	
无棱镜距离测量		
测程（90%反射率）PinPoint	>1000m	>500m

续表

技术参数	徕卡 5″全站仪（TS06plus Ultra - 5D）	徕卡 2″全站仪（TS06plus Power - 2）
精度/测量时间[1]（标准偏差 ISO - 17123 - 4）	（2mm+2×$10^{-6}$$D$）/3s	
激光点大小	30m 处：约 7mm×10mm，50m 处：约 8mm×20mm，250m 处：约 30mm×55mm	
数据存储/通信		
可扩展内存	最大：100000 固定点，最大：60000 测量点	
USB 存储	1G，传输时间 1000 点/s	
接口	串口（波特率从 1200 到 115200），标准 USB 和 Mini USB，无线蓝牙	
数据格式	GSI / DXF / LandXML / 用户自定义 ASCII 格式	
综合数据		
望远镜		
放大倍数	30×	
分辨率	30″	
视场	1°30′，100m 处：2.7m	
调焦范围	1.7m 至无穷远	
十字丝	可照明，10 级亮度可调节	
键盘和显示屏		
显示屏	图形化显示，160×288 像素，5 级亮度可调节	
键盘	字母数字键盘（单面）	字母数字键盘（双面）
操作系统		
Windows CE	5.0 Core	
激光对点器		
类型	激光点，10 级亮度可调节	
对中精度	1.5m 处：1.5mm	
电池		
类型	锂电池	
操作时间[2]	一般为 30 h	
重量		
全站仪（包括 GEB211 和基座）	5.1kg	
环境指标		
工作温度范围	−20℃到+50℃（−4°F 到+122°F） 极地耐低温型−35℃到+50℃（−31°F 到+122°F）（可定制）	
防尘/防水（IEC60529）	IP55	
湿度	95%，无冷凝	
FlexField 机载软件		

续表

技术参数	徕卡 5″全站仪 （TS06plus Ultra - 5D）	徕卡 2″全站仪 （TS06plus Power - 2）
应用程序	测量　放样　设站	测量　放样　设站 面积 &DTM 体积测量 COGO　多测回测角　导线平差

［1］　测程>500m 时，无棱镜测距精度是 4mm+2×10⁻⁶D。

［2］　GEB221 电池在 25℃时 30s 测量一次。如果不是新电池，使用时间可能缩短。

三、全站仪的操作与使用

不同厂家、不同型号的全站仪的操作使用是不相同的，但是，基本构造类似，且全站仪测量的基本原理及测量方法与光学测量仪器基本一致。所以，在学习全站仪的操作与使用时，主要是掌握全站仪的基本操作步骤。下面以瑞士徕卡公司的 TS06plus 全站仪系列为例作简要介绍。

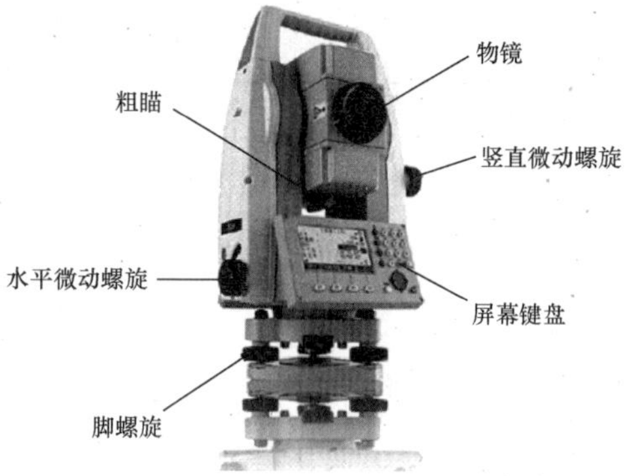

图 4 - 24　徕卡 TS06plus 系列全站仪的外貌

（一）仪器的基本结构和主要特点

1. 仪器结构

瑞士徕卡公司的 TS06plus 系列全站仪的外貌和显示界面如图 4 - 24 所示。该仪器属于整体式结构，测角、测距等使用同一望远镜和同一处理系统，盘左和盘右各设一组键盘和液晶，操作方便。仪器采用中文显示。

2. 键盘设置

TS06plus 系列全站仪字体清晰、美观，操作面板如图 4 - 25 所示。

其中用户自定义键点击以后可以快速启动一些功能，FNC 功能菜单键可以在任何界面使用。

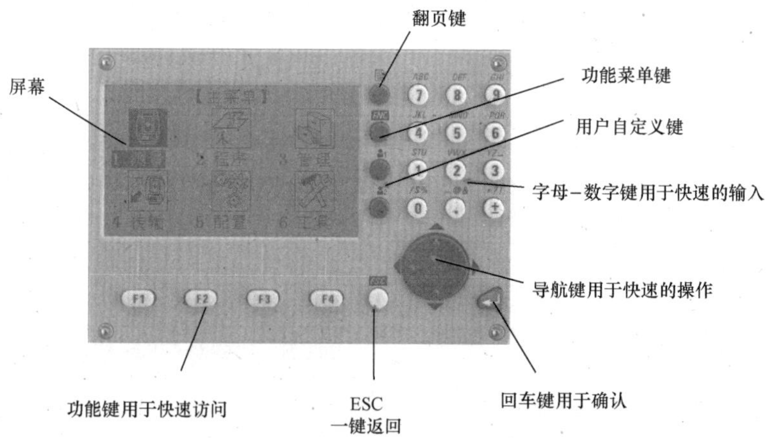

图 4 - 25　徕卡 TS06plus 系列全站仪的操作面板

图 4 - 26 所示为功能键里常用的功能，包括整平、激光、照明等常用项目。

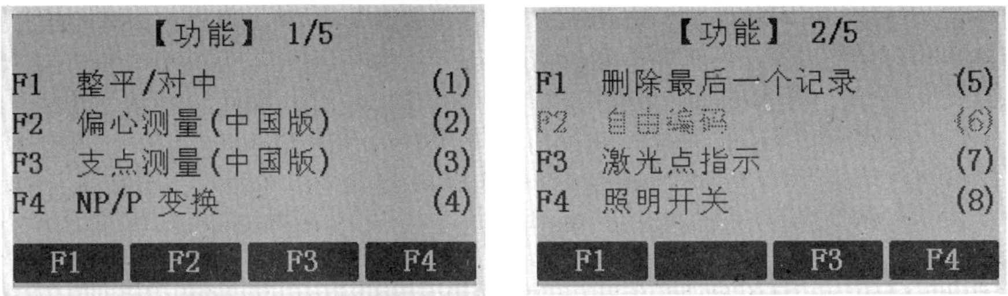

图 4-26　功能键示意图

（二）仪器操作和使用

1. 测量前的准备工作

首先安装电力充足的配套电池，也可以使用外部电源。对中、整平工作与普通经纬仪操作方法相同，如果测距离等则需要在目标处设置反光棱镜。

2. 开机

确认显示窗中显示有足够的电池电量，当电池电量不多时，应及时更换电池或对电池进行充电。

3. 全站仪定向操作

在操作全站仪进行实际坐标测量或者放样的时候，首先要进行设站定向，而常用的方法就是坐标定向及后方交会。

首先说明一下坐标定向的方法：仪器需要架设到测站点上，架设好以后操作“主菜单→2 程序→F1 设站→F4 开始”进入设站操作（测站点：仪器所架设的已知点，有具体的坐标数据）。

如图 4-27 所示，进入设站操作以后，第一行“方法”选择坐标定向（光标对准该项，选择左右可以更改），之后点击“F3 新测站（或者称为坐标）”输入测站点坐标，之后确定保存跳回该界面，在第四行仪器高的位置输入仪器高度（若不需要高程信息，可以不输入），最后点击“F4”确定完成设置。

之后会进入图 4-28 所示界面，点击“F3”新点/坐标输入后视点坐标（后视点：全站仪定向时需要的另外一个已知点，该点和测站点通视，同样也是有实际坐标的）。

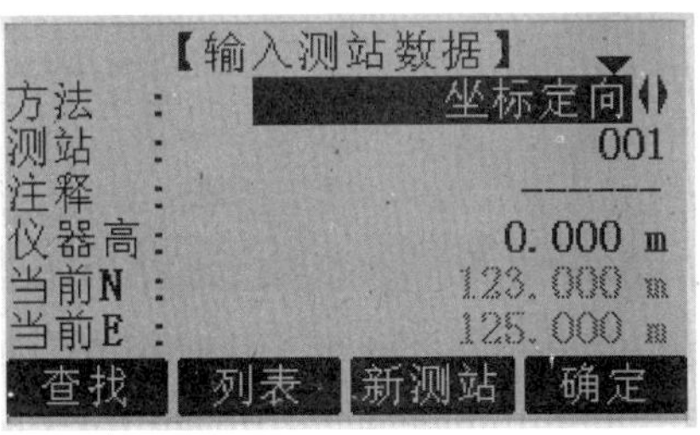

图 4-27　设站操作界面

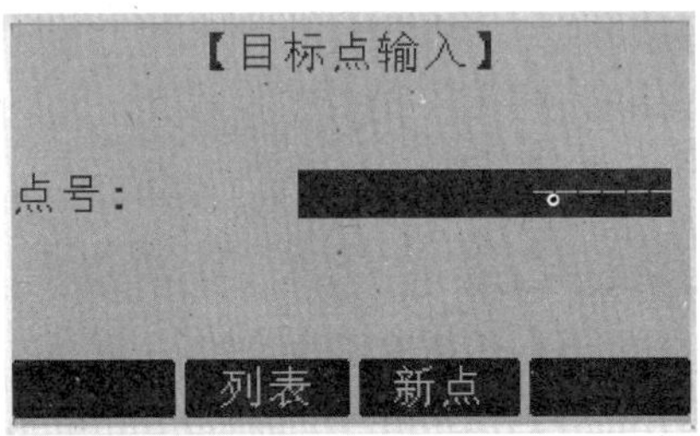

图 4-28　目标点输入界面

如图 4-29 所示，输入完成以后点击“F4”确定。

如图 4-30 所示，进入测量目标点界面，这时瞄准后视目标并点击“测距”测量后视信息（不建议直接点测存）。

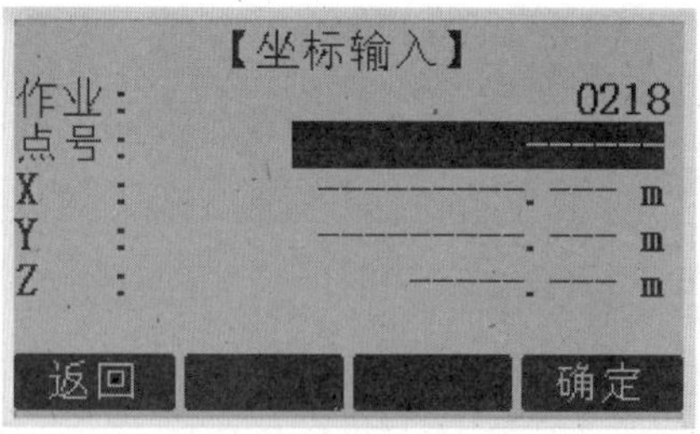

图 4-29 坐标输入界面

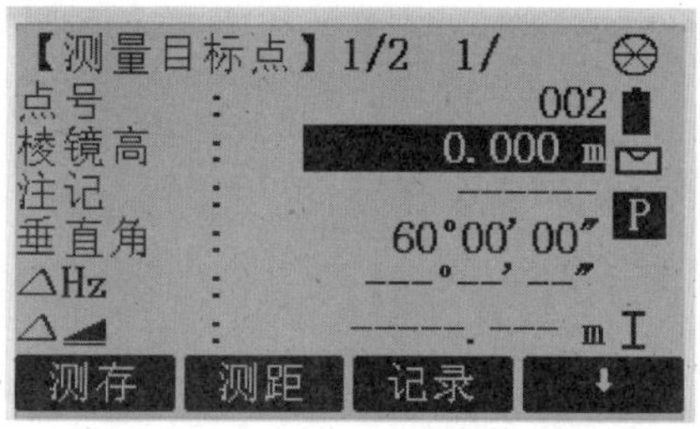

图 4-30 测量目标点界面

如图 4-31 所示，测完以后看倒数第一行图标，表示的是平局差（平局差：输入的测站坐标和后视坐标算出的平距和仪器所测平距的差值，理论为 0），这里请先确定平局差这项无问题之后点击“F3”记录（如有问题，依实际情况判断坐标输错、仪器没有架设好等原因）。

如图 4-32 所示，之后进入结果界面（一般情况下选择“F1 计算”）：

“F1 计算”：计算设站结果；

“F2 测量更多点”：测量更多的后视目标使设站更精确；

“F3 换面测量”：变换读盘再次测量目标使设站更精确。

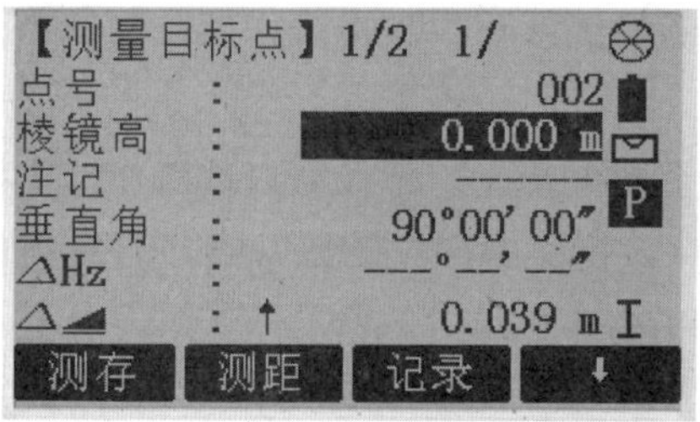

图 4-31 判断平局差界面

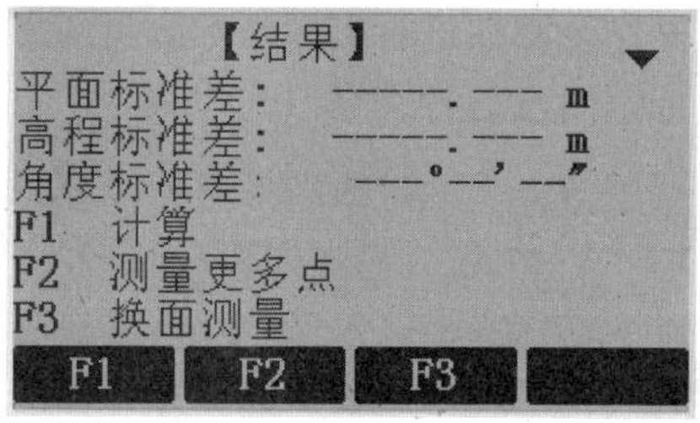

图 4-32 结果界面

如图 4-33 所示，显示设站结果，这里可以直接点击“F4”进行设定。

如图 4-34 所示，显示新值、旧值、均值界面（这里一般选择旧值）。

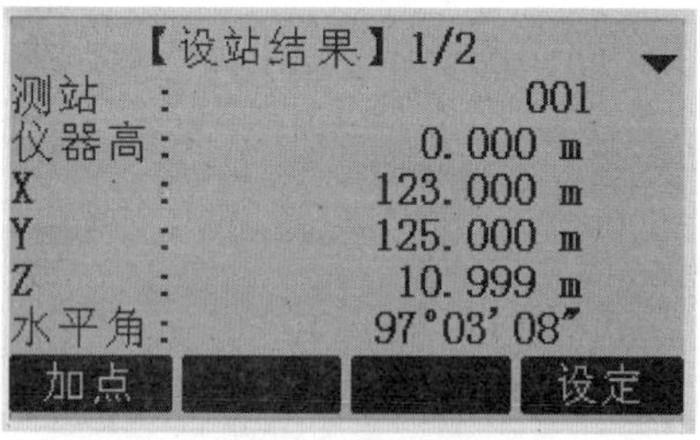

图 4-33 设站结果界面

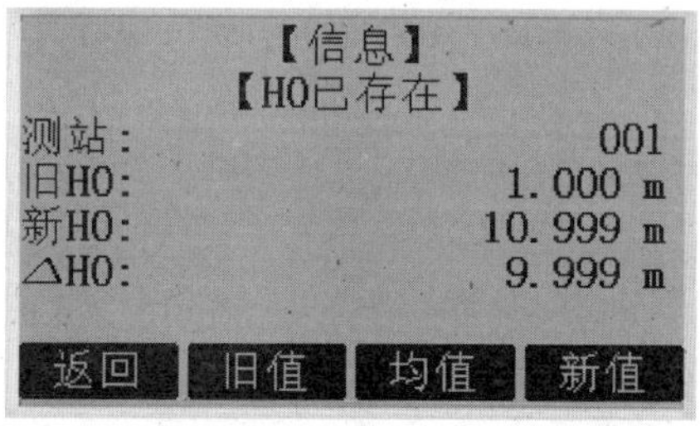

图 4-34 新值旧值均值界面

如图 4-35 所示，坐标定向操作完成，自动跳回程序界面。接着说明一下后方交会测量方法（又称自由设站：仪器随便架设，通过多个后视目标进行设站）：

仪器需要架设到合适的任何位置上（该点没有坐标），架设好以后操作“主菜单→2 程序→F1 设站→F4 开始”进入设站操作。

如图 4-36 所示，第一行方法选择后方交会，第二行测站需要输入一个点名（仪器会计算该点坐标，所以需要一个名字），如果需要计算实际架仪器点的高程，则在第四行输入仪器高，最后点击“F4”确定。

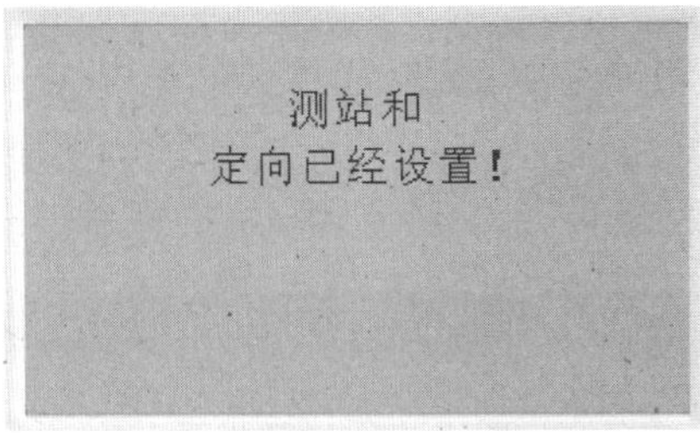

图 4-35　测站和定向已设置界面

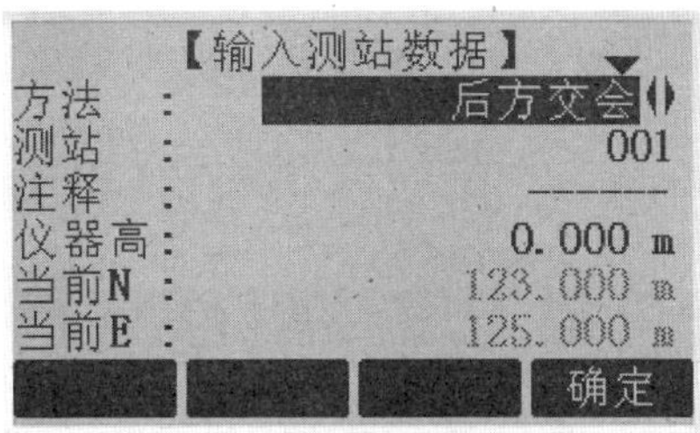

图 4-36　输入测站数据界面

进入测量目标点界面：这里同样是让输入后视点信息，如图 4-37 所示。之后的操作与坐标定向基本相同。

如图 4-38 所示，区别在于测量一个后视点以后进入的结果界面“F1 计算”无法点击，需要点击“F2 测量更多点”。在照准多个后视目标以后才可以计算。最后同样会出现“测站和定向已设置”的提示，完成后方交会定向。

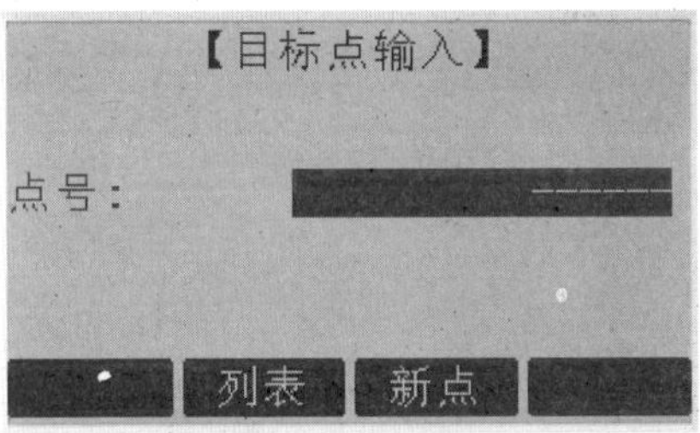

图 4-37　目标点输入界面

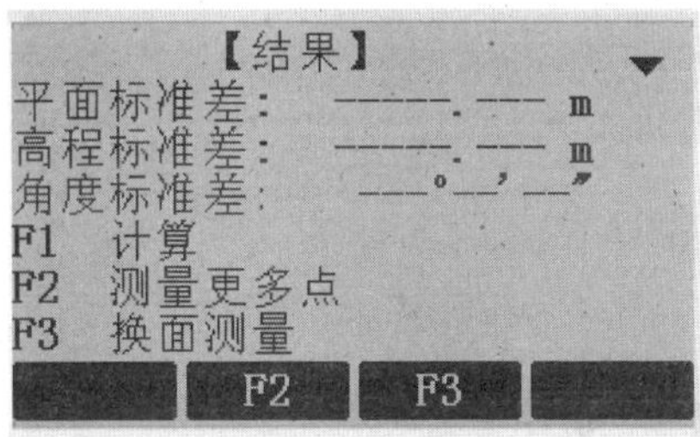

图 4-38　结果界面

4. 全站仪常规测量操作

在主菜单点击“1 测量”进入测量程序，如图 4-39～图 4-41 所示。

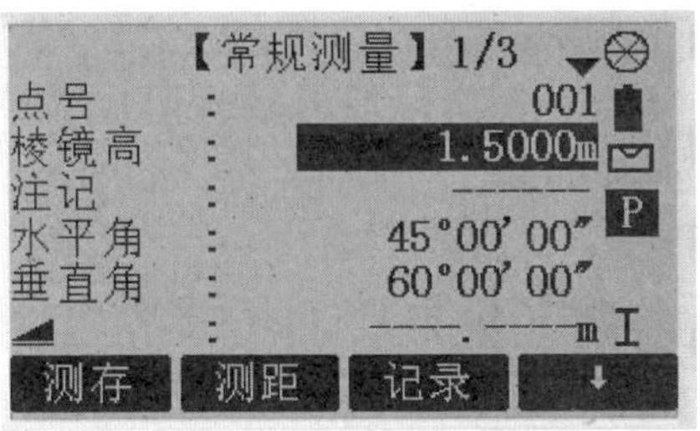

图 4-39　常规测量界面 1

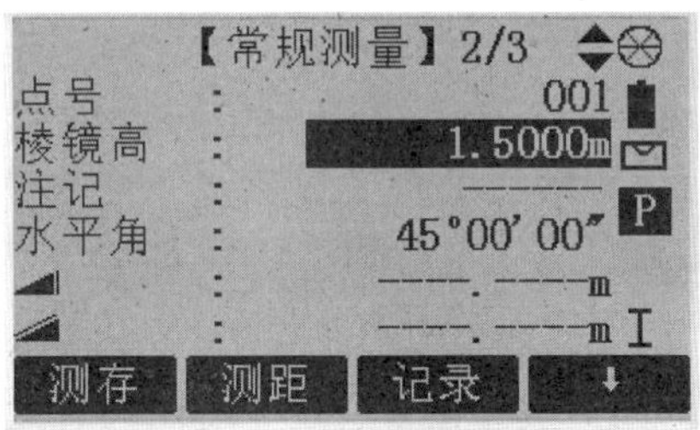

图 4-40　常规测量界面 2

其中，棱镜高一般输 0，表示平距，表示高差，表示斜距，表示使用圆棱镜，表示电池电量，表示补偿器已打开，表示使用棱镜模式，表示使用常规测角方式，表示正镜、盘左模式（Ⅱ表示倒镜、盘右模式）。

5. 全站仪放样操作

在进行坐标的设站操作以后，进入“主菜单→2 程序→F3 放样→F4 开始”进入放样界面，如图 4 - 42 所示。

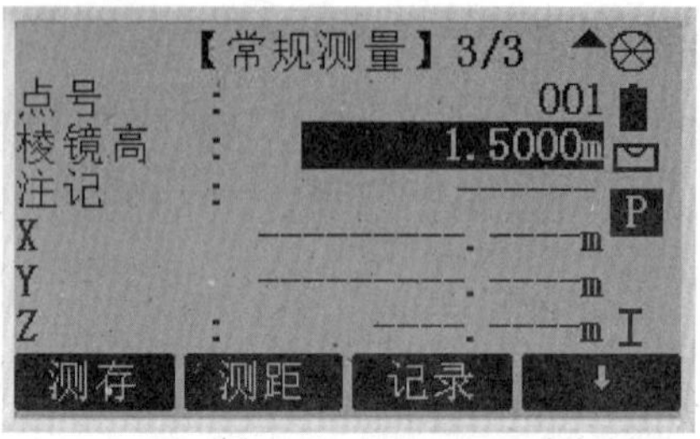

图 4 - 41　常规测量界面 3

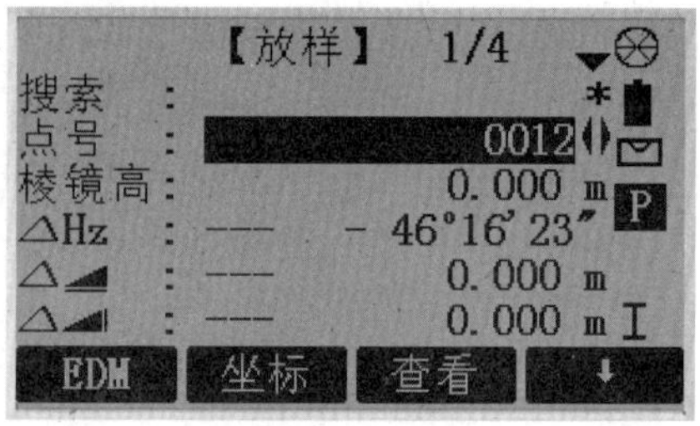

图 4 - 42　放样界面

该界面点击“F4 箭头”，在 F1 - F4 里面找到“坐标”项，如图 4 - 43 所示，输入放样点坐标，点击“F4”确定，回到放样界面。

如图 4 - 44 所示，这时水平转动仪器，把 ΔHz : --- + 18°01′50″ 项的角度调成 0°00′00″之后，所放样的点就在仪器望远镜所对应的视线上，如图 4 - 45 所示，之后将棱镜放在该视线的大概位置上（用对中杆），瞄准好以后，点击“翻页键”翻到第二页，点击“F2 测距”测量信息。

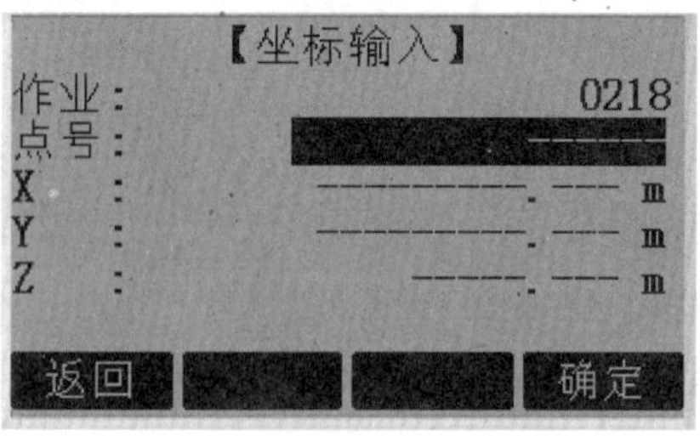

图 4 - 43　坐标输入界面

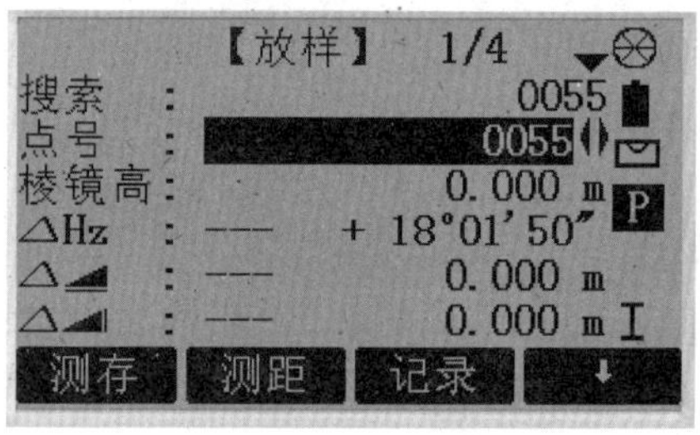

图 4 - 44　放样界面（调整 ΔHz）

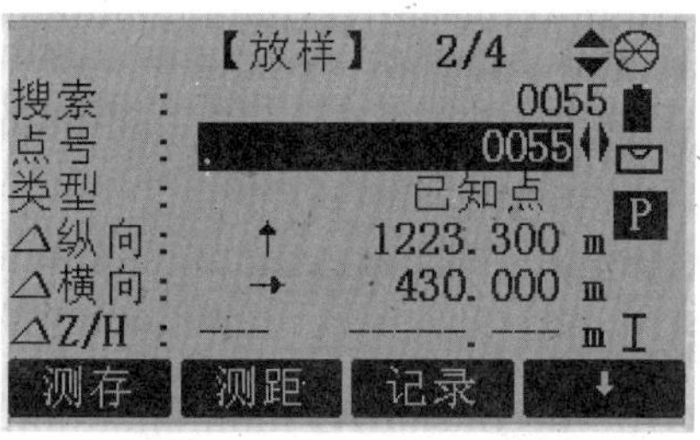

图 4 - 45　放样界面（测距）

这里的横向和纵向分别表示的是棱镜所架位置和要放样的点位置相差距离，之后调整棱镜位置并进行测距，直到满足放样点位置之后点击“F3 记录”即完成放样（需要在实际地形做标记），如继续放点，重复选择放样里的“坐标”输入放样点坐标即可继续放其他点。

以上只是介绍了徕卡 TS06plus 系列全站仪的一些基本操作，还有许多其他功能，如距离测量、导线测量、悬高测量、对边测量、角度复测、偏心测量等，可参阅随机的操作手册进行操作。

任务五　直　线　定　向

确定地面两点在平面上的相对位置，仅仅测得两点之间的水平距离是不够的，还应确定两点所连直线的方向。一条直线的方向，是根据某一标准方向来确定的。确定直线与标准方向之间的关系，称为直线定向。

一、标准方向的种类

1. 真子午线方向

包含地球南北极的平面与地球表面的交线称为真子午线。通过地面上一点，指向地球南北极的方向线，就是该点的真子午线方向。指向北方的一端简称真北方向，指向南方的一端简称真南方向。真子午线方向是用天文测量的方法确定的。

2. 磁子午线方向

在地球磁场作用下磁针在某点自由静止时所指的方向，就是该点的磁子午线方向。指向北方的一端简称磁北方向，指向南方的一端简称磁南方向。磁子午线方向是用罗盘仪测定的。

如图 4-46 所示，由于地球的两磁极与地球的南北极不重合（磁北极约在北纬 74°、西经 110°附近，磁南极约在南纬 69°、东经 114°附近）。因此，地面上任一点的真子午线方向与磁子午线方向是不一致的，两者的夹角 δ 称为磁偏角。磁子午线方向北端在真子午线以东为东偏，δ 为“+”；以西为西偏，δ 为“-”。

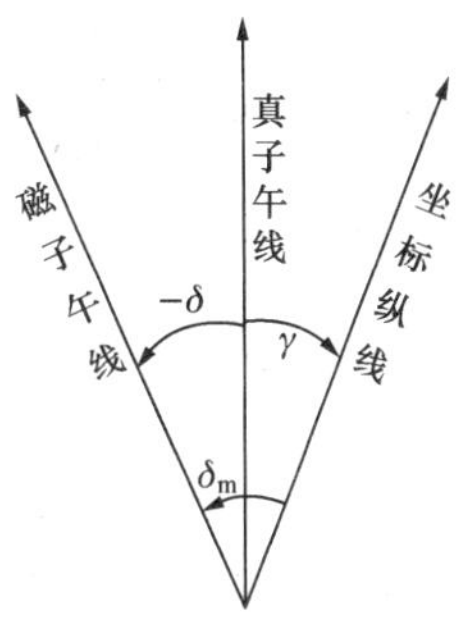

图 4-46　三种标准方向间的关系

3. 坐标纵线（轴）方向

测量中常以通过测区坐标原点的坐标纵轴线为准，测区内通过任一点与坐标纵轴平行的方向线，称为该点的坐标纵轴线方向。在高斯平面直角坐标系中，坐标纵轴线方向就是地面点所在投影带的中央子午线方向。在同一投影带内，各点的坐标纵轴线方向是彼此平行的。坐标纵线方向也有北、南方向之分。

如图 4-46 所示，真子午线与坐标纵轴线间的夹角 γ 称为子午线收敛角。坐标纵线北端在真子午线以东的为东偏，γ 为“+”；以西为西偏，γ 为“-”。

二、直线方向的表示方法

1. 方位角

测量工作中，常采用方位角表示直线的方向。从直线起点的标准方向的北端起，顺时针量至该直线的水平夹角，称为该直线的方位角，角值由 0°～360°。因标准方向有真子午线方向、磁子午线方向和坐标纵线方向之分，对应的方位角分别称为真方位角（用 A 表示）、磁方位角（用 A_m 表示）和坐标方位角（用 α 表示）。

（1）正、反坐标方位角　如图 4-47，以 A 为起点、B 为终点的直线 AB 的坐标方位角 α_{AB}，称为直线 AB 的坐标方位角。而直线 BA 的坐标方位角 α_{BA}，称为直线 AB 的反坐标方位角。由图 4-47 中可以看出正、反坐标方位角间的关系为

$$\alpha_{BA}=\alpha_{AB}\pm 180° \tag{4-17}$$

（2）坐标方位角的推算　在实际工作中并不需要测定每条直线的坐标方位角，而是通过与已知坐标方位角的直线连测后，推算出各直线的坐标方位角。如图 4-48 所示，已知直线 12 的坐标方位角 α_{12}，观测了水平角 β_2 和 β_3，要求推算直线 23 和直线 34 的坐标方位角。

由图 4-48 可以看出

$$\alpha_{23}=\alpha_{21}-\beta_2=\alpha_{12}+180°-\beta_2$$
$$\alpha_{34}=\alpha_{32}+\beta_3=\alpha_{23}+180°+\beta_3$$

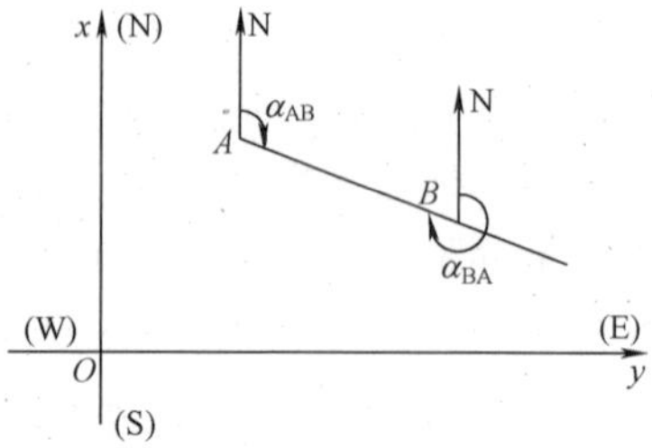

图 4-47　正、反坐标方位角

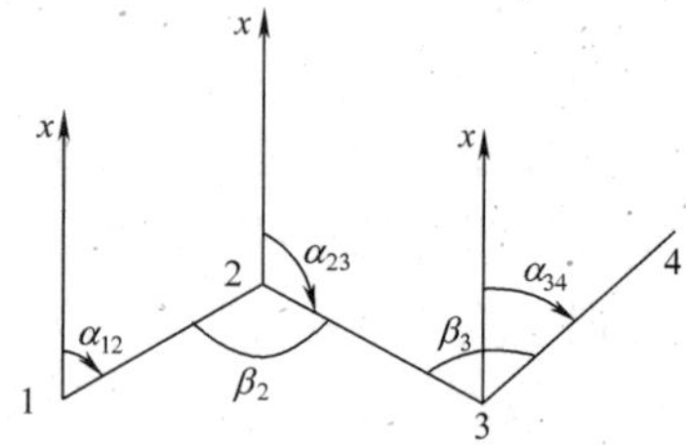

图 4-48　坐标方位角的推算

因 β_2 在推算路线前进方向的右侧，该转折角称为右角；β_3 在左侧，称为左角。从而可归纳出推算坐标方位角的一般公式为

$$\alpha_{前} = \alpha_{后} + 180° + \beta_{左}$$

$$\alpha_{前} = \alpha_{后} + 180° - \beta_{右}$$

计算中，如果 $\alpha_{前} > 360°$，应自动减去 360°；如果 $\alpha_{前} < 0°$，则自动加上 360°。当然，当独立建立直角坐标系，没有已知坐标方位角时，起始坐标方位角一般用罗盘仪来测定。

2. 象限角

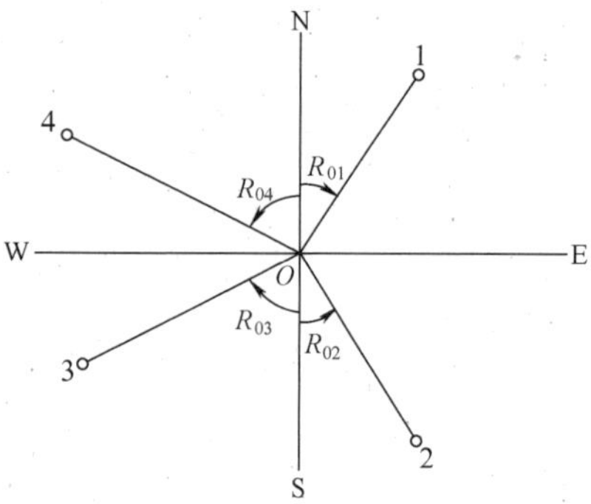

图 4-49　象限角

由坐标纵轴的北端或南端起，顺时针或逆时针至直线之间所夹的锐角，并注明象限名称，称为该直线的象限角，用 R 表示，角值由 0°～90°。如图 4-49 所示，直线 01、02、03 和 04 的象限角分别为北东 R_{01}、南东 R_{02}、南西 R_{03} 和北西 R_{04}。

3. 坐标方位角与象限角的换算关系

由图 4-50 可以看出坐标方位角与象限角的换算关系为：

在第Ⅰ象限，$R=\alpha$；

在第Ⅱ象限，$R=180°-\alpha$；

在第Ⅲ象限，$R=\alpha-180°$；

在第Ⅳ象限，$R=360°-\alpha$。

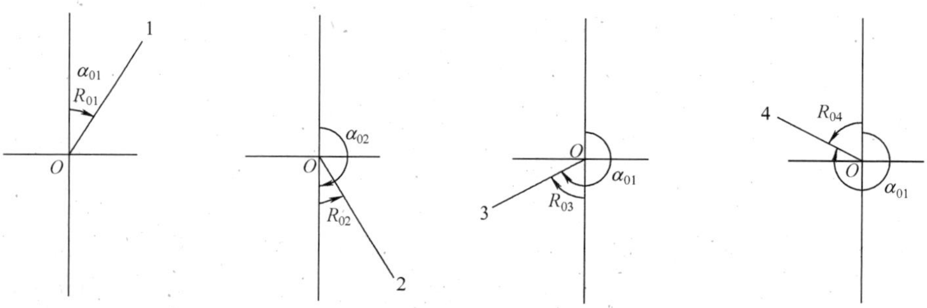

图 4-50　坐标方位角与象限角的换算关系

任务六　用罗盘仪测定磁方位角

在小测区建立独立的平面控制网时，可用罗盘仪测定直线的磁方位角，作为该控制网起

始边的坐标方位角，将过起始点的磁子午线当作坐标纵轴线。下面将介绍罗盘仪的构造和使用方法。

一、罗盘仪的构造

罗盘仪是测定磁方位角的仪器，如图 4－51 所示，其主要部件有：望远镜、刻度盘、磁针和三脚架等。

1. 望远镜

望远镜是瞄准目标用的照准设备，一般为外对光式，对光时转动对光螺旋，望远镜物镜前后移动，使物像与十字丝网平面重合，使目标清晰。望远镜一侧装有竖直度盘，用以测量竖直角。

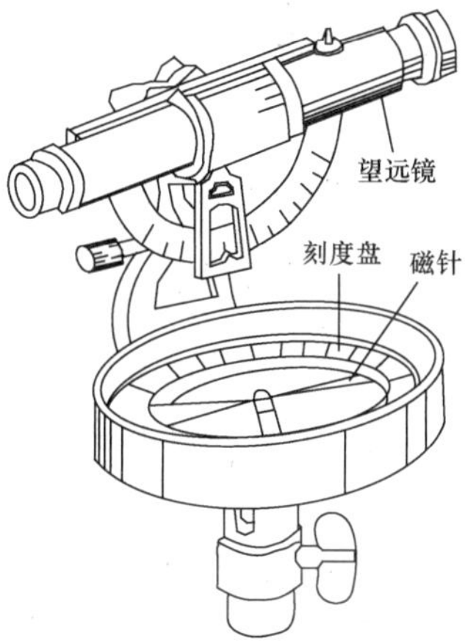

图 4－51　罗盘仪

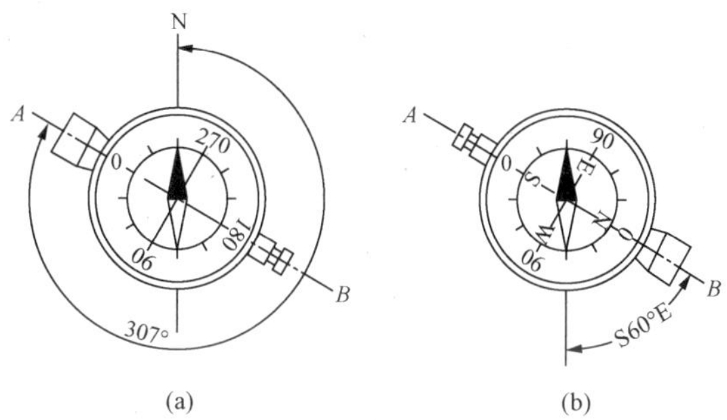

图 4－52　磁方位角的测定

(a) 方位罗盘；(b) 象限罗盘

2. 刻度盘

由铜或铝制成的圆盘最小分划为 1°或 30′，每 10°作一注记。注记形式有两种：一种是按逆时针方向从 0°～360°注记，如图 4－52（a）所示，称为方位罗盘；一种是南、北两端为 0°，向东西两个方向注记到 90°，并注有北（N）、东（E）、南（S）、西（W）字样，如图 4－52（b）所示，称为象限罗盘。由于使用罗盘测定直线方向时，刻度盘随着望远镜转动，而磁针始终指向南北不动，为了在度盘上读出象限角，所以东、西注记与实际情况相反。同样，方位角是按顺时针从北端起算的，而方位罗盘的注记是自北端按逆时针方向注记的。

3. 磁针

磁针是用人造磁铁制成的，其中心装有镶着玛瑙的圆形球窝，在刻度盘的中心装有顶针，磁针球窝支在顶针上，可以自由转动。为了减少顶针的磨损和防止磁针脱落，不使用时应用固定螺钉将磁针固定。

罗盘盒内还装有互相垂直的两个水准器，用来整平罗盘仪。

4. 三脚架

由木或铝管制成，可伸缩，比较轻便。

二、磁方位角的测定

用罗盘仪测定直线的方位角时，先将罗盘仪安置在直线的起点，对中、整平。松开磁针固定螺钉放下磁针，再松开水平制动螺旋，转动仪器，用望远镜照准直线的另一端点所立标志，待磁针静止后，其北端所指的度盘读数，即为该直线的磁方位角（或磁象限角）。

罗盘仪使用时，应注意避免任何磁铁接近仪器，选择测站点应避开高压线，车间、铁栅栏等，以免产生局部吸引，影响磁针偏转，造成读数误差。使用完毕，应立即固定磁针，以防顶针磨损和磁针脱落。

思考题与习题

1. 直线定线的概念和方法。

2. 比较一般量距与精密量距有何不同。

3. 下列情况对距离丈量结果有何影响？使丈量结果比实际距离增大还是减小？

（1）钢尺比标准长；（2）定线不准；（3）钢尺不水平；

（4）拉力忽大忽小；（5）温度比鉴定时低；（6）读数不准。

4. 丈量 A、B 两点间的水平距离，用 30m 长的钢尺，丈量结果为往测 4 尺段，余长为 10.250m，返测 4 尺段，余长为 10.210m，试进行精度校核，若精度合格，求出水平距离。（精度要求 $K_{容}=1/2000$）

5. 将一根 50m 的钢尺与标准尺比长，发现此钢尺比标准尺长 13mm，已知标准钢尺的尺长方程式为 $L_t=50\text{m}+0.0032\text{m}+1.20\times10^{-5}\times50\times(t-20℃)\ \text{m}$，钢尺比较时的温度为 11℃，求此钢尺的尺长方程式。

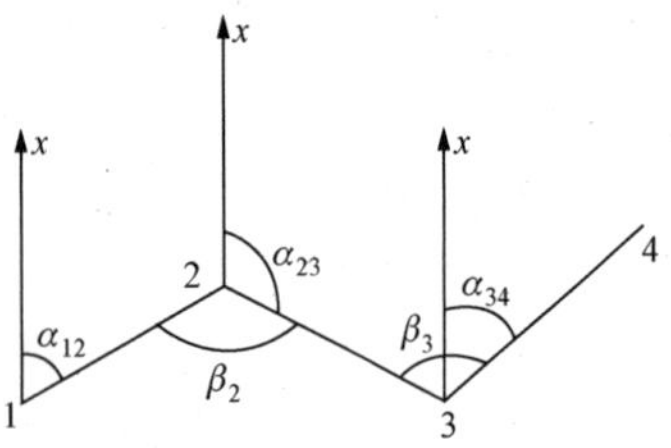

图 4-53　推算坐标方位角

6. 请根据表 4-3 中直线 AB 的外业丈量成果，计算直线 AB 全长和相对误差。

[尺长方程式为：$30+0.005+1.25\times10^{-5}\times30(t-20℃)$　$K_{容}=1/10000$]

7. 已知直线 AB 的坐标方位角为 $255°00'$，又推算得直线 BC 的象限角为南偏西 $45°00'$，试求小夹角 $\angle ABC$，并绘图表示之。

8. 如图 4-53 所示，已知 $\alpha_{12}=50°30'$，$\beta_2=125°36'$，$\beta_3=121°36'$，求其余各边的坐标方位角。

9. 设已知各直线的坐标方位角分别为 $47°27'$，$177°37'$，$226°48'$，$337°18'$，试分别求出它们的象限角和反坐标方位角。

表 4-3　　外业丈量及计算表

线段	尺段	尺段长度/m	温度/℃	高差/m	尺长改正/mm	温度改正/mm	倾斜改正/mm	水平距离/m
AB	A—1	29.391	10	+0.860				
	1—2	23.390	11	+1.280				
	2—3	26.680	11	−0.140				
	3—4	28.538	12	−1.030				
	4—B	17.899	13	−0.940				
	Σ往							

续表

线段	尺段	尺段长度/m	温度/℃	高差/m	尺长改正/mm	温度改正/mm	倾斜改正/mm	水平距离/m
AB	*B*—1	25.300	13	+0.860				
	1—2	23.922	13	+1.140				
	2—3	25.070	11	+0.130				
	3—4	28.581	11	−1.100				
	4—*A*	24.050	10	−1.060				
	∑返							

10. 已知某直线的象限角为 SW78°36′，求它的坐标方位角。
11. 试述罗盘仪的作用及使用时的注意事项。
12. 简述全站仪的结构原理。
13. 衡量一台全站仪性能的主要指标有哪些？
14. 简述全站仪坐标测量的主要步骤。
15. 简述全站仪使用时的注意事项。

单元五 测量误差的基本知识

任务一 测量误差概述

一、测量误差的概念

在一定的外界条件下进行观测，观测值总会含有一定误差。任何一个观测量，在客观上总存在着一个能代表其真正大小的数值，这个数值称为真值，一般用 x 表示。对未知量进行测量的过程，称为观测，测量所获得的数值称为观测值，用 L_i 表示。进行观测时，观测值与真值之间的差异，称为测量误差或观测误差，用 Δ_i 表示，即

$$\Delta_i = L_i - x \tag{5-1}$$

二、测量误差的来源

引起测量误差的原因很多，概括起来主要有以下三个方面：

1. 测量仪器工具误差

由于测量仪器工具制造工艺上的局限性，即使经过检验与校正，残余误差仍然存在。测量结果中就不可避免地受到了影响。当然，不同类型的仪器有着不同的精度，使用不同精度的仪器引起误差的大小也不相同。

2. 观测者的影响

由于观测者的感觉器官鉴别能力有一定的局限性，使得在安置仪器、照准、读数等方面都会产生误差。同时，观测者的技术水平、熟练程度和工作态度也会直接影响到观测成果的质量。

3. 外界条件的影响

观测时所处的外界条件，如温度、湿度、风力、气压等因素的影响，必然使观测结果产生误差。

测量仪器、观测人员和外界条件这三方面的因素综合起来称为观测条件。观测条件与观测结果的精度有着密切的关系，在较好的观测条件下进行观测所得的观测结果的精度就会高一些；反之，观测结果的精度就会低一些。

三、研究测量误差的目的

研究测量误差的目的是分析测量误差产生的原因和性质，正确处理观测结果，求出最可靠值；评定测量结果的精度；通过研究误差发生的规律，为选择合理的测量方法提供理论依据。

四、测量误差的分类

根据测量误差的来源和对观测结果的影响性质的不同，测量误差可分为系统误差和偶然误差两类。

1. 系统误差

在相同的观测条件下对某量进行一系列观测，如果误差的大小、符号表现出一定的规律性，这种误差称为系统误差。

系统误差是由仪器制造或校正不完善、观测人员操作习惯和测量时外界条件等原因引起

的。如量距中用名义长度为 30m 而经检定后实际长度为 30.002m 的钢尺，每量一尺段就有 0.002m 的误差，量距越长误差积累就越大。又如某些观测者在照准目标时，总习惯于把望远镜十字丝对准于目标的某一侧，也会使观测结果带有系统误差。

系统误差对观测结果的影响具有累积性，对测量成果的影响也就特别显著。所以在实际测量工作时，必须设法减弱或消除，常用的方法有：对仪器工具进行严格检校；采用适当的观测方法；对测量结果加改正数。例如，在水准测量中采用前后视距相等的方法来消除视准轴与水准管轴不平行所带来的误差，在水平角观测中采用盘左、盘右观测来消除视准轴误差等。

2. 偶然误差

在相同的观测条件下对某量进行一系列观测，如果误差的大小和符号都具有不确定性，但总体又服从于一定的统计规律性，这种误差称为偶然误差，也叫随机误差。

产生偶然误差的原因很多，如观测者感官能力的因素，望远镜的放大倍数和分辨率等因素。常见的偶然误差有估读误差、照准误差等。

对偶然误差，通常采用增加观测次数来减少其误差，从而提高观测成果的质量。消除或减少了系统误差后，观测结果中偶然误差占据了主要地位，主要是偶然误差影响了观测结果的精确性，所以在测量误差理论中研究对象主要是偶然误差。

五、偶然误差的特性

偶然误差从表面上看似乎没有规律性，即从单个或少数几个误差的大小和符号的出现上呈偶然性，但从整体上对偶然误差加以归纳统计，则显示出一种统计规律，而且观测次数越多，这种规律性表现得越明显。

下面通过实例来说明这种规律。

例如，在相同观测条件下独立地观测 100 个三角形的全部内角，由于观测值中带有误差，各三角形的内角之和就不等于它的真值 180°。

现将 100 个真误差进行统计分析：取 3″为区间，将 100 个真误差按其大小和正负号排列，以表格的形式统计出其在各区间的分布情况（表 5-1）。

表 5-1　真误差个数统计排列表

误差所在区间	正误差个数	负误差个数	总和
0″～3″	13	13	26
3″～6″	11	10	21
6″～9″	9	9	18
9″～12″	6	6	12
12″～15″	5	4	9
15″～18″	4	4	8
18″～21″	2	2	4
21″～24″	1	1	2
24″以上	0	0	0
	51	49	100

从表 5-1 中可以看出，该组误差的分布表现出如下规律：①小误差的个数比大误差多；②绝对值相等的正、负误差的个数大致相等；③最大误差不超过 24″。在实际测量中通过对

大量的观测数据进行统计分析，其结果都显示出同样的规律。由此，总结出偶然误差具有如下特性：

（1）有限性　在一定观测条件下，偶然误差的绝对值不超过一定的限度。

（2）聚中性　绝对值小的误差比绝对值大的误差出现的机会多。

（3）对称性　绝对值相等的正、负误差出现的机会大致相等。

（4）抵消性　当观测次数无限增多时，偶然误差的算术平均值趋近于零。即

$$\lim_{n\to\infty}\frac{[\Delta]}{n}=0 \tag{5-2}$$

式中　$[\Delta]=\Delta_1+\Delta_2+\Delta_3+\cdots+\Delta_n$。

特性（1）说明误差出现的范围；特性（2）说明误差绝对值大小的规律；特性（3）说明误差符号出现的规律；特性（4）可由特性（3）导出，它说明偶然误差具有抵偿性。实践证明，偶然误差不能用计算改正或用一定的观测方法简单地加以消除，只能根据偶然误差的特性来改进观测方法并采取合理的数据处理方法，以减小偶然误差对观测成果的影响。

任务二　衡量精度的指标

在测量工作中，为了衡量观测精度的高低，以便确定其是否符合要求，需要建立衡量精度的统一标准。

测量中常用的评定精度的指标有：中误差、相对误差和极限误差（允许误差）等。

一、中误差

在相同的观测条件下，对某量进行了 n 次观测，其观测值为 l_1，l_2，…，l_n，相应的真误差为 Δ_1，Δ_2，…，Δ_n，则各个真误差平方和的平均值的平方根，称为中误差，通常用 m 表示，即

$$m=\pm\sqrt{\frac{[\Delta\Delta]}{n}} \tag{5-3}$$

式中　$[\Delta\Delta]=\Delta_1^2+\Delta_2^2+\cdots+\Delta_n^2$。

m 值越大，精度越低；m 值越小，则精度越高。

【例 5-1】　由两组用 50m 普通钢尺对某段距离丈量了 6 次，其观测值列于表 5-2 中，该段距离用因瓦基线尺量得的结果为 49.982m，由于其精度较高，可视其为真值，则丈量该距离一次的观测值中误差见表 5-2。

表 5-2　钢尺量距的观测值及中误差计算表

观测次序	观测值/m	Δ/mm	ΔΔ	计算
1	49.988	+6	36	$m=\pm\sqrt{\frac{131}{6}}=\pm4.7$mm
2	49.975	−7	49	
3	49.981	−1	1	
4	49.978	−4	16	
5	49.987	+5	25	
6	49.984	+2	4	
Σ			131	

从表 5－2 的计算结果可知，该组等精度观测值的中误差 $m=\pm4.7$mm，也就是说，表 5－2 中的每一个观测值的中误差均为±4.7mm。

二、相对误差

当观测误差与观测值的大小有关时，单靠中误差还不能完全反映观测精度的高低。例如，用钢尺丈量了 100m 及 500m 两段距离，观测值中误差均为±0.02m，虽然两者的中误差相同，但就单位长度的测量中误差而言，两者是不相同的，显然前者的相对精度比后者要低。因此，在评定测距的精度时，通常采用相对误差。

相对误差是观测值中误差的绝对值与观测值之比，通常化成分子为 1 的分数式，即

$$K=\frac{|m|}{D}=\frac{1}{\frac{D}{|m|}} \tag{5-4}$$

上述两段测距中，相对中误差分别为

$$K_1=\frac{1}{5000},K_2=\frac{1}{25000}$$

显然，500m 长度的相对误差小于 100m 长度的相对误差，500m 段观测的精度高。

三、极限误差

极限误差是在一定的观测条件下规定的测量误差的限值，也称为允（容）许误差或限差。在测量工作中，如果观测误差绝对值小于允许误差，则认为该观测值合格；如果测量误差的绝对值大于允许误差，就认为观测值质量不合格。

根据数理统计资料可知：大于一倍中误差的偶然误差出现的可能性约为 32%，大于两倍中误差的偶然误差出现的可能性约为 5%，大于三倍中误差的偶然误差出现的可能性约为 0.3%。这个规律就是确定允许误差的依据。在实际测量工作中，测量的次数总是有限的，因此认为大于三倍中误差的偶然误差出现的几率极少。

所以通常以三倍中误差作为偶然误差的极限值，即

$$\Delta_{限}=3m \tag{5-5}$$

当精度要求较高时，也常采用两倍中误差作为极限误差，即

$$\Delta_{限}=2m \tag{5-6}$$

任务三　算术平均值及其观测值的中误差

一、算术平均值

在相同的观测条件下，对某量进行多次重复观测，根据偶然误差特性，可取其算术平均值作为最终观测结果。

设对某量进行了 n 次等精度观测，观测值分别为 l_1，l_2，…，l_n，其算术平均值为

$$L=(l_1+l_2+\cdots+l_n)/n=[l]/n \tag{5-7}$$

设观测量的真值为 x，观测值为 L，则观测值的真误差为

$$\Delta_1=l_1-x$$
$$\Delta_2=l_2-x$$
$$\vdots$$

$$\Delta_n = l_n - x \tag{5-8}$$

将式（5－8）内各式两边相加，并除以 n，得

$$[\Delta]/n = [l]/n - x$$

将式（5－7）代入上式，并移项，得

$$L = x + [\Delta]/n$$

根据偶然误差的特性，当观测次数 n 无限增大时，则有

$$\lim_{n\to\infty}\frac{[\Delta]}{n} = 0$$

那么同时可得

$$\lim_{n\to\infty} L = x \tag{5-9}$$

由式（5－9）可知，当观测次数 n 无限增大时，算术平均值趋近于真值。但在实际测量工作中，观测次数总是有限的，因此，算术平均值较观测值更接近于真值。将最接近于真值的算术平均值称为最或然值或最可靠值。

二、观测值改正数

观测量的算术平均值与观测值之差，称为观测值改正数，用 v 表示。当观测数为 n 时，有

$$\begin{aligned} v_1 &= L - l_1 \\ v_2 &= L - l_2 \\ &\vdots \\ v_n &= L - l_n \end{aligned} \tag{5-10}$$

将式（5－10）内各式两边相加，得

$$[v] = nL - [l]$$

将 $L=[l]/n$ 代入上式，得

$$[v] = 0 \tag{5-11}$$

式（5－11）说明了观测值改正数的一个重要特性，即对于等精度观测，观测值改正数的总和为零。

三、由观测值改正数计算观测值中误差

按式（5－3）计算中误差时，需要知道观测值的真误差。但在实际测量中，一般并不知道观测值的真值，因此也无法求得观测值的真误差。在实际工作中，多利用观测值改正数来计算观测值的中误差。

由真误差与观测值改正数的定义可知

$$\begin{aligned} \Delta_1 &= l_1 - x \\ \Delta_2 &= l_2 - x \\ &\vdots \\ \Delta_n &= l_n - x \end{aligned} \tag{5-12}$$

$$\begin{aligned} v_1 &= l - l_1 \\ v_2 &= l - l_2 \\ &\vdots \\ v_n &= l - l_n \end{aligned} \tag{5-13}$$

由式（5－12）和式（5－13）相加，整理后得

$$\Delta_1 = (L - x) - v_1$$
$$\Delta_2 = (L - x) - v_2$$
$$\vdots$$
$$\Delta_n = (L - x) - v_n \qquad (5-14)$$

将式（5 - 14）内各式两边同时平方并相加，得

$$[\Delta\Delta] = n(L - x)^2 + [vv] - 2(L - x)[v] \qquad (5-15)$$

因为 $[v]=0$，令 $\delta=(L-x)$，代入式（5 - 15），得

$$[\Delta\Delta] = [vv] + n\delta^2 \qquad (5-16)$$

式（5 - 16）两边再除以 n，得

$$[\Delta\Delta]/n = [vv]/n + \delta^2 \qquad (5-17)$$

又因为 $\delta=(L-x)$，$L=[l]/n$，所以

$$\delta = (L - x) = \frac{[l]}{n} - x = \frac{[l - x]}{n} = \frac{[\Delta]}{n}$$

故

$$\delta^2 = [\Delta]^2/n^2 = 1/n^2\ (\Delta_1^2 + \Delta_2^2 + \cdots + \Delta_n^2 + 2\Delta_1\Delta_2 + 2\Delta_2\Delta_3 + \cdots + 2\Delta_{n-1}\Delta_n)$$
$$= [\Delta\Delta]/n^2 + 2/n^2\ (\Delta_1\Delta_2 + \Delta_2\Delta_3 + \cdots + \Delta_{n-1}\Delta_n)$$

由于 Δ_1，Δ_2，Δ_3，…，Δ_n 为真误差，所以 $\Delta_1\Delta_2+\Delta_2\Delta_3+\cdots+\Delta_{n-1}\Delta_n$ 也具有偶然误差的特性。当 $n\to\infty$ 时，则有

$$\lim_{n\to\infty}(\Delta_1\Delta_2 + \Delta_2\Delta_3 + \cdots + \Delta_{n-1}\Delta_n)/n = 0$$

所以

$$\delta^2 = [\Delta\Delta]/n^2 = \frac{1}{n} \times \frac{[\Delta\Delta]}{n} \qquad (5-18)$$

将式（5 - 18）代入式（5 - 17），得

$$\frac{[\Delta\Delta]}{n} = \frac{[vv]}{n} + \frac{1}{n} \times \frac{[\Delta\Delta]}{n} \qquad (5-19)$$

又由式（5 - 3）知 $m^2=[\Delta\Delta]/n$，代入式（5 - 19），得

$$m^2 = [\Delta\Delta]/n + m^2/n$$

整理后，得

$$m = \pm\sqrt{\frac{[vv]}{n-1}} \qquad (5-20)$$

这就是用观测值改正数求观测值中误差的计算公式。

四、算术平均值的中误差

在衡量观测结果的精度时，除了要求出观测值的中误差之外，还要求出观测值算术平均值的中误差，作为评定观测值最后结果的精度，如前所述算术平均值为

$$L = \frac{[l]}{n} = \frac{l_1 + l_2 + \cdots + l_n}{n}$$

算术平均值 L 的中误差 M，按下式计算

$$M = \pm\sqrt{\frac{1}{n^2}m_1^2 + \frac{1}{n^2}m_2^2 + \cdots + \frac{1}{n^2}m_n^2} = \pm\sqrt{\frac{m^2}{n}} = \pm\frac{m}{\sqrt{n}} = \pm\sqrt{\frac{[vv]}{n(n-1)}} \qquad (5-21)$$

【例 5-2】 某一段距离共丈量了 6 次，结果见表 5-2，求算术平均值、观测值中误差、算术平均值的中误差及相对误差。

解 计算过程见表 5-3。

表 5-3 **计 算 表**

测次	观测值/m	观测值改正数 v/mm	vv	计算
1	148.640	−13	169	$L=\frac{[l]}{n}=148.627\text{m}$ $m=\pm\sqrt{\frac{[vv]}{n-1}}=\pm10.0\text{mm}$ $M=\pm\frac{m}{\sqrt{n}}=\pm4.1\text{mm}$ $M_k=\frac{M}{L}=\frac{1}{36250}$
2	148.628	−1	1	
3	148.633	−6	36	
4	148.621	+6	36	
5	148.611	+16	256	
6	148.629	−2	4	
平均值	148.627	$[v]=0$	502	

任务四 误差传播定律

在实际测量中，有些未知量往往不是直接测量得到的，而是通过观测其他一些相关的量后间接计算出来的，这些量称为间接观测值。间接观测值是直接观测值的函数，因为直接观测值含有误差，所以其函数也一定存在误差。阐述观测值中误差与其函数中误差之间关系的定律称为误差传播定律。

下面就具体推导误差传播定律公式。

一、观测值线性函数的中误差

设有线性函数为

$$Z = k_1x_1 \pm k_2x_2 \pm \cdots \pm k_nx_n \tag{5-22}$$

式中 k_1，k_2，…，k_n——常数系数；

x_1，x_2，…，x_n——独立观测值，其中误差分别为 m_{x1}、m_{x2}、…、m_{xn}。

设观测值 x_1，x_2，…，x_n 的真误差为 Δx_1，Δx_2，…，Δx_n，由这些真误差所引起的函数 Z 的真误差为 ΔZ，则有

$$Z+\Delta Z = k_1(x_1+\Delta x_1) \pm k_2(x_2+\Delta x_2) \pm \cdots \pm k_n(x_n\Delta x_n) \tag{5-23}$$

将式（5-22）代入式（5-23），得

$$\Delta z = k_1\Delta x_1 \pm k_2\Delta x_2 \pm \cdots \pm k_n\Delta x_n \tag{5-24}$$

如果对观测值 x_1，x_2，…，x_n 进行了 n 次等精度观测，则有

$$\begin{aligned}\Delta Z_1 &= k_1\Delta x_{11} \pm k_2\Delta x_{21} \pm \cdots \pm k_nx_{n1}\\ \Delta Z_2 &= k_1\Delta x_{12} \pm k_2\Delta x_{22} \pm \cdots \pm k_nx_{n2}\\ &\vdots\\ \Delta Z_n &= k_1\Delta x_{1n} \pm k_2\Delta x_{2n} \pm \cdots \pm k_nx_{nn}\end{aligned}$$

将以上各式两边平方，相加后再除以 n 得

$$\frac{[\Delta Z^2]}{n} = k_1^2\frac{[\Delta x_1^2]}{n} + k_2^2\frac{[\Delta x_2^2]}{n} + \cdots + k_n^2\frac{[\Delta x_n^2]}{n} \pm 2k_1k_2\frac{[\Delta x_1\Delta x_2]}{n} \pm 2k_2k_3\frac{[\Delta x_2\Delta x_3]}{n} \pm \cdots$$

根据偶然误差的第（4）个特性，上式可写成

$$\frac{[\Delta Z^2]}{n}=k_1^2\frac{[\Delta x_1^2]}{n}+k_2^2\frac{[\Delta x_2^2]}{n}+\cdots+k_n^2\frac{[\Delta x_n^2]}{n}$$

根据中误差的定义，则有

$$m_z^2=k_1^2m_{x_1}^2+k_2^2m_{x_2}^2+\cdots+k_n^2m_{x_n}^2 \tag{5-25}$$

【例 5-3】 在水准测量中，若水准尺上每次读数中误差为±2.0mm，则每站高差中误差是多少？

解 $h=a-b$

$$m_{\mathrm{h}}=\pm\sqrt{m_{\mathrm{a}}^2+m_{\mathrm{b}}^2}=\pm\sqrt{2.0^2+2.0^2}=\pm2.8(\mathrm{mm})$$

【例 5-4】 在 1∶1000 地形图上，量得某段距离 $d=32.2$cm，其测量中误差 $m_{\mathrm{d}}=\pm0.1$cm，求该段距离的实际长度和中误差。

解 $D=Md=1000\times32.2=32200$（cm）$=322$（m）

$m_{\mathrm{D}}=Mm_{\mathrm{d}}=\pm1000\times0.1=\pm100$（cm）$=\pm1.0$（m）

所以实际长度 $D=$（322±1.0）m

二、观测值非线性函数的中误差

设有函数

$$Z=f(x_1,x_2,\cdots,x_n) \tag{5-26}$$

式中 x_1，x_2，…，x_n 为独立观测值，其中误差分别为 m_{x1}，m_{x2}，…，m_{xn}。

现要求函数 Z 的中误差，推导如下：

对函数取全微分，得

$$\mathrm{d}Z=\frac{\partial f}{\partial x_1}\mathrm{d}x_1+\frac{\partial f}{\partial x_2}\mathrm{d}x_2+\cdots+\frac{\partial f}{\partial x_n}\mathrm{d}x_n \tag{5-27}$$

设观测值 x_1，x_2，…，x_n 的真误差为 Δx_1，Δx_2，…，Δx_n，由这些真误差所引起的函数 Z 的真误差为 ΔZ。由于真误差一般很小，式（5-27）可用下式代替，即

$$\mathrm{d}Z=\frac{\partial f}{\partial x_1}\Delta x_1+\frac{\partial f}{\partial x_2}\Delta x_2+\cdots+\frac{\partial f}{\partial x_n}\Delta x_n \tag{5-28}$$

式中 $\dfrac{\partial f}{\partial x}$ 为函数对自变量 x 的偏导数，当函数关系确定时，它们均为常数。

设 $\dfrac{\partial f}{\partial x_1}=k_1,\dfrac{\partial f}{\partial x_2}=k_2,\cdots,\dfrac{\partial f}{\partial x_n}=k_n$

则 $m_z^2=k_1^2m_{x1}^2+k_2^2m_{x2}^2+\cdots+k_n^2m_{xn}^2$

即

$$m_z=\pm\sqrt{\left(\frac{\partial f}{\partial x_1}\right)^2m_{x1}^2+\left(\frac{\partial f}{\partial x_2}\right)^2m_{x2}^2+\cdots+\left(\frac{\partial f}{\partial x_n}\right)^2m_{xn}^2} \tag{5-29}$$

通过以上推导可以看出，观测值线性函数中误差关系式是非线性函数中误差关系式的特殊形式。

【例 5-5】 有一长方形，测得其长为 32.41m±0.02m，宽为 24.36m±0.01m。求该长方形的面积及其中误差。

解 设长为 a，宽为 b，面积为 S。

则有：$S=ab=32.41\times24.36=789.51$（m²）

$$m_z = \pm\sqrt{\left(\frac{\partial S}{\partial a}\right)^2 m_a^2 + \left(\frac{\partial S}{\partial b}\right)^2 m_b^2} = \pm\sqrt{b^2 m_a^2 + a^2 m_b^2}$$

$$= \pm\sqrt{24.36^2 \times (\pm 0.02)^2 + 32.41^2 \times (\pm 0.01)^2} = \pm 0.59\ (\mathrm{m}^2)$$

所以，该长方形的面积为 $S=789.51\mathrm{m}^2 \pm 0.59\mathrm{m}^2$。

思考题与习题

1. 测量误差的来源有哪几个方面？

2. 系统误差和偶然误差有什么区别？偶然误差有什么特性？

3. 什么叫中误差？什么叫相对中误差？什么叫极限误差？

4. 已知一测回测角中误差为±9″，欲使测角精度达到±2″，问至少需要几个测回？

5. 用钢尺进行距离丈量，共量了 5 个尺段，若每尺段丈量的中误差均为±2mm，问全长的中误差是多少？

6. 设有一 n 边形，每个内角的测角中误差均为±12″，求该 n 边形内角和的中误差。

7. 已知五边形各内角的测角中误差为±18″，允许误差为中误差的两倍，求该五边形内角和闭合差的允许误差。

8. 若水准测量中每公里观测高差的精度相同，则 K 公里观测高差的中误差是多少？若每测站观测高差的精度相同，则 n 个测站观测高差的中误差是多少？

9. GPS 全球定位系统由哪几部分构成？

10. GPS 全球定位系统的应用有哪些特点？

11. 简述北斗卫星导航系统的特点。

12. 简述北斗卫星导航系统的工作过程。

单元六 小地区控制测量

任务一 控制测量概述

如前所述，为了限制测量误差的累积，保证测图和施工测量的精度及速度，测量工作必须遵循“从整体到局部，先控制后碎部”的原则。

一、控制测量的基本概念

1. 控制网

在测区内选定若干具有控制作用的点（控制点）按一定的规律组成网状几何图形，称为控制网。

2. 控制测量

用比较精密的测量仪器、工具和高精度的测量方法，精确测定控制点的平面位置和高程的工作，称为控制测量。控制测量分为平面控制测量和高程控制测量，前者即精密测定控制点平面位置（x、y）的工作；后者即精密测定控制点高程（H）的工作。

二、平面控制测量

平面控制测量的主要方法有三角测量和导线测量。

1. 三角测量

（1）三角锁（网）　按规范要求在地面上选择一系列具有控制作用的控制点，组成互相连接的三角形，若三角形排列成条状，称为三角锁；若扩展成网状，称为三角网，如图 6－1 所示。

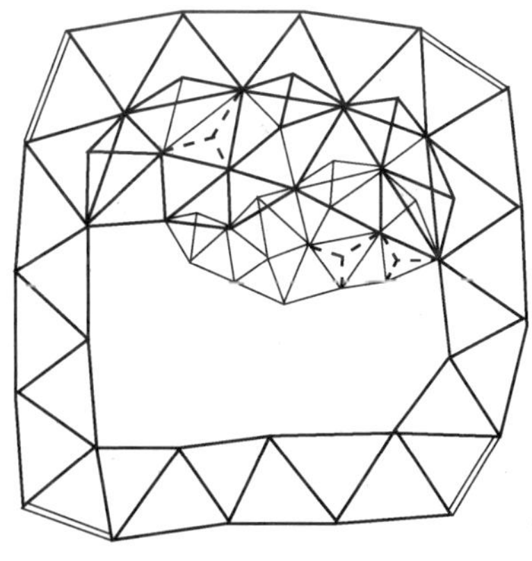

图 6－1　国家三角网

（2）三角测量　三角测量是用精密仪器观测三角锁（网）中所有三角形的内角，并精确测定起始边的边长和方位角，然后根据三角公式解算出各点的坐标。

在全国范围内统一建立的三角网，称为国家平面控制网。国家平面控制网按精度从高到低分为一、二、三、四等四个等级。如图 6－1 所示，一等三角锁是国家平面控制网的骨干；二等三角网布设于一等三角锁环内，是国家平面控制网的全面基础；三、四等三角网是二等三角网的进一步加密。

2. 导线测量

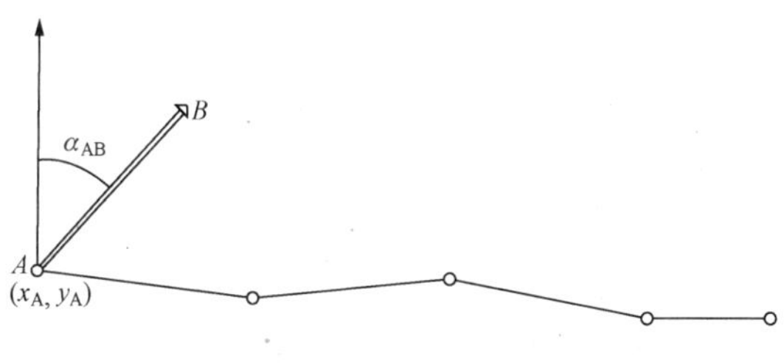

图 6－2　导线测量

如图 6－2 所示，在测区内选择一系列控制点，将相邻控制点（导线点）布设成连续的折线称为导线。导线测量就是依次测定各导线边的边长和各转折角，根据起始数据，求出各导线点的坐标。

在全国范围内建立三角网时，当某些局部地区采用三角测量有困难时，亦可采用同等级的导线测量来代替。导线测量也分为四个等级，即一、二、三、四等。其中一、二等导线为精密导线。

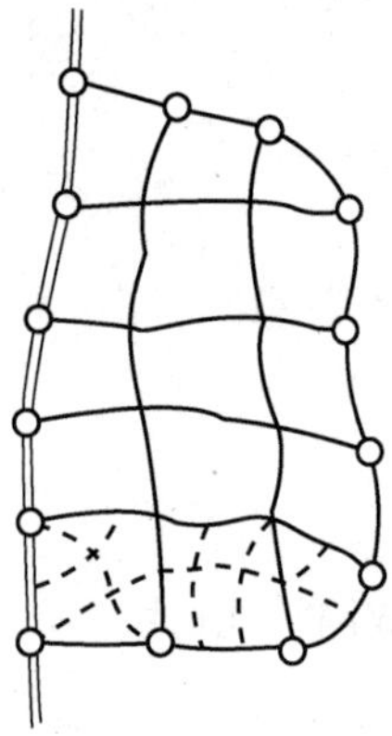

图 6-3 国家高程控制网

三、高程控制测量

高程控制测量的主要方法是水准测量。如图 6-3 所示，在全国范围内建立的高程控制网，称为国家高程控制网。国家高程控制网也分为一、二、三、四等。一等水准网是国家高程控制网的骨干；二等水准网布设于一等水准网环内，是国家高程控制网的全面基础；三、四等水准网是在二等水准网基础上的进一步加密。

四、小地区控制测量

在面积为 $15km^2$ 以内的小地区范围内，为大比例尺测图和工程建设建立的控制网，称为小地区控制网（尽量连测，也可单独建立）。小地区平面控制网，可以根据面积大小和精度要求分级建立，即首先在测区范围内建立统一的精度最高的控制网称为首级控制网，在此基础上逐级加密，最后建立的直接为测图服务的控制网，称为图根控制网。组成图根控制网的点称为图根控制点，图根控制点密度要足够，以满足碎部测量要求为原则，见表6-1。图根点常兼作平面和高程控制，也可以单独分级建立。

表 6-1 图根点的密度

测图比例尺	1∶500	1∶1000	1∶2000	1∶5000
图根点密度（点/km）	150	50	15	5

图根控制网通常采用图根导线测量的方法来测定图根点的平面位置，采用图根水准测量或图根三角高程测量的方法来测定图根点的高程。

任务二 图根导线测量的外业工作

导线测量是建立小地区平面控制网的主要方法，特别适用于地物分布比较复杂的城市建筑区，通视较困难的隐蔽地区、带状地区以及地下工程等控制点的测量。

用经纬仪测量导线的转折角，用钢尺丈量导线边长的导线，称为经纬仪导线。若用光电测距仪测定导线边长，则称为电磁波测距导线。

一、图根导线的布设形式

根据测区条件图根导线一般可布设成如下三种形式：

1. 闭合导线

如图 6-4 所示，闭合导线是从已知控制点 B 和已知方向 BA 出发，经过 1、2、3、4 等点，最后又闭合到起始点 B 和 BA 方向上，形成一个闭合多边形。它本身具有严密的几何条件，能起检核作用。常用于小地区的首级平面控制测量。

2. 附合导线

如图 6-5 所示，附合导线是从已知控制点 B 和已知方向 BA 出发，经过 1、2、3 等点，最后附合到另一已知点 C 和已知方向 CD 上。它具有检核观测成果的作用，常用于平面控制测量的加密。

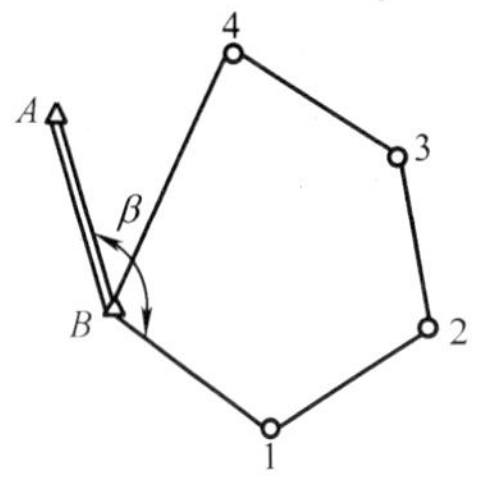

图 6-4 闭合导线

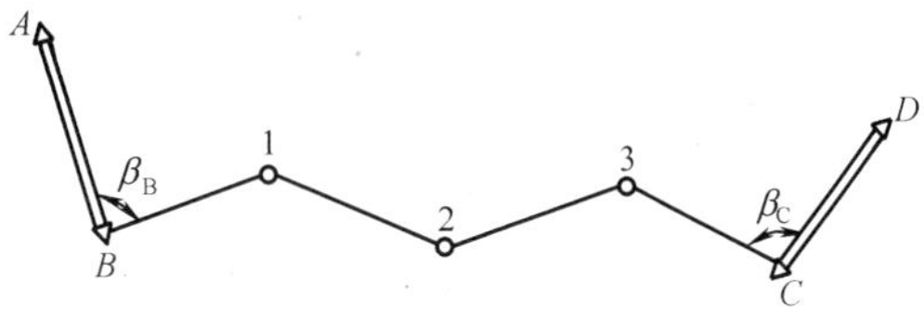

图 6-5 附合导线

3. 支导线

如图 6-6 所示，支导线是从已知控制点 B 和已知方向 BA 出发，依次测量 1、2 等点，既不闭合到起始点，也不附合到另一已知点。它缺乏检核条件，点数一般不能超过两个，仅用于图根导线测量补点使用。

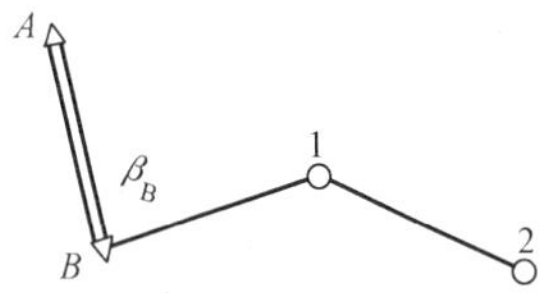

图 6-6 支导线

二、导线测量的外业工作

导线测量的外业工作包括：踏勘选点、建立标志、导线边长测量、导线转折角测量和导线连接测量等。

1. 踏勘选点

在选点前，应先收集测区已有地形图和高一级控制点的成果资料，然后到现场踏勘，了解测区现状和寻找已知控制点，再拟定导线的布设方案。最后到野外踏勘，选定导线点的位置。

选点时一般应注意下列事项：

(1) 相邻点间应相互通视良好，地势平坦，便于测角和量距。

(2) 点位应选在土质坚实，便于安置仪器和保存标志的地方。

(3) 导线点应选择在视野开阔的地方，便于碎部测量。

(4) 导线边长应大致相等，其平均边长应符合表 6-2 的规定。

(5) 导线点应有足够的密度，分布均匀合理，以便能控制整个测区。

表 6-2 **图根导线测量技术指标**

测图比例尺	附合导线长度（m）	平均边长（m）	往返丈量相对误差	测角中误差（″）	导线全长相对闭合差	测回数 DJ6	方位角闭合差（″）
1∶500	500	75	1/3000	±20	1/2000	1	$\pm 60''\sqrt{n}$
1∶1000	1000	110					
1∶2000	2000	180					

2. 建立标志

导线点位置选定后，要用标志将点位在地面上固定下来。一般的图根点，常在点位上打一大木桩，在桩顶钉一小钉作为标志，如图 6-7 所示。也可在水泥地面上用红漆划"十"字，作为临时标志。导线点如需长期保存，则应埋设混凝土桩，如图 6-8 所示，桩顶刻"十"字，作为永久性标志，并做"点之记"。

3. 导线边长测量

导线边长一般采用钢尺量距的一般方法进行测量，也可用光电测距仪直接测定。

4. 导线转折角测量

一般要求在附合导线中，测左角或右角；在闭合导线中，测内角；对于图根导线，要分别观测左角和右角，以资检核。

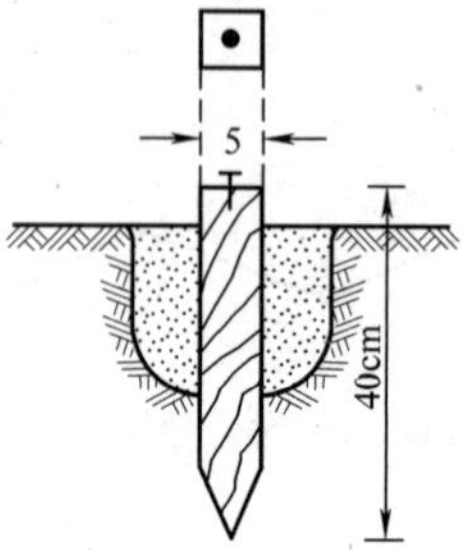

图 6 - 7 临时性标志

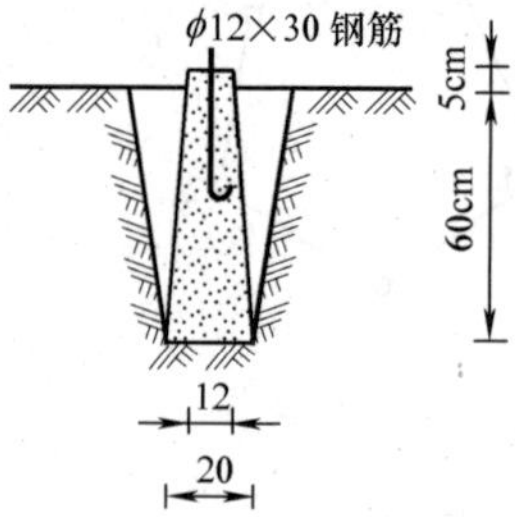

图 6 - 8 永久性标志

5. 导线连接测量

当有条件时导线应与高级控制点连接，以便通过连接测量，由高级控制点求出导线起始点坐标和起始边坐标方位角，作为导线起算数据。也可以单独建立坐标系，假设起始点坐标，用罗盘仪测出导线起始边的磁方位角，作为起算数据。注意连接测量时，角度和距离的精度均应比实测导线高一个等级。

任务三 导线测量的内业计算

导线内业计算就是根据起始点坐标、起始边的坐标方位角、所测导线的转折角以及边长，计算导线各点的坐标。

在坐标计算之前，应先检查外业记录与计算是否齐全、正确，观测成果是否符合精度要求，检查无误后，进行内业计算。

一、坐标正算的基本公式

根据直线的起点坐标及该点至终点的水平距离和坐标方位角，来计算直线终点坐标，称为坐标正算。

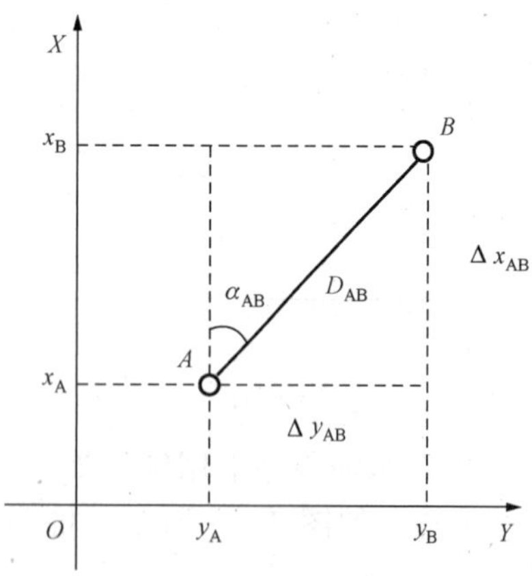

图 6 - 9 坐标正算示意图

如图 6 - 9 所示，已知 $A(x_A, y_A)$、D_{AB}、α_{AB}，求 B 点坐标（x_B，y_B）。由图 6 - 9，根据数学公式可得其坐标增量为

$$\left.\begin{aligned}\Delta x_{AB} &= D_{AB}\cdot\cos\alpha_{AB}\\ \Delta y_{AB} &= D_{AB}\cdot\sin\alpha_{AB}\end{aligned}\right\}\qquad(6-1)$$

按式（6 - 1）求得增量后，加起算点 A 点坐标可得未知点 B 点的坐标为

$$\left.\begin{aligned}x_B &= x_A+\Delta x_{AB} = x_A + D_{AB}\cdot\cos\alpha_{AB}\\ y_B &= y_A+\Delta y_{AB} = y_A + D_{AB}\cdot\sin\alpha_{AB}\end{aligned}\right\}\qquad(6-2)$$

式（6 - 2）是以方位角在第一象限导出的公式，当方位角在其他象限时，公式仍适用。

二、闭合导线坐标计算

首先绘制导线草图，把起算数据与观测数据注于图上相应位置，以便进行导线计算。

闭合导线本身具有严密的几何条件：首先，闭合导线内角和理论值为（$n-2$）180°可检核测角精度；其次，依据起始点坐标依次推算各点坐标，推出的起始点坐标与已知坐标相比，即可检测各点坐标精度。如符合要求，可调整相应闭合差。由此思路，举例说明闭合导线内业计算。

如图 6-10 所示，已知 $x_1=200.00\text{m}$，$y_1=500.00\text{m}$，求该闭合导线中 2、3、4 点的坐标。计算如下：

1. 列表填写有关数据

列表填写有关数据，其中起算数据用双线表明，见表 6-3。

2. 角度闭合差的计算与调整

（1）计算角度闭合差（实测内角之和与理论值的差值），用 f_β 表示。

$$f_\beta=\sum\beta_{测}-\sum\beta_{理}=\sum\beta_{测}-(n-2)\times180° \quad (6-3)$$

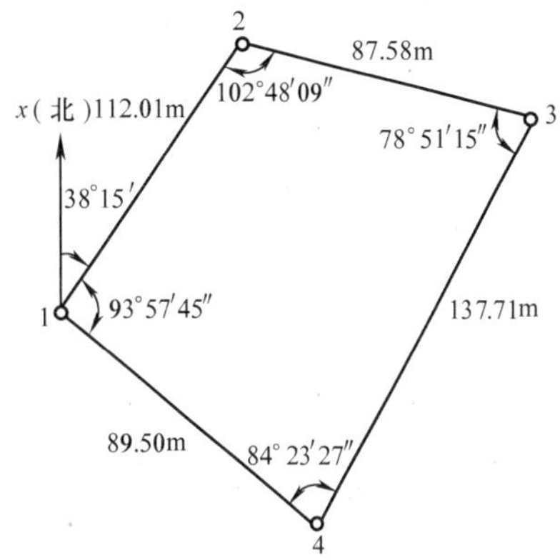

图 6-10　闭合导线略图

（2）计算角度容许闭合差，用 $f_{\beta容}$ 表示。根据图根导线技术指标要求：

$$f_{\beta容}=\pm60''\sqrt{n} \quad (6-4)$$

（3）精度评定　若 $|f_\beta|\leqslant|f_{\beta容}|$，精度符合要求，可以进行角度闭合差的调整。

（4）计算角度改正数　将 f_β 反号平均，取到秒位，把多余的整秒加在短边构成的角上，即

$$v_i=-\frac{f_\beta}{n} \quad (6-5)$$

计算检核

$$\sum v=-f_\beta$$

（5）计算改正后角值

$$\beta_{改}=\beta_{测}-\frac{f_\beta}{n} \quad (6-6)$$

计算检核

$$\sum\beta_{改}=(n-2)\times180°$$

3. 各边坐标方位角推算

根据起始边方位角和改正后各内角，根据左角和右角公式依次推算各边方位角。

计算检核

$$\alpha_{始推}=\alpha_{始已知}$$

4. 坐标增量闭合差的计算与调整

（1）坐标增量计算

$$\left.\begin{aligned}\Delta x&=D\cdot\cos\alpha_{AB}\\ \Delta y&=D\cdot\sin\alpha_{AB}\end{aligned}\right\} \quad (6-7)$$

（2）坐标增量闭合差计算，见图 6-11，即

$$\left.\begin{aligned}f_x&=\sum\Delta x\\ f_y&=\sum\Delta y\end{aligned}\right\} \quad (6-8)$$

（3）导线全长闭合差 f_D 的计算及精度评定，见图 6-12，即

$$f_D = \sqrt{f_x^2 + f_y^2} \tag{6-9}$$

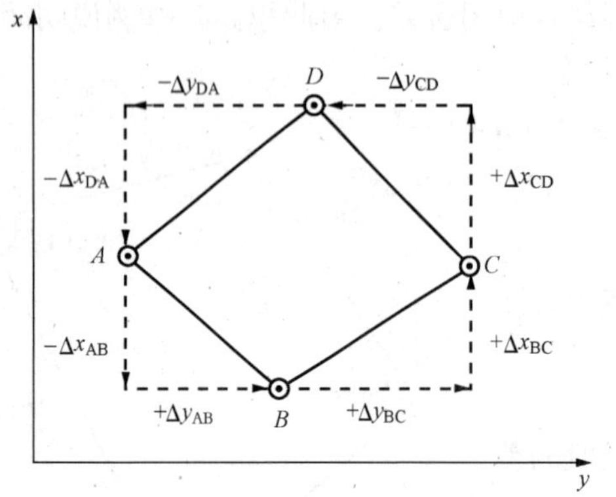

图 6-11 闭合导线理论闭合差

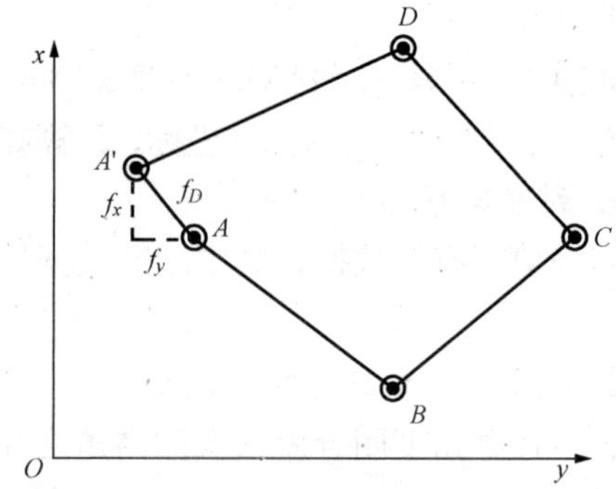

图 6-12 闭合导线全长闭合差

相对误差为

$$K = \frac{f_D}{\sum D} = \frac{1}{\sum D / f_D} \tag{6-10}$$

根据图根导线技术指标要求

$$K_{容} = 1/2000$$

若 $K \leqslant K_{容}$，精度符合要求，可以调整坐标增量闭合差 f_x、f_y。坐标增量闭合差 f_x、f_y 的调整原则：以相反符号按与坐标增量的绝对值成正比的原则分配到相应边纵横坐标增量中去。

（4）坐标增量改正数的计算

$$\left.\begin{aligned} \delta_{xi,i+1} &= -f_x \frac{|\Delta x_i|}{\sum |\Delta x|} \\ \delta_{yi,i+1} &= -f_y \frac{|\Delta y_i|}{\sum |\Delta y|} \end{aligned}\right\} \tag{6-11}$$

计算检核

$$\left.\begin{aligned} \sum \delta_x &= -f_x \\ \sum \delta_y &= -f_y \end{aligned}\right\}$$

（5）改正后坐标增量计算

$$\left.\begin{aligned} \Delta x_{i,i+1改} &= \Delta x_{i,i+1} + \delta_{xi,i+1} \\ \Delta y_{i,i+1改} &= \Delta y_{i,i+1} + \delta_{yi,i+1} \end{aligned}\right\} \tag{6-12}$$

计算检核

$$\left.\begin{aligned} \sum \Delta x_{改} &= 0 \\ \sum \Delta y_{改} &= 0 \end{aligned}\right\}$$

5. 导线坐标计算

$$\left.\begin{aligned} x_i &= x_{i-1} + \Delta x_{i-1,i改} \\ y_i &= y_{i-1} + \Delta y_{i-1,i改} \end{aligned}\right\} \tag{6-13}$$

计算检核

$$\left.\begin{aligned} x_{起推} &= x_{起已知} \\ y_{起推} &= y_{起已知} \end{aligned}\right\}$$

说明：在本例中，计算结果均填在表 6-3 中。在实际工作中列表计算即可，但在表中一般应写出精度评定及主要公式，另外计算检核也应在表中体现。

表 6-3　**闭合导线坐标计算表**

点号	角度观测值	改正后角度	方位角	水平距离	坐标增量		改正后增量		坐标	
	(° ′ ″)	(° ′ ″)	(° ′ ″)	m	Δx/m	Δy/m	Δx/m	Δy/m	x/m	y/m
(1)	(2)	(3)	(4)	(5)	(6)	(7)	(8)	(9)	(10)	(11)
1									200.00	500.00
			38°15′00″	112.01	+3 87.96	−1 69.34	87.99	69.33		
2	−9″ 102°48′09″	102°48′00″							287.99	569.33
			115°27′00″	87.58	+2 −37.64	0 79.08	−37.62	79.08		
3	−9″ 78°51′15″	78°51′06″							250.37	648.41
			216°35′54″	137.71	+4 −110.56	−1 −82.10	−110.52	−82.11		
4	−9″ 84°23′27″	84°23′18″							139.85	566.30
			312°12′36″	89.50	+2 60.13	−1 −66.29	60.15	−66.30		
1	−9″ 93°57′45″	93°57′36″							200.00	500.00
			38°15′00″							
2										
				426.80	−0.11	+0.03	0.00	0.00		
Σ	360°00′36″	360°00′00″								

$f_\beta = \sum\beta - (n-2)180° = +36''$　$\sum D = 426.80\text{m}$　$f_x = \sum\Delta x = -0.11\text{m}$　$f_y = \sum\Delta y = +0.03\text{m}$

$f = \sqrt{f_x^2 + f_y^2} = 0.114\text{m}$

$f_{\beta容} = \pm 60''\sqrt{n} = \pm 120''$　$K = \dfrac{f}{\sum D} = \dfrac{1}{3700} < \dfrac{1}{2000}$(符合精度要求)

$f_\beta \leqslant f_{\beta容}$(合格)

三、附合导线坐标计算

附合导线的坐标计算与闭合导线基本相同，但由于导线布置的形式不同，首先表现为二者的起算数据不同，因而在角度闭合差与坐标增量闭合差的计算上也稍有差别，归纳如下。

1. 起算数据不同

闭合导线：起点坐标，起始边坐标方位角。

附合导线：起点与终点坐标，起始边和终边的坐标方位角。

2. 角度闭合差的计算方法不同

闭合导线

$$f_\beta = \sum\beta_{测} - (n-2)\times 180°$$

附合导线

$$f_\beta = \sum\beta_{左} - (\alpha_{始} - \alpha_{终}) - n\times 180° \quad (6-14)$$

或

$$f_\beta = \sum\beta_{右} - (\alpha_{终} - \alpha_{始}) - n\times 180° \quad (6-15)$$

3. 坐标增量闭合差的计算方法不同

闭合导线

$$\left.\begin{aligned} f_x &= \sum\Delta x \\ f_y &= \sum\Delta y \end{aligned}\right\}$$

表 6-4

附合导线坐标计算表

点号	观测角 β (° ′ ″)	改正数 (″)	改正后角值 (° ′ ″)	坐标方位角 (° ′ ″)	距离 D (m)	纵坐标增量 Δx 计算值 (m)	纵坐标增量 Δx 改正数 (cm)	纵坐标增量 Δx 改正后 (m)	横坐标增量 Δy 计算值 (m)	横坐标增量 Δy 改正数 (cm)	横坐标增量 Δy 改正后 (m)	坐标值 x/(m)	坐标值 y/(m)	点号
1	2	3	4	5	6	7	8	9	10	11	12	13	14	15
A														A
				45 00 00										
B	239 29 52	−9	239 29 43									200.00	200.00	B
				104 29 43	297.262	−74.40	−8	−74.48	+287.80	+6	+287.86			
1	147 44 20	−9	147 44 11									125.52	487.86	1
				72 13 54	187.814	+57.32	−5	+57.27	+178.85	+4	+178.89			
2	214 49 52	−10	214 49 42									182.79	666.75	2
				107 03 36	93.403	−27.40	−2	−27.42	+89.29	+2	+89.31			
C	189 41 22	−10	189 41 12									155.37	756.06	C
				116 44 48										
D														D
Σ	791 45 26	−38	791 44 48		578.479	−44.48	−15	−44.63	+555.94	+12	+556.06			

辅助计算

$a'_{CD}=a_{AB}+4\times180°+\sum\beta_{测}=116°45'26''$

$f_\beta=a'_{CD}-a_{CD}=+38''$

$f_{\beta容}=\pm60\sqrt{n}=\pm120''$

$f_\beta<f_{\beta容}$

$f_x=\sum\Delta x_{测}-(x_C-x_B)=-44.48-(-44.63)=+0.15$

$f_y=\sum\Delta y_{测}-(y_C-y_B)=+555.94-(-556.06)=-0.12$

$f_D=\sqrt{f_x^2+f_y^2}=0.19$

$K=f_D/\sum D\approx1/30000\quad K_{容}=\frac{1}{2000}$

$K<K_{容}$

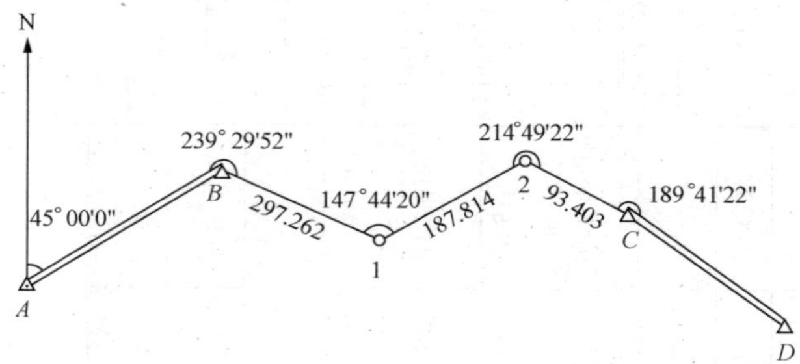

附合导线

$$\left.\begin{array}{l} f_x = \sum\Delta x - (x_{终} - x_{始}) \\ f_y = \sum\Delta y - (y_{终} - y_{始}) \end{array}\right\} \qquad (6-16)$$

4. 改正后坐标增量及导线坐标计算检核也做相应变化

附合导线的计算过程，可见表 6-4。

四、支导线坐标计算

(1) 计算坐标方位角　根据观测的转折角推算各边的坐标方位角。

(2) 计算坐标增量　根据各边的坐标方位角和边长计算坐标增量。

(3) 计算各点的坐标　根据各边的坐标增量计算各点的坐标。

由于支导线没有检核条件，所以不存在闭合差的计算与调整。为限制误差积累，导线点一般不应超过两个，且仅用于图根导线测量。

任务四　高程控制测量

一、图根水准测量

高程控制测量一般采用水准测量的方法，其中图根水准测量的具体实施与计算参见本书单元二有关内容。

二、三角高程测量

1. 适用情况

在山区及位于较高建筑物上的控制点，用水准测量的方法测定控制点高程比较困难，常用三角高程测量方法。

2. 原理

如图 6-13 所示，欲测定 A、B 两点间的高差，可在已知点 A 上安置经纬仪，用望远镜中丝瞄准 B 点的觇标顶，观测竖直角 α，并用钢尺量出仪器高 i，同时量出觇标高 v，则高差 h_{AB} 为

$$h_{AB} = D_{AB}\tan\alpha + i - v \qquad (6-17)$$

式中　D_{AB}——A、B 点间的水平距离；

α——竖直角；

i——仪器高；

v——觇标高。

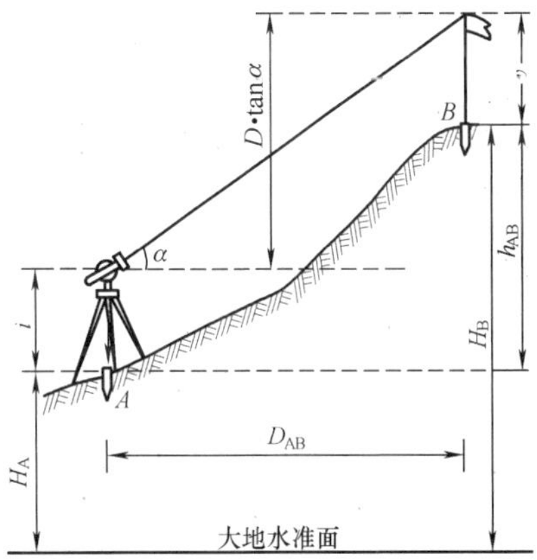

图 6-13　三角高程测量原理

B 点的高程 H_B 按式（6-18）计算

$$H_B = H_A + h_{AB} = H_A + D\tan\alpha + i - v \qquad (6-18)$$

3. 外业观测

为了提高精度并起到检核成果的作用，在三角高程线路各边上，应进行往返测，称对向观测（亦称直、反觇观测），具体实施步骤为：

(1) 安置仪器于 A 点上，用钢尺量仪器高 i 及觇标高 v 两次，读数至 0.5cm。两次之差

不超过 1cm 时，取其平均值，记入手簿，见表 6-5。

（2）瞄准 *B* 点觇标，用中丝观测竖直角一测回，记入手簿。

（3）搬仪器于 *B* 点，同法对 *A* 点进行观测一测回。

4. 内业计算

外业观测结束后，首先应检查外业成果有无错误，精度是否符合要求，所需数据是否齐全，经检核无误后，根据式（6-18）计算 *B* 点高程。

要求同一边往返测高差较差不得超过 0.04*D*（m）（*D* 为边长，以百米为单位），若符合要求，取平均值作为最后结果。

三角高程线路应起闭于高级控制点上，线路闭合差不得超过 $\pm 0.1H\sqrt{n}$（*H* 为基本等高距，*n* 为边数）。若闭合差在允许范围内，按与边长成正比的原则，将闭合差反号分配于各高差之中，然后用改正后的高差计算各点高程。

表 6-5 三角高程测量计算

待求点	*B*	
起算点	*A*	
觇法	直觇	反觇
平距 *D*(m)	286.36	286.36
竖直角 α	+10°36′26″	−9°58′41″
$D\tan\alpha$(m)	+53.28	−50.38
仪器高 *i*(m)	+1.52	+1.48
觇标高 *v*(m)	−2.76	−3.20
高差 *h*(m)	+52.04	−52.10
平均高差(m)	+52.07	
起算点高程(m)	105.72	
待求点高程(m)	157.79	

任务五 GNSS 测量技术

GNSS 的全称是全球导航卫星系统（Global Navigation Satellite System），它是泛指所有的卫星导航系统，包括全球的、区域的和增强的，如美国的 GPS、俄罗斯的 Glonass、欧洲的 Galileo、中国的北斗卫星导航系统，以及相关的增强系统，如美国的 WAAS（广域增强系统）、欧洲的 EGNOS（欧洲静地导航重叠系统）和日本的 MSAS（多功能运输卫星增强系统）等，还涵盖在建和以后要建设的其他卫星导航系统。国际 GNSS 系统是个多系统、多层面、多模式的复杂组合系统，如图 6-14 所示。

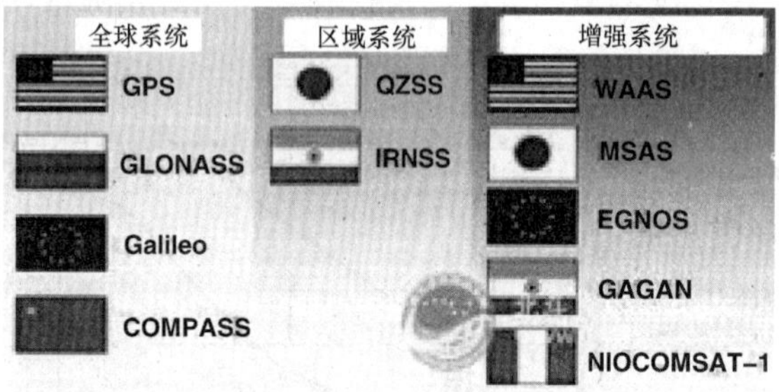

图 6-14 GNSS 系统组成

目前，美国 GPS 已经广泛应用于我国国民经济生活的方方面面，而我国自行研制的北斗卫星导航系统按计划也已正式对亚太地区提供无源定位、导航、授时服务。因此，以下仅对 GPS 系统和北斗卫星导航系统进行简单介绍。

一、GPS 全球定位系统

（一）概述

GPS 是英文“NAVSTAR/GPS”的简称，全名为 Navigation System Timing and Ranging/Global Positioning System，即“授时与测距导航系统/全球定位系统”。

美国的全球卫星定位系统（GPS）计划自 1973 年起步，1978 年首次发射卫星，1994 年完成 24 颗中等高度圆轨道（MEO）卫星组网，历时 16 年，耗资 120 亿美元。至今，已先后发展了三代卫星。整个系统由空间部分、地面监控部分和用户部分组成，具有全球性、全天候、高精度、连续的三维测速、导航、定位与授时能力。最初主要应用于军事领域，但由于其定位技术的高度自动化及其定位结果的高精度，很快也引起了广大民用部门，尤其是测量单位的关注。特别是近十几年来，GPS 技术在应用基础的研究、各领域的开拓及软、硬件的开发等方面都取得了迅速的发展，使得该技术已经广泛地渗透到了经济建设和科学研究的许多领域。GPS 技术给大地测量、工程测量、地籍测量、航空摄影测量、变形监测、资源勘察等多种学科带来了深刻的技术革新。

与传统的测量技术相比较，GPS 技术具有以下特点：

（1）测站间无需通视　GPS 测量不要求测站间互相通视，只需要测站上空开阔即可，因此可节省大量的造标费用。由于无需点间通视，点位位置可根据需要，可稀可密，使选点工作甚为灵活，同时还可以省去经典大地网中的传算点、过渡点的测量工作。

（2）定位精度高　应用实践表明，GPS 相对定位精度在 50km 以内可达 10^{-6}，100～500km 可达 10^{-7}，1000km 以上可达 10^{-9}。在 300～1500m 工程精密定位中，1h 以上观测的解其平面位置误差小于 1mm，与 ME-5000 电磁波测距仪测定的边长比较，其边长较差最大为 0.5mm，较差中误差为 0.3mm。

（3）观测时间短　随着 GPS 系统的不断完善，软件的不断更新，目前，20km 以内相对静态定位，仅需 15～20min；快速静态相对定位测量时，当每个流动站与基准站相距在 15km 以内时，流动站观测时间只需 1～2min；动态相对定位测量时，流动站出发时观测1～2min，然后可随时定位，每站观测仅需几秒钟。

（4）可提供三维坐标　即在精确测定观测站平面位置的同时，还可以精确测定观测站的大地高程。

（5）操作简便　随着 GPS 接收机不断改进，自动化程度越来越高，有的已达“傻瓜化”的程度；接收机的体积越来越小，重量越来越轻，极大地减轻测量工作者的工作紧张程度和劳动强度，使野外工作变得轻松愉快。

（6）全天候作业　目前 GPS 观测可在一天 24h 内的任何时间进行，不受一般天气状况的影响。

（7）功能多，应用广　GPS 系统不仅可以用于测量、导航，还可用于测速、测时。测速的精度可达 0.1m/s，测时的精度可达几十毫微妙。事实上 GPS 的应用领域上至航空航天，下至捕鱼、导游和农业生产，已经无所不在，正如人们所说的“GPS 的应用，仅受人类想象力的制约”。

（二）GPS 系统的组成

GPS 系统包括三大部分：空间卫星部分、地面监控部分和用户接收设备部分。

1. 空间卫星部分

GPS 卫星星座由 21 颗工作卫星加 3 颗在轨道备用卫星组成，记作（21＋3）GPS 星座。如图 6 - 15 所示，24 颗卫星均匀分布在六个轨道平面内，轨道倾角为 55°，各个轨道平面之间相距 60°，即轨道的升交点赤经相差 60°。卫星运行周期为 11h58min（12 恒星时），载波频率为 1.575GHz 和 1.227GHz，卫星通过天顶时卫星的可见时间为 5h，在地球表面上任何时刻，在卫星高度角 15°以上，平均可同时观测到 6 颗卫星，最多可达 11 颗卫星。例如在我国北纬34°48′，东经 114°28′一天内能够看到的 GPS 卫星数为：全天有 50％的时间能够看到 7 颗 GPS 卫星；有 30％的时间能够看到 6 颗 GPS 卫星；有 15％的时间能够看到 8 颗 GPS

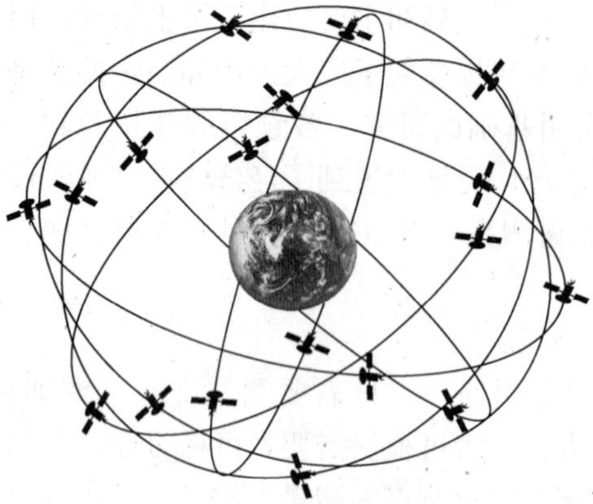

图 6-15　GPS 卫星星座

卫星；有 5%的时间能够看到 5 颗 GPS 卫星。在用 GPS 信号导航定位时，为了解算测站的三维坐标，必须同时观测 4 颗 GPS 卫星，称为定位星座。这四颗卫星在观测过程中的几何位置分布对定位精度有一定的影响。对于某地某时，甚至不能测得精确的点位坐标，这种时间段叫做“间歇段”。但这种时间间歇段是很短暂的，并不影响全球绝大多数地方的全天候、高精度、连续实时的导航定位测量。

在 GPS 系统中，GPS 的卫星的作用可概括如下：

（1）用 L 波段的两个无线载波（19cm 和 24cm 波段）向地面用户连续不断地发送导航定位信号（简称 GPS 信号），并用导航电文报告自己的位置以及其他在轨卫星的大概位置。

（2）在卫星飞越注入站上空时，接收由地面注入站用 S 波段（10cm）发送到卫星的导航电文和其他有关信息，并通过 GPS 信号电路，适时地发送给广大用户。

（3）接受地面主控站通过注入站发送的卫星调度命令，适时地改正运行偏差或启用备用时钟等。

2. GPS 地面监控系统

GPS 工作卫星的地面监控系统包括一个主控站、三个注入站和五个监测站，系统分布如图 6-16 所示。

图 6-16　GPS 地面监控系统

主控站设在美国本土科罗拉多。主控制站的任务是收集、处理本站和监测站收到的全部资料，编算出每颗卫星的星历和 GPS 时间系统，将预测的卫星星历、钟差、状态数据以及大气传播改正编制成导航电文传送到注入站。同时主控制站还负责纠正卫星的轨道偏离，必要时调度卫星，让备用卫星取代失效的工作卫星。另外还负责监测整个地面监测系统的工作。检验注入给卫星的导航电文，监测卫星是否将导航电文发给用户。

三个注入站分别设在大西洋的阿森松群岛、印度洋的迪戈加西亚岛和太平洋的卡瓦加兰。任务是将主控制站发来的导航电文注入相应卫星的存储器。每天注入三次，每次注入14天的星历。此外，注入站能自动向主控站发射信号，每分钟报告一次自己的工作状态。

五个监测站除了位于主控站和三个注入站之外的四个站以外，还在夏威夷设置了一个监测站。监测站的主要任务是为主控站提供卫星的观测数据。每个监测站均用GPS信号接收机对每颗可见卫星每6min进行一次伪距测量和积分多普勒观测，采用气象要素等数据。在主控站的遥控下自动采集定轨数据并进行各项改正，每15min平滑一次观测数据，依次推算出每2min间隔的观测值，然后将数据发送给主控站。

3. 用户设备部分

用户设备部分包括GPS接收机和数据处理软件等。GPS接收机一般由主机、天线和电池三部分组成，是用户的核心部分。其主要任务是：能够捕捉到一定卫星高度截止角所选择的待测卫星的信号，并跟踪这些卫星的运行，对所接收到的GPS卫星进行变换、放大和处理，以便测量出GPS从卫星到接收机天线的传播时间，解译导航电文，实时地计算出测站的三维位置，甚至三维速度和时间。

GPS接收机类型很多，按用途来分，有导航型、测地型和授时型；按工作模式来分，有码相关型、平方型和混合型；按接收的卫星信号频率来分，有单频（L_1）和双频（L_1、L_2）接收机等。在精密定位测量工作中，一般采用测地型双频接收机或单频接收机。

GPS接收机一般用蓄电池作电源，同时采用机内机外两种直流电源。设置机内电池的目的在于更换外电池时不断连续观测。在用机外电池的过程中，机内电池自动充电，关机后，机内电池为RAM存储器供电，以防止丢失数据。

近年来，国内引进了许多种类的GPS测地型接收机。各种类型的GPS测地型接收机用于精密相对定位时，其双频接收机精度可达5mm＋1ppm・D，单频接收机在一定距离内精度可达10mm＋2ppm・D。用于差分定位其精度可达亚米级至厘米级。

目前，各种类型的GPS接收机体积越来越小，重量越来越轻，便于野外观测。而同时能接收GPS和GLONASS卫星信号的全球导航定位系统接收机也已经问世。

（三）GPS定位的基本原理

测量学中有测距交会定点位的方法。与其相似，无线电导航定位系统、卫星激光测距定位系统，其定位原理也是利用测距交会的原理定点位。利用GPS进行定位，就是把卫星视为“动态”的控制点，在已知其瞬时坐标（可根据卫星轨道参数计算）的条件下，以GPS卫星和用户接收机天线之间的距离（或距离差）为观测量，进行空间距离后方交会，从而确定用户接收机天线所处的位置。

1. 静态定位与动态定位

静态定位是指GPS接收机在进行定位时，待定点的位置相对其周围的点位没有发生变化，其天线位置处于固定不动的静止状态。此时接收机可以连续不断地在不同历元同步观测不同的卫星，获得充分的多余观测量，根据GPS卫星的已知瞬间位置，解算出接收机天线相对中心的三维坐标。由于接收机的位置固定不动，就可以进行大量的重复观测，所以静态定位可靠性强，定位精度高，在大地测量工程测量中得到了广泛的应用，是精密定位中的基本模式。

准静态定位是指静止不动只是相对的。在卫星大地测量学中，在两次观测之间（一般为几十天到几个月）才能反映出发生的变化。

动态定位是指在定位过程中，接收机位于运动着的载体上，天线也处于运动状态的定位。动态定位是用 GPS 信号实时地测得运动载体的位置。如果按照接收机载体的运行速度，还可以将动态定位分为低动态（几十米/秒）、中等动态（几百米/秒）、高动态（几公里/秒）三种形式。其特点是测定一个动点的实时位置，多余观测量少、定位精度较低。

2. 单点定位和相对定位

测量工作的直接目的是要确定地面点的空间位置。在早期解决这一问题都是采用天文测量的方法，即通过测定北极星、太阳或者其他天体的高度角和方位角以及观测时间，来确定地面点在该时间的经纬度位置和某一方向的方位角。这种方法受到气候条件的制约，而且定位精度较低。

20 世纪 60 年代以后，随着空间技术的发展和人造卫星的相继升空，人们设想在绕地球运行的人造卫星上装置有无线电信号发射机，则在接收机钟的控制下，可以测定信号到达接收机的时间 Δt，进而求出卫星和接收机之间的距离，即

$$s = c\Delta t + \sum \delta_i$$

式中 c——信号传播的速度；

δ_i——各项改正数。

但是，卫星上的原子钟和地面上接收机的钟不会严格同步，假如卫星的钟差为 v_t，接收机的钟差为 v_T，则由卫星上的原子钟和地面上接收机的钟不同步对距离的影响为

$$\Delta s = c(v_t - v_T)$$

现在欲确定待定点 P 的位置，可在该处安置一台 GPS 接收机，如果在某一时刻 t_1 同时测得了 4 颗 GPS 卫星 A，B，C，D 的距离 S_{AP}，S_{BP}，S_{CP}，S_{DP}，则可列出 4 个观测方程为

$$S_{AP} = [(x_P - x_A)^2 + (y_P - y_A)^2 + (z_P - z_A)^2]^{\frac{1}{2}} + c(v_{tA} - v_T)$$

$$S_{BP} = [(x_P - x_B)^2 + (y_P - y_B)^2 + (z_P - z_B)^2]^{\frac{1}{2}} + c(v_{tB} - v_T)$$

$$S_{CP} = [(x_P - x_C)^2 + (y_P - y_C)^2 + (z_P - z_C)^2]^{\frac{1}{2}} + c(v_{tC} - v_T)$$

$$S_{DP} = [(x_P - x_D)^2 + (y_P - y_D)^2 + (z_P - z_D)^2]^{\frac{1}{2}} + c(v_{tD} - v_T)$$

式中 $(x_A, y_A, z_A), (x_B, y_B, z_B), (x_C, y_C, z_C), (x_D, y_D, z_D)$——分别为卫星 A，B，C，D 在 t_1 时刻的空间直角坐标；

$(v_{tA}, v_{tB}, v_{tC}, v_{tD})$——分别为 t_1 时刻 4 颗卫星的钟差，它们均由卫星所广播的卫星星历来提供。

求解上列方程，即得待定点 P 的空间直角坐标 x_P，y_P，z_P。

由此可见，GPS定位的实质就是根据高速度运动的卫星瞬间位置作为已知的起算数据，采取空间距离交会的方法，确定待定点的空间位置。

利用GPS进行定位的方式有多种，按用户接收机天线所处的状态来分，可分为静态定位与动态定位，按参考点的位置不同，可分为单点定位和相对定位。

GPS单点定位也称绝对定位，就是采用一台接收机进行定位的模式，它所确定的是接收机天线相位中心在WGS-84世界大地坐标系统中的绝对位置，所以单点定位的结果也属于该坐标系统。GPS绝对定位的基本原理是以GPS卫星和用户接收机天线之间的距离（或距离差）观测量为基础，并根据已知可见卫星的瞬时坐标来确定用户接收机天线相位中心的位置。该方法广泛应用于导航和测量中的单点定位工作。

GPS单点定位的实质就是空间距离交会。因此，在一个测站上观测3颗卫星获取3个独立的距离观测数据就够了。但是由于GPS采用了单程测距原理，此时卫星钟与用户接收机钟不能保持同步，所以实际的观测距离均含有卫星钟和接收机钟不同步的误差影响，习惯上称之为伪距。其中卫星钟差可以用卫星电文中提供的钟差参数加以修正，而接收机的钟差只能作为一个未知参数，与测站的坐标在数据的处理中一并求解。因此，在一个测站上为了求解出4个未知参数（3个点位坐标分量和1个钟差系数），至少需要4个同步伪距观测值。也就是说，至少必须同时观测4颗卫星。

单点定位的优点是只需一台接收机即可独立定位，外业观测的组织及实施较为方便，数据处理也较为简单。缺点是定位精度较低，受卫星轨道误差、钟同步误差及信号传播误差等因素的影响，精度只能达到米级，所以该定位模式不能满足大地测量精密定位的要求。但它在地质矿产勘查等低精度的测量领域仍然有着广泛的应用前景。

GPS相对定位又称为差分GPS定位，是采用两台以上的接收机（含两台）同步观测相同的GPS卫星，以确定接收机天线间的相互位置关系的一种方法。其最基本的情况是用两台接收机分别安置在基线的两端，同步观测相同的GPS卫星，确定基线端点在世界大地坐标系统中的相对位置或坐标差（基线向量），在一个端点坐标已知的情况下，用基线向量推求另一待定点的坐标。相对定位可以推广到多台接收机安置在若干条基线的端点，通过同步观测GPS卫星确定多条基线向量。

由于同步观测值之间有着多种误差，其影响是相同的或大体相同的，这些误差在相对定位过程中可以得到消除或减弱，从而使相对定位获得极高的精度。当然，相对定位时需要多台（至少两台以上）接收机进行同步观测，故增加了外业观测组织和实施的难度。

在单点定位和相对定位中，又都可能包括静态定位动态定位两种方式。其中静态相对定位一般均采用载波相位观测值为基本观测量，这种定位方法是当前GPS测量定位中精度最高的一种方法，在大地测量、精密工程测量、地球动力学研究和精密导航等精度要求较高的测量工作中被普遍采用。

（四）GPS测量的实施

GPS测量也分为外业和内业两大部分。其外业工作主要包括选点、建立测量标志、野外观测、成果质量检核等内容；而内业工作则主要包括测量的技术设计、测后数据处理及技术总结等内容。

1. GPS测量的技术设计

GPS测量的技术设计是进行GPS定位最基本的工作，要依据国家有关规范（规程）及

GPS网的用途、用户的要求，对测量工作的图形、精度及基准等进行具体设计，技术设计前，要尽可能收集测区各种比例尺地形图、各类控制点成果及测区有关地质、气象、交通、通信、行政区划等方面的资料，必要时需进行踏勘、调查。

2. GPS测量的选点与埋石

由于GPS测量不要求测站之间相互通视，而且网的图形结构也比较灵活，所以选点工作比常规控制测量的选点要简便，但是良好的点位对于保证观测工作的顺利进行和测量结果的可靠性亦有着重要意义。选点应按照有关规范（规程）所提出的工作原则进行。

GPS网点一般应埋设具有中心标志的标石，以精确标志点位，点位标石和标志必须稳定、坚固，以利长久保存和利用。在基岩露头地区，也可直接在基岩上嵌入金属标志。点位标石埋设后，应明确点名、点号。

3. GPS外业观测

GPS外业观测工作主要包括：天线安置、开机观测、观测记录等内容。

观测前，应将天线安置在测站上，对中、整平，并保证天线定向误差不超过3°～5°，测定天线的高度及气象参数。在离开天线适当位置处安放GPS接收机，接通接收机与电源、天线、控制器的连接电缆，并经过预热和静置，可启动接收机进行观测。接收机锁定卫星并开始记录数据后，观测员可使用专用功能键和选择菜单，查看有关信息，如接收卫星数量、各通道信噪比、相位测量残差、实时定位的结果及其变化、存储介质记录等情况。观测记录形式主要有两种：测量记录及测量手簿。测量记录由GPS接收机自动进行，均记录在存储介质（如硬盘、硬卡或记忆卡等）上；测量手簿是在接收机启动前及观测过程中，由观测者按规程规定的记录格式进行记录。

每当观测任务结束时，必须对观测数据的质量进行分析并作出评价，以确保观测成果和定位结果的预期精度。

4. GPS测量数据处理

GPS接收机采集记录的是信号接收机天线至卫星的伪距、载波相位和卫星星历等数据。GPS测量数据处理要从原始的观测值出发得到最终的测量定位成果，其数据处理过程大致包括GPS测量数据的基线向量解算、GPS基线向量网平差、GPS网平差或与地面网联合平差等几个阶段。

二、北斗卫星导航系统

（一）概述

北斗卫星导航系统是中国自行研制的全球卫星定位与通信系统（BDS），是继美国全球定位系统（GPS）和俄罗斯GLONASS之后，第三个成熟的卫星导航系统。系统可在全球范围内全天候、全天时为各类用户提供高精度、高可靠定位、导航、授时服务，并具短报文通信能力，已经初步具备区域导航、定位和授时能力，定位精度优于20m，授时精度优于100ns。2012年12月27日，北斗系统空间信号接口控制文件正式版正式公布，北斗导航业务正式对亚太地区提供无源定位、导航、授时服务。北斗卫星导航系统和美国全球定位系统、俄罗斯格洛纳斯系统及欧盟伽利略定位系统一起，成为联合国卫星导航委员会已认定的供应商。

北斗导航终端与GPS、“伽利略”和“格洛纳斯”相比，优势在于短信服务和导航结合，增加了通信功能，全天候快速定位，极少的信号盲区，精度与比 GPS 高。向全世界提供的服务都是免费的，在提供无源定位导航和授时等服务时，用户数量没有限制，且与 GPS 兼容；特别适合集团用户大范围监控与管理，以及无依托地区数据采集用户数据传输应用；独特的中心节点式定位处理和指挥型用户机设计，可同时解决“我在哪?”和“你在哪?”的问题；自主系统，高强度加密设计，安全、可靠、稳定，适合关键部门应用。

根据中国卫星导航定位协会最新预测数据，到 2015 年，我国卫星导航与位置服务产业产值将超过 2250 亿元，至 2020 年则将超过 4000 亿元。我国正在实施北斗卫星导航系统建设，已成功发射十六颗北斗导航卫星。根据系统建设总体规划，2020 年左右，建成覆盖全球的北斗卫星导航系统。北斗卫星导航系统将是一个由 30 余颗卫星、地面段和各类用户终端构成的大型航天系统，技术复杂、规模庞大，其建设应用将实现我国航天从单星研制向组批生产、从保单星成功向组网成功、从以卫星为核心向以系统为核心、从面向行业用户向大众用户的历史性转型，开启我国航天事业的新征程，并将对维护我国国家安全、推动经济社会科技文化全面发展提供重要保障。

（二）系统的组成

北斗卫星导航系统由空间段、地面段、用户段组成。

空间段计划由 35 颗卫星组成，包括 5 颗静止轨道卫星、27 颗中地球轨道卫星、3 颗倾斜同步轨道卫星。5 颗静止轨道卫星定点位置分别为东经 58.75°、80°、110.5°、140°、160°，中地球轨道卫星运行在 3 个轨道面上，轨道面之间为相隔 120°均匀分布。至 2012 年底北斗亚太区域导航正式开通时，已为正式系统在西昌卫星发射中心发射了 16 颗卫星，其中 14 颗组网并提供服务，分别为 5 颗静止轨道卫星、5 颗倾斜地球同步轨道卫星（均在倾角 55°的轨道面上），4 颗中地球轨道卫星（均在倾角 55°的轨道面上）。

地面端包括主控站、注入站和监测站等若干个地面站。

用户端由北斗用户终端以及与美国 GPS、俄罗斯“格洛纳斯”（GLONASS）、欧盟“伽利略”（GALILEO）等其他卫星导航系统兼容的终端组成。

（三）工作过程

如图 6-17 所示，首先由中心控制系统向卫星Ⅰ和卫星Ⅱ同时发送询问信号，经卫星转发器向服务区内的用户广播。用户响应其中一颗卫星的询问信号，并同时向两颗卫星发送响应信号，经卫星转发回中心控制系统。中心控制系统接收并解调用户发来的信号，然后根据用户的申请服务内容进行相应的数据处理。对定位申请，中心控制系统测出两个时间延迟：①从中心控制系统发出询问信号，经某一颗卫星转发到达用户，用户发出定位响应信号，经同一颗卫星转发回中心控制系统的延迟；②从中心控制发出询问信号，经上述同一卫星到达用户，用户发出响应信号，经另一颗卫星转发回中心控制系统的延迟。由于中心控制系统和两颗卫星的位置均是已知的，因此由上面两个延迟量可以算出用户

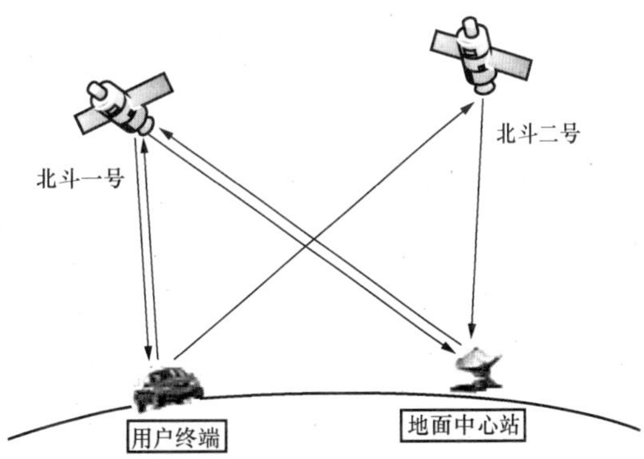

图 6-17 北斗卫星导航系统工作示意图

到第一颗卫星的距离，以及用户到两颗卫星距离之和，从而知道用户处于一个以第一颗卫星为球心的一个球面，和以两颗卫星为焦点的椭球面之间的交线上。另外中心控制系统从存储在计算机内的数字化地形图查寻到用户高程值，又可知道用户处于某一与地球基准椭球面平行的椭球面上。从而中心控制系统可最终计算出用户所在点的三维坐标，这个坐标经加密由出站信号发送给用户。

（四）系统的应用

1. 车辆定位

2013年3月底前，江苏、安徽、河北、陕西、山东、湖南、宁夏、贵州、天津9个示范省市区80%以上的大客车、旅游包车和危险品运输车辆，都已安装了北斗导航系统的车载终端。这是我国北斗卫星导航系统专项启动后首个民用示范工程。该项目作为全国北斗应用的“试验田”，计划用2年时间，在9个示范省市区建设7个应用系统和一套支撑平台，安装8万台北斗终端。

2. 地质灾害监测

2013年北斗导航将对北京全市范围内的1141个地质灾害点，完成地质灾害监测预警全覆盖。北斗导航技术的地质灾害监测预警已在密云设立了32个监测点，作为北京市完成“全覆盖”前的示范工程。随着预警系统的建成和完善，北斗导航将能实现对5mm以上地面变动的监测和预警，可以让有关部门和市民提前做好防灾准备。

北斗卫星导航系统已经成为我国重要的空间和信息化基础设施，在交通、通信、电力、金融、气象、海洋、国防等领域发挥重要作用。

（五）系统面临的挑战

1. 部署进度的比拼

四大全球系统部署的时间进度是个重大考验，捷足先登是成功的第一步。GPS在这方面遥遥领先，GLONASS正在恢复建设中，GALILEO遭遇资金困境，北斗系统若要抢占市场，在系统部署方面面临挑战。

2. 卫星性能的竞争

导航卫星设计和研制水平决定着系统的性能，北斗卫星设计已经达到国外导航卫星水平，在未来发展中要不断自主创新，争取在国际导航卫星研制领域处于领先地位。

3. 系统发展的博弈

未来卫星导航系统需要持续的发展建设，以满足用户要求；需要国家持续的经费投入、人才培养、产业推广，以确保我国北斗卫星导航系统在未来发展与国际竞争中占据优势地位。

（六）合作交流

为使北斗卫星导航系统为全球提供高质量的定位、导航和授时服务，推动世界卫星导航领域技术和应用的发展，我国在频率协调、兼容与互操作、卫星导航标准等方面积极开展国际交流与合作。

我国正在开展与GPS、GLONASS和GALILEO等其他卫星导航系统的频率协调，参与国际电信联盟（ITU）工作组、研究组和世界无线电通信大会（WRC）的各项活动。

北斗卫星导航系统作为全球导航卫星系统国际委员会（ICG）的重要成员，参加了ICG

历届大会和供应商论坛，与有关国家、区域机构和国际组织开展了广泛交流，推动了卫星导航系统及其应用的发展。2007 年，北斗卫星导航系统成为 ICG 确定的四大全球导航卫星系统核心供应商之一。2009 年第四届 ICG 大会期间，我国全面介绍了北斗卫星导航系统的建设、应用与发展情况。2012 年 11 月第七届 ICG 大会在北京圆满举办，大会自 11 月 5 日开幕以来，16 个国家和地区以及 18 个国际组织的 240 多名代表，通过 3 次大会、14 次分会，对涉及卫星导航系统建设发展的近 20 个议题进行了深入交流，形成了广泛共识。大会高度赞扬了 ICG 成立以来在促进卫星导航国际交流与合作中发挥的重要作用；一致认为世界卫星导航领域已进入多系统融合应用阶段，各卫星导航系统应进一步加强合作，更好地造福人类。大会首次发表了全球卫星导航系统共同宣言（北京宣言），充分肯定了本届大会的里程碑作用。

作为拥有自主卫星导航系统的国家，中国希望通过 ICG 等国际多边和双边渠道，积极探讨在兼容与互操作、卫星导航标准制定、卫星导航性能增强、时间空间基准、应用开发、科学研究等方面开展国际合作的可能，以推动世界卫星导航事业的蓬勃发展。

思考题与习题

1. 导线测量有哪几种布设形式？各在什么情况下使用？
2. 小地区控制测量中，导线测量特别适用于什么情况？
3. 图根导线测量选点的原则是什么？
4. 导线坐标计算时应满足哪些几何条件？闭合导线与附合导线在计算中有哪些异同点？
5. 计算导线坐标时，需要哪些观测数据和已知数据？
6. 简述导线测量的外业工作。
7. 导线坐标计算中，角度闭合差如何调整？坐标增量闭合差又如何调整？
8. 设有导线 1—2—3—4—5—1，其已知数据和观测数据列于表 6-6 中（表中已知数据用双线标明），试计算各导线点的坐标。

表 6-6　　闭合导线的已知数据

点号	观测角（右角）（° ′ ″）	坐标方位角 α（° ′ ″）	距离 D（m）	坐标值（m）		点号
				X	Y	
1				1000.00	1000.00	
		98 25 36	199.36			
2	128 39 34					
			150.23			
3	85 12 33					
			183.45			
4	124 18 54					
			105.42			
5	125 15 46					
			185.26			
1	76 34 13					

9. 设有附合导线 A—B—1—2—3—M—N，其已知数据和观测数据列于表 6-7 中（表中已知数据用双线表明），试计算各导线点的坐标。

表 6-7　　附合导线的已知数据

点号	观测角（右角）（° ′ ″）	坐标方位角 α（° ′ ″）	距离 D（m）	坐标值（m） X	坐标值（m） Y	点号
A						
		218 36 24				
B	63 47 26			875.44	946.07	
			267.22			
1	140 36 06					
			103.76			
2	235 25 24					
			154.65			
3	100 17 57					
			178.43			
M	267 33 17			930.76	1547.00	
		126 17 49				
N						

10．在什么情况下采用三角高程测量？如何观测、记录和计算？

单元七 大比例尺地形图的测绘与应用

任务一 地形图的基本知识

一、地形图与比例尺

1. 地形图、平面图、地图

地形图是通过实地测量，将地面上各种地物、地貌的平面位置和高程位置，按一定的比例尺，用《地形图图式》统一规定的符号和注记，缩绘在图纸上的平面图形，它既表示地物的平面位置，又表示地貌形态。如果图上只反映地物的平面位置，不反映地貌形态，则称为平面图，又称地物图。将地球上的自然、社会、经济等若干现象，按一定的数学法则并采用制图综合原则绘成的图，称为地图。

地形图是地球表面实际情况的客观反映，各项经济建设和国防工程建设都需要首先在地形图上进行规划、设计，特别是大比例尺（常用的有1∶500、1∶1000、1∶2000、1∶5000等几种）地形图，是城乡建设和建筑工程建设规划、设计、施工的重要基础资料之一。

2. 比例尺及其种类

地形图上任一线段的长度 d 与地面上相应线段的实际水平距离 D 之比，称为地形图比例尺。地形图比例尺通常用分子是1的分数式$\frac{1}{M}$（或1∶M）来表示，显然有

$$\frac{1}{M}=\frac{d}{D}=\frac{1}{D/d} \tag{7-1}$$

式中：M 愈小，比例尺愈大，图上所表示的地物、地貌愈详尽。

比例尺按表示方法不同，可分为数字比例尺，直线比例尺（又称图示比例尺）等种类。分述如下：

（1）数字比例尺　数字比例尺即在地形图上直接用数字表示的比例尺，如上所述，用 $1/M$（或1∶M）表示的比例尺。数字比例尺一般注记在地形图下方中间部位，如图7-1所示。

（2）图式比例尺　图式比例尺常绘制在地形图的下方，用以直接度量图上直线的水平距离，根据量测精度又分为直线比例尺和复式比例尺。

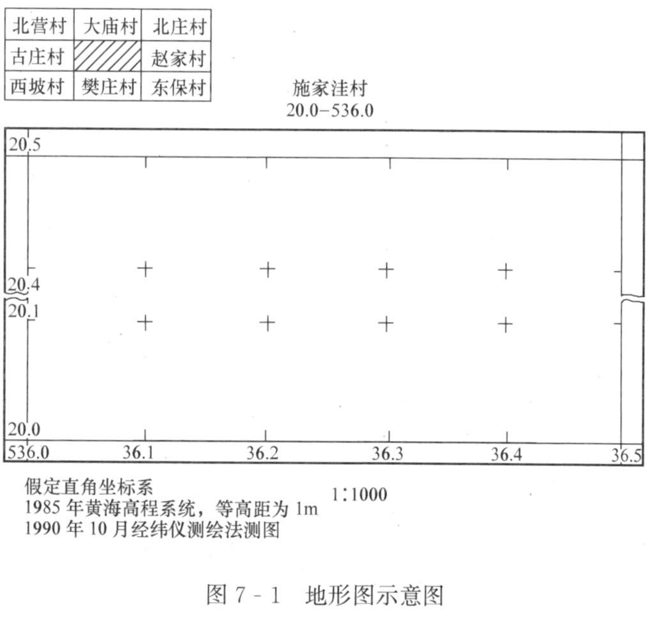

图7-1　地形图示意图

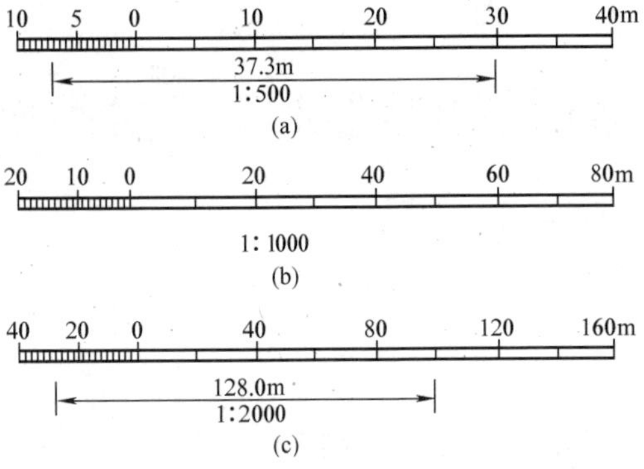

图 7-2 直线比例尺

如图 7-2 所示，在一根直尺上，一般以 2cm 长为基本单位分划，在最左边一段的右节点上注记 0，并将此段细分为 20 等分的小分划。最后在所有的基本分划处注记其所代表的实际水平距离。

使用时，先将两脚规的脚尖对准地形图上要量测的两点，然后将两脚规移到直线比例尺上，使右脚尖对准零点右边一个适当的整分划线，使左脚尖落在零点左边的毫米分划小格内以便读数，图 7-2（a）中，右脚尖对准 30m 分划线上，左脚尖落在左边 7.3m 分划线上，则该线段所表示的实际水平距离为 30+7.3=37.3（m）。

为了提高精度，可绘制复式比例尺，其最小分划值为直线比例尺的十分之一，用法也与直线比例尺大致相同。

图式比例尺的优点是：量距直接方便而不必再进行换算；比例尺随图纸按同一比例伸缩，从而明显减小因图纸伸缩引起的量距误差。地形图绘制时所采用的三棱比例尺也属于图式比例尺。

3. 比例尺精度

通常认为，人用肉眼能分辨图上的最小距离是 0.1mm。所以，地形图上 0.1mm 所代表的实地水平距离，称为比例尺精度。显然，比例尺精度=0.1mm×比例尺分母。比例尺越大，其比例尺精度越小，地形图的精度就越高。大比例尺地形图的比例尺精度见表 7-1。

根据比例尺精度，可以确定测图时测量距离的精度。例如，测绘 1∶2000 比例尺的地形图时，距离测量的精度只须达到 0.2m 即可。同时，如果规定了图上应该表示的地面线段精度，也可以根据比例尺精度确定测图比例尺。例如要求图上能显示实地 0.5m 的精度时，则采用的测图比例尺应不小于$\frac{0.1\text{mm}}{0.5\text{m}}=\frac{1}{5000}$。

表 7-1　　大比例尺地形图的比例尺精度

比例尺	1∶500	1∶1000	1∶2000	1∶5000
比例尺精度	0.05	0.10	0.20	0.50

二、大比例尺地形图的分幅、编号、图名和接合图表

为了方便测绘、管理和使用地形图，需要将各种比例尺的地形图进行统一的分幅与编号，并注在地形图的上方中间部位。其中大比例尺地形图常采用矩形或正方形分幅与编号的方法，图幅的大小见表 7-2。

大面积测图时，矩形或正方形图幅的编号，一般采用坐标编号法。即由图幅西南角的纵、横坐标（用阿拉伯数字，以 km 为单位）作为它的图号，表示为“$x-y$”。1∶5000、1∶2000地形图，坐标取至 1km；1∶1000 的地形图，坐标取至 0.1km；1∶500 的地形图，坐标取至 0.01km；例如，西南角坐标为 $x=82600$m，$y=48600$m 的不同比例尺图幅为：

1∶2000，82—48；1∶1000，82.6—48.6；1∶500，82.60—48.60。对于较大测区，测区内有多种测图比例尺时，应进行统一编号。

表 7-2　　矩形或正方形分幅及面积

比例尺	矩形分幅		正方形分幅		
	图幅大小（cm×cm）	实地面积（km×km）	图幅大小（cm×cm）	实地面积（km×km）	一幅1∶5000图所含幅数
1∶5000	50×40	5	40×40	4	1
1∶2000	50×40	0.8	50×50	1	4
1∶1000	50×40	0.2	50×50	0.25	16
1∶500	50×40	0.05	50×50	0.0625	64

小面积测图，可采用自然序数法。自然序数法即将测区各图幅按某种规律，如从左到右，自上而下用阿拉伯数字顺序编号。

另外，如图 7-1 所示，在地形图的正上方标上图名，图名一般以本幅图内最主要的地名来命名，如图中施家洼村。在地形图的左上方标明接合图表，用以标明本幅图周围图幅的图名或编号。在地形图的左下方还应标明地形图所采用的坐标系统、高程系统、测绘时间等。

三、地物、地貌在图上的表示方法

《地形图图式》是测绘、出版地形图的基本依据之一，是识读和使用地形图的重要工具。它的内容概括了地物、地貌在地形图上表示的符号和方法，表 7-3 是国家标准 1∶500、1∶1000、1∶2000 地形图图式所规定的部分地物、地貌符号。

1. 地物符号

在地形图上表示各种地物的形状、大小和它们的位置的符号，称为地物符号。根据地物的形状大小和描绘方法的不同，地物符号又可分为以下四种。

（1）比例符号　将地物按照地形图比例尺缩绘到图上的符号，称为比例符号。用比例符号表示的地物，往往具有较大的尺寸，如房屋、农田、湖泊、草地等。显然，比例符号不仅能反映出地物的平面位置，而且能反映出地物的形状与大小。

（2）非比例符号　有些重要地物，由于其尺寸较小，无法按照地形图比例尺缩小并表示到地形图上，这些地物只能用规定的符号来表示，称为非比例符号。如测量控制点、独立树、电杆、水塔、水井等。显然，非比例符号只能表示地物的实地位置。

（3）半比例符号　对于地面上的某些线状地物，如围墙、栅栏、小路、电力线、管线等，其长度可以按测图比例尺绘制，而宽度不能按比例尺绘制，表示这种地物的符号称为半比例符号。半比例符号的中心线就是实际地物中心线。

（4）注记符号　地物注记就是用文字、数字或特定的符号对地形图上的地物作补充和说明，如图上注明的地名、控制点名称、高程、房屋层数、河流名称、深度、流向等。

2. 地貌符号

用等高线表示地貌不仅能表示地面的起伏形态，而且能较好地反映地面的坡度和高程。因而得到广泛应用。

表 7-3　　1∶500、1∶1000、1∶2000 地形图图式符号与注记

编号	符号名称	1∶500 1∶1000	1∶2000
1	一般房屋 混—房屋结构 3—房屋层数	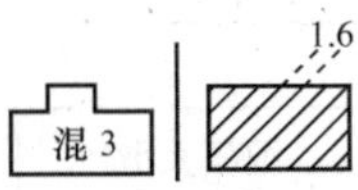	
2	简单房屋	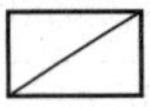	
3	建筑中的房屋		
4	破坏房屋		
5	棚　房	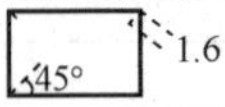	
6	架空房屋	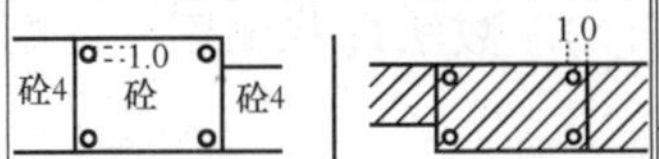	
7	廊　房	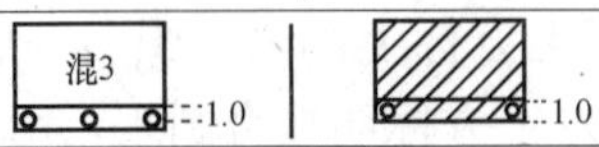	
8	台　阶	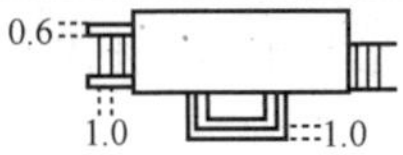	
9	无看台的 露天体育场	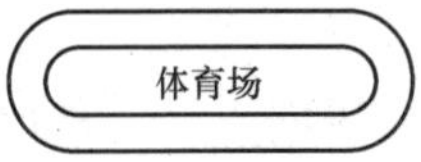	
10	游泳池		
11	过街天桥	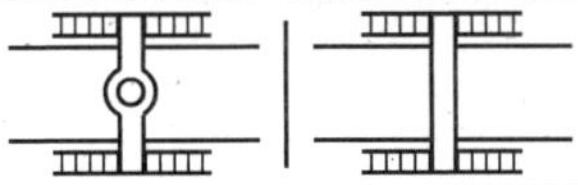	
12	高速公路 a—收费站 0—技术等级代码	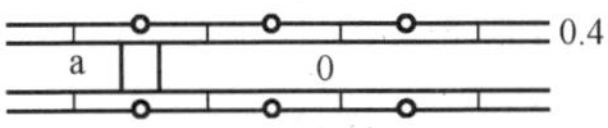	
13	等级公路 2—技术等级代码 （G325）—国道 路线编码	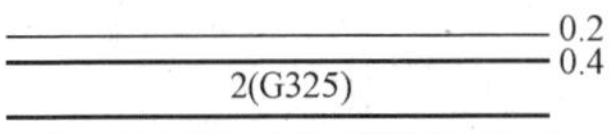	
14	乡村路 a. 依比例尺的 b. 不依比例尺的	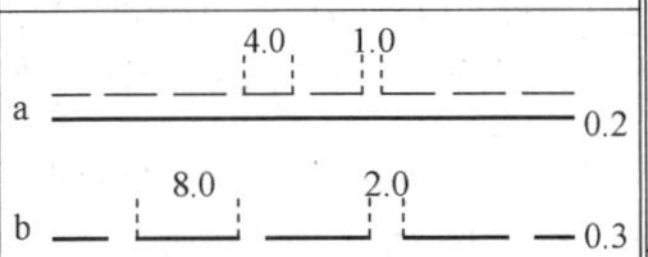	
15	小　路	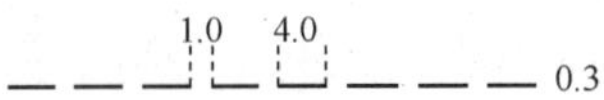	
16	内部道路	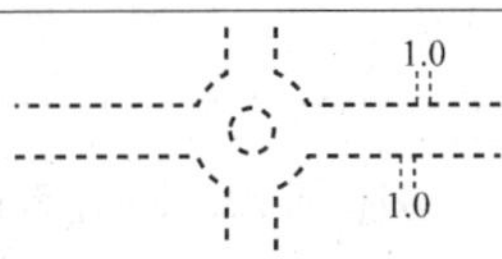	
17	阶梯路	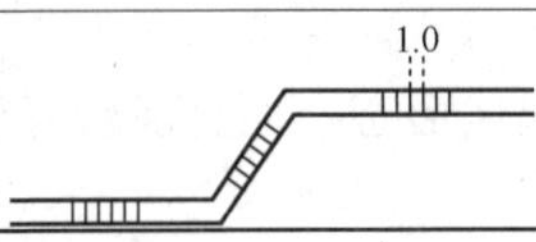	
18	打谷场、 球场		
19	旱　地	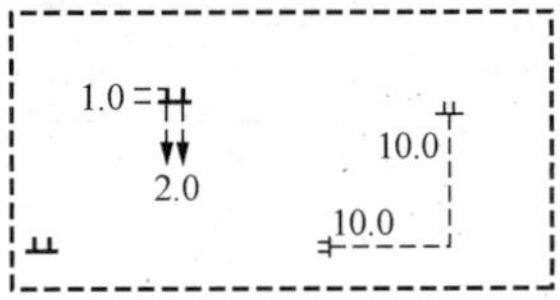	
20	花　圃	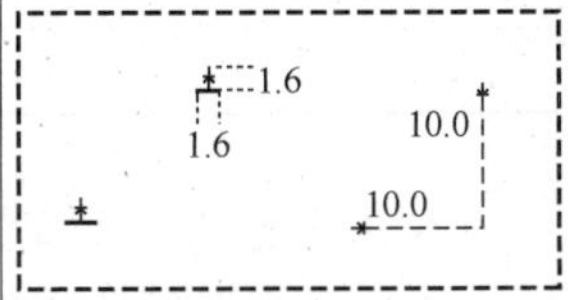	
21	有林地	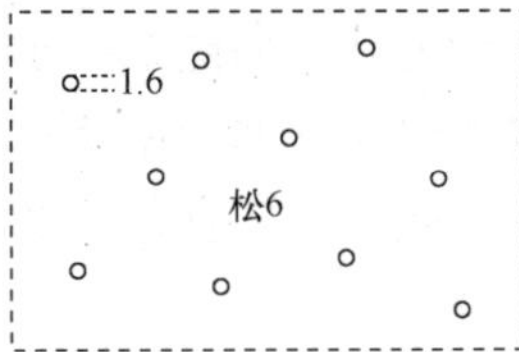	
22	人工草地	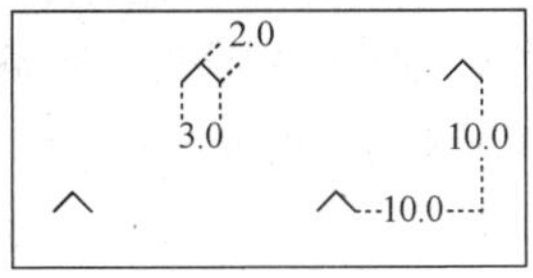	
23	稻　田	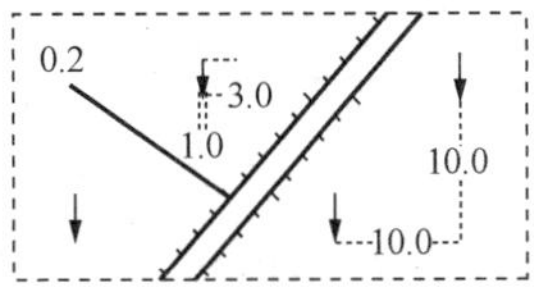	
24	常年湖		
25	池　塘		
26	常年河 a. 水涯线 b. 高水界 c. 流向 d. 潮流向 ←涨潮 →落潮	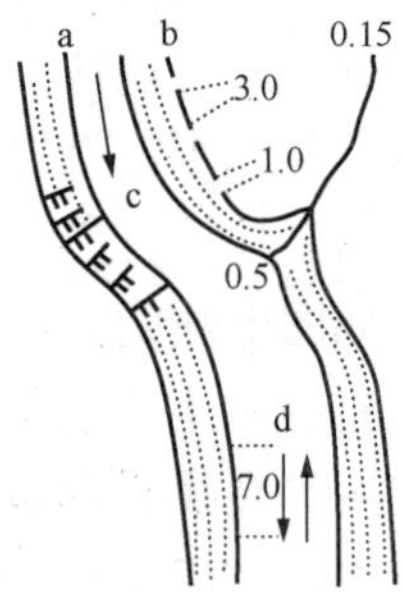	

续表

编号	符号名称	1∶500 1∶1000	1∶2000
27	喷水池	1.0 3.6	
28	GPS 控制点	3.0 B 14 / 495.267	
29	三角点 凤凰山—点名 394.468—高程	3.0 凤凰山 / 394.468	
30	导线点 Ⅰ16—等级、点号 84.46—高程	2.0 Ⅰ16 / 84.46	
31	埋石图根点 16—点号 84.46—高程	1.6 2.6 16 / 84.46	
32	不埋石图根点 25—点号 62.74—高程	1.6 25 / 62.74	
33	水准点 Ⅱ京石 5—等级、点名、点号 32.804—高程	2.0 Ⅱ京石5 / 32.804	
34	加油站	1.6 3.6 1.0	
35	路　灯	2.0 1.6 4.0 1.0	
36	独立树 a. 阔叶 b. 针叶 c. 果树 d. 棕榈、椰子、槟榔	a 1.6 2.0 3.0 1.0 b 1.6 3.0 1.0 c 1.6 3.0 1.0 d 2.0 3.0 1.0	
37	独立树 棕榈、椰子、槟榔	2.0 3.0 1.0	
38	上水检修井	2.0	
39	下水（污水）、雨水检修井	2.0	
40	下水暗井	2.0	
41	煤气、天然气检修井	2.0	
42	热力检修井	2.0	
43	电信检修井 a. 电信人孔 b. 电信手机	a 2.0 2.0 b 2.0	
44	电力检修井	2.0	
45	地面下的管道	4.0 污 1.0	
46	围墙 a. 依比例尺的 b. 不依比例尺的	a 10.0 b 10.0 0.3 0.6	
47	挡土墙	1.0 0.3 6.0	
48	栅栏、栏杆	10.0 1.0	
49	篱　笆	10.0 1.0	
50	活树篱笆	6.0 1.0 0.6	
51	铁丝网	10.0 1.0	
52	通信线 地面上的	4.0	
53	电线架		
54	配电线 地面上的	4.0	
55	陡坎 a. 加固的 b. 未加固的	2.0 a b	
56	散树、行树 a. 散树 b. 行树	a 1.6 b 10.0 1.0	
57	一般高程点及注记 a. 一般高程点 b. 独立性地物的高程	a 0.5····163.2　b 75.4	
58	名称说明注记	友谊路 中等线体4.0(18k) 团结路 中等线体3.5(15k) 胜利路 中等线体2.75(12k)	

续表

编号	符号名称	1∶500　1∶1000	1∶2000	编号	符号名称	1∶500　1∶1000	1∶2000
59	等高线 a. 首曲线 b. 计曲线 c. 间曲线	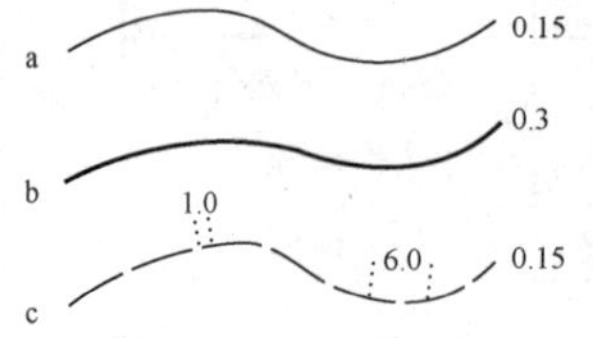		61	示坡线	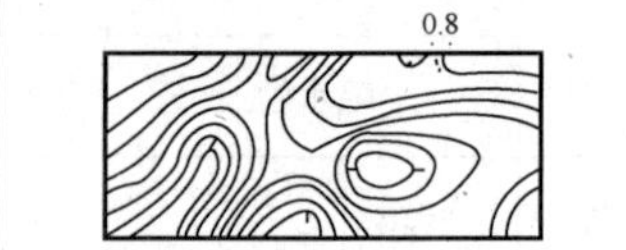	
60	等高线注记	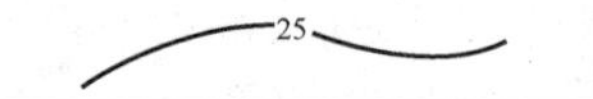		62	梯田坎	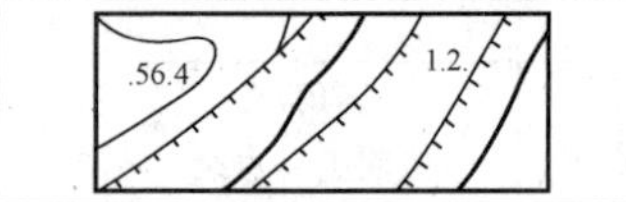	

（1）等高线　等高线是地面上高程相等的各相邻点连成的闭合曲线。如图 7－3 所示，设有一高地被等间距的水平面 P_1、P_2 和 P_3 所截，则各水平面与高地的相应的截线，就是等高线。将各水平面上的等高线沿铅垂方向投影到一个水平面上，并按规定的比例尺缩绘到图纸上，便得到用等高线表示的该高地的地貌图。显然，等高线的形状是由高地表面形状来决定的，用等高线来表示地貌是一种很形象的方法。

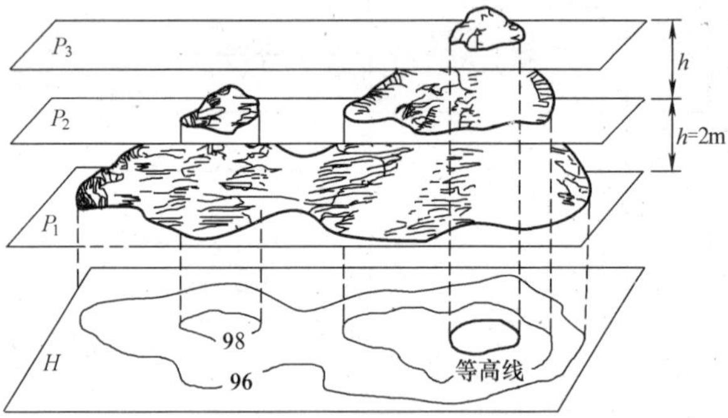

图 7－3　等高线示意图

（2）等高距与等高线平距　地形图上相邻两条等高线之间的高差称为等高距，常用 h 表示。如图 7－3 所示，其等高距 h＝2m。等高距的大小根据地形图比例尺和地面起伏情况等确定。在同一幅地形图中，只能采用同一种基本等高距。

等高线平距是地形图上相邻两条等高线之间的水平距离，常用 d 表示。因为同一幅地形图中，等高距是相等的，所以等高线平距 d 的大小可直接反映地面坡度情况。等高距、等高线平距与地面坡度的关系，如图 7－4 所示。显然，等高线平距越大，地面坡度越小，平距越小，坡度越大，平距相等，坡度相等。由此可见，根据地形图上等高线的疏、密可判断地面坡度的缓、陡。

（3）等高线的分类　为了更好地表示地貌特征，便于识图用图，地形图上采用以下四种等高线。

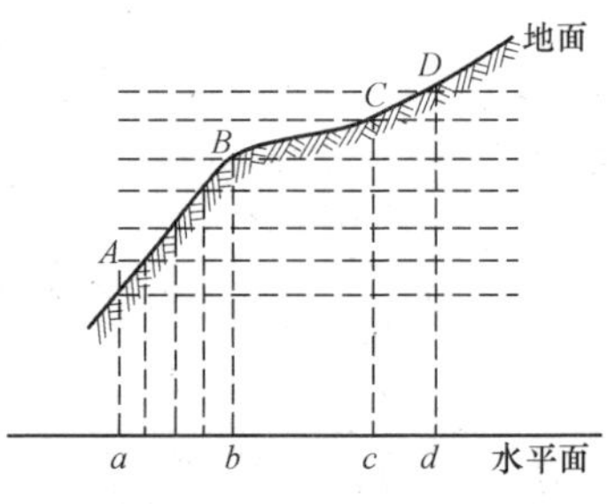

图 7－4　等高距与地面坡度的关系

1）首曲线　在地形图上，从高程基准面起算，按规定的基本等高距描绘的等高线称为首曲线。首曲线一般用细实线表示，如图 7－5 所示高程为 70m、80m、90m 和 110m。首曲线是地形图上最主要的等高线。

2）计曲线　为了方便看图和计算高程，从高程基准面起算，每隔 5 个基本等高距（即 4 条首曲线）加粗一条等高线，称为计曲线。例如，基本等高距为 2m 的等高线中高程为 10m、20m、30m 等能被 5 倍基本等高距整除的等高线为计曲线。计曲线一般用粗实线表示。如图 7－5 所示的高程为 100m 的等高线为计曲线。

3）间曲线　当首曲线不足以显示局部地貌特征时，可在相邻两条首曲线之间绘制 1/2 基本等高距的等高线，称为间曲线。间曲线一般用长虚线表示，描绘时可不闭合。

4）助曲线　当首曲线和间曲线仍不足以显示局部地貌特征时，可在相邻两条间曲线之间绘制 1/4 基本等高距的等高线，称为助曲线。助曲线一般用短虚线表示，描绘时可不闭合。

(4) 几种典型地貌的等高线　自然地貌的形态虽多种多样，但仍可归结为几种典型地貌的综合。了解和熟悉这些典型地貌等高线的特征，有助于识读、应用和测绘地形图。

1）山头和洼地　地势向中间凸起而高于四周的高地称为山头；地势向中间凹下而低于四周的低地称为洼地。山头和洼地的等高线都是一组闭合的曲线，形状相似，可根据注记的高程来区分。另外，还可以根据示坡线来区分这两种地形，示坡线用与等高线垂直相交的小短线表示，用以指示坡度降落的方向。如图 7 - 5、图 7 - 6 所示。

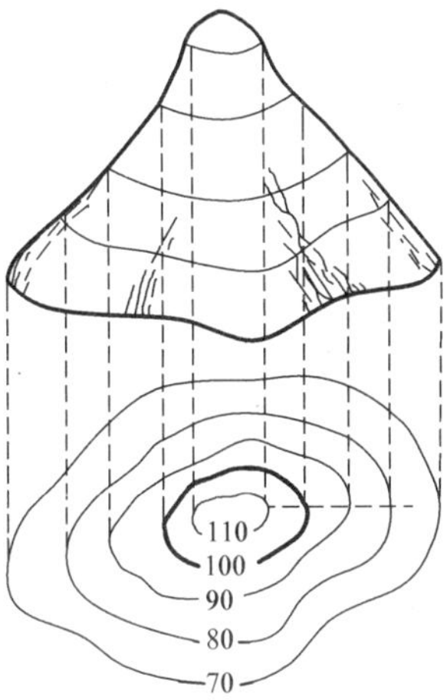

图 7 - 5　山头

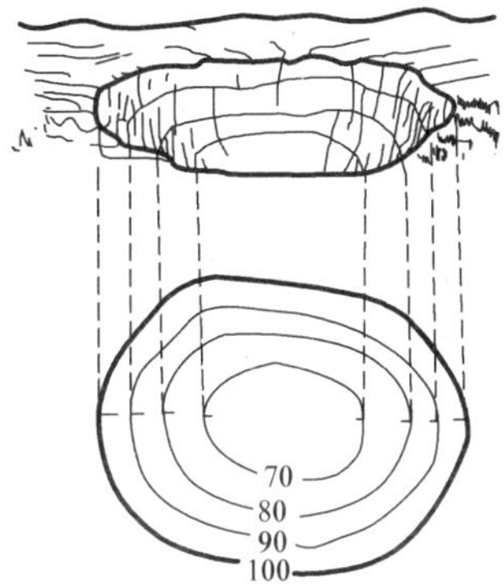

图 7 - 6　洼地

2）山脊与山谷　山脊是向一个方向逐渐隆起的高地。山脊的等高线是一组凸向低处的曲线，如图 7 - 7 所示。山脊上最高点的连线是雨水分水的界线，称为山脊线或分水线。

山谷是沿着一个方向延伸的洼地。山谷的等高线是一组凸向高处的曲线，如图 7 - 8 所示。山谷上最低点的连线是雨水汇集流动的地方，称为山谷线或集水线。

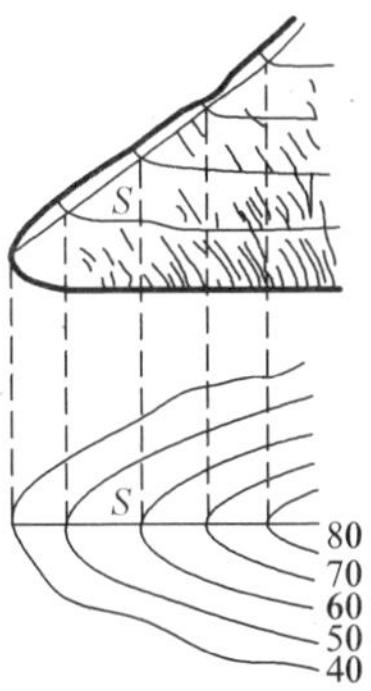

图 7 - 7　山脊

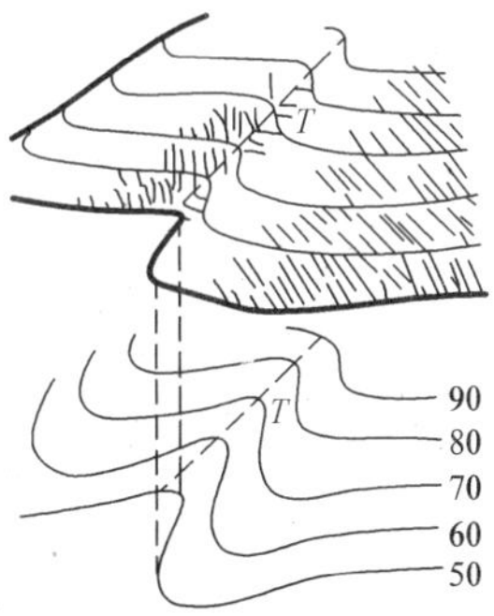

图 7 - 8　山谷

山脊与山谷由山脉的延伸与走向形成，山脊线与山谷线是表示地貌特征的线，所以又称为地性线。地性线构成山地地貌的骨架，它在测图、识图和用图中具有重要意义。地形图上山地地貌显示是否真实、形象、逼真，主要看山脊线与山谷线表达得是否正确。

3）鞍部　相邻两个山头之间的低洼部分，形似马鞍，称为鞍部。如图 7 - 9 所示，鞍部的等高线是两组相对的山脊与山谷等高线的组合。鞍部等高线的特点是两组闭合曲线被另一组较大的闭合曲线包围。

4）峭壁、断崖、悬崖　峭壁是山区的坡度极陡处，如果用等高线表示非常密集，因此采用峭壁符号来代表这一部分等高线，如图 7-10（a）所示。垂直的陡坡叫断崖，这部分等高线几乎重合在一起，故在地形图上通常用锯齿形的符号来表示，如图 7-10（b）所示。山头上部向外凸出，腰部洼进的陡坡称为悬崖，它上部的等高线投影在水平面上与下部的等高线相交，下部凹进的等高线用虚线来表示，如图 7-10（c）所示。

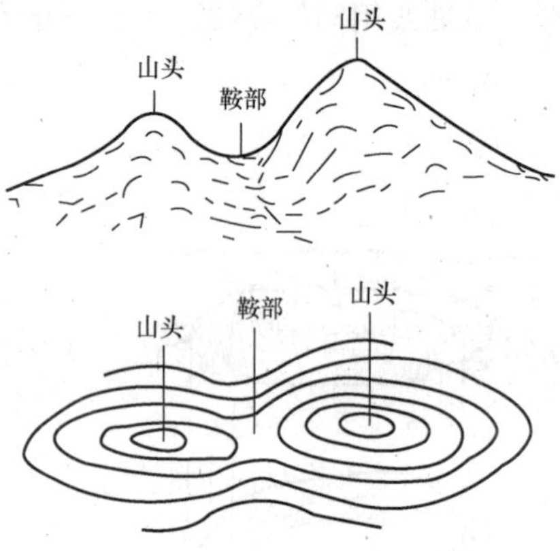

图 7-9　鞍部

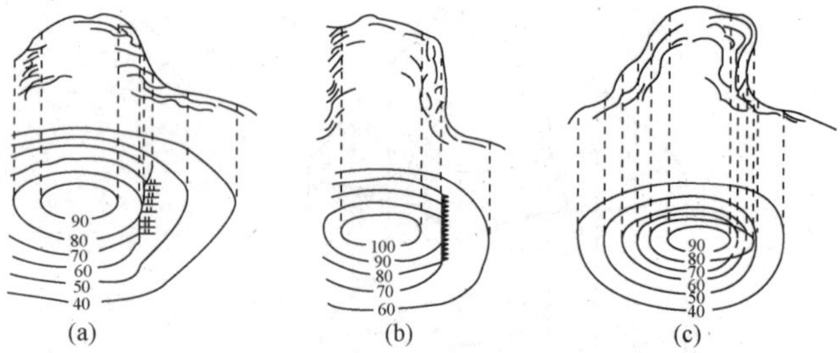

图 7-10　峭壁、断崖与悬崖

还有一些特殊地貌，如梯田、冲沟、雨裂、阶地等，表示方法参见《地形图图式》。

（5）等高线的特性

1）同一条等高线上各点的高程必相等，而高程相等的地面点却不一定在同一条等高线上。

2）等高线为一闭合曲线，如不在本幅图内闭合，则在相邻的其他图幅内闭合。但间曲线和助曲线作为辅助线，可以在图幅内中断。

3）除悬崖、峭壁外，不同高程的等高线不能相交。

4）山脊、山谷的等高线与山脊线、山谷线成正交关系，即过等高线与山脊线或山谷线的交点作等高线的切线，始终与山脊线或山谷线垂直。

5）在同一图幅内，等高线平距的大小与地面坡度成反比。平距大，地面坡度缓；平距小，则地面坡度陡；平距相等，则坡度相同。倾斜地面上的等高线是间距相等的平行直线。

任务二　地形图的测绘

一、测图前的准备工作

在控制测量结束后，以控制点为测站，测定其周围的地物、地貌特征点的平面位置和高程，按规定的比例尺缩绘到图纸上，并根据《地形图图式》规定的符号，勾绘出地物、地貌的位置、大小和形状，即成地形图。地物、地貌特征点通称为碎部点；测定碎部点的工作称为碎部测量，也称地形图测绘。

1. 图纸准备

测绘地形图应选用优质图纸。目前测绘部门广泛采用聚酯薄膜图纸。聚酯薄膜是一种无色透明的薄膜，其厚度为 0.03～0.1mm，表面经过打毛后，便可代替图纸使用。聚脂薄膜具有透明度好、伸缩性小、不怕潮湿等优点，并可直接在测绘原图上着墨和复晒蓝图，使用保管都很方便。

如果表面不清洁，还可用水清洗。缺点是易燃、易折和易老化，故使用保管时应注意防火、防折。

2. 绘制坐标格网

为了把控制点准确地展绘在图纸上，应先在图纸上精确地绘制 10cm×10cm 的直角坐标方格网，然后根据坐标方格网展绘控制点。坐标方格网的绘制常用对角线法。

如图 7-11 所示，用检验过的直尺先将图纸的对角相连，对角线交点为 M 点，以 M 为圆心，取适当长度为半径画弧，在对角线上分别画出 A、B、C、D 四点，连接这四点成一矩形 $ABCD$。从 A、B 两点起，各沿 AD、BC 每隔 10cm 定一点；从 A、D 两点起，各沿 AB、DC 每隔 10cm 定一点，连接对边的相应点，即得坐标格网。

坐标格网绘成后，应立即进行检查，各方格网实际长度与名义长度之差不应超过 0.2mm，图廓对角线长度与理论长度之差不应超过 0.3mm。如超过限差，应重新绘制。

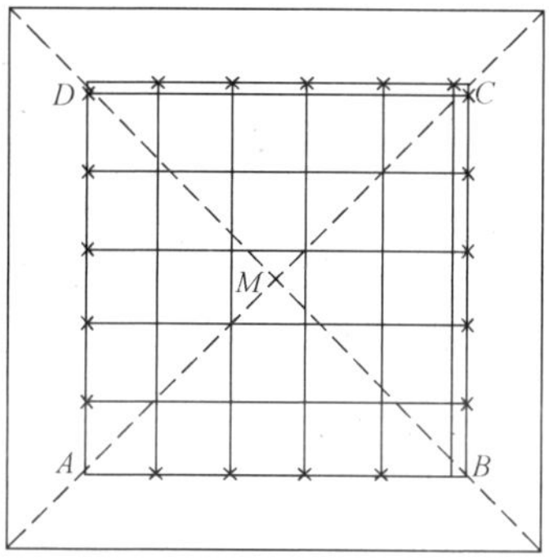

图 7-11　绘制坐标方格网示意图

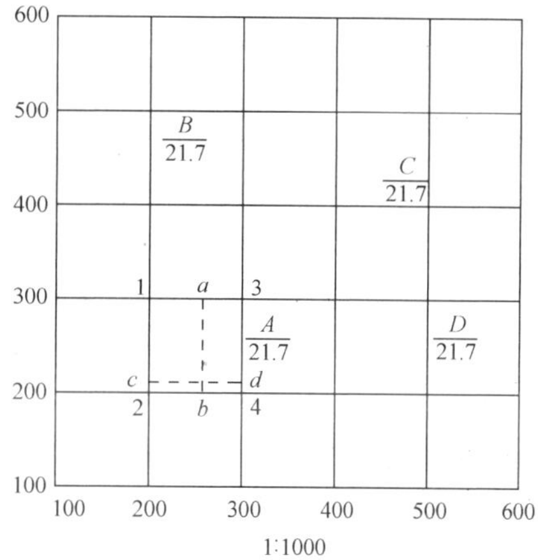

图 7-12　展绘控制点示意图

3. 展绘控制点

首先，根据图号、比例尺，将坐标格网线的坐标值注在相应格网线的外侧，如图 7-12 所示。如采用独立坐标系统只测一幅图时，要根据控制点的最大和最小坐标，参考测区情况，考虑将整个测区绘在图纸中央（或适当位置），来确定方格网的起始坐标。

展绘时，先根据控制点的坐标，确定其所在的方格，如图 7-12 所示，控制点 A 点的坐标为 $x_A=214.60$m，$y_A=256.78$m，由其坐标值可知 A 点的位置在 1234 方格内。然后用 1∶1000 比例尺从 1 和 2 点各沿 13、24 线向上量取 5.678cm，得 a、b 两点；从 2、4 两点沿 21、43 量取 1.46cm，得 c、d 两点；连接 ab 和 cd，其交点即为 A 点在图上的位置。同法，将其余控制点展绘在图纸上，并按《地形图图式》的规定，在点的右侧画一横线，

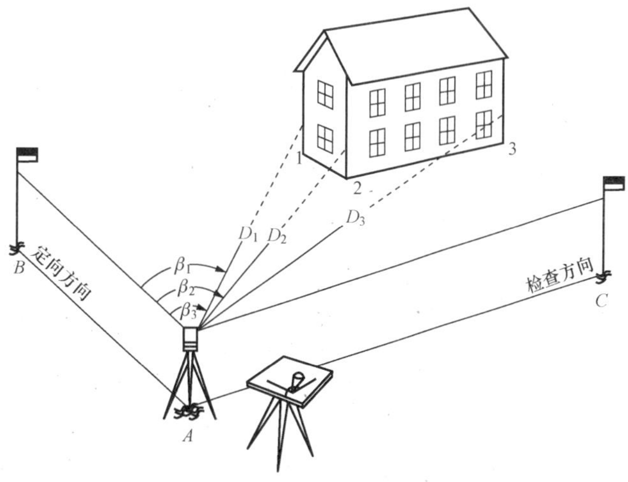

图 7-13　经纬仪测绘法示意图

横线上方注点名，下方注高程，如图 7 - 13 中的 A、B、C 等各点。

控制点展绘完成后，必须进行校核。其方法是用比例尺量出各相邻控制点之间的距离，与控制测量成果表中相应距离比较，其差值在图上不得超过 0.3mm，否则应重新展点。

二、经纬仪测绘法

测绘大比例尺地形图的方法很多，常用的有经纬仪测绘法，小平板仪和经纬仪联合测绘法，大平板仪测绘法、摄影测量方法及数字化测图等。本节仅介绍经纬仪测绘法。

经纬仪测绘法就是将经纬仪安置在控制点上，绘图板安置于经纬仪近旁；用经纬仪测定碎部点的方向与已知方向之间的夹角；再用视距测量方法测出测站点至碎部点的平距及碎部点的高程；然后根据实测数据，用量角器和比例尺把碎部点的平面位置展绘在图纸上，并在点的右侧注明其高程，最后对照实地描绘地物、地貌。

1. 碎部点的选择

碎部点的正确选择是保证成图质量和提高测图效率的关键。碎部点应尽量选在地物、地貌的特征点上。

测量地物时，碎部点应尽量选择在决定地物轮廓线上的转折点、交叉点、弯曲点及独立地物的中心点等，如房的角点、道路的转折点、交叉点、河岸线及地界线的转弯点、井中心点等。这些点测定之后，将它们连接起来，即可得到与地面物体相似的轮廓图形。由于地物的形状极不规则，所以一般规定主要地物凹凸部分在图上大于 0.4mm 均应表示出来。在地形图上小于 0.4mm，可用直线连接。

测量地貌时，碎部点应选择在最能反映地貌特征的山脊线、山谷线等地性线上，如山顶、鞍部、山脊、山脚、谷底、谷口、沟底、沟口、洼地、河川、湖泊等的坡度和方向变化处，根据这些特征点的高程勾绘等高线，就能得到与地貌最为相似的图形。

2. 一个测站上的测绘工作

（1）安置仪器　如图 7 - 13 所示，首先在测站点 A 上安置经纬仪（包括对中、整平），测定竖盘指标差 x（一般应小于 $1'$），量取仪器高 i，设置水平度盘读数为 $0°00'$，后视另一控制点 B，则 AB 称为起始方向，记入手簿，见表 7 - 4。

表 7 - 4　　碎部测量手簿

测站：A　　后视点：B　　仪器高 i=1.45m　　指标差 x=0　　测站点高程 H_A=264.34m

观测日期：　　观测者：　　记录者：

点号	视距 Kl (m)	中丝读数 v (m)	竖盘读数 L	垂直角 $\pm\alpha$	高差 $\pm h$ (m)	水平角 β	水平距离 D (m)	高程 (m)	备注
1	45.0	1.45	92°25′	−2°25′	−1.90	36°44′	44.9	262.44	山脚
2	41.8	1.45	86°42′	+3°12′	+2.33	50°12′	41.7	266.67	山脊
3	35.2	2.45	90°08′	−0°08′	−0.08	167°25′	35.2	264.26	山脊
4	26.4	2.00	89°16′	+0°44′	+0.34	251°30′	26.4	264.68	排水沟

将图板（一般用小平板）安置在测站近旁，目估定向，以便对照实地绘图。连接图上相应控制点 A、B，并适当延长，得图上起始方向线 AB。然后，用小针通过量角器圆心的小孔插在 A 点，使量角器原心固定在 A 点上。

（2）立尺　立尺员应根据实地情况及本测站实测范围，与观测员、绘图员共同商定跑尺路线，然后依次将视距尺立在地物、地貌的特征点上。

（3）观测、记录与计算　观测员将经纬仪瞄准碎部点上的标尺，使中丝读数 v 在 i 值附近，读取视距间隔 Kl，然后使中丝读数 v 等于 i 值（如条件不允许，也可以随便读取中丝读数 v），再读竖盘读数 L 和水平角 β，记入测量手簿，并依据下列公式计算水平距离 D 与高差 h，即

$$D = Kl\cos^2\alpha \tag{7-2}$$

$$h = \frac{1}{2}Kl\sin 2\alpha + i - v \tag{7-3}$$

显然，当 $i=v$ 时，$h=\frac{1}{2}Kl\sin 2\alpha$；当视线水平时，竖直角 $\alpha=0°$，$D=Kl$，$h=i-v$；这两种情况将使计算简单化。竖直角与高程的计算不再详述。

另外，每测 20～30 个碎部点后，应检查起始方向变化情况。要求起始方向度盘读数不得超过 $4'$，如超出，应重新进行起始方向定向。

（4）展点、绘图　在观测碎部点的同时，绘图员应根据测得和计算出的数据，在图纸上进行展点和绘图。

转动量角器，将碎部点方向的水平角值对在起始方向线 AB 上，则量角器上零方向便是碎部点方向。然后沿零方向线，按测图比例尺和所测的水平距离定出碎部点的位置，并在点的右侧注明其高程。同法，将所有碎部点的平面位置及高程绘于图上。

然后，参照实地情况，按地形图图式规定的符号及时将所测的地物和等高线在图上表示出来。在描绘地物、地貌时，应遵守以下原则：

1）随测随绘，地形图上的线划、符号和注记一般在现场完成，并随时检查所绘地物、地貌与实地情况是否相符，有无漏测，及时发现和纠正问题，真正做到点点清、站站清。

2）地物描绘与等高线勾绘，必须按地形图图式规定的符号和定位原则及时进行，对于不能在现场完成的绘制工作，也应在当日内业工作中完成，要求做到天天清。有些测完局部点无法完成的绘制工作，也应在一个整体完成后马上进行。

3）为了相邻图幅的拼接，一般每幅图应测出图廓外 5mm。

三、地形图的拼接、检查与整饰

当测图面积大于一幅地形图的面积时，要分成多幅施测，由于测绘误差的存在，相邻地形图测完后应进行拼接。拼接时，如偏差在规定限值内，则取其平均位置修整相邻图幅的地物和地貌位置。否则，应进行检查、修测，直至符合要求。

为保证成图质量，在地形图测完后，还必须进行全面的自检和互检，检查工作一般分为室内检查和野外检查两部分。室内检查的主要内容是各项观测记录、内业计算和所绘地形图有无遗漏与错误，如发现问题，做好标识，进行野外检查。野外检查又分为巡视检查和仪器检查，前者是将地形图对照实地地物，查找问题，做好标识；后者是以抽查与标识重点相结合，用仪器重新测定测站周围部分点的平面位置和高程，看是否与原测站点相同。

最后进行地形图的清绘与整饰工作，使图面更加合理、清晰、美观。

任务三　地形图的阅读

从上一章内容可以了解到，地形图上所提供的信息非常丰富。特别是大比例尺地形图，更是建筑工程规划设计和施工中不可缺少的重要资料，尤其是在规划设计阶段，不仅要以地

形图为底图，进行总平面的布设，而且还要根据需要，在地形图上进行一定的量算工作，以便因地制宜地进行合理的规划和设计。因此，正确地阅读和使用地形图，是建筑工程技术人员必须具备的基本技能。

为了正确地应用地形图，首先要能看懂地形图。地形图是用各种规定的符号和注记，按一定的比例尺，表示地面上各种地物、地貌及其他有关信息的平面图形。通过对这些符号和注记的识读，可使地形图成为展现在人们面前的实地立体模型，从图上便可掌握所需地面上的各种信息，这就是地形图阅读的主要目的和任务。

地形图阅读，可按先图外后图内、先地物后地貌、先主要后次要、先注记后符号的基本顺序，并依照相应的《地形图图式》逐一阅读。现以“贵儒村”地形图（图 7 - 14）为例，说明地形图阅读的一般方法和步骤。

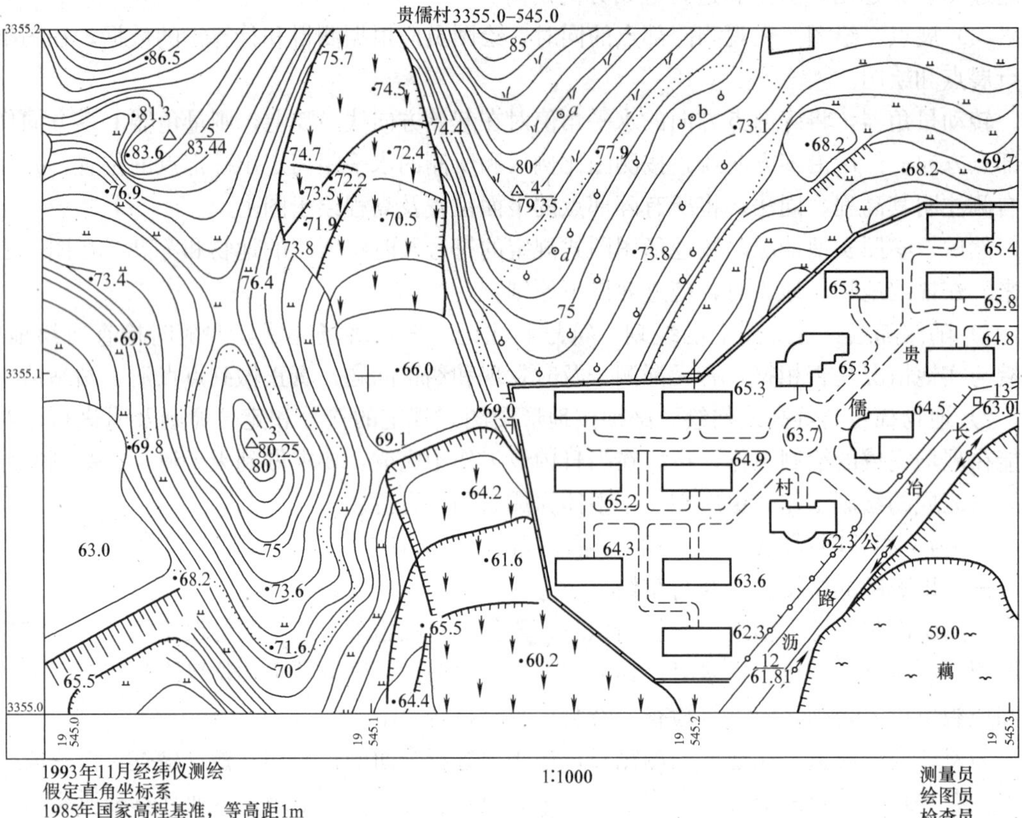

图 7 - 14　地形图的阅读

一、图廓外的有关注记

首先检查图名、图号，确认所阅读的地形图；其次了解测图的时间和测绘单位，以判定地形图的新旧，进而确定地形图应用的范围和程度；然后了解图的比例尺、坐标系统、高程系统和基本等高距以及图幅范围和接合图表。“贵儒村”地形图的比例尺为 1∶1000。

二、地貌阅读

根据等高线读出山头、洼地、山脊、山谷、山坡、鞍部等基本地貌，并根据特定的符号读出雨裂、冲沟、峭壁、悬崖、陡坎等特殊地貌。同时根据等高线的密集程度来分析地面坡度的变化情况。从图中可以看出，这幅图的基本等高距为 1m。山村正北方向延伸着高差约 15m 的山脊，西部小山顶的高程为 80.25m，西北方向有个鞍部。地面坡度在 6°～25°之间，另有多处陡坎和斜坡。山谷比较明显，经过加工已种植水稻。整个图幅内的地貌形态是北部高，南部低。

三、地物阅读

根据图上地物符号和有关注记，了解各种地物的形状、大小、相对位置关系以及植被的覆盖状况。本幅图东南部有较大的居民点贵儒村，该山村北面邻山，西面及西南面接山谷，沿着居民点的东南侧有一条公路——长冶公路。山村除沿公路一侧外，均有围墙相隔，山村沿公路有栏杆围护。另外，公路边有两个埋石图根导线点 12、13，并有低压电线。图幅西部山头和北部山脊上有 3、4、5 三个图根三角点。山村正北方向的山坡上有 a、b、c、d 四个钻孔。

四、植被分布

图幅大部分面积被山坡所覆盖，山坡上多为旱地，山村正北方向的山坡有一片竹林，紧靠竹林是一片经济林，西南方向的小山头是一片坟地。山村西部相邻山谷，山谷里开垦有梯田种植水稻，公路东南侧是一片藕塘。

经过以上识图可以看出，该山村虽然是小山村，但山村“依山傍水”，规划齐整有序，所有主要建筑坐北朝南，交通便利。

在识读地形图时，还应注意地面上的地物和地貌不是一成不变的。由于城乡建设事业的迅速发展，地面上的地物、地貌也随之发生变化，因此，在应用地形图进行规划以及解决工程设计和施工中的各种问题时，除了细致地识读地形图外，还需进行实地勘察，以便对建设用地作全面正确地了解。

任务四　地形图的基本应用

一、在图上确定某点的坐标

如图 7－15（a）所示，大比例尺地形图上画有 10cm×10cm 的坐标方格网，并在图廓的西、南边上注有方格的纵、横坐标值，欲确定图上 A 点的坐标，首先根据图廓坐标注记和点 A 的图上位置，绘出坐标方格 $abcd$，过 A 点作坐标方格网的平行线 pq、fg 与坐标方格相交于 p、q、f、g 四点，再按地形图比例尺（1∶1000）量取 ap 和 af 的长度。

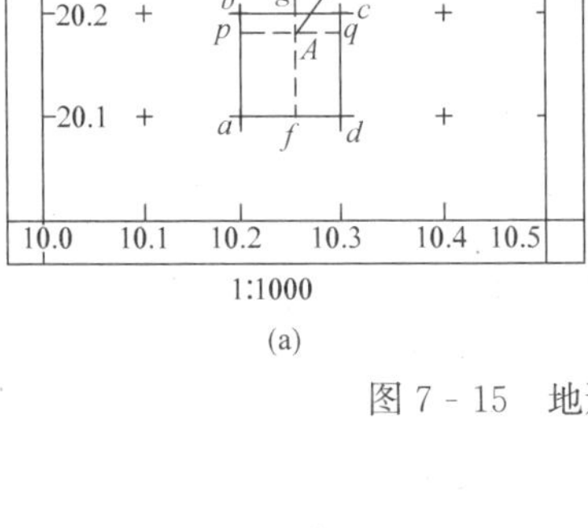

(a)

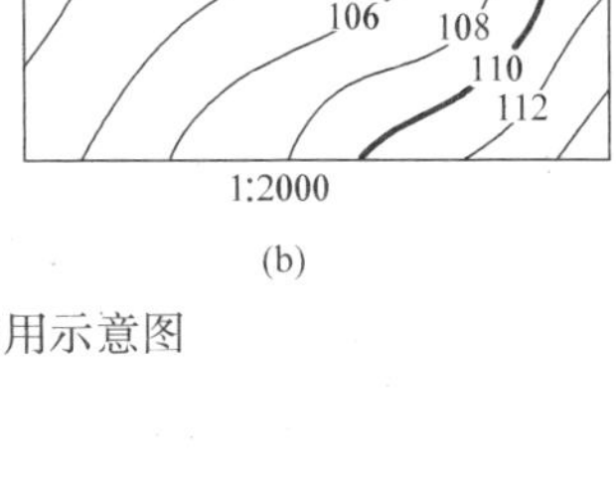

(b)

图 7－15　地形图基本应用示意图

$$ap = 80.2\text{m}$$
$$af = 50.3\text{m}$$

则
$$x_A = x_a + ap = 20100 + 80.2 = 20180.2(\text{m})$$
$$y_A = y_a + af = 10200 + 50.3 = 10250.3(\text{m})$$

为了校核量测的结果，并考虑图纸伸缩的影响，还需量出 pb 和 fd 的长度，以便进行换算。设图上坐标方格边长的理论长度为 l（本例 l=100m），可采用下式进行换算

$$\left.\begin{aligned} x_A &= x_a + \frac{l}{ab}\cdot ap \\ y_A &= y_a + \frac{l}{ad}\cdot af \end{aligned}\right\} \tag{7-4}$$

二、在图上确定某点的高程

地形图上任一点的高程，可以根据等高线及高程标记来确定。如图 7-15（b）所示，若某点 A 正好在等高线上，则其高程与所在的等高线高程相同，即 H_A=102.0m。如果所求点不在等高线上，如图中的 B 点，而位于 106m 和 108m 两条等高线之间，则可过 B 点作一条大致垂直于相邻等高线的线段 mn，量取 mn 的长度，再量取 mB 的长度，若分别为 9.0mm 和 2.8mm，已知等高距 h=2m，则 B 点的高程 H_B 可按比例内插求得：

$$H_B = H_m + \frac{mB}{mn}\cdot h = 106 + \frac{2.8}{9.0}\times 2 = 106.6(\text{m}) \tag{7-5}$$

在图上求某点的高程时，通常可以根据相邻两等高线的高程目估确定。例如，图 7-15（b）中 mB 约为 mn 的十分之三，故 B 点高程可估计为 106.6m。因为，规范中规定，在平坦地区，等高线的高程中误差不应超过 1/3 等高距，丘陵地区，不应超过 1/2 等高距，山区，不应超过一个等高距，也就是说，如果等高距为 1m，则平坦地区等高线本身的高程误差允许到 0.3m、丘陵地区为 0.5m，山区可达 1m。显然，所求高程精度低于等高线本身的精度，而目估误差与此相比，是微不足道的。所以，用目估法确定点的高程是可行的。

三、在图上确定两点间的距离

确定图上某直线的水平距离有两种方法。

1. 直接量测

用卡规在图上直接卡出线段长度，再与图示比例尺比量，即可得其水平距离。也可以用毫米尺量取图上长度并按比例尺换算为水平距离，但后者会受图纸伸缩的影响，误差相应较大。但图纸上绘有图示比例尺时，用此方法较为理想。

2. 根据直线两端点的坐标计算水平距离

为了消除图纸变形和量测误差的影响，尤其当距离较长时，可用两点的坐标计算距离，以提高精度。如图 7-15（a）所示，欲求直线 AB 的水平距离，首先按式（7-4）求出两点的坐标值 x_A、y_A 和 x_B、y_B，然后按下式计算水平距离

$$D_{AB} = \sqrt{(x_B - x_A)^2 + (y_B - y_A)^2} \tag{7-6}$$

四、在图上确定某直线的坐标方位角

如图 7-15（a）所示，欲求图上直线 AB 的坐标方位角，有下列两种方法：

1. 图解法

当精度要求不高时，可用图解法用量角器在图上直接量取坐标方位角。如图 7-15

(a)，先过 A、B 两点分别精确地作坐标方格网纵线的平行线，然后用量角器的中心分别对中 A、B 两点量测直线 AB 的坐标方位角 α'_{AB} 和 BA 的坐标方位角 α'_{BA}。

同一直线的正、反坐标方位角之差为 180°，所以可按下式计算 α_{AB}

$$\alpha_{AB} = \frac{1}{2}(\alpha'_{AB} + \alpha'_{BA} \pm 180°) \tag{7-7}$$

上述方法中，通过量测其正、反坐标方位角取平均值是为了减小量测误差，提高量测精度。

2. 解析法

先求出 A、B 两点的坐标，然后再按下式计算直线 AB 的坐标方位角，即

$$\alpha_{AB} = \tan^{-1}\frac{y_B - y_A}{x_B - x_A} = \tan^{-1}\frac{\Delta y_{AB}}{\Delta x_{AB}} \tag{7-8}$$

当直线较长时，解析法可取得较好的结果。

当使用电子计算器或三角函数表计算 α 的角值时，需根据 Δx_{AB} 和 Δy_{AB} 的正负号，确定 α_{AB} 所在的象限。

五、确定某直线的坡度

设地面两点间的水平距离为 D，高差为 h，而高差与水平距离之比称为地面坡度，通常以 i 表示，则 i 可用下式计算

$$i = \frac{h}{D} = \frac{h}{dM} \tag{7-9}$$

式中 d 为两点在图上的长度，以米为单位，M 为地形图比例尺分母。

如图 7-15（a）中的 A、B 两点，设其高差 h 为 1m，若量得 AB 图上的长度为 2cm，并设地形图比例尺为 1∶5000，则 AB 线的地面坡度为

$$i = \frac{h}{dM} = \frac{1}{0.02 \times 5000} = \frac{1}{100} = 1\%$$

坡度 i 常以百分率或千分率表示。

应注意的是如果两点间的距离较长，中间通过疏密不等的等高线，则上式所求地面坡度为两点间的平均坡度。

任务五　地形图在工程建设中的应用

一、量算图形的面积

在规划设计中，常需要在地形图上量算一定轮廓范围内的面积。例如，平整土地的填挖面积，规划设计某一区域的面积，厂矿用地面积，渠道与道路工程中的填挖断面面积，汇水面积等，下面介绍几种常用的方法。

1. 透明方格纸法

如图 7-16 所示，要计算曲线内的面积，先将毫米透明方格纸覆盖在图形上（方格边长一般为 1mm 或 2mm），数出图形内完整的方格数 n_1 和不完整的方格数 n_2，则面积 A（单位为 m）可按下式计算

$$A = \left(n_1 + \frac{1}{2}n_2\right)\frac{M^2}{10^6} \tag{7-10}$$

式中 M——地形图比例尺分母。

方格边长按 1mm 计算。

此法操作简单，易于掌握，且能保证一定精度，在量算图形面积中，被广泛采用。

2. 平行线法

如图 7 - 17 所示，量算面积时，将绘有等距平行线（间距 h 一般为 1mm 或 2mm）的透明纸覆盖在图形上，使两条平行线与图形边缘相切，则相邻两平行线间截割的图形面积可近似视为梯形。梯形的高为平行线间距 h，图形截割各平行线的长度为 l_1，l_2，…，l_n，则图形总面积为

$$A' = \frac{1}{2}h(0+l_1)+\frac{1}{2}h(l_1+l_2)+\cdots+\frac{1}{2}h(l_n+0)=h\sum l$$

最后，再根据图的比例尺将其换算为实地面积为

$$A = h\sum l \times M^2 \tag{7 - 11}$$

式中 M——比例尺分母。

例如，在 1∶2000 比例尺的地形图上，量得各梯形上、下底平均值的总和 $\sum l=867\text{mm}$，$h=2\text{mm}$，则此图形的实际面积为

$$A = h\sum l \times M^2 = 2\times 867\times 2000^2 \div 1000^2 = 6936(\text{mm}^2)$$

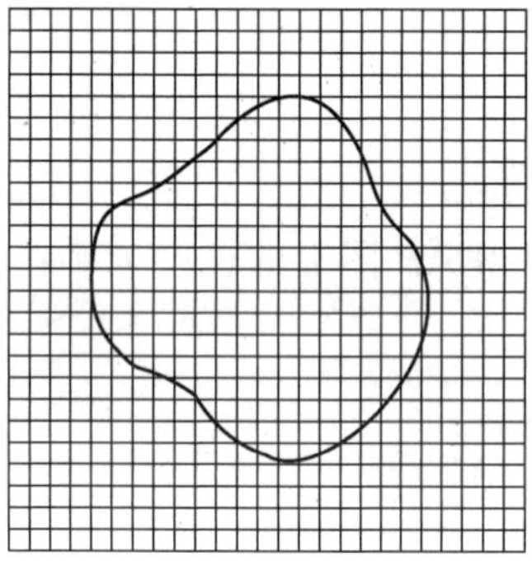

图 7 - 16 透明方格纸法

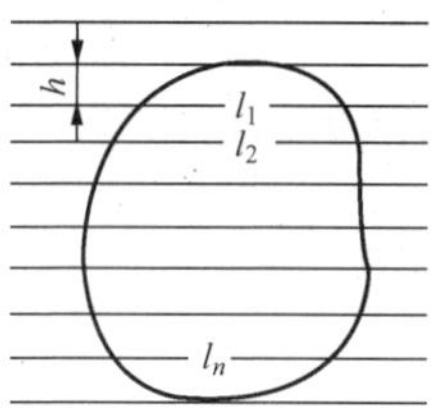

图 7 - 17 平行线法

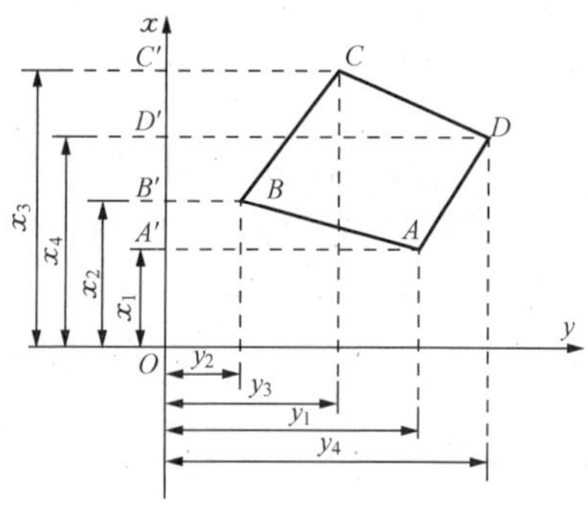

图 7 - 18 坐标解析法

3. 解析法

如果图形为任意多边形，且各顶点的坐标已在图上量出或已在实地测定，可利用各点坐标以解析法计算面积。此法测定面积的精度高，且计算简便。

如图 7 - 18 所示，欲求任意四边形 $ABCD$ 的面积，各顶点编号按顺时针编为 A、B、C、D。可以看出，面积 $ABCD$（A）等于面积 $C'CDD'$（A_1）加面积 $D'DAA'$（A_2）再减去面积 $C'CBB'$（A_3）和面积 $B'BAA'$（A_4），即

$$A = A_1 + A_2 - A_3 - A_4$$

式中 A——该四边形的面积。

设 A、B、C、D 各顶点的坐标为（x_1，y_1）、（x_2，y_2）、（x_3，y_3）、（x_4，y_4），则：

$2A = (y_3+y_4)(x_3-x_4)+(y_4+y_1)(x_4-x_1)-(y_3+y_2)(x_3-x_2)-(y_2+y_1)(x_2-x_1) = x_1(y_2-y_4)+x_2(y_3-y_1)+x_3(y_4-y_2)+x_4(y_1-y_3)$

若图形有 n 个顶点，则上式可扩展为

$$2A = x_1(y_2-y_4)+x_2(y_3-y_1)+x_3(y_4-y_2)+\cdots+x_n(y_1-y_{n-1})$$

即

$$A=\frac{1}{2}\sum_{i=1}^{n}x_i(y_{i+1}-y_{i-1}) \tag{7-12}$$

注意，当 $i=1$ 时 y_{i-1} 用 y_n。上式是将各顶点投影于 x 轴算得的。若将各顶点投影于 y 轴，同法可推出

$$A=\frac{1}{2}\sum_{i=1}^{n}y_i(x_{i-1}-x_{i+1}) \tag{7-13}$$

注意：当 $i=1$ 时式中 x_{i-1} 用 x_n。

式（7-12）和式（7-13）可以互为计算检核。

4. 几何图形法

若图形是由直线连接的多边形，则可将图形划分为若干种简单的几何图形，如图 7-19 中的三角形、矩形、梯形等。然后用比例尺量取计算时所需的元素（长、宽、高），应用面积计算公式求出各个简单几何图形的面积，再汇总出多边形的面积。

图形面积如为曲线时，可以近似地用直线连接成多边形。再将多边形划分为若干种简单几何图形进行面积计算。

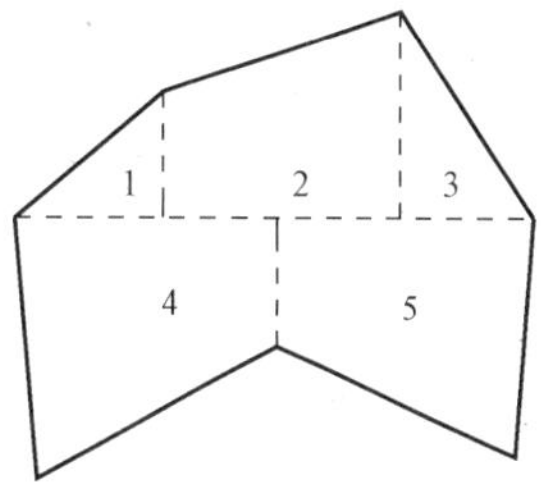

图 7-19　几何图形法

当用几何图形法量算线状地物面积时，可将线状地物看作长方形，用分规量出其总长度，乘以实量宽度，即可得线状地物面积。

将多边形划分为简单几何图形时，需要注意以下几点：

（1）将多边形划分为三角形，面积量算的精度最高，其次为梯形、长方形。

（2）划分为三角形以外的几何图形时，尽量使它的图形个数最少，线段最长，以减小误差。

（3）划分几何图形时，尽量使底与高之比接近 1∶1（使梯形的中位线接近于高）。

（4）如图形的某些线段有实量数据，则应首先利用实量数据。

（5）为了进行校核和提高面积量算的精度，要求对同一几何图形，量取两组面积计算要素，量算两次面积，两次量算结果在容许范围内（表 7-5），方可取其平均值。

表 7-5　两次量算面积之较差的容许范围

图上面积/mm²	相对误差
＜100	≤1/30
100～400	≤1/50
400～1000	≤1/100
1000～3000	≤1/150
3000～5000	≤1/200
＞5000	≤1/250

5. 求积仪法

求积仪是一种专门供图上量算面积的仪器，其优点是操作简便、速度快、适用于任意曲线图形的面积量算，且能保证一定的精度。

图 7-20 所示，该仪器是日本索佳生产的 KP—90N 脉冲式数字求积仪。它由动极轴、电子计算器和跟踪臂三部分组成。动极轴两边为滚轮，可在垂直于动极轴的方向上滚动。计算器与动极轴之间由活动枢纽连接，使计算器能绕枢纽旋转。跟踪臂与计算器固连在一起，右端是描迹镜，用以走描图形的边界。借助动极轴的滚动和跟踪臂的旋转，可使描迹镜沿图形边缘运动。仪器底面有一积分轮，它随描迹镜的移动而转动，并获得一种模拟量。微型编码器也在底面，它将积分轮所得模拟量转换成电量，测得的数据经专用电子计算器运算后，

直接按 8 位数在显示器上显示出面积值。

使用数字求积仪进行面积测量时，先将欲测面积的地形图水平放置，并试放仪器在图形轮廓的中间偏左处，使跟踪臂的描迹镜上下移动时，能达到图形轮廓线的上下顶点，并使动极轴与跟踪臂大致垂直，然后在图形轮廓线上标记起点，如图 7－21 所示。测量时，先打开电源开关，用手握住跟踪臂描迹镜，使描迹镜中心点对准起点，按下 STAR 键后沿图形轮廓线顺时针方向移动，准确地跟踪一周后回到起点，再按 AVER 键，则显示器显示出所测量图形的面积值。若想得到实际面积值，测量前可选择 m^2 或 km^2，并将比例尺分母输入计算器，当测量一周回到起点时，可得所测图形的实际面积。

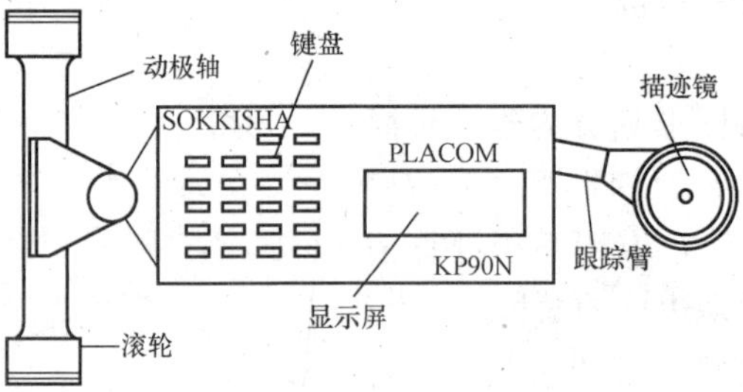

图 7－20　求积仪示意图

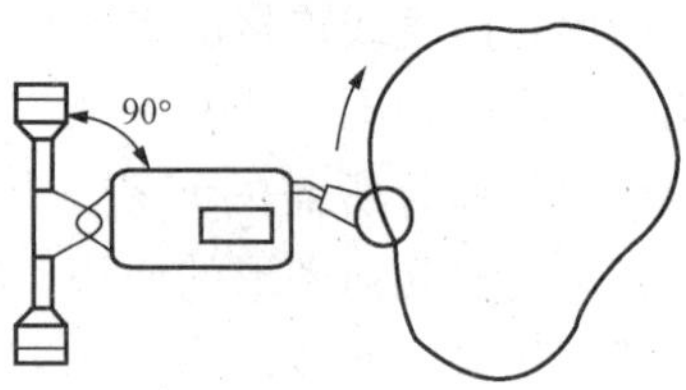

图 7－21　求积仪工作原理图

有关数字求积仪的具体操作方法和其他功能，可参阅其使用说明书。

二、在地形图上按限制坡度选择最短线路

在道路、管线，渠道等工程规划设计时，常常有坡度要求，即要求线路在不超过某一限制坡度的条件下，选择一条最短路线或等坡度线。其基本作法如下。

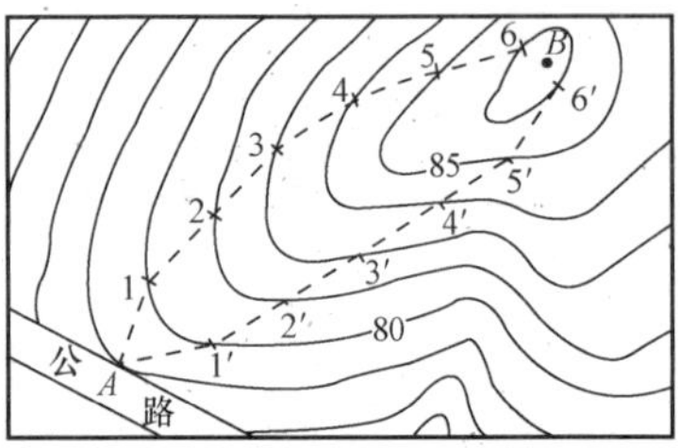

图 7－22　选线示意图

如图 7－22 所示，设从公路旁 A 点到高地 B 点要选择一条公路线，要求其坡度不大于 5%（限制坡度）。设计用的地形图比例尺为 1∶2000，等高距为 1m。为了满足限制坡度的要求，根据式（7－9）计算出该路线经过相邻等高线之间的最小水平距离 d 为

$$d=\frac{h}{i \cdot M}=\frac{1}{0.05\times 2000}=0.01(\mathrm{m})=1(\mathrm{cm})$$

于是，以 A 点为圆心，以 d 为半径画弧交 81m 等高线于点 1，再以点 1 为圆心，以 d 为半径画弧，交 82m 等高线于点 2，依此类推，直到 B 点附近为止。然后连接 A，1，2，…，B，便在图上得到符合限制坡度的路线。这只是 A 到 B 的路线之一，为了便于选线比较，还需另选一条路线，如 A，$1'$，$2'$，…，B。同时考虑其他因素，如少占或不占农田，建筑费用最少，避开不良地质等进行修改，以便确定路线的最佳方案。

如遇等高线之间的平距大于 1cm，以 1cm 为半径的圆弧将不会与等高线相交。这说明坡度小于限制坡度。在这种情况下，路线方向可按最短距离绘出。

三、沿指定方向绘制纵断面图

纵断面图是显示沿指定方向地球表面起伏变化的剖面图。在各种线路工程设计中，为了进行填挖土（石）方量的概算，以及合理地确定线路的纵坡等，都需要了解沿线路方向的地面起伏情况，而利用地形图绘制沿指定方向的纵断面图最为简便，因而得到广泛应用。

如图 7－23（a）所示，欲沿地形图上 MN 方向绘制断面图，可首先在绘图纸或方格纸

上绘制 MN 水平线，如图 7-23（b）所示，过 M 点作 MN 的垂线作为高程轴线。然后在地形图上用卡规自 M 点分别卡出 M 点至 1，2，3，…，N 各点（MN 依次与各等高线的交点）的水平距离，并分别在图 7-23 上自 M 点沿 MN 方向截出相应的 1，2，…，N 等点（必要时也可以按重新选定比例尺截出各点）。再在地形图上读取各点的高程，按高程比例尺向上作垂线。最后，用光滑的曲线将各高程线顶点连接起来，即得 MN 方向的纵断面图。

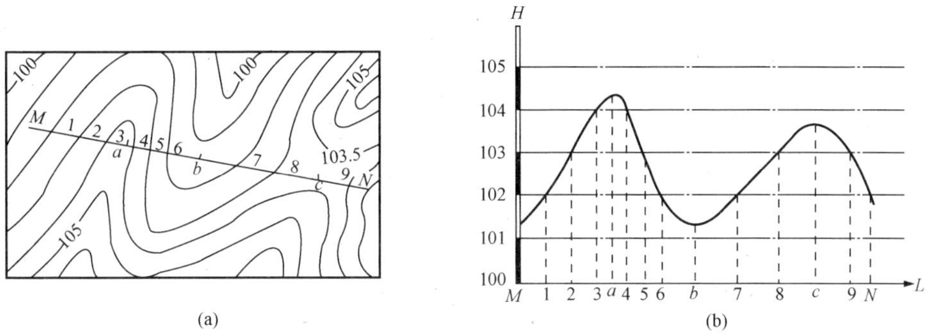

图 7-23　纵断面图绘制示意图

应注意以下几点：

（1）断面过山脊、山顶或山谷等处高程变化点的高程（如 a、b、c 等点），可用比例内插法求得。

（2）绘制纵断面图时，为了使地面的起伏变化更加明显，高程比例尺一般比水平距离比例尺大 10～20 倍。如图 7-23 的水平比例尺是 1∶2000，高程比例尺为 1∶200。

（3）高程起始值要选择恰当，使绘出的断面图位置适中。

四、在地形图上确定经过某处的汇水面积

在实际工作中，修筑道路时有时要跨越河流或山谷，这时就必须建桥梁或涵洞；兴修水库必须筑坝拦水。而桥梁、涵洞孔径的大小，水坝的设计位置与坝高，水库的蓄水量等，都要根据汇集于这个地区的水流量来确定。汇集水流量的面积称为汇水面积。

由于雨水是沿山脊线（分水线）向两侧山坡分流，所以汇水面积的边界线是由一系列的山脊线连接而成的。如图 7-24 所示，一条公路经过山谷，拟在 M 处架桥或修涵洞，其孔径大小应根据流经该处的流水量决定，而流水量又与山谷的汇水面积有关。从图上可以看出，由山脊线 b—c—d—e—f—g—a 所围成闭合图形就是 M 上游的汇水范围的边界线，量测该汇水范围的面积，再结合气象水文资料，便可进一步确定流经公路 M 处的水量，从而对桥梁或涵洞的孔径设计提供依据。

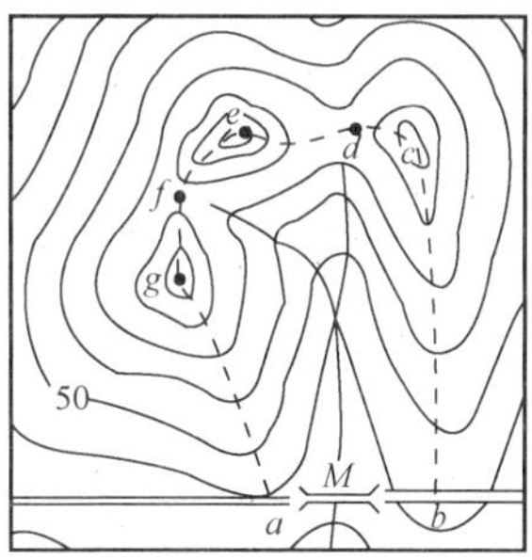

图 7-24　汇水面积示意图

确定汇水面积的边界线时，应注意以下几点：

（1）边界线（除公路 ab 段外）应与山脊线一致，且与等高线垂直。

（2）边界线是经过一系列的山脊线、山头和鞍部的曲线，并与河谷的指定断面（公路或水坝的中心线）闭合。

五、在地形图上进行场地平整测量

在各种工程建设中，除对建筑物要作合理的平面布置外，往往还要对原地貌作必要的改造，以便适于布置各类建筑物，排除地面水以及满足交通运输和敷设地下管线等。这种地貌

改造称之为平整土地。

在平整土地工作中，常需预算土、石方的工程量，即利用地形图进行填挖土（石）方量的概算，或通过计算土石方工程量，使填挖土石方基本平衡。在地形图上进行场地平整测量方法有多种，其中方格法（或设计等高线法）是应用最广泛的一种。

下面分两种情况介绍该方法。

1. 要求平整成水平场地

如图 7-25 所示，该图为一幅 1∶1000 比例尺的地形图，假设要求将原地貌按挖填土方量平衡的原则改造成平面，其步骤如下：

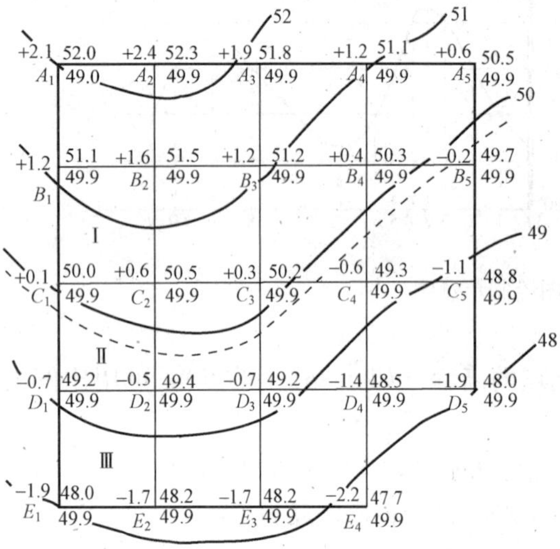

图 7-25 整理成水平场地

（1）在地形图上绘方格网 在地形图上拟建场地内绘制方格网。方格网的大小取决于地形复杂程度、地形图比例尺大小以及土方概算的精度要求，一般方格的边长为 10m 或 20m 为宜，图 7-25 中方格边长为 20m。方格的方向尽量与边界方向、主要建筑物方向或施工坐标方向一致。然后给各方格点编号，并将各方格点的点号注于方格点的左下角，如图中的 A_1，A_2，…，E_3，E_4 等。

（2）求各方格网点的地面高程 根据地形图上的等高线，用内插法求出每一方格网点的地面高程，并注记在相应方格点的右上方，如图 7-25 所示。

（3）计算设计高程 用加权平均法计算出原地形的平均高程，即为将场地平整成水平面时使填挖土（石）方量保持平衡的设计高程。具体方法如下：

先将每一方格顶点的高程加起来除以 4，得到各方格的平均高程，再把每个方格的平均高程相加除以方格总数，就得到设计高程 $H_{设}$，即

$$H_{设}=\frac{H_1+H_2+\cdots+H_n}{n} \tag{7-14}$$

式中 H_n——每一方格的平均高程；

n——方格总数。

从设计高程 $H_{设}$ 的计算方法和图 7-25 可以看出：方格网的角点 A_1、A_5，D_5、E_4、E_1 的高程只用了一次，边点 A_2，A_3、A_4、B_1、B_5、C_1、C_5、D_1、E_2、E_3 等点的高程用了两次，拐点 D_4 的高程用了三次，而中间点 B_2、B_3、B_4、C_2、C_3、C_4、D_2、D_3 等点的高程都用了四次，若以各方格点对 $H_{设}$ 的影响大小（实际上就是各方格点控制面积的大小）作为“权”的标准，如把用过 i 次的点的权定为 i，则设计高程的计算公式可写为

$$H_{设}=\frac{\sum P_iH_i}{\sum P_i} \tag{7-15}$$

式中 P_i——相应各方格点 i 的权。

现将图 7-25 各方格点的地面高程代入式（7-12），即可计算出设计高程为：$H_{设}=49.9\text{m}$。并注于各方格点的右下角。

（4）计算各方格点挖、填数值　根据设计高程和各方格顶点的高程，可以计算出每一方格顶点的挖、填高度，即

$$\text{挖、填高度} = \text{地面高程} - \text{设计高程} \tag{7-16}$$

将图中各方格顶点的挖、填高度写于相应方格顶点的左上方，如+2.1、−0.7 等。正号为挖深，负号为填高。

（5）确定填挖边界线　在地形图上根据等高线，用目估法内插出高程为 49.9m 的高程点，即填挖边界点，称为零点。连接相邻零点的曲线（图 7-25 中虚线），称为填挖边界线。在填挖边界线一边为填方区域，另一边为挖方区域。零点和填挖边界线是计算土方量和施工的依据。

（6）计算填、挖土（石）方量　计算填、挖土（石）方量有两种情况：一种是整个方格全填（或挖）方，如图中方格Ⅰ、Ⅲ；另一种是既有挖方，又有填方的方格，如图 7-25 中的Ⅱ。

现以方格Ⅰ、Ⅱ、Ⅲ为例，说明计算方法：

方格Ⅰ全为挖方，则

$$V_{1\text{挖}} = \frac{1}{4}(1.2+1.6+0.1+0.6)\times A_{1\text{挖}} = +0.875A_{1\text{挖}}$$

方格Ⅱ既有挖方，又有填方，则

$$V_{2\text{挖}} = \frac{1}{4}(0.1+0.6+0+0)\times A_{2\text{挖}} = +0.175A_{2\text{挖}}$$

$$V_{2\text{填}} = \frac{1}{4}(0+0-0.7-0.5)\times A_{2\text{填}} = -0.3A_{2\text{填}}$$

方格Ⅲ全为填方，则

$$V_{3\text{填}} = \frac{1}{4}(-0.7-0.5-1.9-1.7)\times A_{3\text{填}} = -1.2A_{3\text{填}} \tag{7-17}$$

式中　$A_{1\text{挖}}$、$A_{2\text{挖}}$、$A_{2\text{填}}$、$A_{3\text{填}}$——方格Ⅰ、Ⅱ、Ⅲ中相应的填挖面积，m^3。

又如图 7-26 所示，设每一方格面积为 $400m^2$，计算的设计高程是 25.2m，每一方格的挖深或填高数据已分别按式（7-13）计算出，并已注记在相应方格顶点的左上方。于是，可按式（7-17）列表（表 7-6）分别计算出挖方量和填方量。从计算结果可以看出，挖方量和填方量基本是相等的，满足“挖、填平衡”的要求。

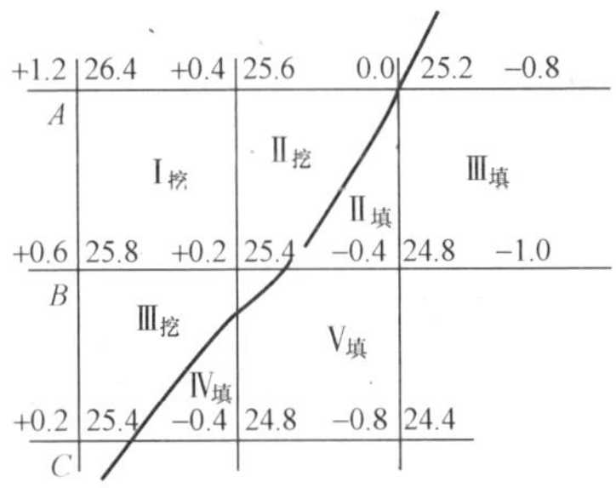

图 7-26　方格法估算土方

表 7-6　　土 方 量 计 算 表

方格序号	挖填数值/m	所占面积/m^2	挖方量/m^3	填方量/m^3
Ⅰ挖	+1.2、+0.4、+0.6、+0.2	400	240	
Ⅱ挖	+0.4、0、+0.2、0	266.7	40	
Ⅱ填	0、0、−0.4	133.3		18
Ⅲ填	0、−0.4、−0.4、−1.0	400		180
Ⅳ挖	+0.6、+0.2、+0.2、0、0	311.1	62	
Ⅳ填	−0.4、0、0	88.9		12
Ⅴ挖	+0.2、0、0	22.2	2	
Ⅴ填	0、0、−0.4、−0.4、−0.8	377.8		121
			Σ：344	Σ：331

2. 设计成一定坡度的倾斜场地

如图 7 - 27 所示，根据原地形情况，欲将方格网范围内平整为倾斜场地，设计要求：倾斜面的坡度，从北到南的坡度为－2%，从西到东的坡度为－1.5%；倾斜平面的设计高程应填、挖土（石）方量基本平衡。其设计步骤如下：

（1）绘制方格网，并求出各方格点的地面高　与设计成水平场地同法绘制方格网，并将各方格点的地面高程注于图上。图 7 - 27 中方格边长为 20m。

（2）计算各方格网点的设计高程　根据填挖土（石）方量平衡，按式（7 - 15）计算整个场地几何图形重心点（图中 G 点）的高程为设计高程。用图 7 - 27 中数据计算 $H_{设}$ ＝80.26m。

重心点及设计高程确定以后，根据方格点间距和设计坡度，自重心点起沿方格方向，向四周推算各方格点的设计高程。在图 7 - 27 中有

$$南北两方格点间设计高差 = 20 \times 2\% = 0.4(m)$$
$$东西两方格点间设计高差 = 20 \times 1.5\% = 0.3(m)$$

重心点 G 的设计高程为 80.26m，其北 B_3 点的设计高程为 80.26＋0.2＝80.46（m），A_3 点的设计高程为 80.46＋0.4＝80.86（m）；其南 C_3 点的设计高程为 80.26－0.2＝80.06（m），D_3 点的设计高程为 80.06－0.4＝79.66（m）。同理可推得其余各方格点设计高程。将设计高程注于方格点的右下角，并进行计算校核：

1）从一个角点起沿边界逐点推算一周后回到起点，设计高程应该闭合。

2）对角线各点设计高程的差值应完全一致。

（3）计算方格点填、挖数值　根据图 7 - 27 中地面高程与设计高程值，按式（7 - 17）计算各方格点填、挖数值，并注于相应点的左上角。

（4）计算填、挖方量　根据方格点的填、挖数，可按上述方法，确定填挖边界线，并分别计算各方格内的填、挖方量及整个场地的总填、挖方量。

3. 要求按设计等高线整理成倾斜面

将原地形改造成某一坡度的倾斜面，一般可根据填、挖平衡的原则，绘出设计倾斜面的等高线。但是有时要求所设计的倾斜面必须包含不能改动的某些高程点（称为设计倾斜面的控制高程点）。例如，已有道路的中线高程点，永久性或大型建筑物的外墙地坪高程等。如图 7 - 28 所示，设 a、b、c 三点为控制高程点，其地面高程分别为 54.6m、51.3m 和 53.7m。要求将原地形改造成通过 a、b、c 三点的倾斜面，其步骤如下：

（1）确定设计等高线的平距　过 a，b 两点作直线，用比例内插法在 ab 线上求出高程为 54m、53m、52m 等各点的位置，也就是设计等高线应经过 ab 线上的相应位置，如 d、e、f、g 等点。

（2）确定设计等高线的方向　在 ab 直线上求出一点 k，使其高程等于 c 点的高程（53.7m）。过 kc 连一线，则 kc 方向就是设计等高线的方向。

（3）插绘设计倾斜面的等高线　过 d、e、f、g 等各点作 kc 的平行线（图中的虚线），即为设计倾斜面的等高线。过设计等高线和原同高程的等高线交点的连线，如图 7 - 28 中连接 1、2、3、4、5 等点，就可得到挖、填边界线。图中绘有短线的一侧为填土区，另一侧为挖土区。

（4）计算挖、填土方量　与前一方法相同，首先在图上绘方格网，并确定各方格顶点的

挖深和填高量。不同之处是各方格顶点的设计高程是根据设计等高线内插求得的，并注记在方格顶点的右下方。其填高和挖深量仍记在各顶点的左上方。挖方量和填方量的计算和前一方法相同。

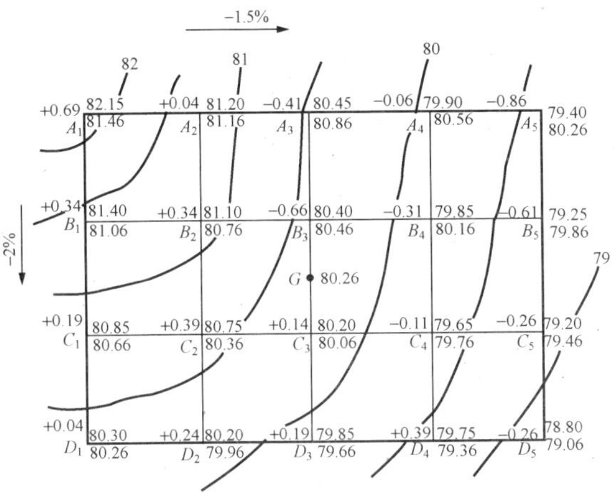

图 7 - 27　整理成一定坡度的倾斜场地

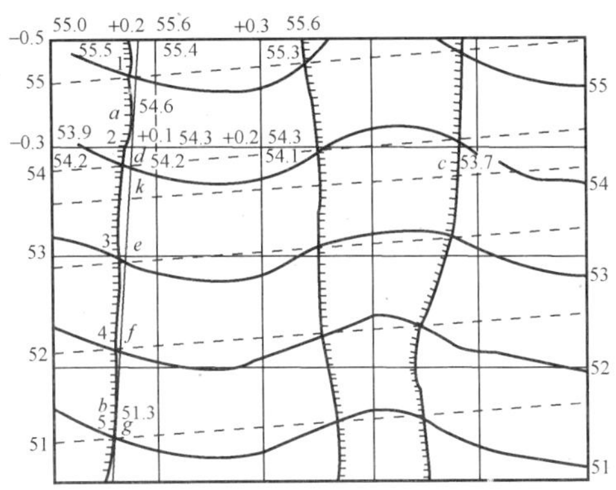

图 7 - 28　整理成倾斜面

任务六　数字地形图的应用

数字化测图（Digital Surveying and Mapping，简称 DSM）是以电子计算机为核心，以测绘仪器和打印机等输入、输出设备为硬件，在测绘软件的支持下，对地形空间数据进行采集、传输、编辑处理、入库管理和成图输出的一整套过程。

利用测绘仪器在野外进行数字化地形数据采集，并机助绘制数字地形图的工作，简称为数字测图。数字测图主要有以下特点：

（1）自动化程度高。自动记录存储，直接传输给计算机进行数据处理、绘图，由计算机建立数据和图形数据库，生成数字地图，便于成果应用和信息管理。

（2）精度高。精度取决于对地物和地貌点的野外数据采集的精度。

（3）使用方便。测量成果的精度均匀一致，与绘图比例尺无关，分层绘制，实现了一测多用，同时便于地形图的检查、修测和更新。

随着科学技术水平的进一步发展，地面数字测图系统发展为更自动化的模式，主要有以下几种：

（1）全站仪自动跟踪测量模式。测站上安置自动跟踪式全站仪，棱镜站则有司镜员和电子平板操作员（或由一人兼担）。

（2）GPS 测量模式。近几年发展起来的 GPS 载波相位差分技术，又称 RTK（Real Time Kinematic)，即实时动态定位，能够实时给出厘米级的定位结果。

在 RTK 作业模式中，若与电子平板测图系统连接，就可现场实时成图，避免了测后返工问题。

随着 RTK 技术的不断发展和系列化产品的不断出现，一些更轻便、更廉价的 RTK 模式的 GPS 接收机正在不断地推向市场。现在有一些厂家还生产出了用于地形测量的 GPS 产品，称为 GPS Total Station（GPS 全站仪）。

数字地图是纸制的地图的数字存在和数字表现形式，是在一定坐标系统内具有确定的坐标和属性的地面要素和现象的离散数据，在计算机可识别的可存储介质上概括的、有序的集合。

随着计算机技术和数字化测绘技术的迅速发展，数字地图与传统地图相比有诸多优点（载体不同，管理与维护不同），因此，数字地形图广泛地应用于国民经济建设、国防建设和科学研究等各个方面。

在数字化成图软件环境下，利用数字地形图可以非常方便地获取各种地形信息，如量测各个点的坐标，量测点与点之间的水平距离，量测直线的方位角、确定点的高差和计算两点间坡度等，而且查询速度快，精度高。

下面主要以 CASS7.0 软件为例介绍数字地形图的应用，主要内容包括：①基本几何要素的查询；②土方量的计算；③断面图的绘制。

一、基本几何要素的查询

主要介绍如何查询指定点坐标，查询两点距离及方位，查询线长，查询实体面积，计算表面积。

1. 查询指定点坐标

用鼠标点取“工程应用”菜单中的“查询指定点坐标”，用鼠标点取所要查询的点即可。

2. 查询两点距离及方位

用鼠标点取“工程应用”菜单下的“查询两点距离及方位”，用鼠标分别点取所要查询的两点即可。

注意：显示的两点间的距离为实地距离。

3. 查询线长

用鼠标点取“工程应用”菜单下的“查询线长”，用鼠标点取图上曲线即可。

4. 查询实体面积

用鼠标点取待查询的实体的边界线即可，要注意实体应该是闭合的。

5. 计算表面积

通过 DTM 建模，在三维空间内将高程点连接为带坡度的三角形，再通过每个三角形面积累加得到整个范围内不规则地貌的面积。如图 7-29 所示，要计算矩形范围内地貌的表面积。图 7-30 所示为建模计算表面积的结果。

二、土方量的计算

1. DTM 法土方量计算

由 DTM 模型来计算土方量是根据实地测定的地面点坐标（X，Y，Z）和设计高程，通过生成三角网来计算每一个三棱锥的填挖方量，最后累计得到指定范围内填方和挖方的土方量，并绘出填挖方分界线。DTM 法土方计算有三种方法：①根据坐标数据文件计算；②根据图上高程点进行计算；③根据图上的三角网进行计算。

（1）根据坐标计算。步骤如下：

1）用复合线画出所要计算土方的区域，一定要闭合，但是尽量不要拟合。

2）鼠标点取“工程应用/DTM 法土方计算/根据坐标文件”。

3）提示：“选择边界线”，用鼠标点取所画的闭合复合线弹出如图 7-31 所示 DTM 土方

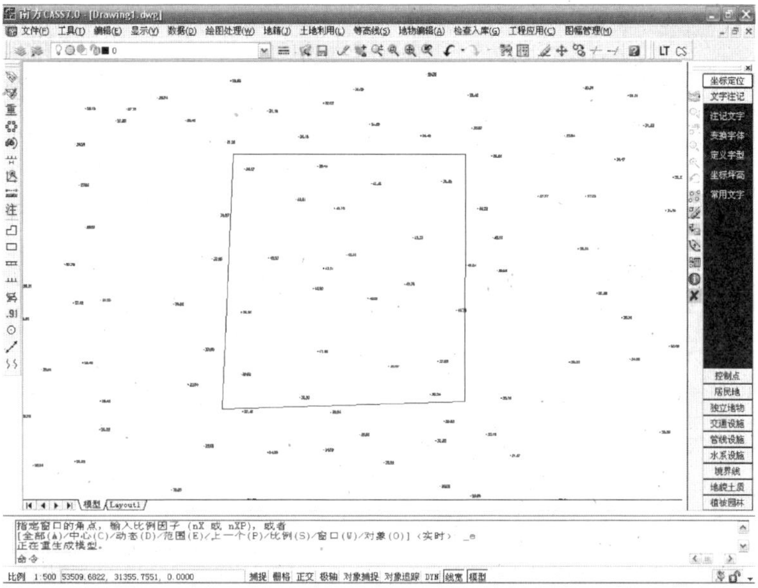

图 7-29　选定计算区域

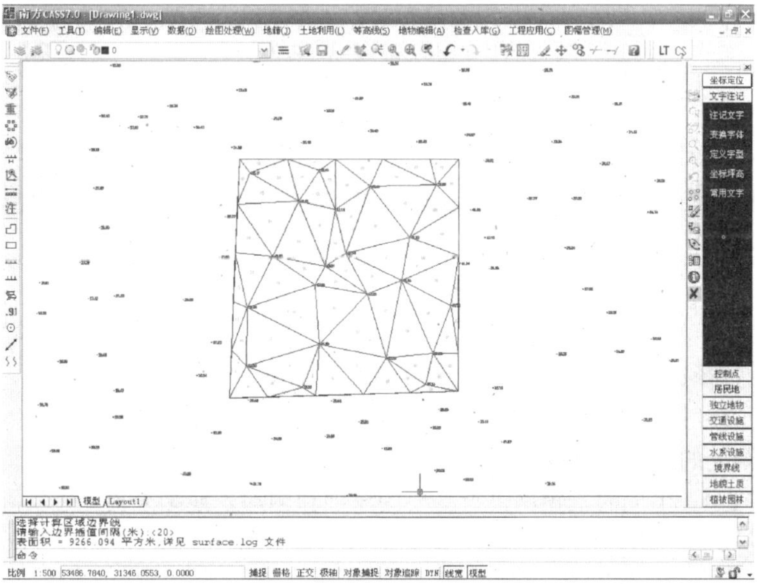

图 7-30　表面积计算结果

计算参数设置对话框。

区域面积：该值为复合线围成的多边形的水平投影面积。

平场标高：指设计要达到的目标高程。

边界采样间隔：边界插值间隔的设定，默认值为 20m。

4）设置好计算参数后屏幕上显示填挖方的提示框，命令行显示：

挖方量＝××××立方米，填方量＝××××立方米

同时图上绘出所分析的三角网、填挖方的分界线（白色线条），如图 7-32 所示。

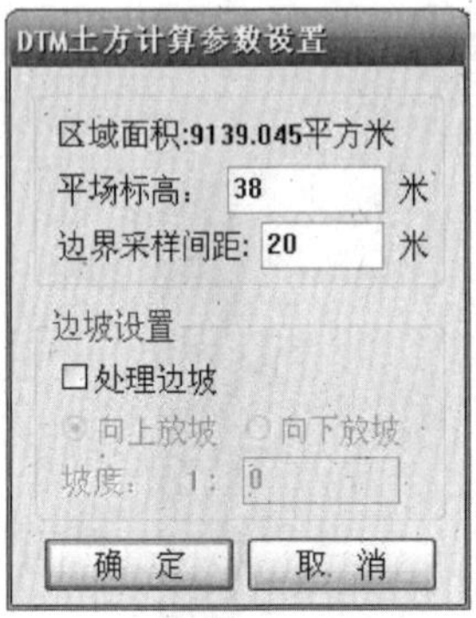

图 7-31 DTM 土方计算参数设置

5）关闭对话框后系统提示如下：

请指定表格左下角位置：（直接回车不绘表格）用鼠标在图上适当位置点击，CASS 7.0 会在该处绘出一个表格，包含平场面积、最大高程、最小高程、平场标高、填方量、挖方量和图形，如图 7-33 所示。

（2）根据图上高程点计算。步骤如下：

1）先要展绘高程点，然后用复合线画出所要计算土方的区域，要求同 DTM 法。

2）鼠标点取“工程应用”菜单下“DTM 法土方计算”子菜单中的“根据图上高程点计算”。

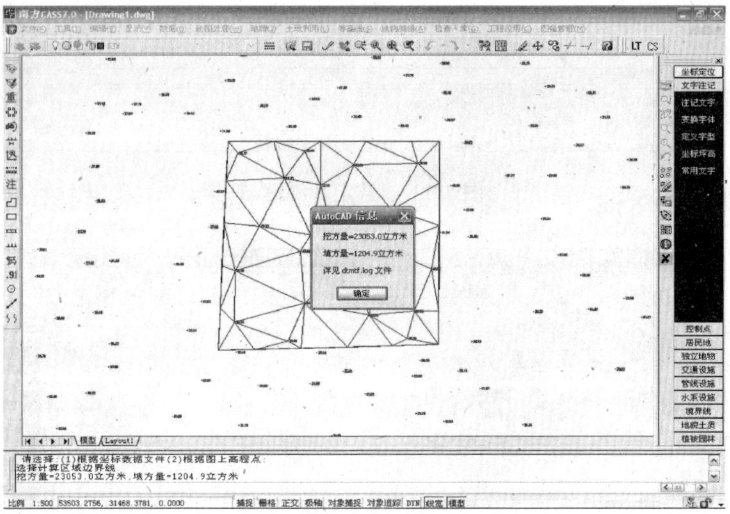

图 7-32 填挖方提示框

3）提示：选择边界线用鼠标点取所画的闭合复合线。

4）弹出土方计算参数设置对话框，以下操作与坐标计算法一样。

（3）根据图上的三角网计算。

1）建立 DTM，生成的三角网进行必要的添加和删除，使结果更接近实际地形。

2）鼠标点取“工程应用”菜单下“DTM 法土方计算”子菜单中的“依图上三角网计算”。

3）提示：平场标高（米）：输入平整的目标高程。

请在图上选取三角网：用鼠标在图上选取三角形，可以逐个选取也可拉框批量选取。回车后屏幕上显示填挖方的提示框，同时图上绘出所分析的三角网、填挖方的分界线（白色线条）。

注意：用此方法计算土方量时不要求给定区域边界，因为系统会分析所有被选取的三角形，因此在选择三角形时一定要注意不要漏选或多选，否则计算结果有误，且很难检查出问题所在。

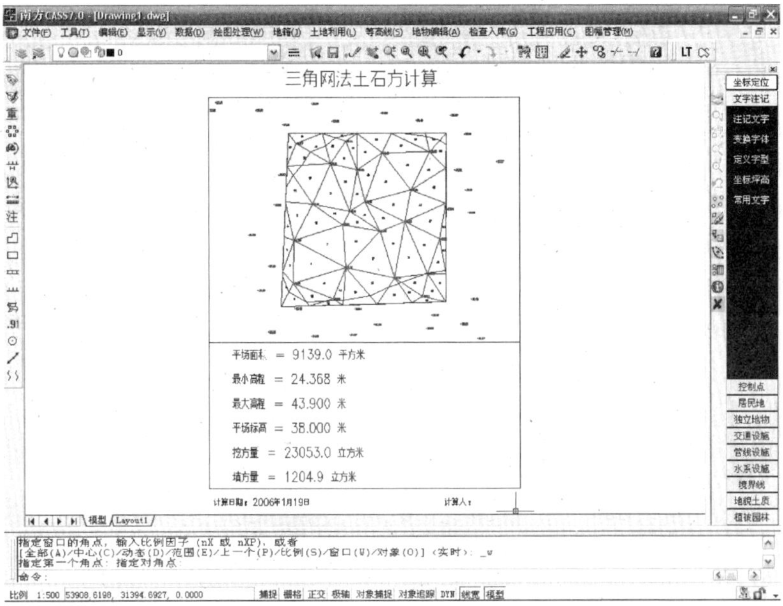

图 7-33　系统提示结果

2. 方格网法土方计算

由方格网来计算土方量是根据实地测定的地面点坐标（X，Y，Z）和设计高程，通过生成方格网来计算每一个方格内的填挖方量，最后累计得到指定范围内填方和挖方的土方量，并绘出填挖方分界线。

系统首先将方格的四个角上的高程相加（如果角上没有高程点，通过周围高程点内插得出其高程），取平均值与设计高程相减。然后通过指定的方格边长得到每个方格的面积，再用长方体的体积计算公式得到填挖方量。方格网法简便直观，易于操作，因此这一方法在实际工作中应用非常广泛。

用方格网法算土方量，设计面可以是平面，也可以是斜面，还可以是三角网，如图 7-34所示。

（1）设计面是平面时的操作步骤。

1）展野外观测点点号，用复合线画出所要计算土方的区域，一定要闭合，但是尽量不要拟合。

2）选择“工程应用/方格网法土方计算”命令。命令行提示：“选择计算区域边界线”；选择土方计算区域的边界线（闭合复合线）。

3）屏幕上将弹出如图 7-34 所示方格网土方计算对话框，在对话框中选择所需的坐标文件；在“设计面”栏选择“平面”，并输入目标高程；在“方格宽度”栏，输入方格网的宽度，这是每个方格的边长，默认值为 20m。由原理可知，方格的宽度越小，计算精度越高。但如果给的值太小，超过了野外采集的点的密度也是没有实际意义的。

4）点击“确定”，命令行提示如下：

总填方=××××.×立方米，总挖方=×××.×立方米

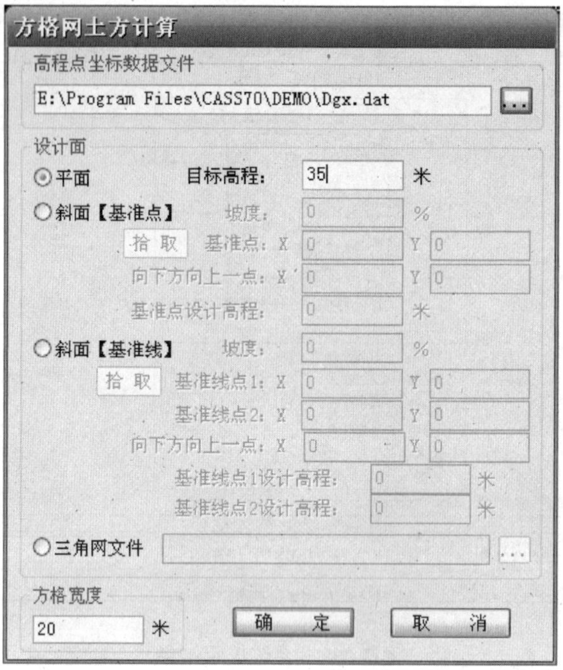

图 7 - 34　方格网土方计算对话框

同时图上绘出所分析的方格网，填挖方的分界线（绿色折线），并给出每个方格的填挖方，每行的挖方和每列的填方，结果如图 7 - 35 所示。

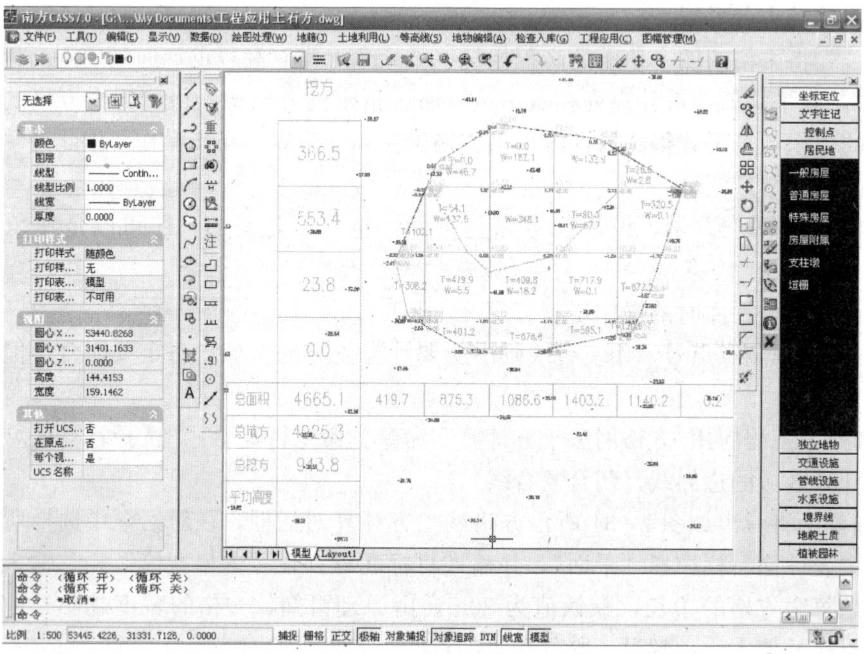

图 7 - 35　方格网法土方计算成果图

（2）设计面是斜面时的操作步骤。

设计面是斜面的时候，操作步骤与平面的时候基本相同，区别在于在方格网土方计算对话框中“设计面”栏中，选择“斜面【基准点】”或“斜面【基准线】”。

1）如果设计的面是斜面（基准点），需要确定坡度、基准点和向下方向上一点的坐标，以及基准点的设计高程。

展野外观测点点号，用复合线画出所要计算土方的区域，一定要闭合，但是尽量不要拟合。点击“拾取”，命令行提示：

选择土方计算边界线：用鼠标点取所画的闭合复合线；

点取设计面基准点：确定设计面的基准点；

指定斜坡设计面向下的方向：点取斜坡设计面向下的方向。

2）如果设计的面是斜面（基准线），需要输入坡度并点取基准线上的两个点以及基准线向下方向上的一点，最后输入基准线上两个点的设计高程即可进行计算。

点击“拾取”，命令行提示：

点取基准线第一点：点取基准线的一点；

点取基准线第二点：点取基准线的另一点；

指定设计高程低于基准线方向上的一点：指定基准线方向两侧低的一边；

方格网计算的成果如图 7-35 所示。

3. 等高线法土方计算

用户将白纸图扫描矢量化后可以得到图形，但这样的图没有高程数据文件，所以无法用前面的几种方法计算土方量。一般来说，这些图上都会有等高线，所以，CASS7.0 开发了由等高线计算土方量的功能，专为这类缺少高程数据文件的用户设计的。

用此功能可计算任两条等高线之间的土方量，但所选等高线必须闭合。由于两条等高线所围面积可求，两条等高线之间的高差已知，可求出这两条等高线之间的土方量。

（1）点取“工程应用”下的“等高线法土方计算”。

（2）屏幕提示：选择参与计算的封闭等高线，可逐个点取参与计算的等高线，也可按住鼠标左键拖框选取，但只有封闭的等高线才有效。

（3）回车后屏幕提示：输入最高点高程：〈直接回车不考虑最高点〉。

（4）回车后屏幕弹出如图 7-36 所示总方量消息框。

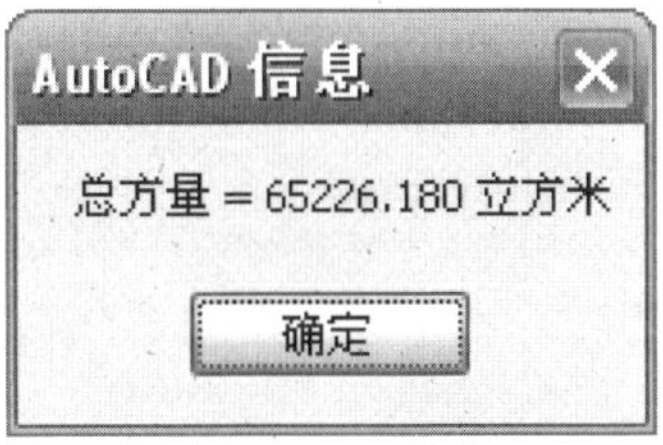

图 7-36　等高线法土方计算总方量消息框

（5）回车后屏幕提示：请指定表格左上角位置：〈直接回车不绘制表格〉在图上空白区域点击鼠标右键，系统将在该点绘出计算成果表格，如图 7-37所示。

三、断面图的绘制

绘制断面图的方法有 4 种：①由图面生成；②根据里程文件；③根据等高线；④根据三角网。

1. 由图面生成断面图

（1）由坐标文件生成。坐标文件指野外观测得到的包含高程点文件，方法如下：

1）用复合线生成断面线，点取“工程应用/绘断面图/根据已知坐标”功能。

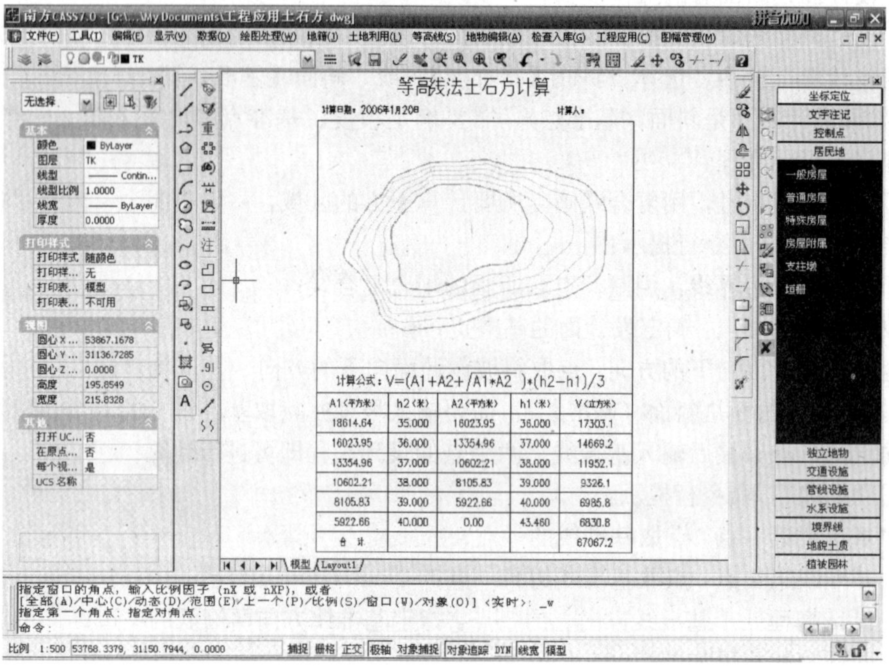

图 7-37 等高线法土方计算

2）提示：选择断面线，用鼠标点取上步所绘断面线。屏幕上弹出“断面线上取值”的对话框，如图 7-38 所示。如果“选择已知坐标获取方式”栏中选择“由数据文件生成”，则在“坐标数据文件名”栏中选择高程点数据文件。

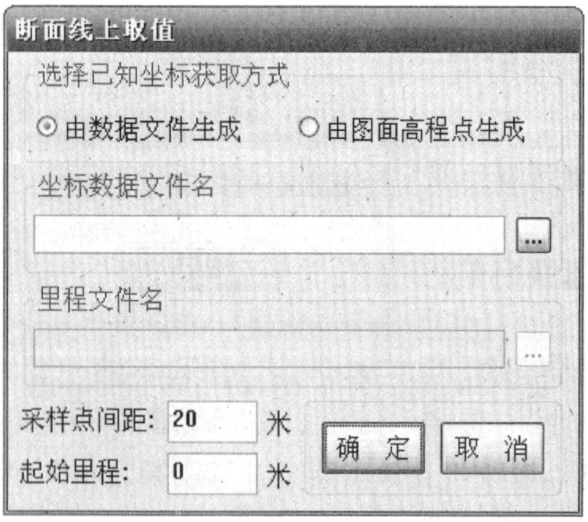

图 7-38 根据已知坐标绘断面图

3）输入采样点间距：输入采样点的间距，系统的默认值为 20m。采样点间距的含义是复合线上两顶点之间若大于此间距，则每隔此间距内插一个点。

4）输入起始里程〈0.0〉，系统默认起始里程为 0。

5）点击“确定”之后，屏幕弹出绘制纵断面图对话框，如图 7-39 所示。

输入相关参数，如：

横向比例为 1∶〈500〉输入横向比例，系统的默认值为 1∶500。

纵向比例为 1∶〈100〉输入纵向比例，系统的默认值为 1∶100。

断面图位置：可以手工输入，也可在图面上拾取。

可以选择是否绘制平面图、标尺、标注，还有一些关于注记的设置。

6）点击“确定”之后，在屏幕上出现所选断面线的断面图，如图 7-40 所示。

（2）由图面高程点生成。如图 7-38 所示，选“由图面高程点生成”，此步则为在图上选取高程点，前提是图面存在高程点，否则此方法无法生成断面图，其他步骤与上述方法完全相同。

2. 根据里程文件绘制断面图

根据里程文件绘制断面图，一个里程文件可包含多个断面的信息，此时绘断面图就可一次绘出多个断面。里程文件的一个断面信息内允许有该断面不同时期的断面数据，这样绘制这个断面时就可以同时绘出实际断面线和设计断面线。

3. 根据等高线绘制断面图

如果图面存在等高线，则可以根据断面线与等高线的交点来绘制纵断面图。

选择“工程应用/绘断面图/根据等高线”命令，命令行提示：

请选取断面线：选择要绘制断面图的断面线；

图 7-39　绘制纵断面图对话框

屏幕弹出绘制纵断面图对话框，如图7-40所示。

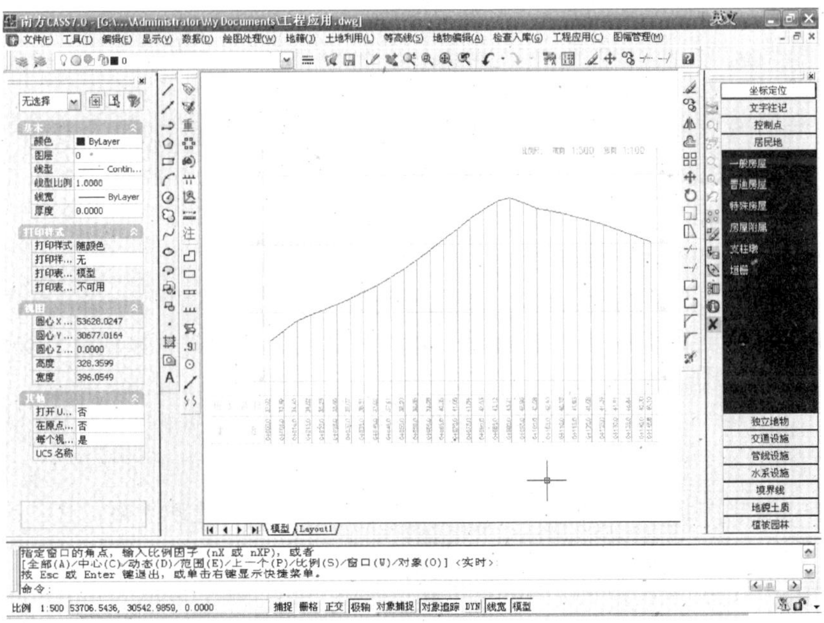

图 7-40　纵断面图

4. 根据三角网绘制断面图

如果图面存在三角网，则可以根据断面线与三角网的交点来绘制纵断面图。

选择“工程应用/绘断面图/根据三角网”命令，命令行提示：

请选取断面线：选择要绘制断面图的断面线；

屏幕弹出绘制纵断面图对话框，如图 7-40 所示。

思考题与习题

1. 填空

(1) 在 1∶500 地形图上等高距为 0.5m。则图上相邻等高线相距______才能使地面有 8%的坡度。

(2) 求图上两点间的距离有______和______两种方法。其中______较为精确。

(3) 量测图形面积的方法有______、______、______、______和______等方法。

(4) 断面图上的高程比例尺一般比水平距离比例尺大______。

(5) 确定汇水范围时应注意，边界线应与______一致，且与______垂直。

(6) 在场地平整的土方估算中，其设计高程的计算是用______。

(7) 场地平整的方法很多，其中______是应用最广泛的一种。

2. 什么是地形图比例尺？有哪些表示方法？

3. 什么是比例尺精度？它在测绘中有什么用途？

4. 举例说明地物符号有哪几种。

5. 一幅地形图中，等高线、等高线平距、地面坡度之间有什么关系？

6. 如何检查绘制方格点和展绘控制点的质量？

7. 试述用经纬仪测绘法进行碎部测量的过程。

8. 按限制坡度选定最短路线，设限制坡度为 4%，地形图比例尺为 1∶2000，等高距为 1m，试求该路线通过相邻两条等高线的平距。

9. 利用图 7-41 完成下列作业（地形图比例尺为 1∶2000）：

(1) 用图解法求高程点 76.8m 和高程点 63.4m 的坐标。

(2) 求上述两个高程点之间的水平距离和坐标方位角。

(3) 绘制高程点 92.5m 至导线点 580 之间的断面图。

(4) 求高程点 71.9m 和高程点 63.4m 的平均坡度。

10. 在地形图上将高低起伏的地面设计为水平面或倾斜面时，如何计算场地的设计高程？如何确定填、挖边界线？

11. 图 7-42 为 1∶2000 的地形图，欲作通过设计高程为 52m 的 a、b 两点，向下设计坡度为 4%的倾斜面，试绘出其填、挖边界线。

12. 欲在汪家凹（图 7-43，比例尺为 1∶2000）村北进行土地平整，其设计要求如下：

(1) 平整后要求成为高程为 44m 的水平面。

(2) 平整场地的位置：以 533 导线点为起点向东 60m，向北 50m。

根据设计要求绘出边长为 10m 的方格网，求出填、挖土方量。

13. 如何在数字地图上求某点的高程？

14. 试用两种方法计算某区域的土方量。

15. 数字地形图与传统地形图相比有何特点？

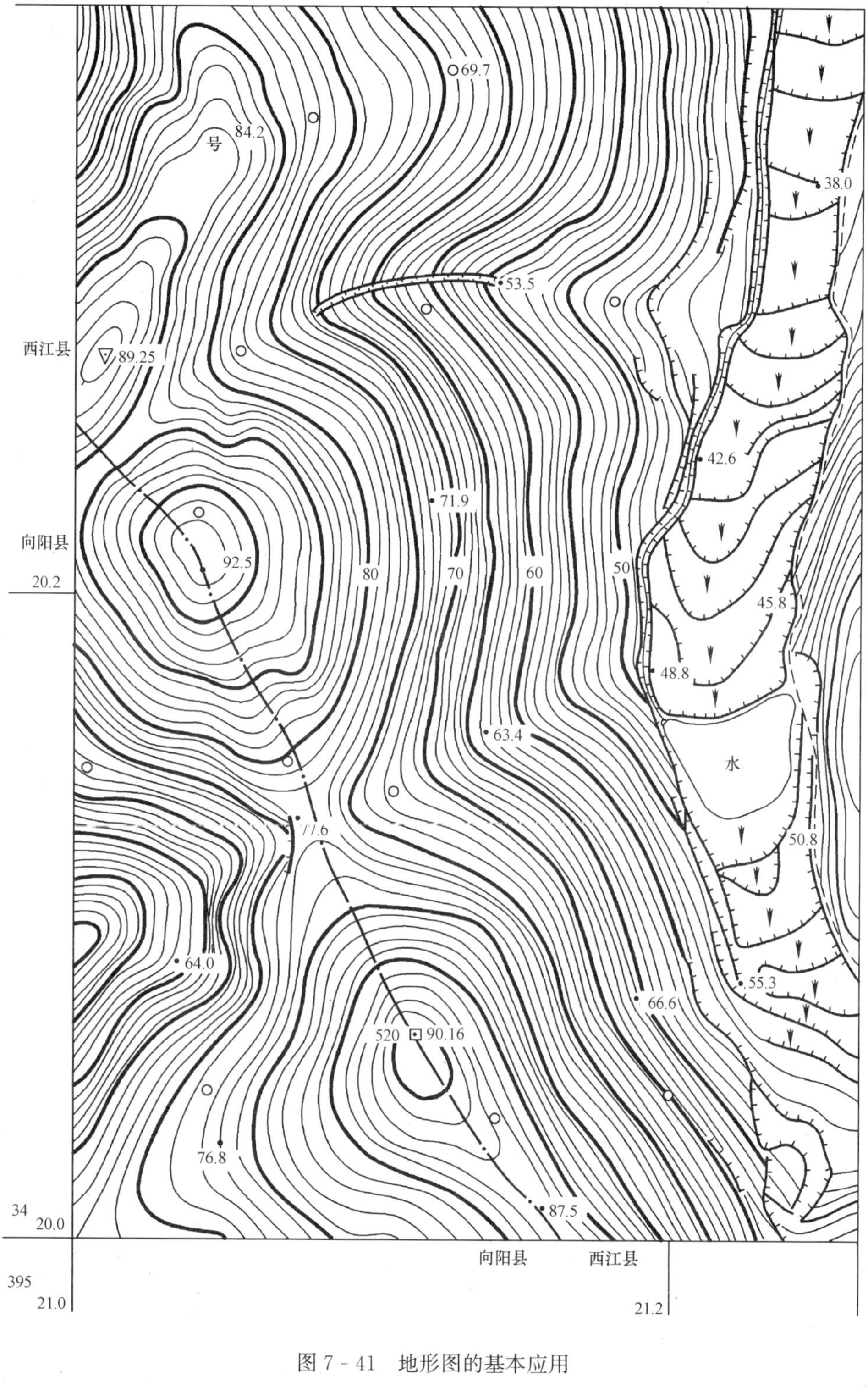

图 7 - 41　地形图的基本应用

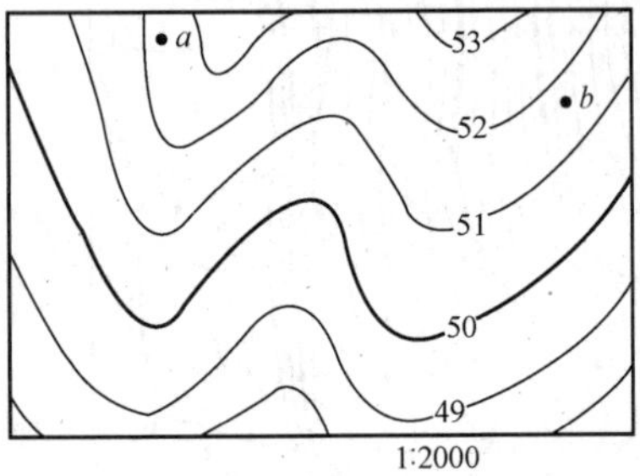

图 7－42 利用地形图进行场地平整

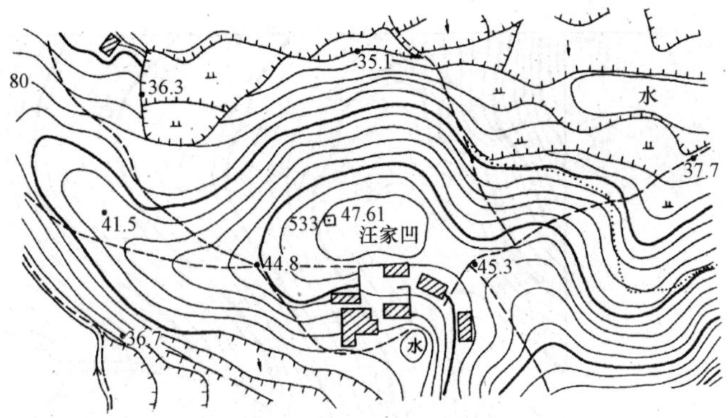

图 7－43 利用地形图进行土方估算

单元八 施工测量的基本知识

任务一　施 工 测 量 概 述

一、施工测量的概念

各种工程在施工阶段所进行的测量工作称为施工测量。施工测量的主要内容是测设，即其主要任务是将图纸上规划设计好的建（构）筑物的平面位置和高程，在实地标定出来，作为施工的依据，并在施工过程中进行一系列的测量工作，以指导和衔接施工全过程。

二、施工测量的主要内容

（1）建立与施工相适应的施工控制网。

（2）建（构）筑物的放样以及构件与设备安装的测量工作。

（3）检查与验收工作。每道工序完成后，都要通过必要的测量工作检查工程实体是否符合设计要求，并依据实测资料绘制竣工图，为工程验收以及工程交付使用后管理、扩建和维修提供资料。

（4）变形观测工作。随着工程的进展，测定建（构）筑物的沉降和位移等工作，作为鉴定工程质量和验证工程设计、施工是否合理的依据。

三、施工测量的特点及注意事项

（1）施工测量是直接为工程施工服务的，因此测量人员必须了解施工组织与方案，掌握施工进度，使测量工作能满足施工进度要求。

（2）施工测量与工程质量密切相关，测量人员必须熟悉图纸，对放样数据反复校核，放样前认真检校仪器工具，制定施测方案，放样后进行有效的复核检查，确保工程质量。

（3）施工测量的精度主要取决于建（构）筑物的性质、用途、施工方法等多种因素，要参照工程有关测量规范，结合工程实际，制定合理的施测方案，做到既要确保精度，又要经济合理。

（4）建筑施工现场多为地面与高空各工种交叉作业，并有大量的土方填挖，再加上材料堆放、动力机械与车辆频繁，地面情况变动很大，因此测量标志从形式、选点到埋设均应考虑便于使用、保管和检查，如有破坏，及时恢复。

施工现场工种繁多，干扰较大，测设方法和计算方法应力求简捷，以保证各项工作的衔接。同时要注意人身与仪器安全。

任务二　测 设 的 基 本 工 作

一、测设已知的水平距离

测设已知水平距离是根据给定的起点和方向，按设计要求的水平距离，标定出这段距离的另一端点的工作。

1. 用钢尺测设

如图 8 - 1 所示，设 A 为地面上已知点，D 为设计的水平距离，要在地面上沿给定方向

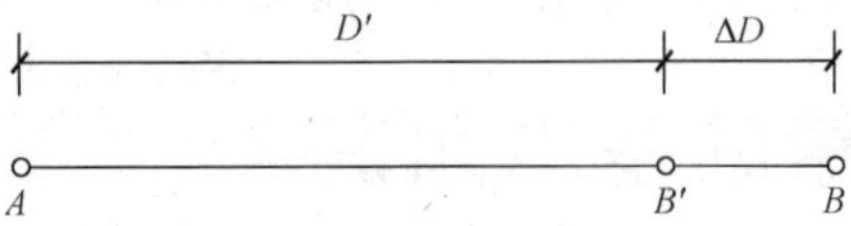

图 8-1 钢尺测设水平距离

AB 测设水平距离 D。具体做法是从 A 点开始，沿 AB 方向边定线边丈量，按设计长度 D 在地面上定出 B'点的位置。为校核起见，然后往返丈量水平距离 AB'，在精度符合要求的前提下，根据丈量结果 D'将 B'点进行调整，求得 B 点的最后位置。调整改正时，先求改正数 $\Delta D=D-D'$，若 ΔD 为正，向外改正；反之，向内改正。

2. 用光电测距仪测设

如图 8-2 所示，首先在 A 点安置光电测距仪，将反光棱镜在已知方向上前后移动，使仪器显示距离略大于测设值，定出 B'点。然后在 B'点安置反光棱镜，测出竖直角 α 及斜距 L（必要时加气象改正），计算水平距离，即

$$D' = L\cos\alpha \tag{8-1}$$

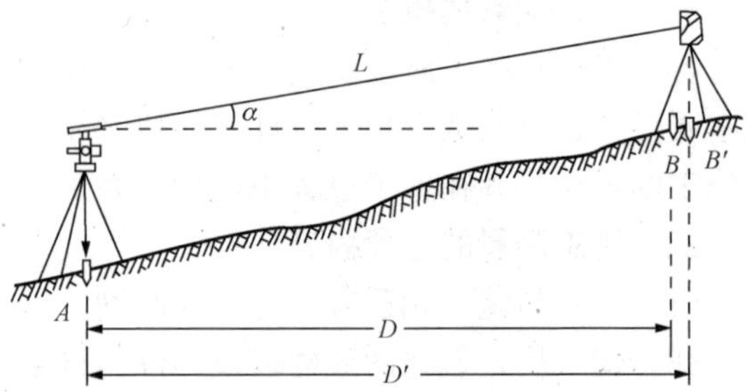

图 8-2 测距仪测设水平距离

从而求出 D'与应测设的水平距离 D 之差，即改正数 $\Delta D=D-D'$，根据 ΔD 将 B'点改正到 B 点，并用木桩标定 B 点位置。最后将反光棱镜安置于 B 点，再实测 AB 水平距离，若精度达不到要求，再次进行调整改正，直到符合限差为止。

二、测设已知水平角

测设已知水平角是根据水平角的一个已知方向和设计水平角角值，将水平角的另一个方向测设在地面上。

1. 一般方法

如图 8-3 所示，设 OA 为地面上已知方向线，要在 O 点以 OA 为起始方向，顺时针方向测设出给定的水平角 β。当测设精度要求不高时，可采用盘左、盘右取中数的方法。其测法是：将经纬仪安置于 O 点，盘左位置，将水平度盘配置为 $0°00'00''$，瞄准 A 点，然后顺时针旋转照准部，使水平度盘读数为 β，沿视线方向在地面上定出 C'点；纵转望远镜为盘右位置，重复以上操作，沿视线方向标出 C''点，若 C'、C''两点不重合，则取 C'、C''两点之中点 C，OC 即为测设方向。

2. 精密方法

如图 8-4 所示，若测设水平角的要求较高，可按如下步骤进行：

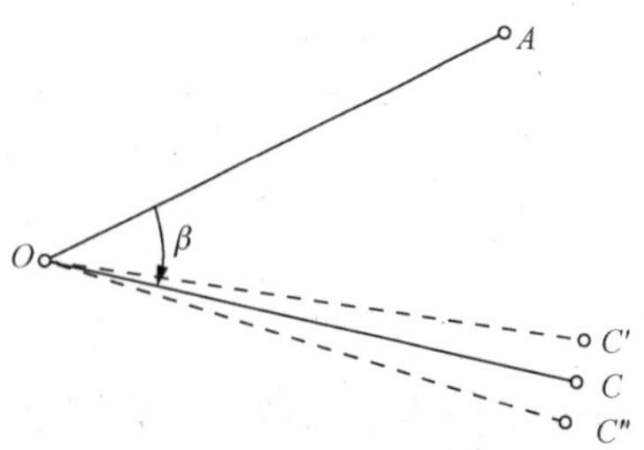

图 8-3 直接测设水平角

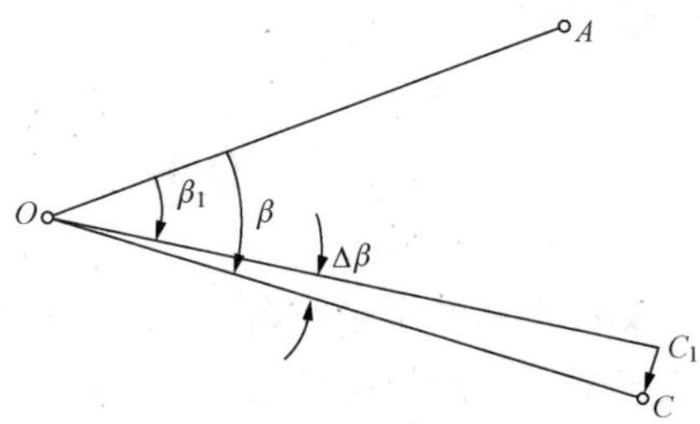

图 8-4 精确测设水平角

（1）用一般方法先定出 C_1 点。

（2）用测回法对$\angle AOC_1$进行精密测量，观测结果为β_1，并求出$\Delta\beta=\beta-\beta_1$超过限差（$\pm10''$）时，需进行改正。

（3）量取OC_1的水平距离，计算改正值C_1C，即

$$C_1C = OC_1\tan\Delta\beta \tag{8-2}$$

（4）过C_1点作OC_1的垂线，再从C_1点沿垂线方向量取C_1C，定出C点。若$\Delta\beta$为正，向外调整，反之，向内调整。OC即为测设方向。

3. 简易方法

在施工现场，若测设精度要求较低，可以采用简易方法，即利用钢尺按勾股定理、等腰三角形等三角学原理测设已知水平角的方法。

三、测设已知高程

高程测设是根据已知水准点，在现场标定出某设计高程的位置。

如图 8-5 所示，设某建筑物室内地坪的设计高程为$H_{B设}=31.495$m，附近一水准点A点的高程为$H_A=31.345$m，现将室内地坪的设计高程测设在木桩A点上，则B点上应读的前视读数为

$$b_{应} = (H_A + a) - H_{B设} \tag{8-3}$$

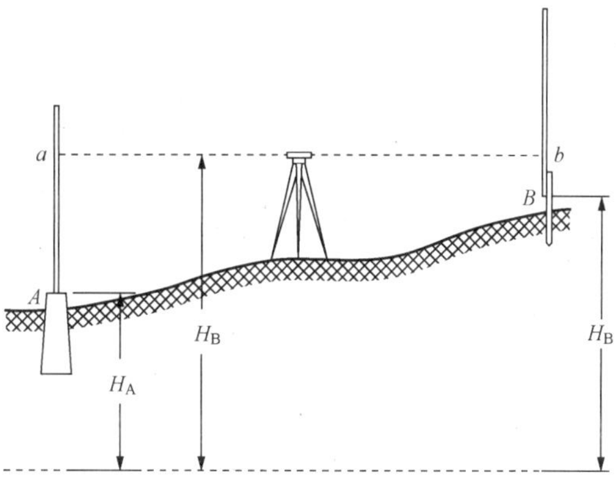

图 8-5　视线高法测设

测设步骤如下：

（1）安置水准仪于水准点A点与木桩B点之间，在水准点A点上读取后视读数$a=1.050$m。

（2）计算水准仪的视线高H_i及在木桩B点上的前视读数$b_{应}$为

$$H_i = H_A + a = 31.345 + 1.050 - 32.395(\text{m})$$

$$b_{应} = H_i - H_{B设} = 32.395 - 31.495 = 0.900(\text{m})$$

（3）将水准尺靠在木桩B点的一侧上下移动，当水准仪水平视线正好为$b_{应}=0.900$m时，在木桩侧面沿水准尺底边画一横线，即为室内地坪设计高程的位置。

当向较深的基坑或较高的建筑物上测设已知高程点时，如果水准尺的长度不够，可利用钢尺向下或向上引测。

如图 8-6 所示，欲在深基坑内设置一点B，使其高程为$H_{设}$，附近一水准点A的高程为H_A。施测时，用检定过的钢尺，挂一个与要求拉力相等的重锤，悬挂在支架上，零点一端向下，分别在高处和低处设站，读取图 8-6 所示水准尺读数a_1、b_1和a_2、b_2，由此，可求得低处B点水准尺上的读数应为

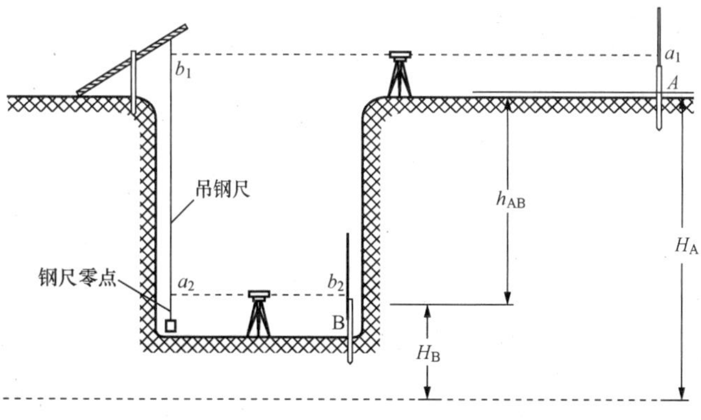

图 8-6　高程传递法

$$b_{应} = (H_A + a_1) - (b_1 - a_2) - H_{B设} \tag{8-4}$$

用同样的方法，可从低处向高处测设已知高程的点。

任务三　点的平面位置测设方法

点的平面位置测设方法有直角坐标法、极坐标法、角度交会法和距离交会法四种。可根据现场控制网的形式、地形情况、现场条件及精度要求等因素选择使用。

一、直角坐标法

直角坐标法是根据直角坐标原理，测设地面点平面位置的方法。它适用于建筑物附近有互相垂直的主轴线或方格网，且量距方便的建筑施工现场，具有计算简单、测设方便的优点。如图 8-7 所示，设Ⅰ、Ⅱ、Ⅲ、Ⅳ为建筑场地的建筑方格网点，a、b、c、d 为需测设的某厂房的四个角点，根据设计图上各点坐标，即可测设厂房各角点。测设方法和步骤如下：

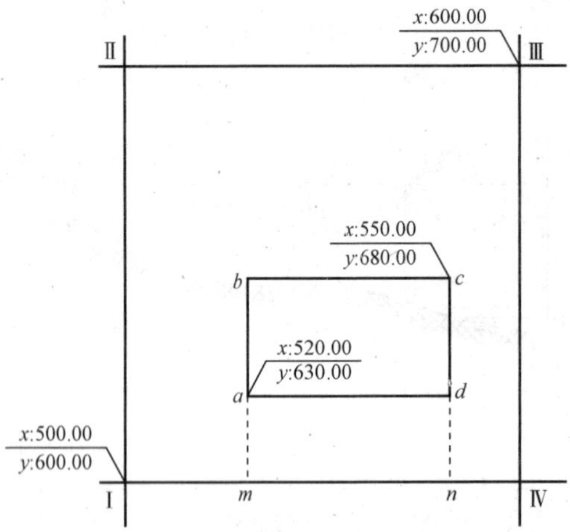

图 8-7　直角坐标法

（1）根据Ⅰ点和 a 点的坐标算出测设数据，即

$$\Delta x = x_a - x_Ⅰ = 520.00 - 500.00 = 20.00(\mathrm{m})$$

$$\Delta y = y_a - y_Ⅰ = 630.00 - 600.00 = 30.00(\mathrm{m})$$

（2）安置经纬仪于Ⅰ点，瞄准Ⅳ点，沿视线方向测设距离 $\Delta y = 30.00\mathrm{m}$，定出 m 点。

（3）安置经纬仪于 m 点，瞄准Ⅳ点，逆时针方向测设 90°角，沿视线方向测设距离 $\Delta x = 20.00\mathrm{m}$，即可定出 a 点的平面位置。

同法可测设出其他各点的位置。

二、极坐标法

极坐标法是根据一个水平角和一段水平距离测设地面点的平面位置的方法。它适用于欲测设的点距离控制点较近，且量距方便的地方。如图 8-8 所示，设 A、B 为地面上已有控制点，已知坐标分别 x_A、y_A 和 x_B、y_B，欲测设 P 点，其设计坐标为 x_P、y_P。测设前，先按下列坐标反算公式求出测设数据水平角 β 和水平距离 D，即

$$\beta = \alpha_{AB} - \alpha_{AP} \qquad (8-5)$$

$$D = \sqrt{(x_P - x_A)^2 + (y_P - y_A)^2} \qquad (8-6)$$

式中　α_{AP}——AP 边的坐标方位角，计算式为

$$\alpha_{AP} = \arctan \frac{y_P - y_A}{x_P - x_A} \qquad (8-7)$$

α_{AB}——AB 边的坐标方位角，计算式为

$$\alpha_{AB} = \arctan \frac{y_B - y_A}{x_B - x_A} \qquad (8-8)$$

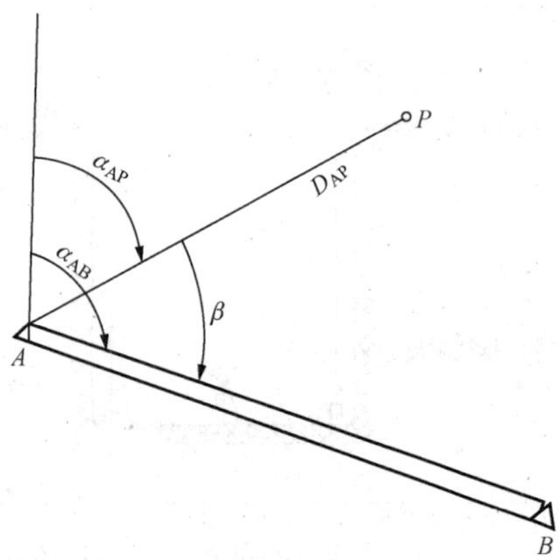

图 8-8　极坐标法

注意：反算坐标方位角时，应根据 Δx、Δy 的正负情况，判断该边所属象限。

测设时，在 A 点安置经纬仪，对中、整平后，瞄准 B 点，逆时针方向测设 β 角，得 AP 方向线，再沿该方向测设水平距离 D，即得 P 点的平面位置。

三、角度交会法

角度交会法是用经纬仪从两个控制点分别测设出两个已知水平角的方向，通过交会定出点的平面位置的方法。它适用于待测点离控制点较远或量距较困难的地方。如图 8 - 9 所示，设 A、B 为地面上已有控制点，欲测设 P 点，其设计坐标为 x_P、y_P。测设前，先根据 A、B、P 点的坐标反算出交会角 α_1 和 β_1，然后分别安置经纬仪于控制点 A 点和 B 点，测设出 α_1 角和 β_1 角的方向线，两方向线相交，即得 P 点的平面位置。

四、距离交会法

距离交会法是根据测设的两段水平距离交会出地面点的平面位置的方法。此法适用于待测设点至控制点的距离不超过一尺段长度，且便于量距的地方。在施工测量中，细部的测设常用此法。如图 8 - 10 所示，设 A、B 点为地面上已有控制点，欲测设 1 点，其设计坐标已知。测设前，先根据 A、B、1 点的坐标反算出水平距离 D_1 和 D_2，然后同时用钢尺分别从 A、B 控制点量取 D_{A1} 和 D_{B1}，摆动钢尺，其交点即为 P 点的平面位置。

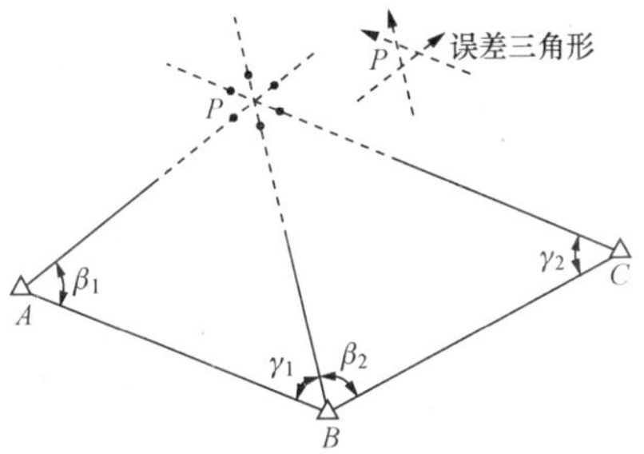

图 8 - 9　角度交会法

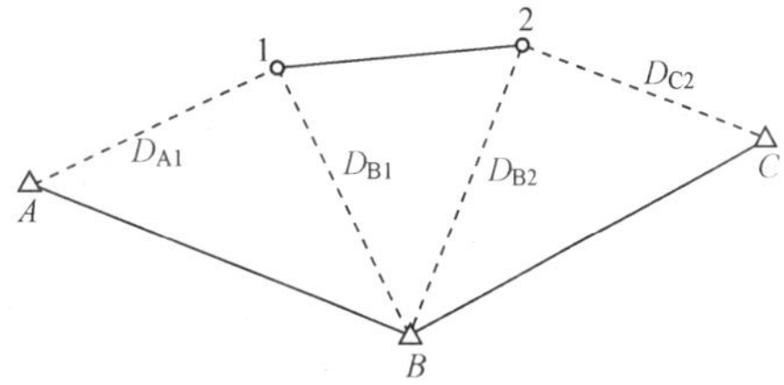

图 8 - 10　距离交会法

任务四　圆 曲 线 的 测 设

当道路由一个方向转到另一个方向时，必须用一段圆曲线来连接，以保证行车的安全。另外，现代办公楼、宾馆、医院等建筑物平面图形也常被设计成圆弧形，有的整个建筑为圆弧形，有的建筑物是由一组或数组圆弧曲线与其他平面图形组合而成，也需测设圆曲线。

圆曲线的测设工作一般分两步进行，如图 8 - 11 所示。先定出圆曲线的主点，包括曲线的起点 ZY（亦称直圆点）、曲线的中点 QZ（亦称曲中点）和曲线的终点 YZ（亦称圆直点）。然后依据主点在曲线上每隔一定距离加密细部点，以详细标定圆曲线的形状和位置，称为详细测设。现分述如下：

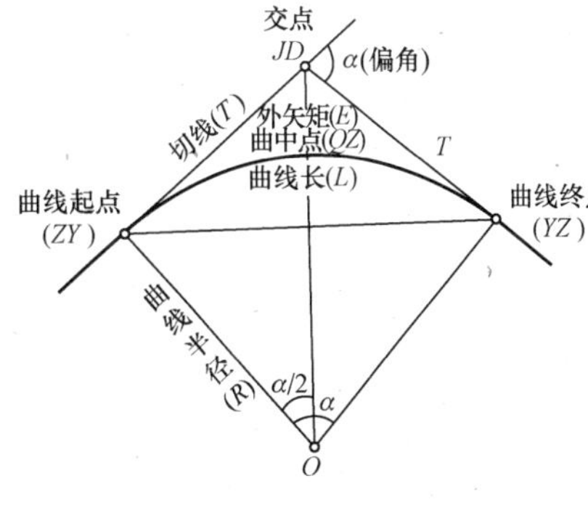

图 8 - 11　圆曲线元素图

一、圆曲线主点的测设

1. 计算圆曲线测设元素

圆曲线的曲线半径 R、线路转折角 α、切线长

T、曲线长 L 和外矢距 E 是计算和测设曲线的主要元素。由图 8-11 中几何关系可知，若 α、R 已知（一般根据地形条件及工程要求选定或设计确定），则曲线元素的计算公式为

$$\left.\begin{aligned} T &= R \cdot \tan\frac{\alpha}{2} \\ L &= R \cdot \alpha\frac{\pi}{180^\circ} \\ E &= R \cdot \sec\frac{\alpha}{2} - R = R\left(\sec\frac{\alpha}{2} - 1\right) \\ D &= 2T - L \end{aligned}\right\} \tag{8-9}$$

这些元素值可用电子计算器快速算出，亦可以 R 和 α 为引数由专用的《曲线测设用表》查取。

2. 计算圆曲线主点的桩号

道路里程是沿曲线计算的，曲线上各主点的桩号按下式计算

$$\left.\begin{aligned} ZY\text{ 点的桩号} &= JD\text{ 点的桩号} - T \\ QZ\text{ 点的桩号} &= ZY\text{ 点的桩号} + \frac{L}{2} \\ YZ\text{ 点的桩号} &= QZ\text{ 点的桩号} + \frac{L}{2} \end{aligned}\right\} \tag{8-10}$$

桩号计算可用切曲差来检核，其公式为

$$YZ\text{ 点的桩号} = JD\text{ 点的桩号} \tag{8-11}$$

3. 圆曲线主点的测设

在曲线元素计算后，即可进行主点测设，如图 8-12 所示，在交点 JD_1 安置经纬仪，后视来向相邻交点 JD_0 方向，自测站起沿此方向量切线长 T，得曲线起点 ZY 打一木桩；经纬仪前视去向相邻交点 JD_2 方向，自测站起沿此方向丈量切线长 T，定曲线终点 YZ 桩；使水平度盘对零，仪器仍前视相邻交点 JD_2，松开照准部，顺时针转动望远镜，使度盘读数对准 $\beta_{右}$ 的平分角值 $\left(\frac{\beta_{右}}{2}\right)$，视线即指向圆心方向（此线路为右转；如线路为左转时，则度盘读数对准 $\beta_{右}$ 的平分角值后，倒转望远镜，视线才指向圆心方向）。自测站起沿此方向量出 E 值，定出曲线中点 QZ 桩。

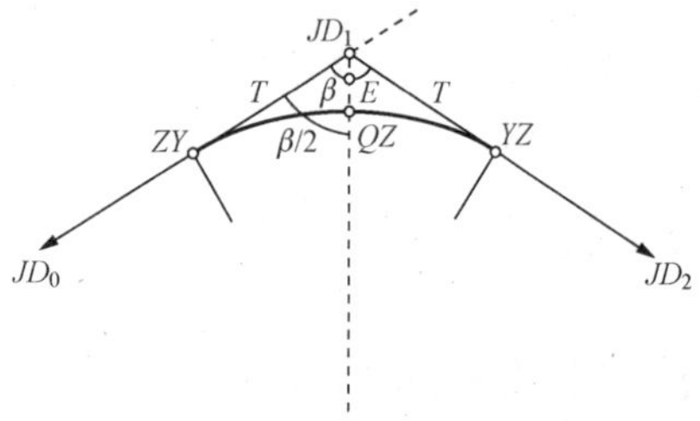

图 8-12 圆曲线主点测设

4. 交点不能设站时测设主点的方法

（1）转角的测定　当两相交直线的交点遇障碍（如房屋、河流等），不能安置仪器或实地无法定桩时，可用间接方法测设主点，如图 8-13 所示。首先在两条直线上便于工作且互相通视的地方选定 A、B 两点，分别安置经纬仪观测 β_1 和 β_2 角，则线路转角为

$$\alpha = \beta_1 + \beta_2 \tag{8-12}$$

根据测定的转角 α 和设计时选定的曲线半径 R，按曲线元素的计算式可求出切线长 T、曲线长 L 和外矢距 E 等。

(2) 主点的测设 经纬仪在 A 点后视直线中线桩，纵转望远镜，拨定 $\frac{\alpha}{2}$ 方向与一直线相交于 C 点，并丈量 AC 的距离，并取其中点 G，根据图中几何关系知

$$AJ = CJ = b = \frac{AG}{\cos\frac{\alpha}{2}} \tag{8-13}$$

$$GJ = AG \cdot \tan\frac{\alpha}{2} \tag{8-14}$$

然后分别在 A 和 C 点设站，沿切线方向丈量 AZ 及 CY，其值为

$$AZ = CY = T - b = T - \frac{AG}{\cos\frac{\alpha}{2}} \tag{8-15}$$

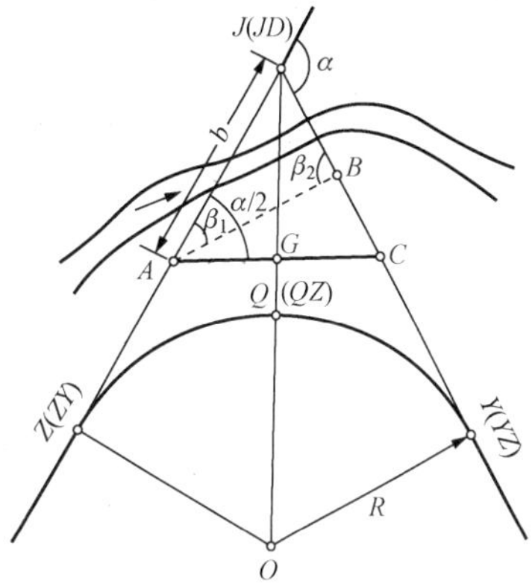

图 8-13 虚交点圆曲线主点测设

得曲线的起、终点。曲线中点的测设，可在 G 点安置经纬仪，后视 C 点，顺时针拨 90°角定向（视线指向圆心），在此方向上自 G 丈量 GQ 定曲线中点，GQ 值按下式计算

$$GQ = E - GJ = E - AG \cdot \tan\frac{\alpha}{2} \tag{8-16}$$

二、圆曲线的详细测设

一般情况下，当曲线长度小于 40m 时，测设曲线的三个主点已能满足道路施工的需要。如果曲线较长或地形变化较大，这时应根据地形变化和设计、施工要求，在曲线上每隔一定距离 l，测设曲线细部点和计算里程，以满足线形和工程施工的需要。这种工作称为圆曲线的详细测设。曲线上细部点的间距，一般规定：$R \geqslant 100$m 时，$l=20$m；$50\text{m} < R < 100$m 时，$l=10$m；$R \leqslant 50$m 时，$l=5$m。圆曲线详细测设的方法很多，下面仅介绍两种常用的方法，在实际工作中可结合地形情况、精度要求和仪器条件合理选用。

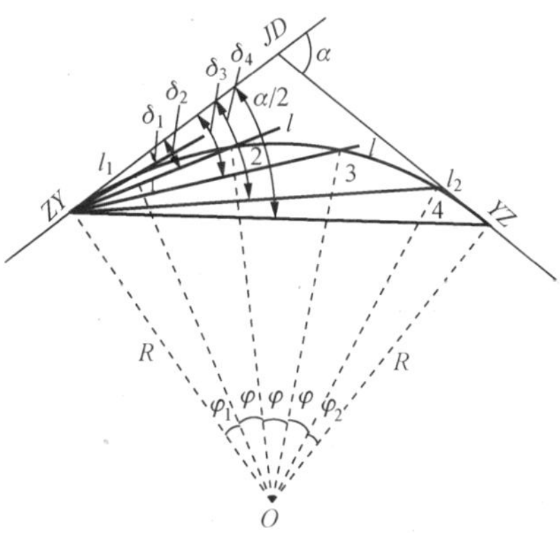

图 8-14 偏角法测设细部点

1. 偏角法

偏角法是一种极坐标定点的方法，它是利用偏角（弦切角）和弦长来测设圆曲线的，如图 8-14 所示。

为了计算工程量和施工方便，把各细部点里程凑整，这样，曲线势必分为首尾两段零头弧长 l_1、l_2 和中间几段相等的整弧长 l 之和，即

$$L = l_1 + n \cdot l + l_2 \tag{8-17}$$

弧长 l_1、l_2 及 l 所对的相应圆心角为 φ_1、φ_2 及 φ，可按下列公式计算

$$\left.\begin{aligned}\varphi_1 &= \frac{180°}{\pi} \cdot \frac{l_1}{R}\\ \varphi_2 &= \frac{180°}{\pi} \cdot \frac{l_2}{R}\\ \varphi &= \frac{180°}{\pi} \cdot \frac{l}{R}\end{aligned}\right\} \tag{8-18}$$

相应于弧长 l_1、l_2 及 l 的弦长 d_1、d_2 及 d 的计算公式如下

$$\left.\begin{aligned} d_1 &= 2R \cdot \sin\frac{\varphi_1}{2} \\ d_2 &= 2R \cdot \sin\frac{\varphi_2}{2} \\ d &= 2R \cdot \sin\frac{\varphi}{2} \end{aligned}\right\} \tag{8-19}$$

曲线上各点的偏角等于相应弧长所对圆心角的一半。即

$$\left.\begin{aligned} \delta_1 &= \frac{\varphi_1}{2} \\ \delta_2 &= \frac{\varphi_1}{2} + \frac{\varphi}{2} \\ \delta_3 &= \frac{\varphi_1}{2} + \frac{\varphi}{2} + \frac{\varphi}{2} = \frac{\varphi_1}{2} + \varphi \\ &\vdots \\ \delta_r &= \frac{\varphi_1}{2} + \frac{\varphi_1}{2} + \cdots + \frac{\varphi_2}{2} = \frac{\alpha}{2} \end{aligned}\right\} \tag{8-20}$$

测设时，将经纬仪安置于曲线起点 ZY 点上，以 $0°00'00''$后视交点 JD_1，松开照准部，置水平度盘读数为 1 点之偏角值 δ_1，在此方向上用钢尺量取弦长 d_1，桩钉 1 点；然后，将角拨至 2 点的偏角 δ_2，将钢尺零点对准 1 点，以弦长 d 为半径，摆动钢尺至经纬仪方向线上，定出 2 点；再拨 3 点的偏角 δ_3，钢尺零点对准 2 点，以弦长 d 为半径，摆动钢尺至经纬仪方向线上，定出 3 点；其余依此类推。当拨至$\frac{\alpha}{2}$时，视线应通过曲线终点 YZ，最后一个细部点至曲线终点的距离为 d_2，以此来检查测设的质量。

此法灵活性大，但存在测点误差积累的缺点。为了提高测设精度，可将经纬仪安置在 ZY 和 YZ 点上，分别向中点 QZ 测设曲线，以减少误差的积累。

用偏角法测设曲线细部点时，常因遇障碍物挡住视线而不能直接测设，如图 8-15 所示，经纬仪在曲线起点 ZY 测设出细部点 1、2、3 后，视线被建筑物挡住。这时，可把经纬仪移至 3 点，使水平度盘读数对在 0°上，用倒镜（盘右）后视 ZY 点，然后纵转望远镜，并使水平度盘读数对在 4 点的偏角值 δ_4 上，此时视线即在 3～4 点的方向上。接着，在此时视线方向上从 3 点起量取弦长 d，即可桩钉出 4 点。接着，仍按原计算的偏角继续桩钉曲线上其余各点。在此过程若视线又遇障碍物时，可按下述一般规律进行：即把经纬仪安置在曲线任一里程桩上，首先将水平度盘读数对在曲线上后视点的偏角值上，并以倒镜后视该点，然后纵转望远镜成正镜位置，此后，仍按原计算的偏角值测设曲线的其余各点。

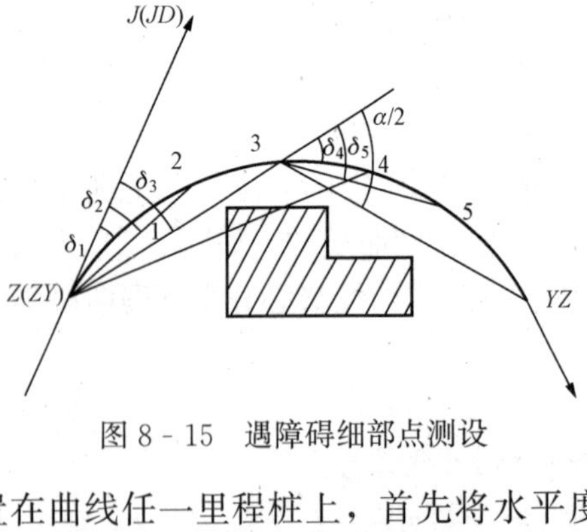

图 8-15　遇障碍细部点测设

2. 切线支距法（直角坐标法）

切线支距法以曲线起点或终点为坐标原点，以该点切线方向为 x 轴，过原点的半径为 y 轴建立起坐标系，如图 8-16 所示。根据曲线上各细部点的坐标 x、y，按直角坐标法测设

各点的位置。此法适用于地势平坦，便于量距的地方。

设曲线上两相邻细部点间的弧长为 l，所对的圆心角为 φ，则 φ 及坐标值按下式计算

$$\left.\begin{aligned}
\varphi &= \frac{180^\circ}{\pi} \\
x_1 &= R\cdot\sin\varphi \\
y_1 &= R-R\cdot\cos\varphi = 2R\cdot\sin^2\frac{\varphi}{2} \\
x_2 &= R\cdot\sin2\varphi \\
y_2 &= R-R\cdot\cos2\varphi = 2R\cdot\sin^2\varphi \\
x_3 &= R\cdot\sin3\varphi \\
y_3 &= R-R\cdot\cos3\varphi = 2R\cdot\sin^2\frac{3}{2}\varphi \\
&\vdots
\end{aligned}\right\} \quad (8-21)$$

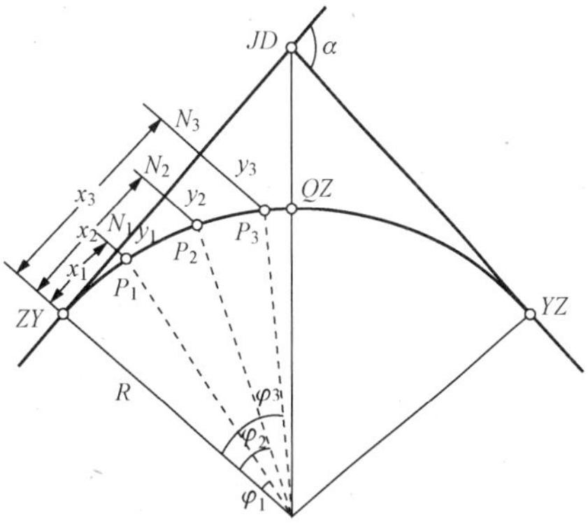

图 8－16　切线支距法

上述数据可用电子计算器算出，亦可以 R、l 为引数查《曲线测设用表》获得。

实地测设时，从圆曲线起点 ZY（或终点 YZ）开始，沿切线方向量出 x_1，x_2，x_3，…，用测钎标志，再在各测钎处作垂线（一般用特制的大直角三角板或用“勾股弦”法作垂线），分别在各自的垂线上量取支距 y_1，y_2，y_3，…，由此得到曲线上 1，2，3，…各点的位置。丈量相邻点间的距离（弦长），它们应该相等，以此作为测设工作校核用。

此法适用于平坦开阔地区，一般可不用经纬仪，且具有测点误差不积累的优点。但当转角较大，曲线较长时，值亦将增大，这时不仅丈量困难，且精度受到影响。在此情况下，可在曲线中点 QZ 加设中点切线，称为顶点切线，将整个曲线分成两半测设。

任务五　已知坡度线的测设

在平整场地、敷设上、下水管道及修建道路等工程中，需要在地面上测设给定的坡度线。坡度线的测设是根据附近水准点的高程、设计坡度和坡度线端点的设计高程，用高程测设的方法将坡度线上各点的设计高程标定在地面上。测设方法有水平视线法和倾斜视线法两种。

一、水平视线法

如图 8－17 所示，A、B 为坡度线的两端点，其水平距离为 D，设 A 点的高程为 H_A，

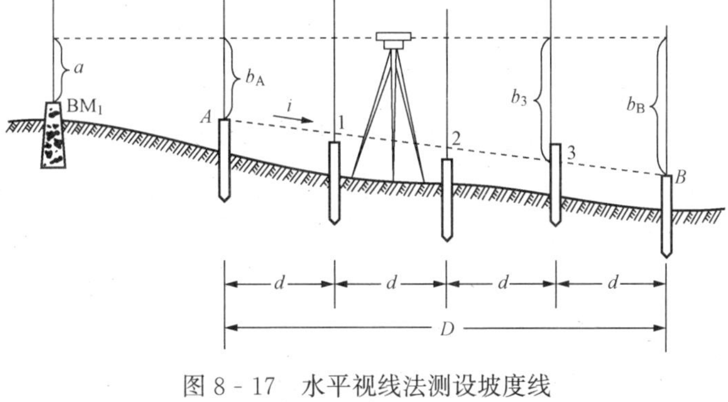

图 8－17　水平视线法测设坡度线

要沿 AB 方向测设一条坡度为i_{AB}的坡度线，具体施测方法如下。

（1）沿 AB 方向，桩定出间距为 d 的中间点 1、2、3 点的位置。

（2）计算各桩点的设计高程。

第 1 点的设计高程 $H_1 = H_A + id$

第 2 点的设计高程 $H_2 = H_1 + id$

第 3 点的设计高程 $H_3 = H_2 + id$

B 点的设计高程 $H_B = H_3 + id$

检核 $H_B = H_A + iD$

坡度 i 有正有负，计算设计高程时，坡度应连同符号一并运算。

（3）安置水准仪于水准点 BM_1 附近，后视读数 a，得仪器视线高 $H_i = H_1 + a$，然后根据各点的设计高程计算测设各点的应读前视读数 $b_{应} = H_i - H_{设}$。

（4）将水准尺分别靠在各木桩的侧面，上、下移动尺子，直至尺读数为 $b_{应}$ 时，沿水准尺底面在木桩上画一红线，则各桩红线的连线就是 AB 的设计坡度线；或立尺于桩顶，读得前视读数 b，再根据 $b_{应}$ 与 b 之差，自桩顶向下画线。

二、倾斜视线法

如图 8 - 18 所示，A、B 为坡度线的两端点，其水平距离为 D，设 A 点的高程为 H_A，要沿 AB 方向测设一条坡度为 i_{AB}的坡度线，则先根据 A 点的高程 H_A、坡度 i_{AB}及 A、B 两点的距离 D 计算 B 点的设计高程 H_B，即

$$H_B = H_A + iD$$

再按测设已知高程的方法，将 A、B 两点的高程测设在相应的木桩上。然后将水准仪安置在 A 点上，使基座上一个脚螺旋在 AB 方向上，其余两个脚螺旋的连线与 AB 方向垂直，量取仪器高 i，再转动 AB 方向上的脚螺旋和微倾螺旋，使十字丝横丝对准 B 点水准尺上等于仪器高 i 处，此时仪器的视线与设计坡度线平行。然后在 AB 方向的中间各点 1、2、3、4 的木桩侧面立尺，上、下移动水准尺，直至尺上读数等于仪器高 i 时，沿尺子底面在木桩上画一红线，则各桩红线的连线就是设计坡度线。

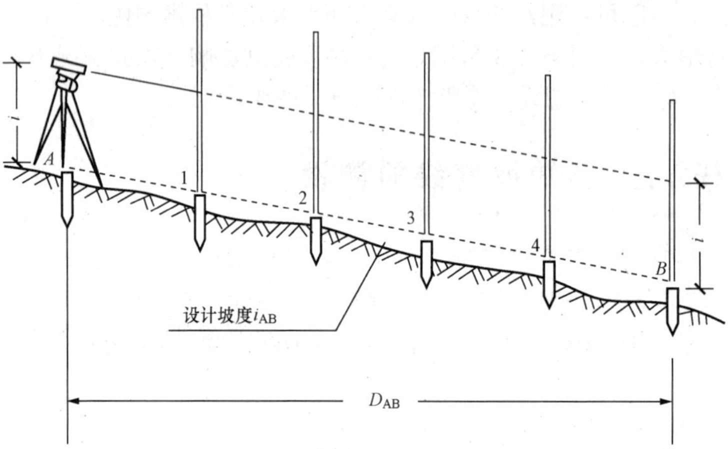

图 8 - 18　倾斜视线法测设坡度线

思考题与习题

1. 施工测量包括哪些内容？
2. 简述施工测量的特点。
3. 试述测设的三项基本工作的测设方法。

4. 测设点的平面位置有哪四种方法，各适用于什么场合?

5. 欲测设∠AOB=135°00′00″。用一般方法测设后，又精确地测得其角值为135°00′24″。设OB=96.00m，问B点应在垂直于OB方向上移动多少距离? 并画图标出B点的移动方向。

6. 建筑场地上水准点A的高程为89.754m，欲在待建房近旁的电杆上测设出（±0的设计高程为40.000m），作为施工过程中检测各项标高之用。设水准仪在水准点A所立水准尺上的读数为1.847m，试绘图说明测设方法。

7. 已知$\alpha_{AB}=26°37'$，$X_B=287.36m$、$Y_B=364.25m$，$X_P=303.62m$、$Y_P=338.28m$。试计算仪器安置在B点用极坐标法测设P点所需的数据，并画图在图上注明测设数据，写出测设步骤。

单元九 建筑施工测量

任务一 建筑施工场地的控制测量

建筑场地的施工控制网分为平面控制网和高程控制网。

施工测量的平面控制，对于一般民用建筑可采用导线网和建筑基线；对于工业建筑区则常采用建筑方格网。高程控制根据施工精度要求可采用四等水准网或图根水准网。

一、建筑基线

在地势比较平坦、面积不大的小型施工现场，常布设一条或几条基准线，作为施工测量的平面控制，称为建筑基线。建筑基线根据建筑物的分布、现场地形条件及原有测图控制点的分布情况，可布设成三点直线形、三点直角形、四点丁字形和五点十字形等形式，如图 9-1 所示。布设时应注意：建筑基线应平行或垂直于主要建筑物的轴线，以便用直角坐标法进行测设；建筑基线相邻点间互相通视，点位不受施工影响，且能长期保存；基线点应不少于三个，以便随时检测建筑基线点有无变动。

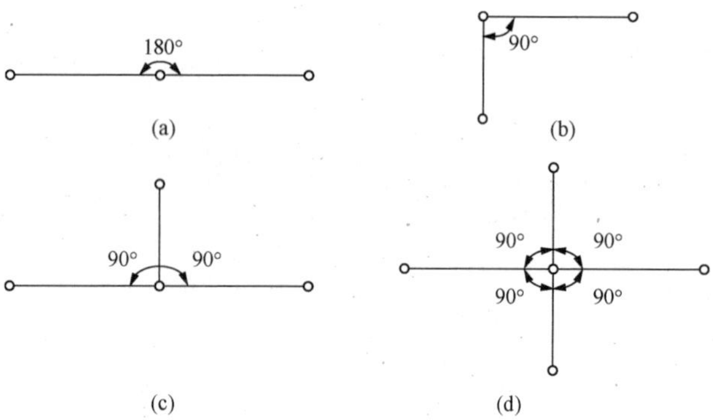

图 9-1 建筑基线的布设形式

建筑基线点的测设根据施工现场具体情况，一般可采用极坐标法或直角坐标法等进行测设，注意满足精度要求。测设完成后，要用经纬仪严格检查所测设的角度是否等于 90°或 180°，其差值应小于±15″；用钢尺检查各边距离，其误差应小于 1/10000。

二、建筑方格网

在大中型施工场地上，尤其是建筑物比较密集且规则的施工场地，常布设成正方形或矩形施工控制网，作为施工测量的平面控制，称为建筑方格网，如图 9-2 所示。

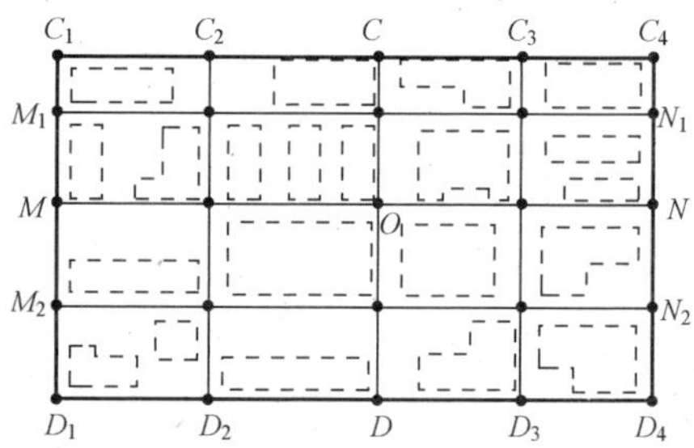

图 9-2 建筑方格网

建筑方格网轴线与主要建筑物轴线平行或垂直，因此可用直角坐标法进行建筑物的定位，测设比较方便，而且精度较高。其缺点是必须按照总平面图布置，其点位选择受到一定限制，不够灵活，从而导致一些点使用不够方便或易受破坏，而且测设工作量也较大。由于建筑方格网的测设工作量较大，且测设精度要求高，因此可委托专业测量单位进行。

三、施工场地的高程控制测量

建筑施工场地的高程控制测量多采用水准测量方法。所布置的水准网应尽量与国家水准点联测。水准点应布设在土质坚实、不受震动影响、便于长期保存、使用的地方，并埋设永久性标志。水准点可以单独设置，建筑基线点、建筑方格网点等平面控制点也可兼作高程控制点。对于中小型建筑场地的水准点，一般可用三、四等水准测量的方法测定其高程。

任务二　民用建筑施工测量

民用建筑一般是指供人们日常生活及进行各种社会活动用的建筑物，如住宅楼、办公楼、学校、医院、商店、影剧院、车站等。民用建筑施工测量的主要任务是按设计要求，配合施工进度，测设建筑物的平面位置及高程，以保证工程按图施工。由于建筑物类型不同，其放样方法和精度要求也有所不同，但其基本内容是一致的，主要包括建筑物的定位、放线、基础施工测量和墙体施工测量、轴线投测与高程传递等。

一、测量前的准备工作

（1）首先熟悉设计资料及图纸，了解设计意图，这是施工测量的主要依据。由此了解施工的建筑物与相邻地物之间的相互位置关系，建筑物的尺寸和施工的要求等。并对设计图纸的有关尺寸进行仔细核对，必要时将图纸上主要尺寸摘抄于施测记录本上，以便随时查找使用。

与测设有关的图纸资料主要有：①总平面图，是建筑施工放线的总体依据，也是建筑物定位的依据；②依据建筑平面图、立面图、剖面图，确定建筑物各定位轴线间的尺寸关系，室内外地坪、门窗、楼板、屋面等处的标高等；③依据基础平面图和基础详图，确定基础轴线、基础尺寸和标高等。

（2）进行现场踏勘，了解现场的地物、地貌，检测所给原有测量控制点，并调查与施工测量有关的问题。

（3）按照施工进度要求，制定测设计划，包括测设方法、测设数据计算和绘制测设草图等，并配备、检校所用测量仪器和工具。

二、建筑物的定位

建筑物的定位就是在地面上确定建筑物的位置。即根据设计条件，将建筑物外廓的各轴线交点测设到地面上，如图 9-3 中的 A、B、C、D 各点，称为定位桩（又称角桩），作为基础和细部放样的依据。

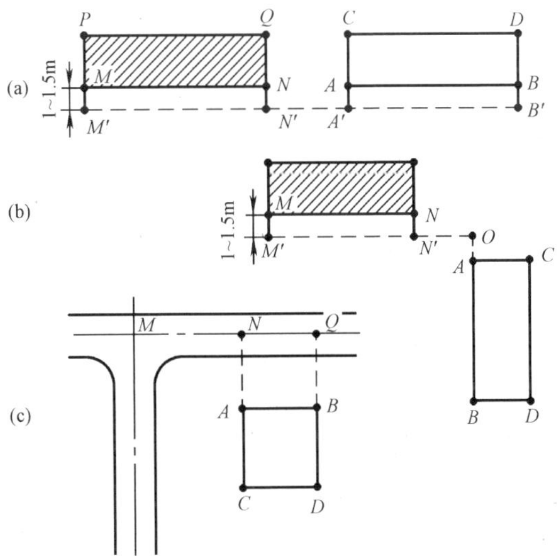

图 9-3　建筑物的定位

放样定位点的方法很多，除了上一单元所介绍的根据控制点、建筑基线、建筑方格网，用极坐标法或直角坐标法放样外，更常见的是根据与周围原有建筑物的关系放样。

如图 9-3（a）所示，首先沿原建筑物 PM 与 QN 墙面向外量出 MM' 及 NN'，并使 $MM'=NN'$（距离大小根据实地情况而定，一般为 1～4m），在地面上定出 M'、N' 两点，用小木桩（桩上钉小铁钉）标定。将经纬仪安置于 M' 点，瞄准 N' 点，并从 N' 点沿 $M'N'$ 方向测设已知距离，定出 A' 点，用相同的方法测设出 B' 点，然后分别将经纬仪安置于 A'、B'

两点上，后视M'点测设水平角90°，沿视线测设已知距离即可定出A、C、B、D四点。最后检查A、B、C、D四点位置是否符合精度要求。

如图9-3（b）、（c）可用类似方法，用直角坐标法进行放样，在此不再详述。

三、建筑物的放线

建筑物的放线是指根据定位的主轴线桩，详细测设其他各轴线交点的位置，并用木桩（桩上钉小钉）标定出来，称为中心桩。并据此按基础宽和放坡宽用白灰线撒出基槽边界线。一般包括以下工作。

1. 测设中心桩

如为基础大开挖，则可以先不进行此项工作。

2. 钉设轴线控制桩或龙门板

建筑物定位后，由于定位桩、中心桩在开挖基础时将被挖掉，一般在基础开挖前把建筑物轴线延长到安全地点，并做好标志，作为开槽后各阶段施工中恢复轴线的依据。延长轴线的方法有两种：一是在轴线延长线上打木桩，称为轴线控制桩（又称引桩）；二是在建筑物外侧设置龙门桩和龙门板。

引桩一般钉设在基础开挖范围以外2～4m、不受施工干扰、便于引测和保存桩位的地方，如图9-4所示。也可以将轴线投测到周围建筑物上，做好标志，代替引桩。

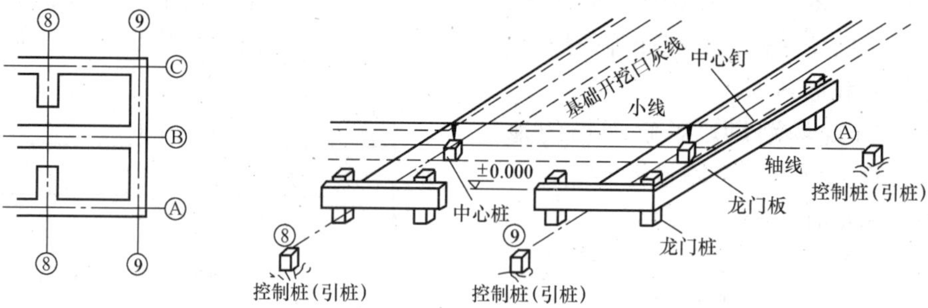

图9-4　轴线控制桩与龙门板

如图9-4所示，龙门板也是在基础开挖范围以外钉设龙门桩，桩上钉板即龙门板。要求钉设牢固、龙门板的方向与轴线平行或垂直、龙门板的上表面平整且其标高为±0.000m。其优点是使用方便，可以控制±0.000m以下各层标高和基槽宽、基础宽、墙身宽等具体位置。但它占用施工场地、影响交通、对施工干扰很大，一经碰动，必须及时校核纠正，且需要木材较多、钉设也比较麻烦，现已少用，不再详述。

3. 确定开挖边界线

根据基础宽和放坡宽（依据挖深与土质现场确定），用石灰撒出基础开挖边界线。

四、施工测量

1. 基础工程施工测量

当根据石灰线开挖基槽接近槽底时，可在槽壁上每隔3～5m测设比槽底设计高程提高0.3～0.5m的水平桩，作为水平桩以下槽底清理以及基础垫层施工的依据。

水平桩的测设方法如图9-5所示。如槽底设计标高为-1.800m，欲测设比槽底设计标高高0.500m的水平桩，可在地面适当位置安置水准仪，在地面高程控制点（设其标高为±0.000m）上立水准尺，读取后视读数a，假定为0.885m，然后在槽内壁一侧上下移动前视水准尺，直至前视读数为 $b_{应}=0.885+1.800-0.500=2.185$（m）时，沿尺子底面在槽壁上钉一小木桩，即为要测设的水平桩。

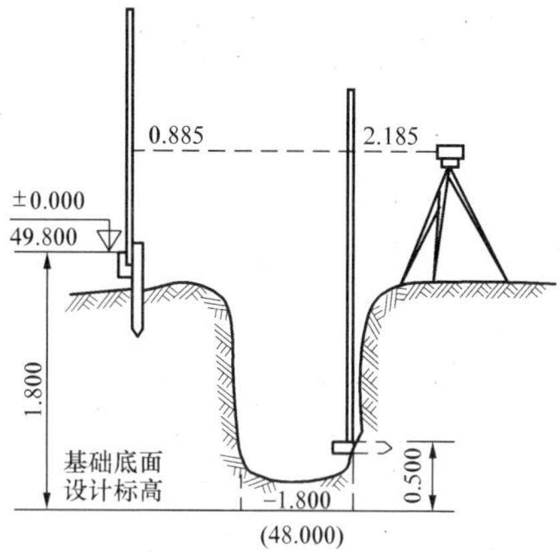

图 9-5　水平桩的测设

待垫层施工完成后，通过轴线控制桩将轴线引测到垫层上，并用墨线弹出墙体或梁、柱轴线以及基础边线，作为基础施工的依据。如为基础大开挖，则首先用上述方法将一条或几条主要轴线引测到垫层上，再用经纬仪和钢尺详细测设其他所有轴线的位置。

基础墙标高的控制参照下述墙体施工测量。

2. 墙体施工测量

基础施工结束，检查轴线控制桩无误后，一般可利用轴线控制桩将轴线投测到基础或防潮层部位外侧，如图 9-6 所示，以此确定上部砌体的轴线位置，进行墙体施工，同时也可作为向上投测轴线的依据。

在墙体砌筑过程中，墙身上各部位的标高通常是用皮数杆来控制和传递的。

皮数杆是根据建筑物剖面图画有每皮砖和灰缝的厚度，并注明墙体上窗台、门窗洞口、过梁、圈梁、楼板等构件标高的专用木杆，如图 9-7 所示。在墙体施工中，用皮数杆可以控制墙身各部位构件的准确位置，并通过在皮数杆间挂工程线，保证每皮砖灰缝厚度均匀，且在同一水平面上。

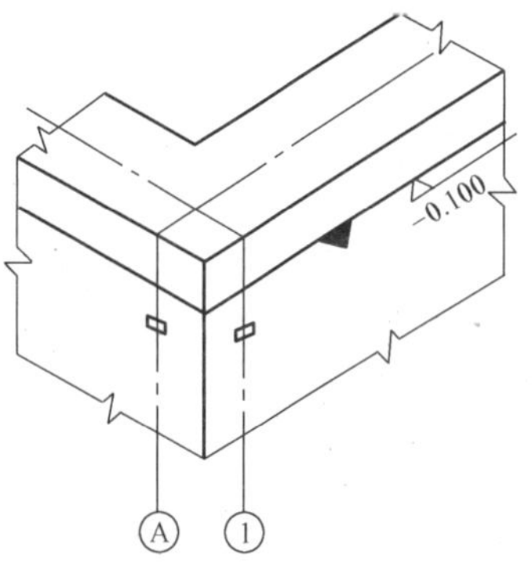

图 9-6　墙体轴线与标高线标注

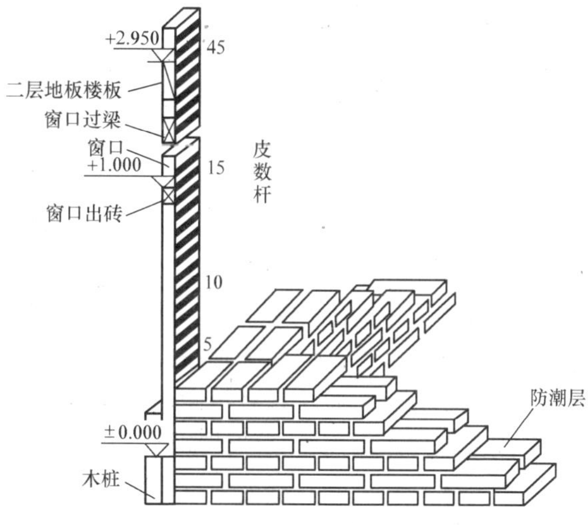

图 9-7　皮数杆的设置

皮数杆一般都立在建筑物的转角和隔墙处，为施工方便，可立在墙体的内侧或外侧。立皮数杆时，首先用水准仪测出±0.000m 标高位置，然后把皮数杆上的±0.000m 线与其对齐，安装牢固。皮数杆钉好后要用水准仪进行检测，并用垂球校正其垂直度。

五、轴线投测

高层建筑物要保证其垂直度，轴线投测尤为重要。《钢筋混凝土高层建筑施工规范》规定，轴线竖直方向误差在本层内不得大于±3mm，全楼竖向误差累积值不大于 $3H/10000$

（H 为建筑物总高度）。轴线投测的方法通常有以下几种。

1. 经纬仪投测法（外投法）

如图 9-8 所示。通常首先将原轴线控制桩引测到离建筑物较远的安全地点，如 A_1、B_1、A'_1、B'_1 点，以防止控制桩被破坏，同时避免轴线投测时仰角过大，以便减小误差，提高投测精度。

然后把经纬仪安置在轴线控制桩 A_1、B_1、A'_1、B'_1 上，严格对中、整平。用望远镜照准已在墙脚弹出的轴线点 a_1、a'_1、b_1、b'_1，用盘左和盘右两个竖盘位置向上投测到上一层楼面上，取得 a_2、a'_2、b_2、b'_2 点，再精确测出 $a_2a'_2$ 和 $b_2b'_2$ 两条直线的交点 O_2，然后根据已测设的 $a_2O_2a'_2$ 和 $b_2O_2b'_2$ 两轴线在楼面上详细测设其他轴线。按照上述步骤逐层向上投测，即可获得其他各楼层的轴线。

当楼层逐渐向上增高时，投测的经纬仪离建筑物相对较近，望远镜仰角过大，影响投测的精度且不便操作。一般情况下是将原轴线控制桩延伸至离建筑物更远或附近大楼的顶面上，如图 9-9 所示，再按前述方法进行轴线投测。

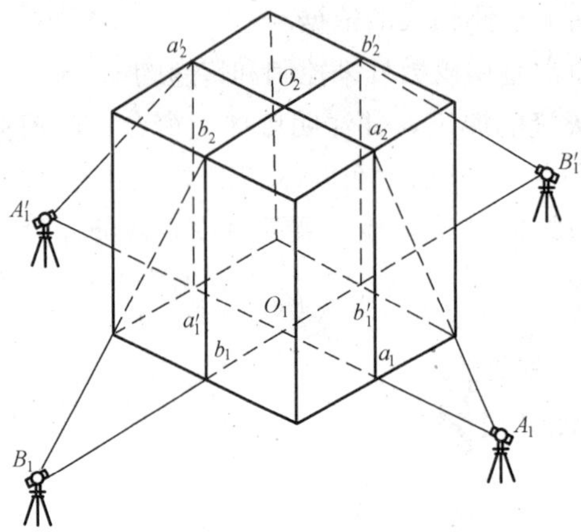

图 9-8　经纬仪轴线投测

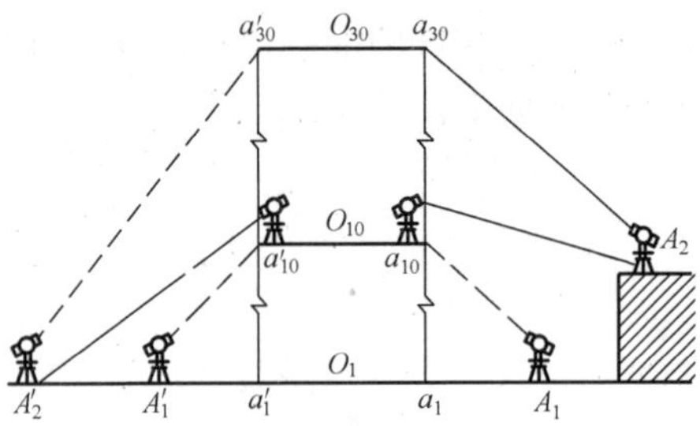

图 9-9　减小经纬仪投测角示意图

2. 激光铅垂仪投测法（内投法）

目前有较为先进的激光铅垂仪，已被不少建筑企业在施工中广泛采用。这种方法是通过对建筑物内若干特征点（一般为轴线或轴线平行线的交点）进行自下向上铅垂投测，从而获得各楼层轴线的方法。此法具有投测精度高、速度快、不受建筑物周围环境和地形等影响的特点，适用范围广，因而得到广泛应用。

（1）激光铅垂仪简介　激光铅垂仪是一种专用的铅垂定位仪器。适用于高层建筑、烟囱及高塔架的铅垂定位测量。

1）激光铅垂仪的基本构造　激光铅垂仪主要有氦氖激光管、精密竖轴、发射望远镜、水准器、基座、激光电源及接收屏等部分组成，基本构造如图 9-10 所示。

激光器通过两组固定螺钉固定在套筒内，通过精密竖轴与望远镜连成一体，由激光管输出的激光束直接进入望远镜目镜，再由物镜发射而形成一个红色小光斑成像。

仪器上设置有两个互成 90°的管水准器，仪器配有专用激光电源。

2）激光铅垂仪的使用　使用时利用激光器底端（全发射棱镜端）所发出的激光束进行对中，通过调节基座整平螺旋，使管水准器气泡严格居中，从而使发射的激光束铅垂。

(2) 激光铅垂仪投测轴线。

1) 在基础施工完毕后，于底层上的适当位置（投测点距轴线 500～1000mm 为宜）设置与轴线平行的辅助轴线，并埋设标志。

2) 根据梁柱结构尺寸，在每层楼板相对应上方投测位置处，预留孔洞，洞口大小一般为 300mm×300mm 左右，在预留洞口安置接收屏。

3) 投测时，将激光铅垂仪安置于底层埋设标志点 A 上，如图 9 - 11 所示，严格对中整平，接通激光电源，开启激光器，即可发射出铅垂激光基准线，在楼板的预留洞口 B 处接收屏显示激光光斑中心，即为地面底层埋设点的铅垂投影位置。

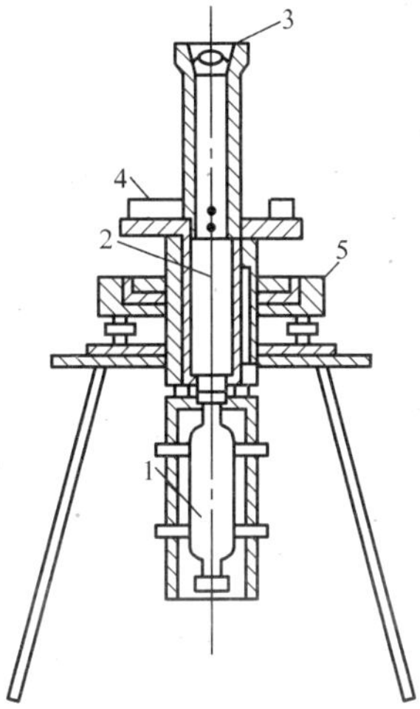

图 9 - 10 激光铅垂仪的基本构造

1—氦氖激光管；2—精密竖轴；3—发射望远镜；4—水准器；5—基座

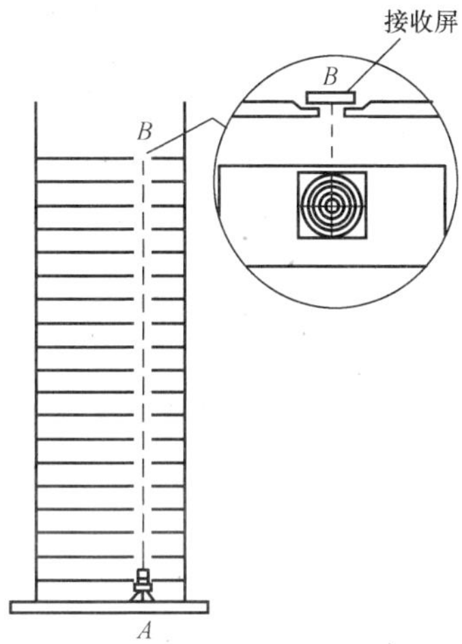

图 9 - 11 激光铅垂仪投测示意图

3. 锤球投测法

锤球投测法，是用传统的钢丝吊大锤球进行轴线投测。这种方法受风影响大，锤球有时难以稳定，轴线的投测精度较低，目前多在不具备用上述两种方法时采用，或作为上述两种方法的校核手段。

六、高程传递

高程传递通常有两种方法。

1. 用钢尺直接向上垂直量取

对于低层建筑，±0.000m 以上的标高，一般用钢尺从底层墙体上作出的±0.000m 标高线向上量取垂直间距，以传递标高。在高层建筑施工中，±0.000m 以上的高程传递一般用钢尺沿结构外墙、边柱和电梯间等处向上垂直量取，即可将高程传递到各施工层上，并以此作为各层过梁和门窗洞口等构件的施工依据。用此方法传递高程时，在高层建筑中至少应有三处标高传递，以便相互校核和适应分段施工的需要。由底层传递上来的同一层几个标高点，必须用水准仪进行校核，检查各标高点是否在同一水平面上，其误差应不超过±3mm。

2. 水准仪配合水准尺进行高程传递

如普通砖混结构建筑施工中，一般通过楼梯间，用水准仪配合水准尺逐层向上传递高程。

任务三　工业建筑施工测量

工业建筑主要以厂房为主，而工业厂房多为排柱式建筑，跨距和间距大，隔墙少，平面布置简单，而且其施工测量精度又明显高于民用建筑，故其定位一般是根据现场建筑方格网，采用由柱轴线控制桩组成的矩形方格网作为厂房的基本控制网。

厂房有单层和多层、装配式和现浇整体式之分。单层工业厂房以装配式为主，采用预制的钢筋混凝土柱、吊车梁、屋架、大型屋面板等构件，在施工现场进行安装。为保证厂房构件就位的正确性，施工测量中应进行以下几个方面的工作：厂房矩形控制网的测设；厂房柱列轴线放样；杯形基础施工测量；厂房构件及设备安装测量等。

一、厂房矩形控制网的测设

矩形控制网的测设可以采用直角坐标法、极坐标法和角度交会法等，现以直角坐标法为例，介绍依据建筑方格网建立厂房控制网的方法。

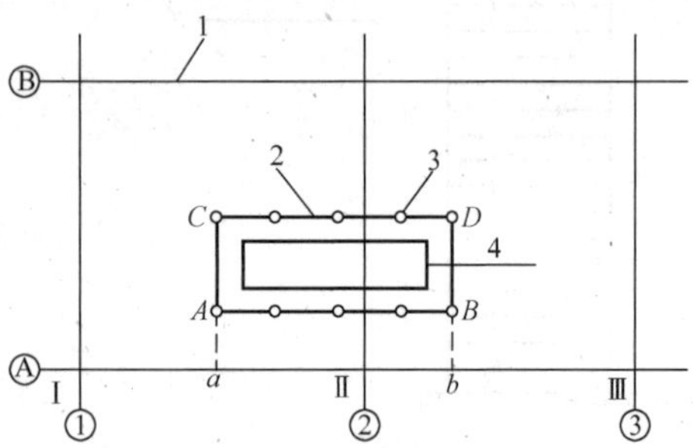

图 9-12　厂房矩形控制网测设

1—建筑方格网；2—厂房控制网；3—距离指标桩；4—车间外墙轴线

如图 9-12 所示，根据测设方案与测设略图，将经纬仪安置在建筑方格网点Ⅱ上，分别精确照准Ⅰ、Ⅲ点。自Ⅱ点沿视线方向分别量取Ⅱa和Ⅱb，定出 a、b 两点。然后，将经纬仪分别安置于 a、b 两点上，用测设直角的方法分别测出 aA、bB 方向线，沿 aA 方向测设出 A、C 两点，沿 bB 方向测设出 B、D 两点，分别在 A、B、C、D 四个点上钉上木桩，做好标志。最后检查控制桩 A、B、C、D 各点的直角是否符合精度要求，一般情况下其误差不应超过$\pm 10''$，各边长度相对误差不应超过 1/10000～1/25000。

然后，可按放样略图测设距离指标桩，以便对厂房进行细部放样工作。距离指标桩沿控制网测设，其间距一般为柱子间距的整数倍。

二、厂房柱列轴线与柱基测设

图 9-13 是某厂房的平面示意图，A、B、C 轴线及 1、2、3 等轴线分别是厂房的纵、横柱列轴线，又称定位轴线。纵向轴线的距离表示厂房的跨度，横向轴线的距离表示厂房的柱距。在进行柱基测设时，应注意定位轴线不一定是柱的中心线，一个厂房的柱基类型很多，尺寸不一，放样时应特别注意。

1. 厂房柱列轴线的测设

在厂房控制网建立以后，即可按柱列间距和跨距用钢尺从靠近的距离指标桩量起，沿矩形控制网各边定出各柱列轴线桩的位置，并在桩顶上钉入小钉，作为桩基放线和构件安置的依据，如图 9-13 所示。

2. 柱基测设

柱基的测设应以柱列轴线为基线，按基础施工图中基础与柱列轴线的关系尺寸进行。现以图 9-14 所示Ⓐ轴与⑤轴交点处的基础详图为例，说明柱基的测设方法。

首先将两台经纬仪分别安置在Ⓐ轴与⑤轴一端的轴线控制桩上，瞄准各自轴线另一端的

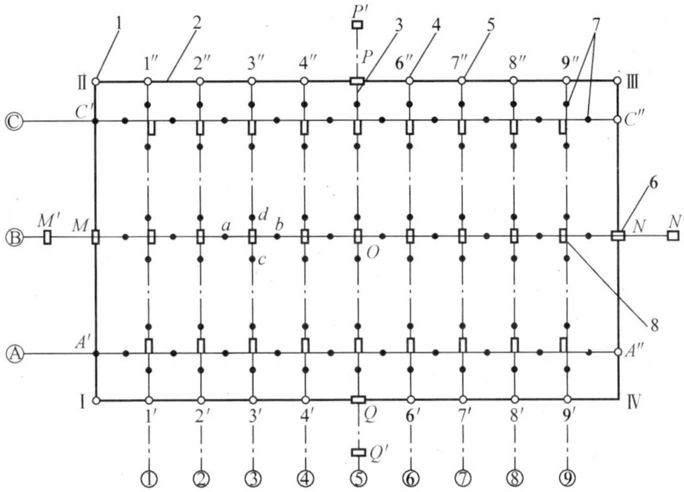

图9-13　厂房柱列轴线与柱基测设

1—矩形控制网角柱；2—矩形控制网；3—主轴线；4—柱列轴线控制桩；5—距离指标桩；6—主轴线桩；7—柱基中心线桩；8—柱基

轴线控制桩，交会定出轴线交点作为该基础的定位点（注意：该点不一定是基础中心点）。沿轴线在基础开挖边线以外1～2m处的轴线上打入四个小木桩a、b、c、d，并在桩上用小钉标明位置。木桩应钉在基础开挖线以外一定位置，留有一定空间以便修坑和立模。再根据基础详图的尺寸和放坡宽度，量出基坑开挖的边线，并撒上石灰线，此项工作称为柱列基线的放线。

3. 柱基施工测量

当基坑挖到一定深度后，用水准仪在坑壁四周离坑底0.3～0.5m处测设几个水平桩，用作检查坑底标高和打垫层的依据，如图9-15所示。图中垫层标高桩在打垫层前测设。

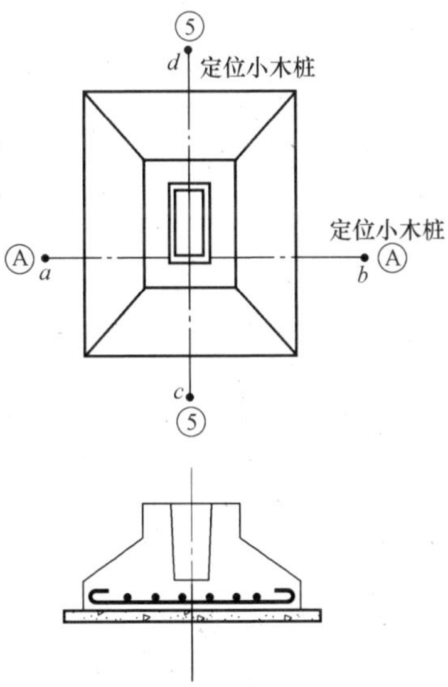

图9-14　柱基测设

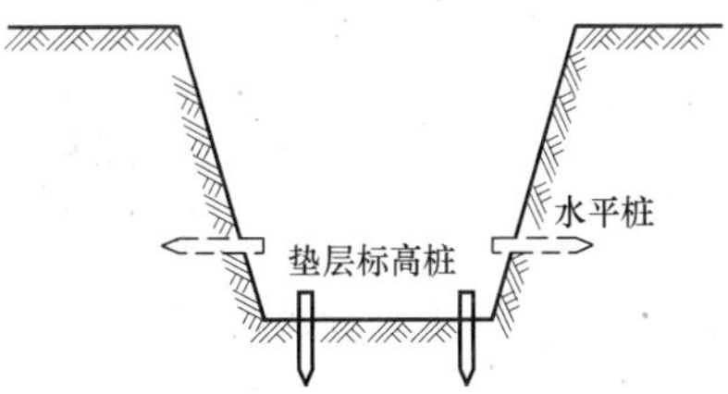

图9-15　柱基水平桩、标高桩

基础垫层做好后，根据基坑旁的定位小木桩，用拉线吊锤球法将基础轴线投测到垫层上，弹出墨线，作为柱基础立模和布置钢筋的依据。

立模板时，将模板底线对准垫层上的定位线，并用锤球检查模板是否垂直。最后将柱基顶面设计高程测设在模板内壁。

4. 设备基础施工测量

设备基础施工测量主要包括基础定位、基础槽底放线、基础上层放线、地脚螺栓安装放线、中心标板投点等。其中钢柱柱基的定位、槽底放线、垫层放线及标高测设方法与钢筋混凝土柱基的测设方法相同，不同处是钢柱的锚固地脚螺栓的定位放线精度要求高。

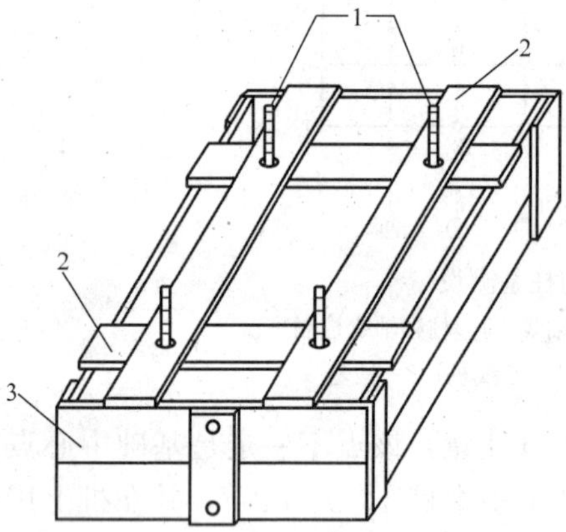

图 9-16　小型钢柱地脚螺栓定位示意图

1—地脚螺钉；2—支架；3—基础模板

（1）钢柱地脚螺栓定位。

1）小型钢柱地脚螺栓定位　小型设备钢柱的地脚螺栓的直径小，重量轻，可用木支架来定位，如图 9-16 所示，木支架装在基础模板上。根据基础龙门板或引桩，先在垫层上确定轴线位置，再根据设计尺寸放出模板内口的位置，弹出墨线，再立模板。地脚螺栓按设计位置，先安装在支架上，再根据龙门板或引桩在模板上放样出基础轴线及支架板的轴线位置，然后安装支架板，地脚螺栓即可按设计要求就位。

2）大型钢柱地脚螺栓定位　大型设备钢柱的地脚螺栓的直径大，重量重，需用钢固支架来定位，如图 9-17 所示，固定架由钢模板、钢支架及钢拉杆组成。地脚螺栓孔的位置按设计尺寸根据基础轴线精密放出，用经纬仪精密测设安装钢支架和样模，使样模轴线与基础轴线相重合，如图 9-18 所示。样模标高用水准仪测设到支架上，使样模上的地脚螺栓位置和标高均符合设计要求。钢固定架安装到位后，即可立模浇注基础混凝土。

（2）中心标板投点　中心标板投点是在基础拆模后进行的，先仔细检查中线原点，投点时，根据厂房控制网上的中心线原点开始，测设后在标板上刻出十字标线。

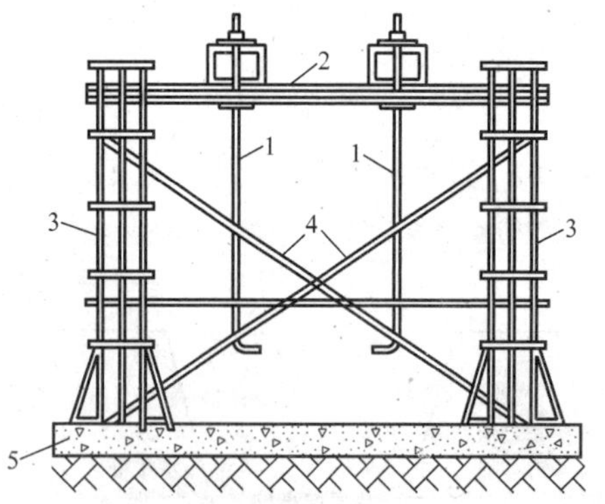

图 9-17　大型钢柱地脚螺栓定位示意图

1—地脚螺钉；2—养模钢架；3—钢支架；4—拉杆；5—混凝土垫层

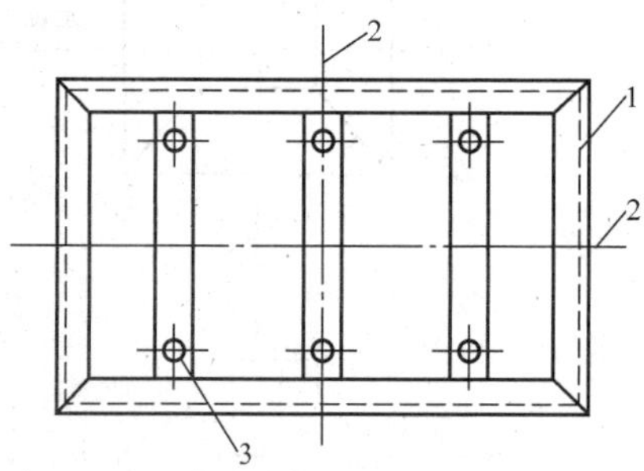

图 9-18　钢固支架示意图

1—养模钢梁；2—基础轴线；3—地脚螺钉孔

三、厂房预制构件安装测量

在装配式工业厂房的构件安装测量中，精度要求较高，特别是柱的安装就位是关键，应引起足够重视。

1. 柱的安装测量

（1）柱子吊装前的准备工作 柱子的安装就位及校正，是利用柱身的中心线、标高线和相应的基础顶面中心定位线、基础内侧标高线进行对位来实现的。故在柱就位前必须做好以下准备工作。

1）柱身弹线及投测柱列轴线 在柱子安装之前，首先将柱子按轴线编号，并在柱身三个侧面弹出柱子的中心线，并且在每条中心线的上端和靠近杯口处画上“▶”标志。并根据牛腿面设计标高，向下用钢尺量出－60cm 的标高线，画出“▼”标志，如图 9-19 所示，以便校正时使用。

在杯形基础上，由柱列轴线控制桩用经纬仪把柱列轴线投测到杯口顶面上，如图9-20所示，并弹出墨线，用红油漆画上“▶”标志，作为柱子吊装时确定轴线的依据。当柱子中心线不通过柱列轴线时，还应在杯形基础顶面四周弹出柱子中心线，仍用红油漆画上“▶”标志。同时用水准仪在杯口内壁测设一条－60cm 标高线，并画“▼”标志，用以检查杯底标高是否符合要求。然后用 1∶2 水泥砂浆放在杯底进行找平，使牛腿面符合设计高程。

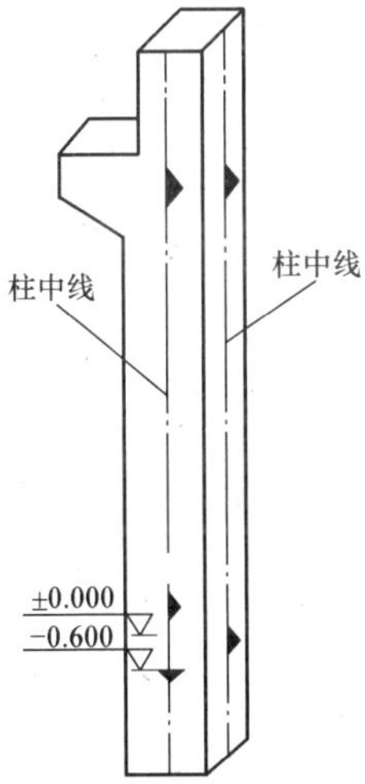

图 9-19 柱身弹线示意图

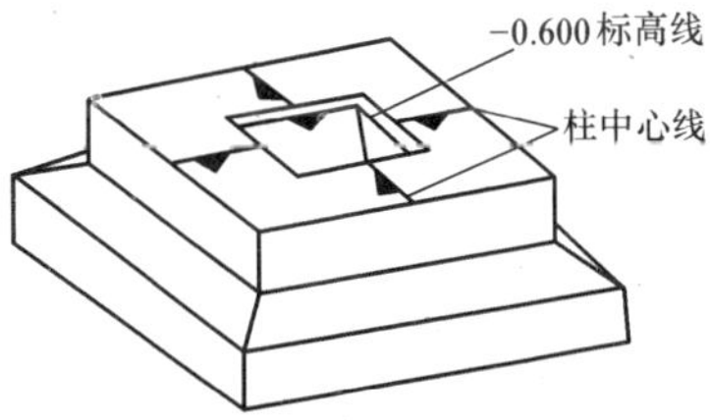

图 9-20 投测柱列轴线示意图

2）柱子安装测量的基本要求。

①柱子中心线应与相应的柱列中心线一致，其允许偏差为±5mm。

②牛腿顶面及柱顶面的实际标高应与设计标高一致，其允许偏差为：当柱高≤5m 时应不大于±5mm；柱高＞5m 时应不大于±8mm。

③柱身垂直允许误差：当柱高≤5m 时应不大于±5mm；当柱高在 5～10m 时应不大于±10mm；当柱高超过 10m 时，限差为柱高的 1‰，且不超过±20mm。

（2）柱子安装时的测量工作 柱子被吊装进入杯口后，先用木楔或钢楔暂时进行固定。用铁锤敲打木楔或者钢楔，使柱脚在杯口内平移，直到柱中心线与杯口顶面中心线平齐。并用水准仪检测柱身已标定的标高线。

然后用两台经纬仪分别在相互垂直的两条柱列轴线上，相对于柱子的距离为 1.5 倍柱高处同时观测，如图 9-21（a）所示，进行柱子校正。观测时，将经纬仪照准柱子底部中心线上，固定照准部，逐渐向上仰望远镜，通过校正使柱身中心线与十字丝竖丝相重合。

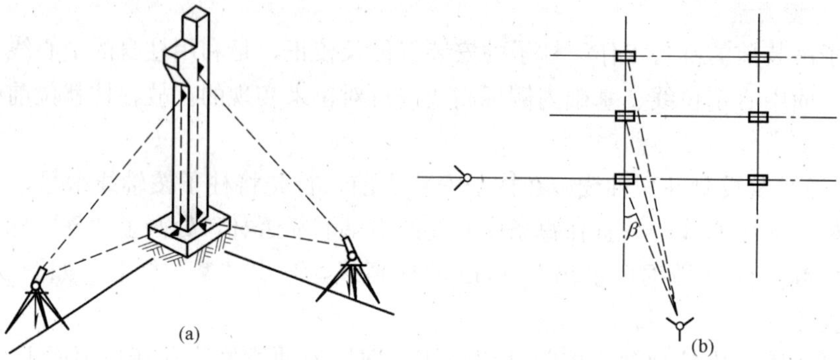

图 9-21　柱子校正示意图

柱子校正时的注意事项：

1）校正用的经纬仪事前应经过严格校正，因为校正柱子垂直度时，往往只用盘左或盘右观测，仪器误差影响很大。操作时还应注意使照准部水准管气泡严格居中。

2）柱子在两个方向的垂直度都校正好后，应再复查平面位置，看柱子下部的中心线是否仍对准基础的轴线。

3）为了提高工作效率，一般可以将经纬仪安置在轴线的一侧，与轴线成 10°左右的方向线上（为保证精度，与轴线角度不得大于 15°），一次可以校正几根柱子，如图9-21（b）所示。当校正变截面柱子时，经纬仪必须放在轴线上进行校正，否则容易出现差错。

4）考虑到过强的日照将使柱子产生弯曲，使柱顶发生位移，当对柱子垂直度要求较高时，柱子垂直度校正应尽量选择在早晨无阳光直射或阴天时校正。

2. 吊车梁及屋架的安装测量

吊车梁安装时，测量工作的任务是使柱子牛腿上的吊车梁的平面位置、顶面标高及梁端中心线的垂直度都符合要求。屋架安装测量的主要任务同样是使其平面位置及垂直度符合要求。

（1）准备工作　首先在吊车梁顶面和两端弹出中心线，再根据柱列轴线把吊车梁中心线投测到柱子的牛腿顶面和侧面上，并弹出墨线，作为吊装测量的依据。

同时根据柱子±0.000 位置线，用钢尺沿柱侧面量出吊车梁顶面设计标高线，画出标志线作为调整吊车梁顶面标高用。

（2）吊车梁吊装测量　如图 9-22 所示，吊装吊车梁应使其两个端面上的中心线分别与牛腿面上的梁中心线初步对齐，再用经纬仪进行校正。校正方法是根据柱列轴线用经纬仪在地面上放出一条与吊车梁中心线相平行的校正轴线，水平距离为 d。在校正轴线一端点处安置经纬仪，固定照准部，上仰望远镜，照准放置在吊车梁顶面的横放直尺，对吊车梁进行平移调整，使吊车梁中心线上任一点距校正轴线水平距离均为 d。在校正吊车梁平面位置的同时，用吊锤球方法检查吊车梁的垂直度，不满足时在吊车梁支座处加垫块校正。

在吊车梁就位后，先根据柱面上定出的吊车梁设计标高线检查梁面的标高，并进行调整，不满足时用抹灰调整。再把水准仪安置在吊车梁上，进行精确检测实际标高，其误差应在±3mm 以内。

(3) 屋架的安装测量 如图 9-23 所示，屋架的安装测量与吊车梁安装测量的方法基本相似。屋架的垂直度是靠安装在屋架上的三把卡尺，通过经纬仪进行检查、调整。屋架垂直度允许误差为屋架高度的 1/250。

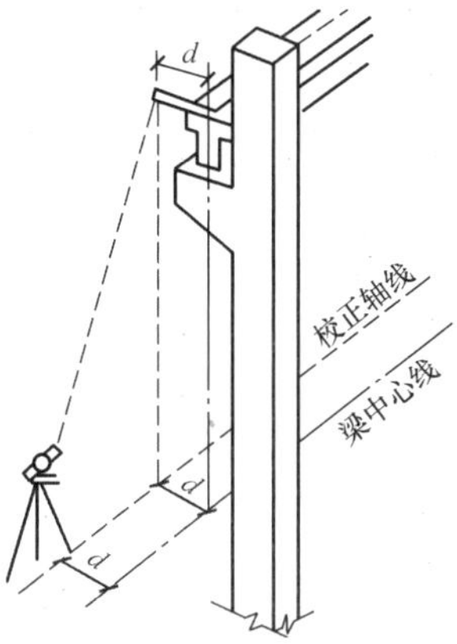

图 9-22 吊车梁安装校正示意图

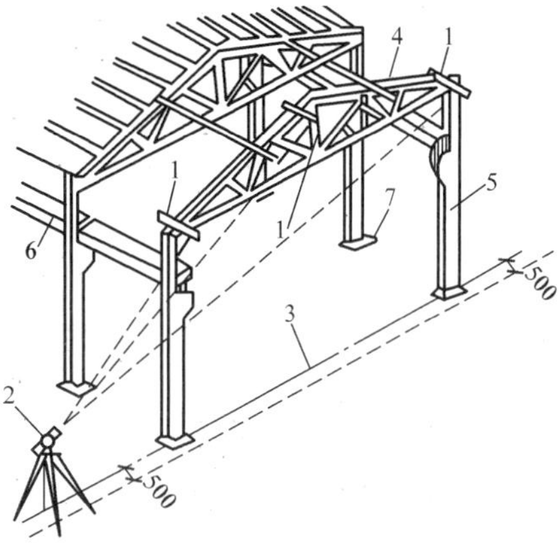

图 9-23 屋架安装测量示意图

1—卡尺；2—经纬仪；3—定位轴线；4—屋架；5—柱；6—吊车梁；7—基础

任务四 竣工总平面图的编绘

工业建筑和民用建筑工程的建设是根据设计总平面图进行施工的。在施工过程中，可能由于实际情况或其他因素的影响而变更设计图纸，造成竣工后的工程与原设计图纸不相符。为了真实地反映出工程现状，为竣工验收时考察和评定工程质量提供依据，也便于今后的管理、维修、改建和扩建，均需要建筑工程的实际资料，因此随着工程的陆续竣工，要相继进行竣工总平面图的绘制。

竣工总平面图的内容包括：测量控制点，厂房，辅助设施，架空与地下管线及生活福利设施，道路等建筑物和构筑物的坐标、高程，以及厂区内尚未兴建区域的地物、地貌等内容。

竣工总平面图的绘制分为室外竣工测量和室内资料绘制两个方面。

1. 室外竣工测量

室外竣工测量是指建筑物或构筑物进行竣工验收的测量。竣工测量可以利用施工期间使用的高程控制点及平面控制点进行实地测量。对主要建筑物和构筑物室内地面、上下水管道及道路变坡点及地貌特征点，应根据高程控制点进行水准测量。对主要建筑物和构筑物等重要地物、地貌特征点的位置，应根据平面控制点进行平面实地测量。对一般地物、地貌可按地形图的要求进行测绘，确定其在总平面图上的具体位置。

2. 竣工平面图的绘制

竣工平面图应根据设计总平面图、单位工程平面图、纵横断面图、设计变更资料和施工放线、检查验收等竣工测量资料，以及相关单位的具体要求进行绘制。

竣工总平面图的绘制步骤如下：

(1) 首先在画好坐标方格网的图纸上展绘出平面控制点。对方格网的展点偏差不应超过

±0.3mm。

（2）根据坐标方格网，把设计总平面图的具体内容按其设计坐标用铅笔展绘于图纸上，作为底图，然后进行竣工总平面图的展绘。

（3）以设计坐标定位施工的工程，可按设计坐标和高程进行绘制，设计变更的部分则按变更的设计资料进行绘制。如果竣工测量成果与设计资料有较大出入，且超过定位允许值时，则应按竣工测量进行绘制，以反映真实情况。

对于大型厂矿或比较复杂的建筑工程，如果将区域内所有建筑物和构筑物及地物、地貌特征点都绘制在一张竣工平面图上，这样难以表达清楚，更不易辨别区分。为了便于使用，通常根据工程的密度和复杂程度，按其性质分类进行绘制，如综合竣工总平面图、工业管线竣工总平面图、分类管道竣工总平面图等。

思考题与习题

1. 施工控制网常布设成哪几种形式？它们各适用于哪些场合？
2. 什么是建筑物的定位、放线？
3. 民用建筑施工测量工作主要包括哪些内容？
4. 高层建筑物的轴线是如何投测的？高层建筑物如何进行高程传递？
5. 厂房施工测量中，为什么要建立独立的厂房控制网？
6. 简述工业厂房柱列轴线如何进行测设。它的具体作用是什么？
7. 如何进行柱子吊装的竖直校正工作？应注意哪些具体要求？
8. 简述工业厂房柱基的测设方法。
9. 为什么要进行建筑物的变形观测？对建筑物应进行哪些变形测量？
10. 建筑物沉降观测时，水准基点和观测点各应如何布置？
11. 编绘竣工总平面图的意义是什么？绘制内容有哪些？具体如何编绘？

单元十　线路测量与桥梁施工测量

任务一　概　　述

一、线路测量概述

“线路”通常是指道路、给水、排水、输电、电信、各种工业管道及桥涵等线形工程的中线总称，是工程建设的重要组成部分。随着我国国民经济的快速增长，城市发展建设规模的不断扩大，线路工程在工程建设中的作用显得越来越重要。

1. 线路测量的任务和内容

线路测量是为各种等级道路和各种管线设计和施工服务的。它的任务主要有两个方面：一是为线路工程的设计提供地形图和断面图；二是按设计位置要求将线路测设于实地。

线路工程的测量工作主要内容分为以下几个阶段：

（1）勘测、设计阶段（前期阶段）的线路工程测量工作　在前期阶段线路工程测量的主要内容有线路中线测量，纵、横断面测量，带状地形测量等，其主要目的是为线路工程设计提供必要的地形信息（地形、地貌、断面图等资料），保证线路工程设计的可行性。测图比例尺根据不同工程的实际情况及要求可参照表 10-1 确定。

表 10-1　　线路工程测图种类及比例尺

线路工程种类	带状地形图	工程地形图	纵断面图		横断面图	
			水平	垂直	水平	垂直
铁路	1∶1000	1∶200	1∶1000	1∶100	1∶100 1∶200	1∶100 1∶200
	1∶2000	1∶200	1∶2000	1∶200		
	1∶5000	1∶500	1∶1000	1∶100		
公路渠道	1∶2000	1∶200	1∶2000	1∶200	1∶100	1∶100
		1∶500				
	1∶5000	1∶1000	1∶5000		1∶200	1∶200
架空索道	1∶2000	1∶200	1∶2000	1∶200		
	1∶5000	1∶500	1∶5000			
自流管道	1∶1000		1∶1000	1∶100		
	1∶2000	1∶500	1∶2000	1∶200		
压力管线	1∶2000		1∶2000	1∶200		
	1∶5000	1∶500	1∶5000			
架空输电线路		1∶200	1∶2000	1∶200		
		1∶500	1∶5000			

（2）施工阶段的线路工程测量工作　线路工程施工测量，是按线路工程的设计和施工要求，测设各种线路中线的平面和高程位置，作为施工的依据，目的是保证各种线路工程的位置和相互关系的准确性。

线路工程施工测量的精度要求应以满足设计和施工要求为准，对于不同性质的线路工程，其施工测量的精度要求是不同的。如在道路工程中，高等级混凝土路面的道路比一般的道路测量精度要求高。如管道工程中，无压力的自流管道的高程精度要求比有压力的管道要求高。如对中线平面位置的测量精度要求比对横向测量精度的要求高，即纵向测量精度比横向测量精度要求高，这是一般线路工程的特点。

因各种线路工程具体情况及其施工方法的不同，各种线路工程施工测量的内容也有所不同，具体施工测量方法可根据施工现场条件灵活掌握。

2. 线路测量的基本过程

线路测量的基本过程主要包括以下几个阶段：前期规划选线阶段；线路工程的勘测阶段；线路工程的定测阶段；线路工程的施工放样阶段；工程竣工的监测阶段。

（1）前期规划选线阶段　前期规划选线阶段是在线路工程的建设项目前期可行性决策阶段，在这个阶段中一般包括收集资料、图上选线、实地勘察和方案论证。

1）收集资料　主要收集线路规划设计区域内各种比例尺地形图及其原有线路工程的平面图和断面图等资料。

2）图上选线　线路工程一经批准建设，设计单位（规划设计工程师）根据投资决策者提出的工程建设目标和要求，初步在地形图上进行比较、选择线路方案。地形图的时效性和合适的比例尺（1∶5000～1∶50000）对规划选线起着非常重要的作用，可以在地形图上测算线路的长度、桥梁和涵洞的数量。

3）实地勘察　根据在地形图上初步选择的线路方案，进行实地勘察，进一步收集线路的实际资料，掌握线路沿线的实际情况。前期收集的地形图往往与实际地形可能存在一定差异，而实地勘察所获得的实际资料可作为前期收集资料的重要补充。通过实地勘察，可发现原地形图的不足，检查原图上选线方案的可行性，优化设计。

4）方案论证　设计单位（规划设计工程师）根据收集资料、图上选线、实地勘察的全部资料，以及建设单位（投资决策者）提出的工程建设目标和要求，进行方案论证，比较后确定最终规划线路方案。

（2）线路工程的勘测阶段　线路工程的勘测是对所确定的最终规划线路方案进行导线测量和水准测量，并测绘线路大比例尺带状地形图。线路工程的勘察成果是最终规划线路方案所绘带状区域的地形图，它为线路的初步设计提供必要的地形资料，使设计者有条件进行图上定线设计，在大比例尺带状地形图上确定线路中线直线段及其交点位置，标明直线段连接曲线的有关参数等。

（3）线路工程的定测阶段　线路工程的定测是将初步设计的线路位置测设到实地上。定测主要的任务是确定线路平面、纵断面、横断面三个面上的位置，其工作包括中线测量和纵、横断面测量。

（4）线路工程的施工放样阶段　线路工程的施工放样，又称线路工程施工测量。根据设计施工图纸要求及有关资料，测设线路工程的平面位置和高程位置，作为线路工程施工的依据。目的是保证各种线路工程的位置和相互关系的准确。

（5）工程竣工及运营过程中的监测阶段　将完工后的线路工程通过测量绘制成竣工图，为工程移交投入使用做准备。在工程使用阶段，还要监测工程使用状况，以反映工程施工质量，并作为线路使用过程中维护管理、改建、扩建的依据。

二、桥梁施工测量概述

随着现代化建设的发展，我国桥梁工程建设日益增多，在桥梁的勘测、设计、施工和营运监测中测量工作起着重要的作用。

桥梁施工测量的主要任务如下：

（1）对桥梁中线位置桩、三角网基准点（或导线点）、水准点及其测量资料进行检查、核对，若发现桩不足、不稳妥、被移动或测量精度不符合要求时，应按规范要求补测、加固、移设或重新测校。

（2）补充施工过程中需要的中线桩。

（3）根据施工条件补充水准点。

（4）测定墩、台的中线和基础桩的中心位置。

（5）测定锥坡、翼墙及导流构造物的位置。

（6）测定并检查各施工部位的平面位置、高程、几何尺寸等。

任务二　中　线　测　量

中线是指道路、管道以及其他线路的中心位置线（包括直线和曲线），如图 10-1 所示。中线测量是线路工程测量中的一个重要环节，其任务是根据图上定线阶段已明确的线路、定线条件，将线路中心线位置测设在实地上。中线测量主要内容有：测设中线的起点、中间交点及终点，测定转向角，测设里程桩。

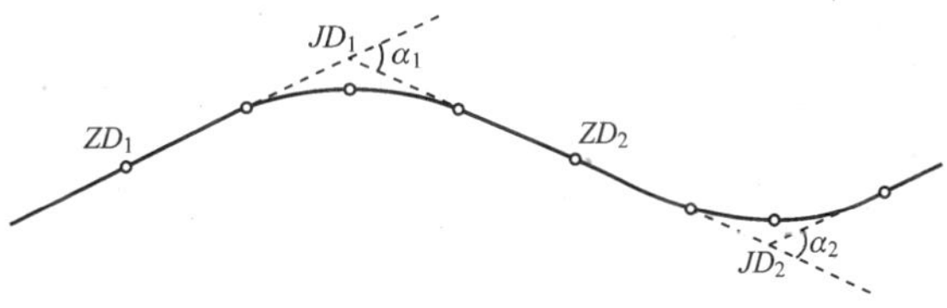

图 10-1　线路的中线

一、中线交点的测设

中线交点包括线路中线的起点、中间交点和终点，多数交点在图纸上已确定其定位的条件。测设时应根据图纸上的定位条件，将它们测设到地面上。其测设的基本程序为：

（1）根据图纸上线路的起点、中间交点及终点的设计坐标，以及与线路附近地面已有控制点或固定地物点的关系，用解析法反算出放线所需要的角度和距离数据，将其测设于地面上。

（2）对于定线精度要求不高的一般线路，可直接在图上量取放线数据。然后采用极坐标法、直角坐标法、角度交会法或距离交会法，将其测设于地面上。

中线交点位置确定之后，均需用木桩标定点位，并做好编号、记录。由于定位条件和现场情况各异，施测工作中应根据实际情况合理选择测设方法。

交点的测设方法有根据地物测设交点、根据导线点坐标和交点的设计坐标测设交点、穿线交点法测设交点。

1. 根据地物测设交点

如图 10-2 所示，JD_{10}的位置已在地形图上选定，可事先在图上量出JD_{10}到两房角和电

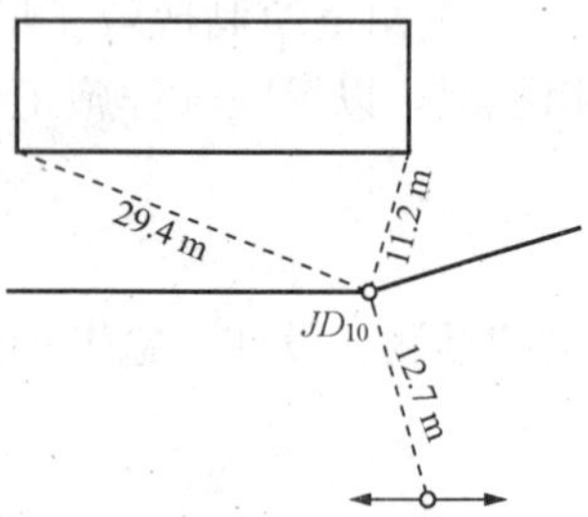

图 10-2　根据地物测设交点

杆的距离。在现场根据相应的地物，用距离交会法测设出 JD_{10}。

2. 根据导线点坐标和交点的设计坐标测设交点

如图 10-3 所示，根据导线点 6、7 和 JD_4 三点的坐标，计算出方位角 $\alpha_{6,7}$、α_{6,JD_4} 和 6 到 JD_4 之间的距离 S，然后根据 $\beta=(\alpha_{6,JD_4}-\alpha_{6,7})$ 和 S 值，按极坐标法测设 JD_4。

3. 穿线交点法测设交点

穿线交点法是利用图上就近的导线点或地物点，把中线的直线段独立地测设到地面上。然后将相邻直线延长相交，定出地面交点桩的位置。其程序是：放点、穿线、交点。

（1）放点　放点常用的方法有极坐标法和支距法。

极坐标法放点：如图 10-4 所示，P_1、P_2、P_3、P_4 为纸上定线的某直线段欲放的临时点，在图上以附近的导线点 4、5 为依据，用量角器和比例尺分别量出 β_1、l_1、β_2、l_2 等放样数据，并在现场用极坐标法将其测设出。

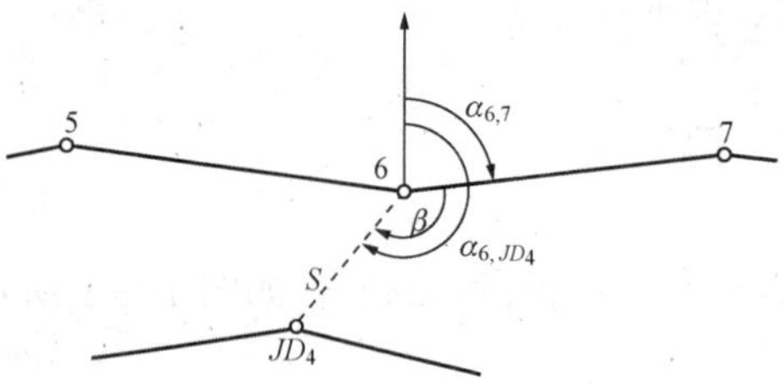

图 10-3　根据导线点测设交点

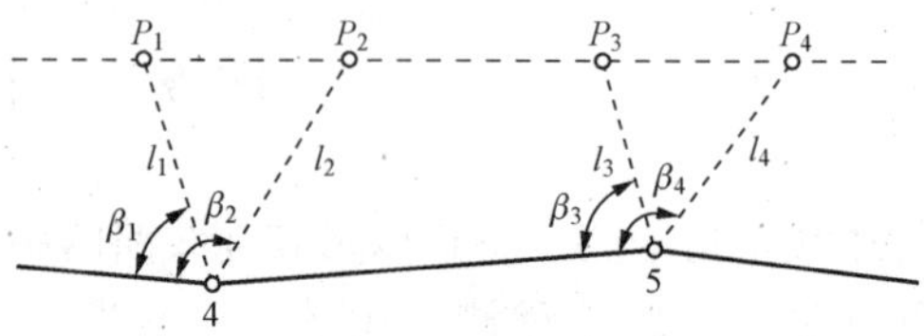

图 10-4　极坐标法放点

支距法放点：如图 10-5 所示，P_1、P_2、P_3、P_4 为中线测量人员在拟测设线路上所选定的临时点，在图上自导线点 4、5、6、7 作导线边的垂线分别与中线相交得各临时点。用比例尺量取相应的支距 l_1、l_2、l_3、l_4，然后在现场以相应导线点为垂足，用方向架定垂线方向，用钢尺量支距，测设出相应的各临时点。

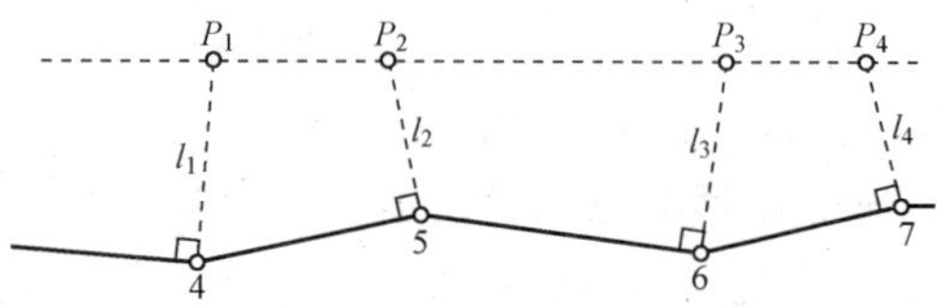

图 10-5　支距法放点

（2）穿线　放出的临时各点理论上应在一条直线上，但由于图解数据和测设工作均存在误差，实际上并不严格在一条直线上，如图 10-6 所示。这时可根据现场实际情况，采用目估法穿线或经纬仪视准法穿线，通过比较和选择，定出一条尽可能多的穿过或靠近临时点的直线 AB。最后在 A、B 或其方向线上打下两个以上的转点桩，取消临时点桩。

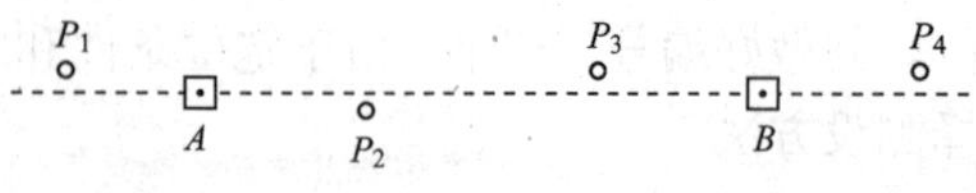

图 10-6　穿线

（3）交点　如图 10-7 所示，当相邻两相交的直线在地面上确定后，即可进行交点。将经纬仪安置于 ZD_2 瞄准 ZD_1，倒镜，在视线方向上接近交点 JD 的概略位置前后打下两桩（称骑马桩）。采用正倒镜分中法在该两桩上定出 a、b 两点，并钉出小钉，挂上细线。仪器搬至 ZD_3，同法定出 c、d 点，挂上细线，两细线的相交处打下木桩，并钉以小钉，得到交点 JD。

二、转向角的测定

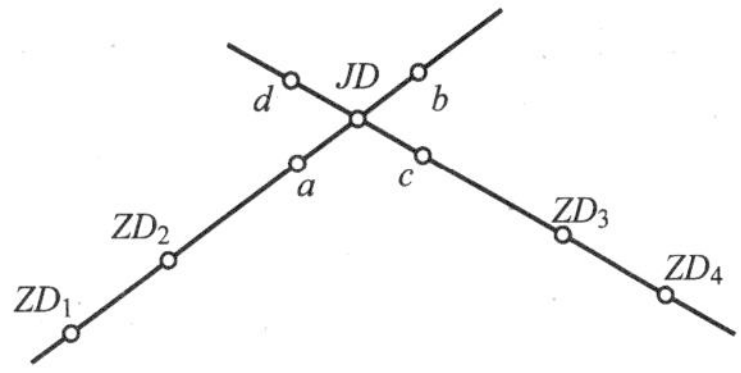

图 10-7　交点

转向角亦称转角，即中线由一个方向转向另一个方向时，转变后的方向与原方向延长线的夹角，用 α 表示，如图 10-8 所示。在中线交点标定以后，即可测定其转向角。由于中线在交点处转向的不同，转向角有左转角和右转角之分。在线路测量中，一般不直接测转角，而是先直接测转折点上的水平夹角，然后计算出转角。具体观测方法是：将经纬仪安置在交点上，与用经纬仪观测导线转折角一样，用测回法测定线路的右角 $\beta_{右}$，测一测回。然后根据右角 $\beta_{右}$ 计算转角 α。

当 $\beta_{右}<180°$时，$\alpha_{右}=180°-\beta_{右}$，为右转角；

当 $\beta_{右}>180°$时，$\alpha_{左}=\beta_{右}-180°$，为左转角。

三、里程桩的测设

里程桩是指从线路起点开始沿中线方向根据地形变化情况每隔 20～50m 钉一木桩标记（曲线段上中桩间距，应按曲线半径和长度选定，一般为 10～40m），称为里程桩。设置里程桩的目的是为了确定线路中线桩的位置和线路长度，满足纵、横断面的测量以及为线路施工放样做准备。

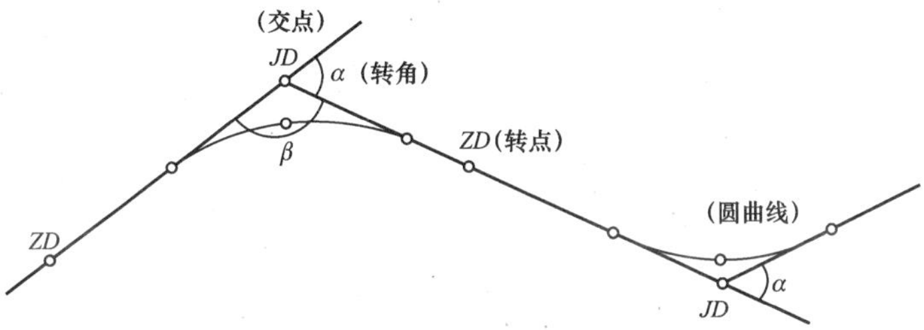

图 10-8　转向角的测定

里程桩有整桩和加桩之分。对小型、较短的线路每隔 10m 或 20m 打一木桩，对于铁路、公路较长的线路每隔 50m 或 100m 打一木桩，称为整桩。百米桩、公里桩和线路起点桩均为整桩。加桩分地形加桩、地物加桩、曲线加桩、关系加桩等。地形加桩是指沿中线地形坡度变化处设置的桩。地物加桩是指沿中线上的建筑物和构筑物处设置的桩；曲线加桩是指曲线起点、中点、终点等设置的桩；关系加桩是指线路交点和转点（中线上传递方向的点）的桩。另外，在以下情况增设加桩：

（1）在线路与其他线路相交处。

（2）将要设置的桥梁、涵洞等处。

（3）道路遇曲线时，在曲线的起点、中点、终点和细部点。

（4）中线上地面坡度变化处及中线两侧地形变化较大处。

整桩和加桩都以线路起点沿线路中线到该桩的中线距离进行编号。对于交点、转点、曲线主点桩还应注明里程桩性质缩写，目前我国线路中采用表 10-2 表示。

表 10-2　　**线路主要标志点名称**

标志点名称	简称	缩写	标志点名称	简称	缩写
交　点		*JD*	公切点		*GQ*
转　点		*ZD*	第一缓和曲线起点	直缓点	*ZH*
圆曲线起点	直圆点	*ZY*	第一缓和曲线终点	缓圆点	*HY*

续表

标志点名称	简称	缩写	标志点名称	简称	缩写
圆曲线中点	曲中点	*QZ*	第二缓和曲线起点	圆缓点	*YH*
圆曲线终点	圆直点	*YZ*	第二缓和曲线终点	缓直点	*HZ*

整桩的编号方法为："＋"号前面为公里数；"＋"号后面为米数。假设整桩的间距为50m，线路起点的桩号为k0＋000，整50m桩号依次编号为k0＋050、k0＋100、k0＋150、k0＋200、k0＋250、k0＋300、…、k0＋950。各整公里桩号为k1＋000、k2＋000、k3＋000、…、k（n－1）＋000、kn＋000。加桩桩号可根据相邻里程桩桩号到该加桩的距离算出。例如，由k10＋050里程桩向前23.5m处的加桩桩号为k10＋073.5。每个桩的桩号，通常用红油漆写在桩的侧面，字面要朝向线路的起点方向，其他情况可写在附近明显的地物上，里程桩应校核无误方可设置。此外，在线路测量中难免遇到局部地段改线或分段测量、丈量或计算错误造成线路里程桩桩号不连续，这种现象称为断链。断链有"长链"和"短链"两种，当线路桩号大于地面实际里程时叫短链，反之为长链。发生断链时，应在测量成果和有关设计文件中加以注明，并在实地增钉断链桩。要避免将断链桩设在曲线内或构筑物上，通常是在桩上注明线路来向去向的里程和应增减的长度。如k10＋926.43＝k10＋900.00，长26.43m。

里程桩的测设步骤是：中线定线，中线量距，钉里程桩，复核里程桩。对于精度要求高的工程，中线定线可用经纬仪定线。中线量距应使用检定过的钢尺丈量。对于精度要求较低的工程，中线定线可用目测定线，用视距测量法测量中线距离。对于市政工程，线路中线量距精度要求不应低于表10-3的规定。

表10-3　线路中线量距与曲线测设的精度要求

线段类别		主要线路	次要线路	山地线路
直线	纵向相对误差	1/2000	1/1000	1/500
	横向偏差（cm）	2.5	5	10
曲线	纵向相对闭合差	1/2000	1/1000	1/500
	横向闭合差（cm）	5	7.5	10

任务三　纵、横断面图的测绘与土石方工程量的计算

一、纵断面图的测绘

在建设道路、沟渠和敷设各种管道时，为了选择合理的线路和坡度，通常要沿线路中心线进行水准测量，了解沿线的地形起伏情况，并绘制出线路的纵断面图。

为了提高测量精度和有效地进行成果检核，根据"由整体到局部"的测量原则，纵断面测量一般分为两步进行：一是高程控制测量，亦称为基平测量，即沿线路方向设置水准点，测量水准点高程；二是中桩高程测量，亦称为中平测量，即根据基平测量建立的水准点及其高程，分段进行水准测量，测定各里程桩的地面高程。

1. 基平测量

（1）水准点的设置　水准点是线路水准测量的控制点，在勘测设计和施工阶段甚至在今后要长期使用，因此应在沿线路、离中线 30～50m 远、不受施工影响、使用方便和易于保存的地方埋设足够的水准点。永久性水准点，应埋设在线路起点和终点、大桥两岸、隧道两端等处，在较长线路上一般应 25～30km 布设一个。临时水准点的布设密度应根据地形复杂情况和工程需要而定，在每 300～500m 和在桥涵、停车场等构筑物附近应埋设一个临时水准点。在重丘陵和山区，每隔 500～1000m 布设一个；在微丘陵和平原，每隔 1000～2000m 布设一个；在中小桥梁、涵洞以及停车场等处均应埋设；较短线路一般每隔 300～500m 布设一个。关于水准点的具体埋设和要求，详见有关工程测量规范。

（2）基平测量的方法　水准点高程测量时，首先应与国家（或城市）高级水准点连测，以获得绝对高程。在沿线水准测量中也应尽量与附近国家水准点进行连测，以便获得更多的校核。若线路附近没有国家（或城市）高级水准点，也可采用假定高程基准，然后按照四等水准测量的要求或光电测距三角高程测量的方法测定各水准点的高程。基平测量的精度要求，往返观测或两组单程观测的高差不符值（单位为 mm）应满足下式要求

$$f_h \leqslant \pm 30\sqrt{L} \quad 或 \quad f_h \leqslant \pm 9\sqrt{n}$$

式中　L——单程水准线路长度，km；

　　　n——测站数。

2. 中平测量

线路纵断面测量也称中平测量，又称中桩水准测量。它是根据水准点高程，分段按图根水准测量精度要求测量线路中线各里程桩的高程。中桩水准测量应起于一个水准点，按图根水准测量精度要求逐个测量中线桩的地面高程，附合到下一个水准点上，相邻水准点间构成一条附合水准线路。相邻水准点的高差与中桩水准测量检测的较差，不应超过$\pm 30\sqrt{L}$（单位为 mm）。两转点之间所有中桩，称为中间点。施测中，由于中桩较多，且各桩间距一般均较小，因此可相隔几个桩设一测站。在每一测站上首先是读取后、前两转点的后、前视读数，再读取两转点间的中间点前视读数。中间点的立尺由后立尺员来完成，读数到厘米。设计所依据的重要高程点位，如铁路轨顶、桥面、路中、下水道井底等应按转点施测，读数至毫米。在施测过程中，应同时检查中桩加桩是否恰当，里程桩号是否正确，若发现错误和遗漏需进行补测。

线路纵断面中桩水准测量记录是展绘线路纵断面图的依据。若设站点所测中间点（中视点）较多，为防止仪器下沉，影响高程闭合，可先测转点（即前视点）高程。在下一个水准点闭合后，应以原测水准点高程起算，继续施测，以免误差累积。图 10-9是一段中桩水准测量示意图，表 10-4 是该段线路纵断面中桩水准测量手簿。

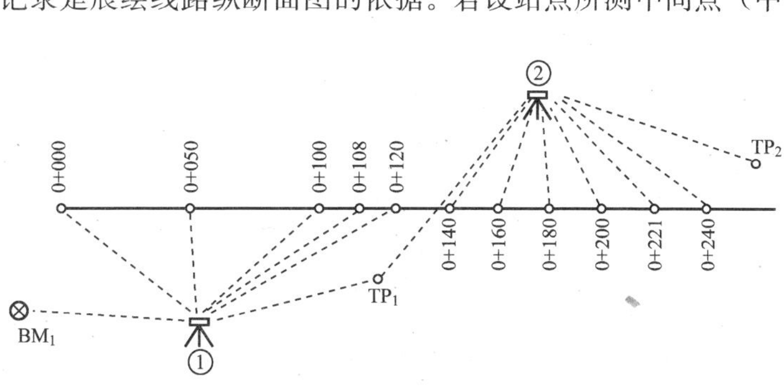

图 10-9　中平测量示意图

表 10-4 线路纵断面中桩水准测量手簿

测站	点号	水准尺读数（m）			视线高程（m）	高程（m）
		后视	中视	前视		
1	BM_1	2.191			14.505	12.314
	0+000		1.62			12.89
	0+050		1.90			12.61
	0+100		0.62			13.89
	0+108		1.03			13.48
	0+120		0.91			13.60
	TP_1			1.006		13.499
2	TP_1	2.162			15.661	13.499
	0+140		0.50			15.16
	0+160		0.52			15.14
	0+180		0.82			14.84
	0+200		1.20			14.46
	0+221		1.01			14.65
	0+240		1.06			14.60
	TP_2			1.521		14.140
3	TP_2	1.421			15.561	14.140
	0+260		1.48			14.08
	0+280		1.55			14.01
	0+300		1.56			14.00
	0+320		1.57			13.99
	0+335		1.77			13.79
	0+350		1.97			13.59
	TP_3			1.388		14.173
4	TP_3	1.724			15.897	14.173
	0+384		1.58			14.32
	0+391		1.53			14.37
	0+400		1.57			14.33
	BM_2			1.281		14.616 14.618

注　高差闭合差为：

$h_1=14.616-12.314=2.302$（推算值）

$h_2=14.618-12.314=2.304$（已知值）

$\Delta h=h_1-h_2=-2\text{mm}<\pm 9\sqrt{4}=\pm 18\text{mm}$

每一测站的各项高程按下列公式计算

$$视线高程=后视点高程+后视读数$$

$$转点高程=视线高程-前视读数$$

中桩高程＝视线高程－中视读数

中平测量亦可利用全站仪在放样中桩时同时进行，它是利用全站仪的高程测量功能在定出中桩后随即测定中桩地面高程。这样可省去上述水准测量及计算过程，大大简化了测量工作。

3. 纵断面图的绘制

纵断面图是沿中线方向绘制的反映地面起伏和纵坡设计的线状图，它表示出各路段纵坡的大小和中线位置的填挖尺寸，是线路设计和施工中的重要文件资料。不同的线路工程其纵断面图所绘制的内容有所不同。

以道路纵断面图为例，图 10－10 是某一道路工程的纵断面图，是表示道路中线方向上的地面起伏，并可在图上进行纵坡设计的线状图。它反映了线路每一段的纵坡大小和中线上的填挖尺寸，是设计和施工中的重要资料。纵断面图是以中桩的里程为横坐标，以中桩的地面高程为纵坐标绘制的。纵断面图的上半部，从左至右绘有两条贯穿全图的线，一条细的折线表示中线的地面线，它是根据线路纵断面中桩水准测量的地面高程绘制的；另一条粗的表示带有竖曲线在内的纵坡设计线，它是按设计要求绘制的。此外，在上部还注有水准点的编号、高程和位置；涵洞的类型、孔径和里程桩号；桥梁类型、孔径、跨度和里程桩号等位置、数据和说明（也称注顶）。在图的下半部的几栏表格中，注记有关测量和纵坡设计的资料。按填表和作图的顺序分别为以下几项内容：

（1）在桩号一栏中，从左至右按规定的比例尺注上各中线桩的桩号。

（2）在地面高程一栏中，注上对应于各中线桩桩号的地面点高程，并在纵断面图上按各中线桩的地面高程依次点出其相应的位置，用细直线连接各相邻点，即可得中线方向的地面线。

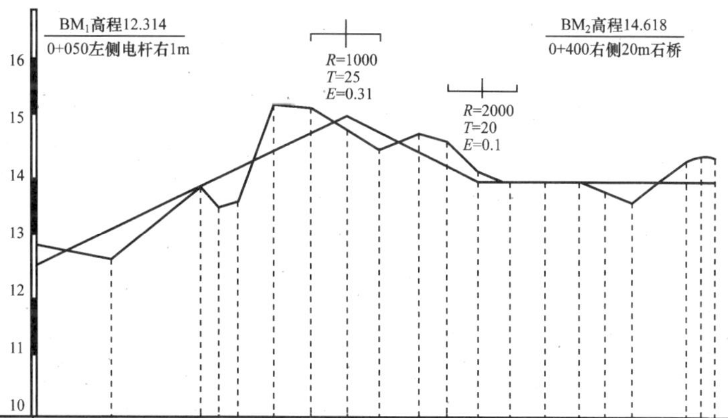

桩号	0+000	+050	+100	+108	+120	+140	+160	+180	+200	+221	+240	+260	+280	+300	+320	+335	+350	+384	+391	+400
坡度与距离	1.40 / 180							1.25 / 80				0 / 140								
设计高程	12.50	13.20	13.90	14.01	14.18	14.46	14.74	15.02	14.77	14.51	14.27	14.02	14.02	14.02	14.02	14.02	14.02	14.02	14.02	14.02
地面高程	12.89	12.61	13.89	13.48	13.60	15.16	15.14	14.84	14.46	14.65	14.60	14.08	14.01	14.00	13.99	13.79	13.59	14.32	14.37	14.33
填挖土 填		0.59	0.01	0.53	0.58			0.18	0.31				0.01	0.02	0.03	0.23	0.43			
填挖土 挖	0.39					0.70	0.40			0.14	0.33	0.06						0.30	0.35	0.31
直线与曲线	$JD_1$0+221.70　α=10°50′(右)　R=1200　T=113.78　L=226.90　E=5.39																			

图 10－10　道路纵断面图

（3）在坡度与距离一栏中，用斜线段设计坡度的方向，斜线段的上方注明坡度，下方注明坡长。水平线段表示平坡。不同的坡段以竖线分开。某线段的设计坡度按下式计算

$$i_{设计} = \frac{H_{终设} - H_{始设}}{D_{终始}} \tag{10-1}$$

（4）在设计高程一栏中，填写相应中线桩处的线路设计高程。某点的设计高程按下式计算

$$H_{设计} = H_{始} + i_{设计} D_{始设} \tag{10-2}$$

（5）在挖填土深度一栏中，填写土方量。要进行施工的挖填土深度可按下式计算

$$h = H_{地面} - H_{设计} \tag{10-3}$$

式中挖填土深度是正值时为挖土深度；负值时为填土深度。

（6）在直线与曲线一栏中，从左至右按各中线桩的桩号标明线路曲线部分和直线部分；曲线部分用直角线表示，下凹、上凸分别表示线路的左偏、右偏，并注明交点的桩号和相应的曲线参数。

绘制纵断面图时应考虑到以下三个方面：①选择绘图比例尺，里程（横向）比例尺应与线路带状地形图的比例尺一致，高程（纵向）比例尺通常比里程（横向）比例尺大 10 倍到 20 倍，如里程比例尺为 1∶1000，则高程比例尺为 1∶100。②展绘地面线时，应根据不同工程绘制图标准、高差和工程性质确定最高和最低点的位置，使地面线在图中位置适中，不宜使其进入注顶与设计备用范围。在同一幅图内，若高差太大时，可在直线整里程桩上变换高程指标尺，但为便于使用，在同一幅图上不宜有多处变换标尺的现象。③当中线加桩较密，其桩号注记不下时，可注记最高和最低高程变化点的桩号，但绘地面线时，不应漏点。

二、横断面图的测绘

除纵断面测量以外，为了设计线路的断面，计算填、挖方数量，以及布置线路两侧的建筑物等，还必须了解线路两侧的地形情况。为此，还要在线路中心线的垂直方向上进行水准测量，并绘制横断面图。

横断面图测绘的主要任务是将中桩处垂直于中线两侧的地面坡度变化情况，包括高差及水平距离施测出来，并按一定比例尺展绘成横断面图，横断面图用以表示中线两侧地面起伏情况，是路基等横断面设计、计算土方量和施工时确定断面填挖边界的依据。横断面施测的宽度应满足设计和施工需要。一般要求达到中线两侧 15～50m。横断面测绘的密度，除各中桩应施测外，在大、中桥头，隧道洞口，挡土墙等重点工程地段，可根据需要加密。横断面测量的限差一般要求较低，符合表 10-5 即可。因此，横断面的测绘多采用简易方法和工具，以便提高工效。

由于横断面测量是测定中桩两侧垂直于中线的地面线，因此首先要确定横断面的方向，然后在此方向上测定地面坡度变化点的距离和高差。对于地面点距离和高差的测定，一般只需精确至 0.1m。

表 10-5　横断面测量的限差

线路名称	距离	高程
铁路、汽车专用公路	$(L/100+0.1)$	$(h/100+1/200+0.1)$
一般公路	$(L/50+0.1)$	$(h/50+1/100+0.1)$

1. 测定横断面方向

在直线部分横断面的方向与线路中线垂直，在曲线部分横断面的方向与曲线的法线方向相同。

（1）直线段横断面方向的测定　测定直线部分横断面的方向时，可将杆头钉有十字形木条的方向架（图 10－11）置于欲测点上，用其中一个方向Ⅰ－Ⅰ′瞄准前或后方某一中桩，方向架的另一方向Ⅱ－Ⅱ′即为欲测桩点的横断面方向。

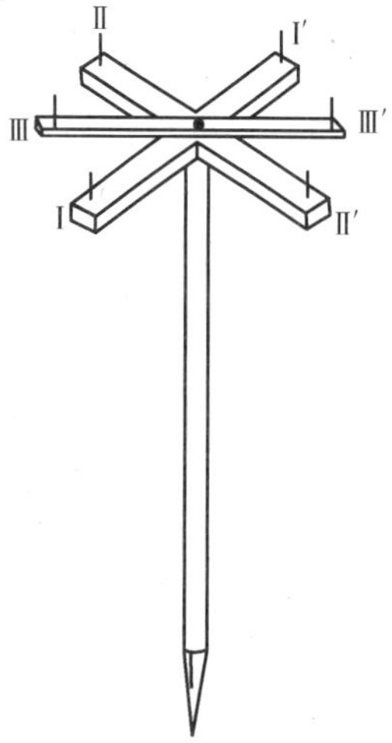

图 10－11　求心方向架

（2）曲线横断面方向的测定。

1）方向架法　曲线部分横断面的方向也可用方向架来测定，其使用方向如图 10－12（a）所示。首先将方向架置于曲线起点 ZY，使方向架上的Ⅰ－Ⅰ′方向瞄准交点（JD）或直线上某一中桩，则Ⅱ－Ⅱ′方向即通过圆心。这时转动活动定向杆Ⅲ－Ⅲ′，使其对准曲线上细部点①，拧紧固定螺旋。然后将方向架移置于①点，将Ⅱ－Ⅱ′方向瞄准曲线起点 ZY，则活动定向杆Ⅲ－Ⅲ′所指方向即为①点的通过圆心的横断面方向。

如图 10－12（b）所示，欲求曲线细部点②横断面的方向，可在①点横断面方向上设临时标志 M，再以Ⅱ－Ⅱ′方向瞄准 M 点，松开固定螺旋，转动活动定向杆，瞄准②点，拧紧固定螺旋，然后将方向架移置于②点，使方向架上Ⅱ－Ⅱ′方向瞄准①点木桩，这时，Ⅲ－Ⅲ′方向即为细部②点的横断面方向。同法可测定曲线上其余各点的横断面方向。

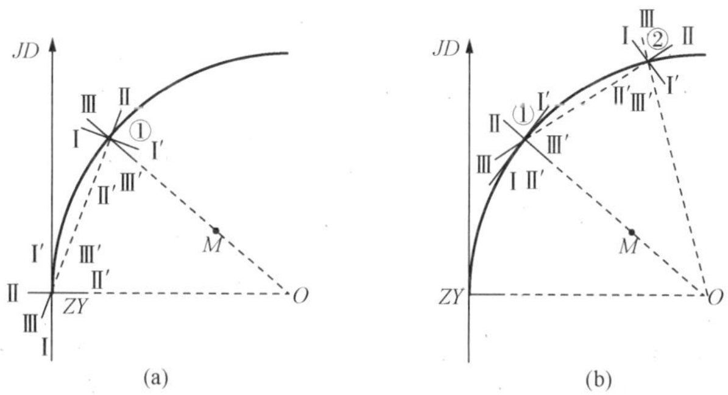

图 10－12　用方向架测设曲线段横断面方向

2）经纬仪法　对横断面方向准确度要求较高时，可用此法。如图 10－13 所示，欲测定圆曲线上 B 点横断面方向，先计算出 BA 的弦切角 Δ［单位为（°）］为

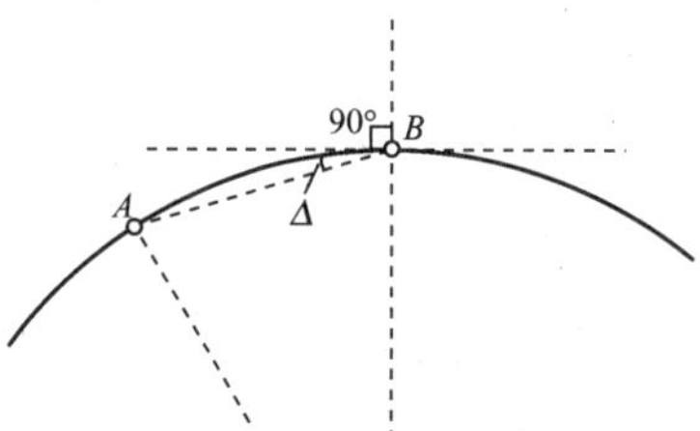

图 10－13　经纬仪法测设曲线段横断面方向

$$\Delta = \frac{l}{R} \cdot \frac{90}{\pi}$$

式中　l——AB 之弧长；

R——圆曲线半径。

施测时，将经纬仪置于 B 点，以 0°00′00″照准后视点 A，再顺时针转动照准部使平盘读数为 90°＋Δ，此时经

纬仪的视线方向即为 B 点的横断面方向。

2. 测定横断面上的点位平距和高差

当用十字定向架定出横断面的方向后，即可测量横断面上的各地形特征点位相对于中线桩的平距和高差，也就可以通过横断面上中线桩高程推算其点位的高程。横断面上的点位平距和高差一般采用下述方法测出。

（1）水准仪皮尺法　此法适用于施测断面较窄的平坦地区。水准仪安置后，以中桩地面高程为后视，以中线两侧横断面方向地面特征为前视，读数至厘米，并用皮尺量出各特征点至中桩的水平距离，量至分米。观测时，安置一次仪器一般可测几个断面。记录格式见表10-6。表中按线路前进方向，分左、右两侧记录，分子表示前视读数，分母表示至中桩的平距。

表 10-6　横断面测量记录手簿（水准仪皮尺法）

前视读数/至中桩距离	后视读数/桩号	前视读数/至中桩距离
…	…	…
$\frac{1.40}{21.2}$ $\frac{1.72}{18.3}$ $\frac{2.06}{14.4}$	$\frac{1.48}{0+500}$	$\frac{1.12}{5.9}$ $\frac{0.81}{10.8}$ $\frac{1.26}{13.5}$
…	…	…

（2）标杆皮尺法　此法适用于起伏多变和高差不大地段的测量，简便、迅速，但精度较低。如图 10-14 所示，测量时将一根标杆立在中桩上，另一根标杆立于横断面方向的某特征点上。拉平皮尺量出中桩至该点的距离，而皮尺截于标杆的高度，即为两点高差，上坡为正值，下坡为负值。同法可测出每段的水平距离与高差，直至需要的宽度为止。测量结果填入表 10-7。

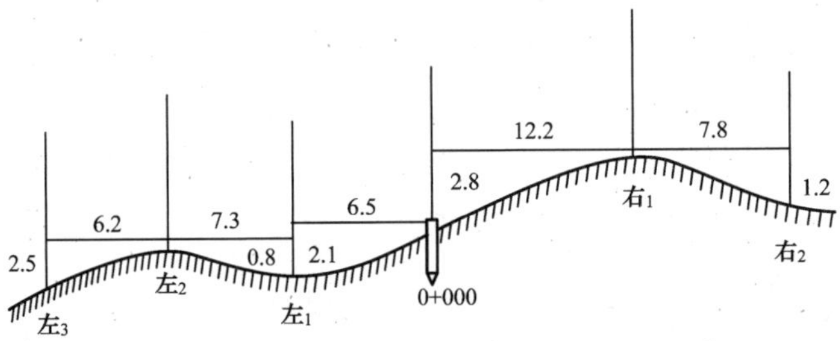

图 10-14　标杆皮尺法测量横断面

表 10-7　横断面测量记录手簿（标杆皮尺法）

左侧 ←	中心桩号	右侧 →
$\frac{-2.5}{6.2}$ $\frac{+0.8}{7.3}$ $\frac{-2.1}{6.5}$	0+000	$\frac{+2.8}{12.2}$ $\frac{-1.2}{7.8}$

注　表中分子为相邻两桩的高差，分母为相邻两桩的平距。

（3）经纬仪法　在地形复杂、山坡较陡的地段宜采用经纬仪施测。将经纬仪安置在中桩上，可直接测定出横断面的方向，然后量仪器高，用视距法测出横断面方向各变坡点至中桩的水平距离和高差并记录。

（4）全站仪法　利用全站仪的对边测量功能可直接测得各横断面上各地形特征点相对中

桩的水平距离和高差，有的全站仪有横断面测量功能，其操作、记录与成图更为方便。

3. 横断面图的绘制

绘制横断面图时均以中桩地面为坐标原点，以平距为横坐标，高差为纵坐标。绘制时，按规定的比例尺绘出地面上各特征点的位置，再用直线连接相邻点，即绘出横断面图的地面线，最后标注有关的地物和数据等，如图 10 - 15 所示。同时注意由下而上以一定间隔在图纸上摆放各断面的中心位置，并注上相应的桩号和高程，然后根据记录的水平距离和高差，计算横断面面积和确定路基的填挖边界。横断面测绘方法简单，但工作量大，为了提高工效、防止错误，应在现场边测边绘，如发现问题，可及时纠正。

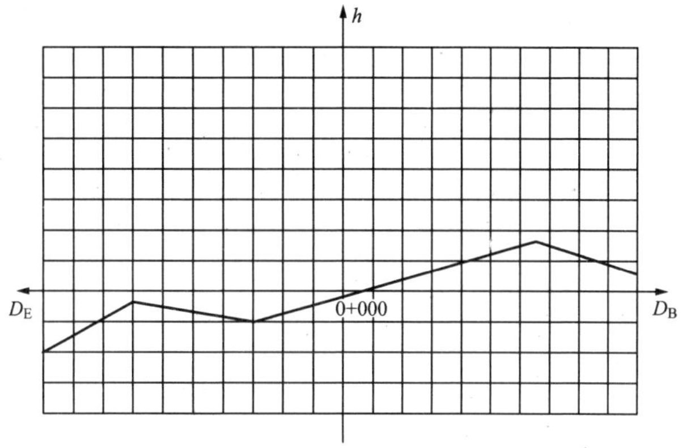

图 10 - 15　横断面图

三、土石方工程量的计算

横断面图画好后，经路基设计，先在透明纸上按与横断面图相同的比例尺分别绘制出路堑、路堤和半填半挖的路基设计线称为标准断面图，然后按纵断面图上该中桩的设计高程把标准断面图套到该实测的横断面图上，俗称“套帽子”；也可将路基断面设计线直接画在横断面图上，绘制成路基断面图。如图 10 - 16 所示，为半填半挖的路基断面图，通过计算断面图的填、挖断面面积及相邻中桩间的距离，便可以计算出施工的土石方量。

1. 横断面面积的计算

路基填、挖面积，就是横断面图上原地面线与路基设计线所包围的面积。横断面面积一般为不规则的几何图形，计算方法有积距法、几何图形法、求积仪法、坐标法和方格法等，常用的有积距法和几何图形法，现做简单介绍：

（1）积距法　积距法是单位横宽 b 把横断面划分为若干个梯形和三角形条块，如图 10 - 17 所示，则每一个小条块的近似面积等于其平均高度 h_i 乘以横距 b_i，断面积总和等于各条面积的总和，即

$$A = h_1 b + h_2 b + \cdots + h_n b = b\sum_{i=1}^{n} h_i \tag{10 - 4}$$

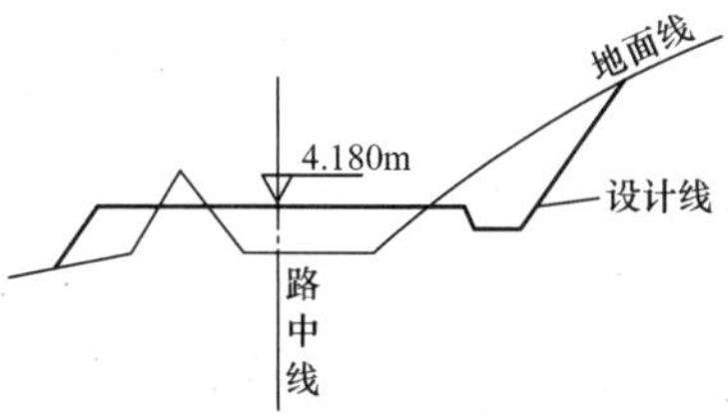

图 10 - 16　半填半挖路基断面图

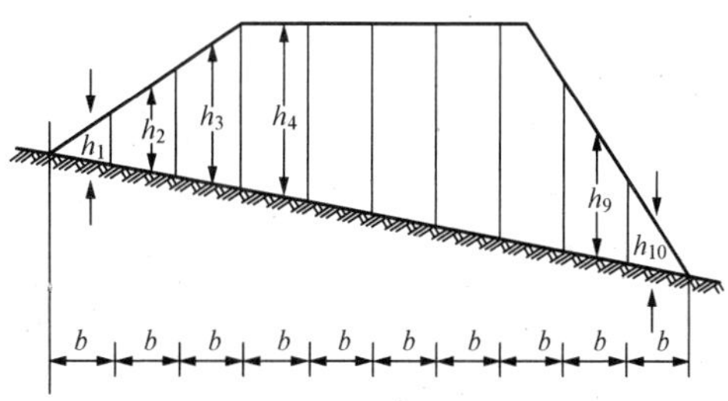

图 10 - 17　积距法计算面积

通常横断面图都是测绘在方格纸上，一般可取粗线间距 1cm 为单位，如测图比例尺为 1∶500，则单位横距 b 即为 5m，按上式即可求得断面面积。

平均高差总和 $\sum h_i$ 可用“卡规”求得，如填挖断面较大时，可改用纸条，即用厘米方格纸折成纸条作为量尺量得。该法计算迅速，简单方便，可直接得出填挖面积。

（2）几何图形法　几何图形法是当横断面地面较规则时，可分成几个规则的几何图形，如三角形、梯形或矩形等，然后分别计算面积，即可得出总面积值。另外，计算横断面面积时，应注意：①分别计算填方面积 A_t 和挖方面积 A_w；②计算挖方面积时，边沟在一定条件下是定值，故边沟面积可单独计算出直接加在挖方面积内；③横断面面积计算取值到 0.1mm²，算出后可填写在横断面图上，以便计算土石方量。

2. 路基土石方量计算

（1）通常为计算方便，一般均采用平均断面法，并近似采用下式，即

$$V=\frac{A_1+A_2}{2}L \tag{10-5}$$

式中　A_1、A_2——分别为相邻两桩号的断面面积；

L——相邻两桩间距离。

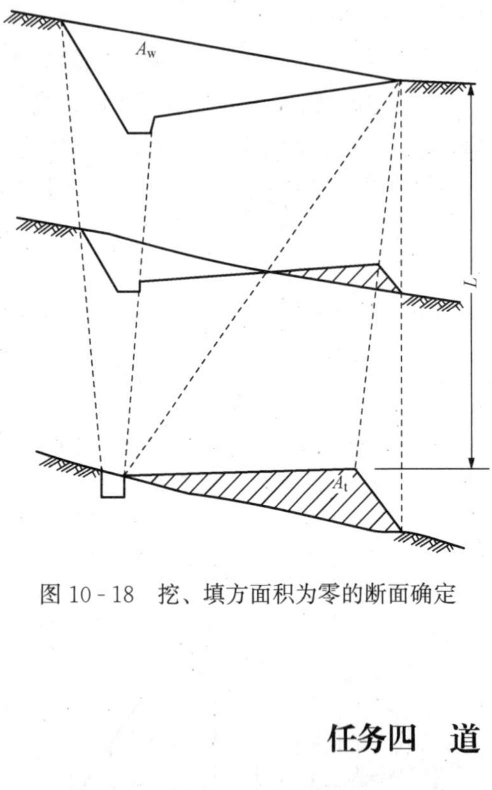

图 10-18　挖、填方面积为零的断面确定

（2）当 A_1 和 A_2 相差很大时，所求体积则与棱柱体更为接近，可按下式计算

$$V=\frac{1}{3}(A_1+A_2)L\left(1+\frac{\sqrt{m}}{1+m}\right) \tag{10-6}$$

式中　m——比例系数，即 A_1/A_2（A_1 为小面积，A_2 为大面积）；

L——相邻断面 A_1、A_2 的距离。

（3）对于填挖过渡地段，如图 10-18 所示，为精确计算其土石方体积，应确定其中挖方或填方面积正好为零的断面位置。设 L 为从零填断面 A_t 到零挖断面 A_w 的距离，则此路段角锥体的体积为

$$\left.\begin{aligned}V_t&=\frac{1}{3}A_tL\\V_w&=\frac{1}{3}A_wL\end{aligned}\right\} \tag{10-7}$$

任务四　道路施工测量

接到施工测量任务后，首先要熟悉设计图纸和施工现场情况。设计图纸主要有线路平面图、纵横断面图、标准横断面图和附属构筑物图等。通过熟悉图纸，了解设计意图及对测量的精度要求，掌握道路中线位置和各种附属构筑物的位置等，并找出其相互关系和施测数据。在熟悉图纸的基础上，应到实地找出各交点桩、中线桩和水准点的位置。对丢失的导线点或水准点应补测恢复或根据施工具体要求进行加密。选点时可根据地形及施工要求确定，

精度应符合要求，方法按前述基本方法。实测校核，其目的一是复核填、挖工程数量；二是复核设置构造物地形是否与实际相符。同时还应特别注意做好现有地下管线的检查工作，以免施工时造成不必要的损失。

一、恢复中线测量

道路在勘测设计阶段所测设的中线桩，到开始施工时一般均有被碰动或丢失现象。因此，施工前应根据原定线条件复核，并将丢失和碰动的交点桩、中线桩恢复和校正好。在恢复中线时，一般均将附属物（涵洞、检查井、挡土墙等）的位置一并定出。

对于部分改线地段，则应重新定线，并测绘相应的纵横断面图。

恢复中线所采用的测量方法与线路中线测量方法基本相同，常采用直角坐标法、偏角法、极坐标法、角度交会法及距离交会法等。

二、施工控制桩的测设

由于中线上所设各桩点在施工中都要被挖掉或掩盖，为了在施工中控制中线位置，应在不受施工干扰、便于引用、易于保存桩位的地方，测设施工控制桩。其方法有以下两种：

1. 平行线法

平行线法是在路基以外距中线两侧等远处测设两排平行于中线的施工控制桩，如图 10 - 19 所示。此法多用于地势平坦、直线段较长的城郊道路、街道。为了施工方便，控制桩的间距多为 10～20m。

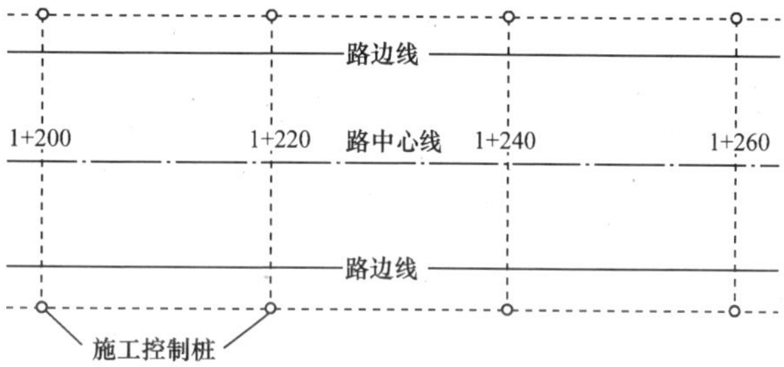

图 10 - 19　平行线法

2. 延长线法

延长线法是在中线和曲中点 QZ 至交点 JD 的延长线上测设施工控制桩，主要是控制交点的位置。各施工控制桩距交点的距离应量出，如图 10 - 20 所示。此法多用在地势起伏较大、直线段较短的山区公路。

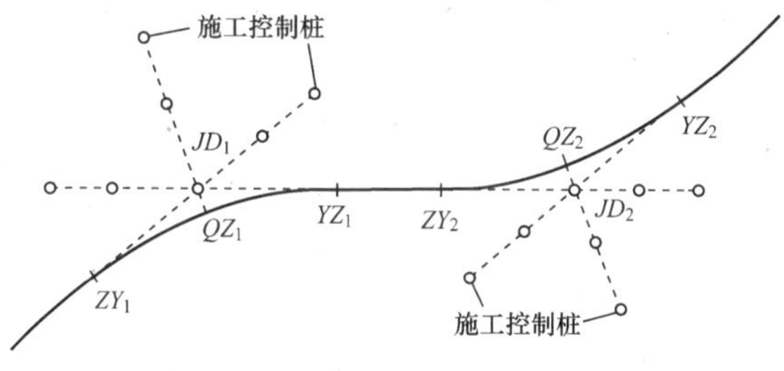

图 10 - 20　延长线法

以上两种方法，无论在何处均应根据实际情况互相配合使用。

三、路基边桩的测设

路基形式基本上可分为填方路基［称为路堤，见图 10 - 21（a）］和挖方路基［称为路堑，见图 10 - 21（b）］两种。路基边桩的测设是根据设计横断面图和各中桩的填、挖高度，把路基两旁的边坡与原地面的交点在地面上用木桩标定出来，该点称为边桩，它作为路基施工的依据。因此，如果能求出这两个边桩离中桩的距离，就可以在实地测设路基边坡桩。路基边桩的测设方法如下：

1. 图解法

图解法是先在透明纸上绘出设计路基横断面图（比例尺与现状横断面图相同），然后将透明纸按各桩填方（或挖方）高度蒙在相应的现状横断面图上，则设计横断面的边坡与现状地面的交点即为坡脚，用比例尺由图上量得坡脚至中心桩的水平距离。然后在实地相应的断面上用皮尺测设出坡脚的位置。这是一种简便的方法。

2. 解析法

解析法是通过计算求出路基中桩至边桩的距离。分平坦地面和倾斜地面两种情况。

（1）平坦地面　如图 10-21 所示，平坦地面的路堤与路堑的路基放线数据可按下列公式计算：

路堤
$$l_{左}=l_{右}=\frac{B}{2}+mh \tag{10-8}$$

路堑
$$l_{左}=l_{右}=\frac{B}{2}+s+mh \tag{10-9}$$

式中　$l_{左}$、$l_{右}$——道路中桩至左、右边桩的距离；

B——路基的宽度；

m——路基边坡坡度；

h——填土高度或挖土高度；

s——路堑边沟顶宽。

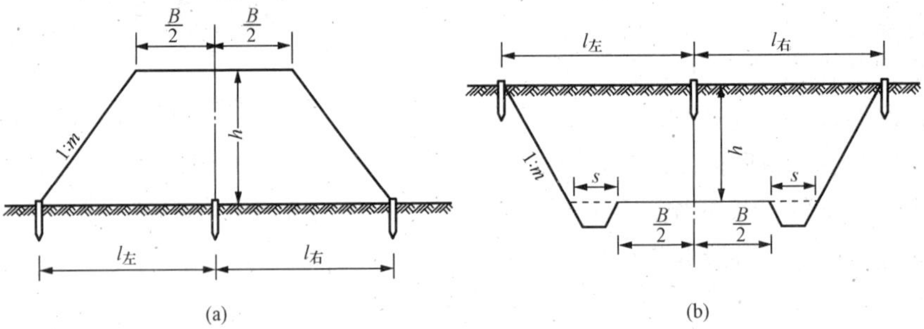

图 10-21　平坦地面的路基边桩的测设

（2）倾斜地面　图 10-22 为倾斜地面路基横断面图。由图可知：

路堤

$$\left.\begin{aligned}l_{左}&=\frac{B}{2}+m(h+h_{左})\\l_{右}&=\frac{B}{2}+m(h-h_{右})\end{aligned}\right\} \tag{10-10}$$

路堑

$$\left.\begin{aligned}l_{左}&=\frac{B}{2}+s+m(h-h_{左})\\l_{右}&=\frac{B}{2}+s+m(h+h_{右})\end{aligned}\right\} \tag{10-11}$$

上式中，B、m、h 及 s 均为设计时已知，故 $l_{左}$、$l_{右}$ 随 $h_{左}$、$h_{右}$ 而变，而 $h_{左}$、$h_{右}$ 各为左、右边桩与中桩的地面高差，由于边桩位置是待定的，故二者不得而知，因此在实际工作中，是沿着横断面方向，采用逐点接近的方法测设边桩。先根据地面实际情况，参考路基横断面图，估计边桩的位置。然后测出该估计位置与中桩的高差，并以此作为 $h_{左}$、$h_{右}$ 代入式（10-10）或式（10-11）计算 $l_{左}$、$l_{右}$，并据此在实地定出其位置。若估计位置与其相符，即得边桩位置。否则应按实测资料重新估计边桩位置，重复上述工作，直至相符为止。现以测设路堑左边桩为例，如图 10-22 所示，说明其测设步骤如下：

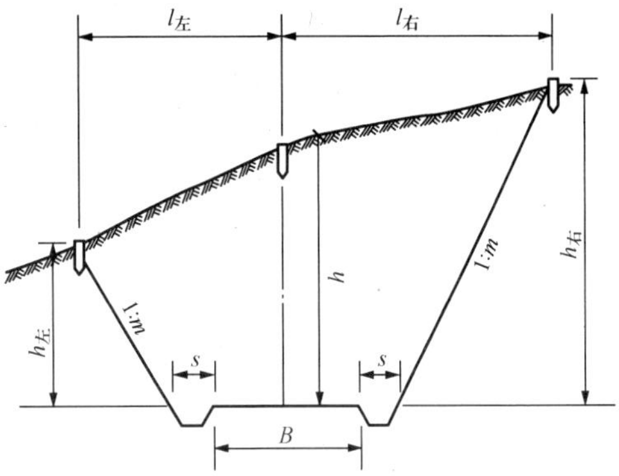

图 10-22　倾斜地面的路基边桩的测设

1）估计边桩位置　在路基横断面图上估计路堑左边桩至中桩的水平距离 $l_{左估}$，于实地在其横断面方向上按 $l_{左估}$ 定出左边桩的估计位置。

2）实测高差　用水准仪测出左边桩估计位置与中桩的高差 $h_左$，按 $l_左=\dfrac{B}{2}+s+m$（$h-h_左$）算得。若 $l_左$ 与 $l_{左估}$ 相差很大，则需调整边桩位置，重新测定。

3）重估边桩位置　若 $l_左>l_{左估}$，则需把原定左边桩向外移，得 $l'_{左估}$；否则反之，然后按 $l'_{左估}$ 重新定出左边桩的估计位置。

4）重测高差　与上述②做法相同，重测高差，算得 $l_左$，若 $l_左$ 与 $l'_{左估}$ 相符或接近，即得左边桩的位置。否则继续调整边桩位置，重新测定，直至满足要求为止。

其他各边桩测设方法相同，但需按式（10-8）或式（10-9）计算 $l_左$ 或 $l_右$。采用逐点接近法测设边桩的位置，看起来比较繁杂，但经过一定实践之后，易于掌握，一般估计 2～3 次便能达到目的。

四、竖曲线的测设

线路纵断面是由许多不同坡度的坡段连接成的。坡度变化之点称为变坡点。在变坡点处，相邻两坡度的代数差称为变坡点的坡度代数差，它对列车的运行有很大的影响。列车通过变坡点时，由于坡度方向的改变，会产生附加的力和附加的加速度使行车不稳，从而使列车车钩受损，甚至产生脱钩、断钩或列车出轨的现象。

为了缓和坡度在变坡点处的急剧变化，使列车能平稳通过，变坡点的坡度代数差 Δi 不应超过规定限值（如国家Ⅰ、Ⅱ级铁路规定 $\Delta i\leqslant 3‰$，Ⅲ级铁路 $\Delta i\leqslant 4‰$）。若超过限值，则坡段间应以曲线连接。这种连接不同坡段的曲线称为竖曲线。

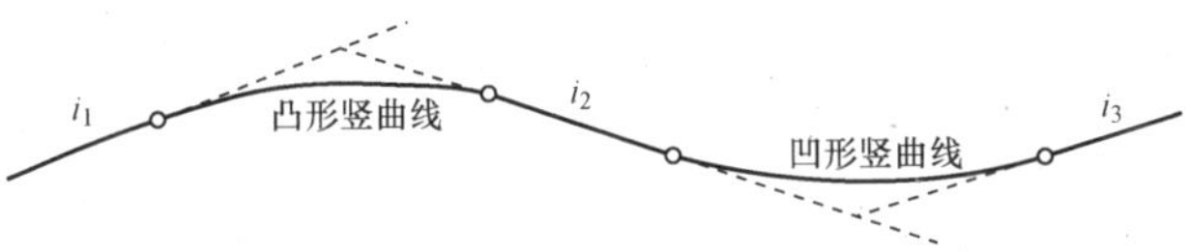

图 10-23　竖曲线示意图

如图 10-23 所示，竖曲线有凸形与凹形两种。顶点在曲线之上者为凸形竖曲线；反之称为凹形竖曲线。

连接两相邻坡度线的竖曲线，可以是圆曲线，也可以是抛物线。目前，我国铁路上多采用圆曲线连接。

如图 10-24 所示，竖曲线与平面曲线一样，首先要进行曲线要素的计算。

根据“铁路工程技术规范”规定，竖曲线半径 R，在Ⅰ、Ⅱ级铁路上为 10000m、Ⅲ级铁路为 5000m。在工作量不过分加大的情况下，为了改进交通条件，竖曲线的半径应当尽可能地加大。

由于允许坡度的数值不大，纵断面上的曲折角 α 可以认为

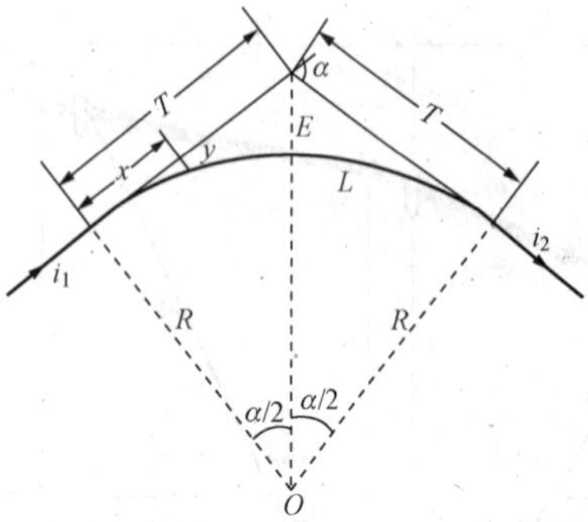

图 10-24 竖曲线各要素示意图

$$\alpha = \Delta i = i_1 - i_2 \tag{10-12}$$

式中 i_1、i_2——两相邻的纵向坡度值；

Δi——变坡点的坡度代数差。

曲线要素除了半径 R 及纵向转折角 α 外，尚有：

（1）竖曲线切线长度 T 为

$$T = R \cdot \tan\frac{\alpha}{2} \tag{10-13}$$

因为 α 很小，故 $\tan\frac{\alpha}{2}=\frac{\alpha}{2}=\frac{1}{2}(i_1-i_2)$，所以

$$T = \frac{1}{2}R \cdot (i_1 - i_2) = \frac{R}{2} \cdot \Delta i \tag{10-14}$$

在Ⅰ、Ⅱ级铁路上，取 $R=10000$m，则 $T = 5000\Delta i$；在Ⅲ级铁路上，取 $R=5000$m，$T = 2500\Delta i$。

（2）竖曲线长度 L　由于曲折角 α 很小，所以 $L\approx 2T$。

（3）竖曲线上各点高程及外矢距 E　由于 α 很小，故可以认为 y 坐标与半径方向一致，也认为它是切线上与曲线上的高程差。从而得

$$(R+y)^2 = R^2 + x^2$$

故

$$2Ry = x^2 - y^2$$

又 y^2 与 x^2 相比较，其值甚微，可略去不计。故有

$$2Ry = x^2$$

所以

$$y = \frac{x^2}{2R} \tag{10-15}$$

算得高程差 y，即可按坡度线上各点高程，计算各曲线点的高程。

从图中还可以看出，$y_{max}\approx E$，故

$$E = \frac{T^2}{2R} \tag{10-16}$$

例：××铁路为Ⅰ级线路，某处相邻坡段的坡度分别为＋4‰及－6‰，变坡点的里程为DK217＋240、变坡点的高程为 418.69m、该坡段以凸形竖曲线连接，并在曲线上每相距10m 设置一曲线点，试计算其放样要素。

按铁路规范的要求及上述计算公式，该竖曲线的各项要素计算如下：

曲折角 $\alpha = \Delta i = 0.004 - (-0.006) = 0.010$

切线长 $T = 5000 \cdot \Delta i = 50(\text{m})$

曲线长 $L = 2T = 100(\text{m})$

外矢距 $E = \frac{T^2}{2R} = \frac{2500}{20000} = 0.125(\text{m})$

其中，$R = 10000$m。

竖曲线设计是纵断面设计的一部分。为了方便起见，在进行竖曲线设计时，变坡点应尽量放在整桩上（里程为 10m 的整倍数的桩点）。本例的变坡点里程为 DK217＋240。根据变坡点的里程可计算曲线上各点的里程。

变坡点　　　DK217＋240
　　　　　　一）　　　50
竖曲线起点 DK217＋190
　　　　　　＋）　　 100
竖曲线终点 DK217＋290

坡度线上各点的高程 H_i'可根据变坡点的高程 H_0'，坡段的坡度 i_1、i_2 及曲线点的间距求得。

竖曲线上的高程称为设计高程 H_i，$H_i=H_i'-y_i$，见表 10 - 8。

竖曲线上各点的放样，可根据纵断面图上标注的里程及高程，以附近已放样的某整桩为依据，向前或向后量取各点的 x 值（水平距离），并设置标桩。施工时，再根据附近已知的高程点进行各曲线点设计高程的放样。

表 10 - 8　　　竖曲线细部测设计算表

点　号	桩　号	x	y	坡度线高程 H_i'	设计高程 H_i
起　点	DK217＋190	0	0.00	418.49	418.49
	＋200	10	0.00	418.53	418.53
	＋210	20	0.02	418.57	418.55
	＋220	30	0.04	418.61	418.57
	＋230	40	0.08	418.65	418.57
变坡点	DK217＋240	50	0.12	418.69	418.57
	＋250	40	0.08	418.63	418.55
	＋260	30	0.04	418.57	418.53
	＋270	20	0.02	418.51	418.49
	＋280	10	0.00	418.45	418.45
终　点	DK217＋290	0	0.00	418.39	418.39

注　1. x 值取决于曲线点间距；y 值可由式（10 - 15）求得。

2. 实际工作时，并不需要另列表计算。而是由设计人员顺序计算后，填于纵断面图上即可。

任务五　管道施工测量

管道施工测量的主要任务是根据设计图纸的要求，为施工测设各种标志，使施工人员便于随时掌握中线方向和标高位置。

管道工程是工业建设和城市建设的重要组成部分，其种类很多，主要有给水、排水、煤气、热力、输油和其他工业管道等。为了合理地敷设各种管道，首先进行规划设计，确定管道中线的位置并给出定位的数据，即管道的起点、转向点及终点的坐标、高程。然后将图纸上所设计的中线测设于实地，作为施工的依据。

管道施工测量的精度要求，一般取决于工程的性质和施工方法。例如，无压力的自流管道（如排水管道）比有压力管道（如给水管道）测量精度要求高；不开槽施工比开槽施工测量精度要求高；厂区内部管道比外部管道测量精度要求高。在实际工作中，各种管道施工测量必须满足设计要求。

一、施工前的准备工作

（1）熟悉图纸和现场情况。施工测量前，首先要认真熟悉设计图纸，包括管道平面图、纵横断面图、附属构筑物图等。通过熟悉图纸，在了解设计图纸和对测量的精度要求的基础上，掌握管道中线位置和各种附属构筑物的位置等，并找出有关的施测数据及其相互关系。为了防止错误，对有关尺寸应认真校核。在勘察施工现场时，除了解工程和地形的一般情况外，还应找出各交点桩、里程桩、加桩和水准点位置。另外还应注意做好现有地下管线的复查工作，以免施工时造成不必要的损失。

（2）校核中线。若设计阶段在地面上标定的中线位置是施工时所需要的中线位置，且各桩点完好，则仅需校核一次，不需重新测设。若有部分桩点丢损或施工的中线位置有所变动，则应根据设计资料重新恢复标志或按改线资料测设新点。

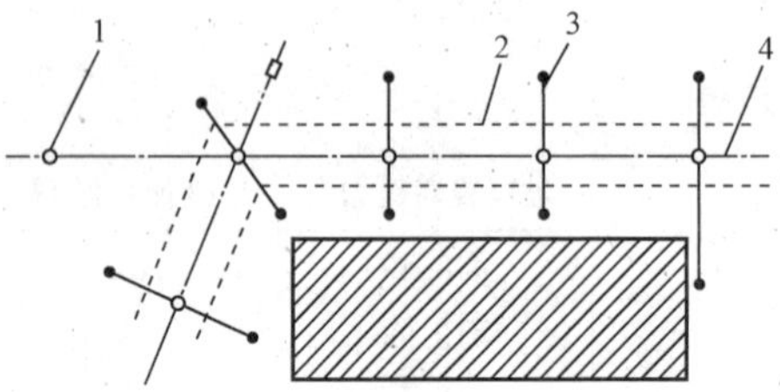

图 10-25　管道控制桩的测设
1—控制桩；2—横边线（灰线）；3—附属构筑物位置控制桩；4—中心线

（3）测设施工控制桩。在施工时，中线上的各桩将被挖掉，应在不受施工干扰、便于引测和保存点位处测设施工控制桩，用以恢复中线；测设地物位置控制桩，用以恢复管道附属构筑物的位置（图 10-25）。中线控制桩的位置，一般是测设在管道起止点及各转点处中心线的延长线上，附属构筑物控制桩则测设在管道中线的垂直线上。

（4）加密水准点。为了在施工过程中便于引测高程，应根据设计阶段布设的水准点，于沿线附近每隔约 150m 增设临时水准点。

在引测水准点时，一般都同时校测管道出入口和管道与其他管线交叉的高程，如果与设计图纸给定数据不符时，应及时与设计部门研究解决。

二、槽口放线

槽口放线的任务是根据设计要求的埋设深度和土质情况、管径大小等计算出开槽宽度，并在地面上定出槽边线的位置，作为开槽的依据。

当横断面比较平坦时，如图 10-26 所示，槽口宽度按下式计算

$$B = b + 2mh \qquad (10-17)$$

式中　b——槽底宽度；

h——中线上的挖土深度；

m——管槽放坡系数。

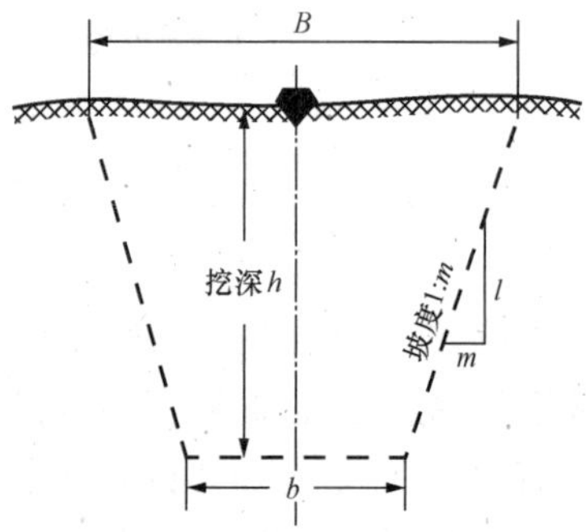

图 10-26　槽口示意图

三、施工过程中的中线、高程和坡度测设

管道施工测量的主要任务是根据工程进度的要求，测设控制管道中线和高程位置的施工测量标志。常用的有下列两种方法。

1. 龙门板法

龙门板由坡度板和高程板组成，如图 10-27 所示。沿中线每隔 10～20m 以及检查井处设置龙门板。中线测设时，根据中线控制桩，用经纬仪将管道中线投测到坡度板上，并钉小钉标定其位置，此钉叫中线钉。各龙门板中线钉的连线标明了管道的中线方向。在连线上挂

锤球，可将中线位置投测到管槽内，以控制管道中线。

为了控制管槽开挖深度，应根据附近的水准点，用水准仪测出各坡度板顶的高程。根据管道设计坡度，计算出该处管道的设计高程，则坡度板顶与管道设计高程之差就是从坡度板顶向下开挖的深度，通称下返数。下返数往往不是一个整数，并且各坡度板的下返数都不一致，施工、检查很不方便，因此，为使下返数成为一个整数 C，必须计算出每一坡度板顶向上或向下的调整量 δ，其公式为

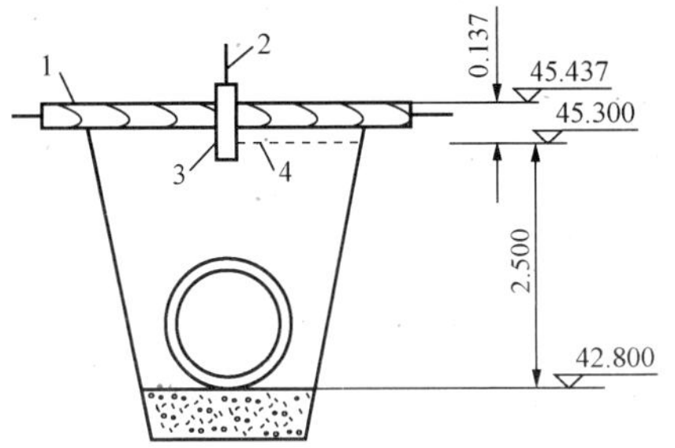

图 10-27　龙门板法

1—坡度板；2—中线钉；3—高程板；4—坡度钉

$$\delta = C - (H_{板顶} - H_{管底}) \tag{10-18}$$

式中　$H_{板顶}$——坡度板顶高程；

$H_{管底}$——管底设计高程。

根据计算出的调整数，在高程板上用小钉标定其位置，该小钉称为坡度钉。相邻坡度钉的连线即与设计管底坡度平行，且相差为选定的下返数 C。利用这条线来控制管道坡度和高程，便可随时检查槽底是否挖到设计高程。如挖深超过设计高程，绝不允许回填虚土，一般是加厚垫层。

现举例说明坡度钉设置的方法。见表 10-9，先将水准仪测出的各坡度板顶高程列入第 5 栏内。根据表第 2 栏、第 3 栏计算出各坡度板处的管底设计高程，列入第 4 栏内。如 0+000 高程为 42.800（图 10-27），坡度 i=−3‰，0+000 至 0+010 之间距离为 10m，则 0+010 的管底设计高程为

$$42.800 + 10 \times i = 42.800 - 0.030 = 42.770(\mathrm{m})$$

同法可以计算出其他各处管底设计高程。第 6 栏为坡度板顶高程减去管底设计高程，例如 0+000 为

$$H_{板顶} - H_{管底} = 45.437 - 42.800 = 2.637(\mathrm{m})$$

其余类推。为了施工检查方便，选定下返数为 2.500m，列在第 7 栏内。第 8 栏是每个坡度板顶向下量（负数）或向上量（正数）的调整数 δ，如 0+000 调整数为

$$\delta = 2.500 - 2.637 = -0.137(\mathrm{m})$$

表 10-9　　**坡度钉测设手簿**

板号	距离	坡度	管底高程 $H_{管底}$	板顶高程 $H_{板顶}$	$H_{板顶}-H_{管底}$	选定下返数 C	调整数 δ	坡度钉高程
1	2	3	4	5	6	7	8	9
0+000		−3‰	42.800	45.437	2.637	2.500	−0.137	45.300
0+010	10		42.770	45.383	2.613		−0.113	45.270
0+020	10		42.740	45.364	2.624		−0.124	45.240
0+030	10		42.710	45.315	2.605		−0.105	45.210
0+040	10		42.680	45.310	2.630		−0.130	45.180
0+050	10		42.650	45.246	2.596		−0.096	45.150
0+060	10		42.620	45.268	2.648		−0.148	45.120
⋮	⋮		⋮	⋮	⋮		⋮	⋮

图 10 - 27 就是 0+000 处管道高程施工测量的示意图。

高程板上的坡度钉是控制高程的标志，所以在坡度钉钉好后应重新进行水准测量，检查是否有误。施工中容易碰到龙门板，尤其在雨后，龙门板可能有下沉现象，因此还要定期进行检查。

2. 平行轴腰桩法

当现场条件不便采用龙门板时，对精度要求较低的管道，可用本法测设施工控制标志。开工之前，在管道中线一侧或两侧设置一排平行于管道中线的轴线桩，桩位落在开挖槽边线以外，如图 10 - 28 所示。平行轴线离管道中线为 a，各桩间距以 10～20m 为宜，各检查井位也相应地在平行轴线上设桩。

为了控制管底高程，在槽沟坡上（距槽底 1m 左右）打一排与平行轴线相对应的桩，这排桩称为腰桩，如图 10 - 29 所示。在腰桩上钉一小钉，并用水准仪测出各腰桩上小钉的高程，小钉高程与该处管底设计高程之差 h，即为下返数。施工时只需用水准尺量取小钉到槽底的距离，与下返数比较，便可检查是否挖到管底设计高程。

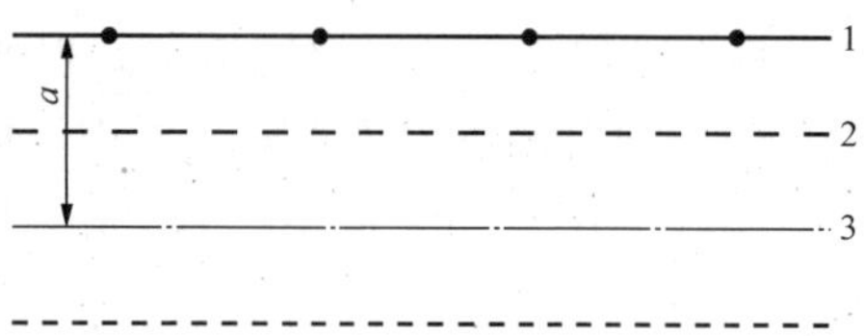

图 10 - 28　管道轴线控制桩

1—平行轴线；2—槽边；3—管道中心线

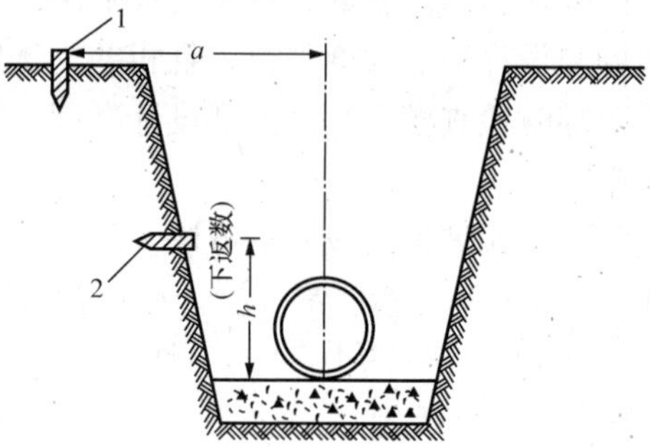

图 10 - 29　平行轴腰桩法

1—平行轴线桩；2—腰桩

腰桩法施工和测量都较麻烦，且各腰桩的下返数不一，容易出错。为此，先选定到管底的下返数为某一整数，并计算出各腰桩的高程。然后再测设出各腰桩，并以小钉标明其位置，此时各桩小钉的连线与设计坡度平行，并且小钉的高程与管底设计高程之差为一常数。

四、顶管施工测量

当管道穿越铁路、公路、城市道路或重要建筑时，为了避免施工中大量的拆迁工作和保证正常的交通运输，往往不允许开沟槽，而采用顶管施工的方法。这种方法，随着机械化施工程度的提高，已经被广泛的采用。

采用顶管施工时，应事先挖好工作坑，在工作坑内安放导轨（铁轨或方木），并将管材放在导轨上，用顶管的方法，将管材沿着所要求的方向顶进土中，然后在管内将土方挖出来。顶管施工中测量工作的主要任务，是掌握管道中线方向、高程和坡度。

1. 顶管测量的准备工作

（1）顶管中线桩的设置　首先根据设计图上管线的要求，在工作坑的前后钉立两个桩，称为中线控制桩，如图 10 - 30 所示。然后确定开挖边界。开挖到设计高程后，将中线引到坑壁上，并钉立大钉或木桩，此桩称为顶管中线桩，以标定顶管的中线位置。

（2）设置临时水准点　为了控制管道按设计高程和坡度顶进，需要在工作坑内设置临时水准点。一般要求设置两个，以便相互检核。

（3）导轨的安装　导轨一般安装在方木或混凝土垫层上。垫层面的高程及纵坡都应当符合设计要求（中线高程应稍低，以利于排水和防止摩擦管壁），根据导轨宽度安装导轨，根据顶管中线桩及临时水准点检查中心线和高程，无误后，将导轨固定。

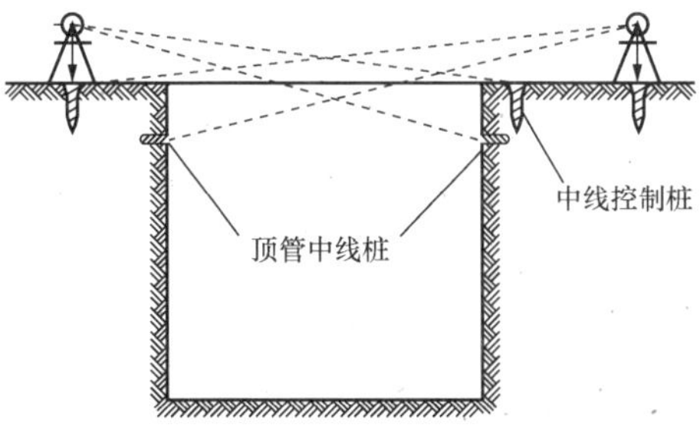

图 10-30　顶管中线桩的设置

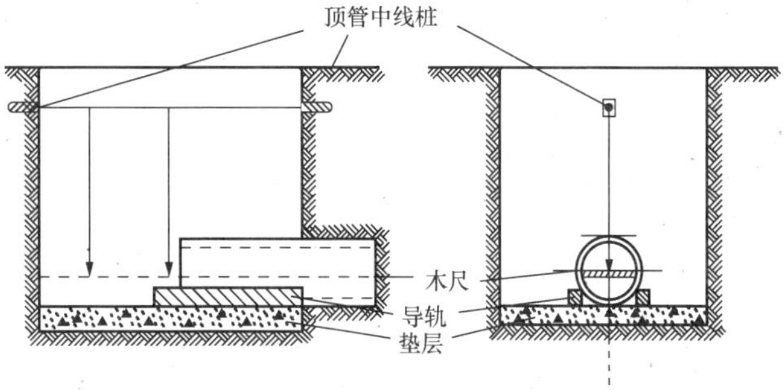

图 10-31　顶管中线测量

2. 顶进过程中的测量工作

（1）中线测量　如图 10-31 所示，通过顶管中线桩拉一条细线，并在细线上挂两垂球，两垂球的连线即为管道方向。为了保证中线测量的精度，两垂球间的距离尽可能大些。在管内前端横放一木尺，尺长等于或略小于管径，使它恰好能放在管内。木尺上的分划是以尺的中央为零向两端增加的。将尺子在管内放平，如果两垂球的方向线与木尺上的零分划线重合，则说明管子中心在设计管线方向上；如不重合，则管子有偏差。其偏差值可直接在木尺上读出，偏差超过±1.5cm，则需要校正管子。

（2）高程测量　先在工作坑内设置临时水准点，将水准仪安置在坑内，后视临时水准点，前视立于管内各测点的短标尺，即可测得管底各点高程。将测得的管底高程与管底设计高程进行比较，即可知道校正顶管坡度的数据。

水准仪安置在工作坑内，以临时水准点为后视，以顶管内待测点为前视（使用一根小于管径的标尺）。将算得的待测点高程与管底的设计高程相比较，其差数超过±1cm 时，需要校正管子。

在顶进过程中，每 0.5m 进行一次中线和高程测量，以保证施工质量。表 10-10 所示的手簿是以 0+390 桩号开始进行顶管施工测量的观测数据。第 1 栏是根据 0+390 的管底设计高程和设计坡度推算出来的；第 3 栏是每顶进一段（0.5m）观测的管子中线偏差值；第 4 栏、第 5 栏分别为水准测量后视读数和前视读数；第 6 栏是待测点的应有的前视读数。待测点实际读数与应有读数之差，为高程误差。表中此项误差均未超过限差。

短距离顶管（小于 50m）可按上述方法进行测设。当距离较长时，需要分段施工，每 100m 设一个工作坑，采用对向顶管施工方法，在贯通时，管子错口不得超过 3cm。

有时，顶管工程采用套管，此时顶管施工精度要求可适当放宽。

当顶管距离太长，直径较大，并且采用机械化施工的时候，可用激光水准仪进行自动化顶管施工的动态导向。

表 10-10 顶管施工测量手簿

设计高程（管内壁）	桩 号	中心偏差（m）	水准点读数（后视）	待测点实际读数（前视）	待测点应有读值	高程误差（m）	备注
1	2	3	4	5	6	7	8
42.564	0+390.0	0.000	0.742	0.735	0.736	−0.001	水准点高
42.566	0+390.5	左 0.004	0.864	0.850	0.856	−0.006	程为：
42.569	0+391.0	左 0.003	0.769	0.757	0.758	−0.001	42.558m
42.571	0+391.5	右 0.001	0.840	0.823	0.827	−0.004	$i=+5\%$
⋮	⋮	⋮	⋮	⋮	⋮	⋮	0+390 管
42.664	0+410.0	右 0.005	0.785	0.681	0.679	+ 0.002	底高程为：
⋮	⋮	⋮	⋮	⋮	⋮	⋮	42.564m

任务六 桥梁工程施工测量

桥梁工程测量主要包括桥位勘测和桥梁施工测量两部分。

一、平面控制测量

在勘测阶段，桥位平面控制测量主要用以确定桥轴线的长度、位置和方向；在施工阶段，平面控制点则用来测定桥梁墩、台及其他构造物的位置。为此，桥位平面控制点应有足够的密度和精度。

桥位平面控制测量的等级，应根据桥长按表 10-11 确定，同时应满足桥轴线相对中误差的规定。对特殊的桥梁结构，应根据结构特点，确定桥梁控制测量的等级与精度。

表 10-11 桥位平面控制测量等级

平面控制测量等级	桥长（m）	桥轴线相对中误差
二等三角	>5000 特大桥	1/130000
三等三角、导线	2000～5000 特大桥	1/70000
四等三角、导线	1000～2000 特大桥	1/40000
一级小三角、导线	500～1000 特大桥	1/20000
二级小三角、导线	<500 大中桥	1/10000

桥位平面控制测量，可根据现场及设备情况采用三角测量或导线测量等。图 10-32 是桥位三角网的几种布设形式。桥位三角网的布设，除满足三角测量本身的需要外，还要求控制点选在不被水淹、不受施工干扰的地方。桥轴线应与基线一端连接且尽可能正交。基线长度一般不小于桥轴线长度的 0.7 倍，困难地段不小于桥轴线长度的 0.5 倍。

平面控制测量方法与要求应符合规范规定。

二、高程控制测量

大桥的高程控制测量，一般在路线基平测量时建立，施工阶段只需复测与加密。2000m 以上的特大桥应采用三等水准测量，2000m 以下桥梁可采用四等水准测量。桥址高程控制测量采用的高程基准必须与其连接的两端路线所采用的高程基准完全一致，一般多采用国家高程基准。

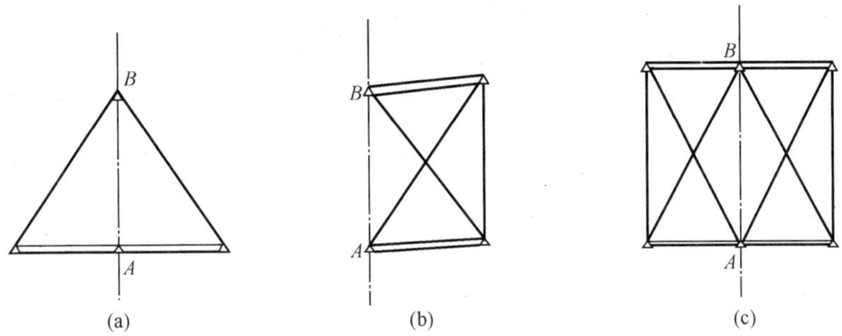

图 10-32　桥梁平面控制三角网的形式

(a) 双三角形；(b) 四边形；(c) 双四边形（较宽河流上采用）

水准点应在两岸设置 1～2 个；河宽小于 100m 的桥梁可只在一岸设置一个，桥头接线部分宜每隔 1km 设置一个。

若跨河视线长度超过 200m 时，应根据跨河宽度和仪器设备等情况，选用相应等级的光电测距三角高程测量或跨河水准测量方法进行观测。

1. 跨河水准测量的场地布设

当水准测量路线通过宽度为各等级水准测量的标准视线长度两倍以上（五等为 200m 以上）的江河、山谷等障碍物时，则应按跨河水准测量要求进行。图 10-33 为三种布设形式。

图中 I_1、I_2 和 b_1、b_2 分别为两岸置镜点和置尺点。视线 I_1b_2 和 I_2b_1 应接近等距，且视线距水面应有 2～3m 以上的高度。岸上视线 I_1b_1、I_2b_2 不应短于 100m，且应彼此等长，两岸置镜点亦应接近等高。

图 10-33（c）中，I_1、I_2 均为置镜点或置尺点，而 b_1、b_2 仍为置尺点。b_1、b_2 两测点间上下半测回的高差，应分别由两岸所测 b_1I_2、b_2I_1 的高差加上对岸的两置尺点间联测时所测高差求得。各等级跨河水准测量时，置尺点均应设置木桩。木桩不应短于 0.3m，桩顶应与地面平齐，并钉以圆帽钉。

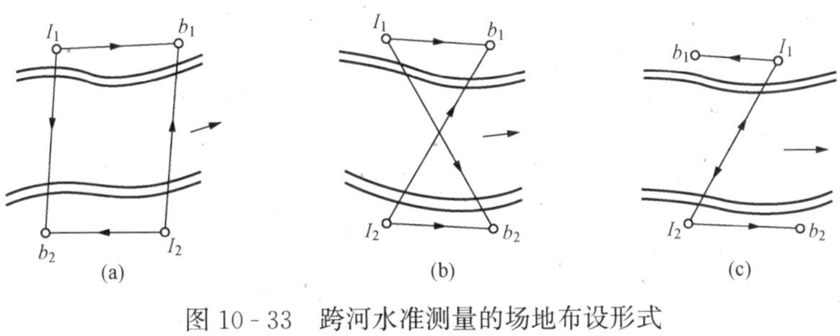

图 10-33　跨河水准测量的场地布设形式

(a) 平行四边形；(b) 等腰梯形；(c) Z 字形

2. 跨河水准测量的方法

跨河水准测量的方法有：倾斜螺旋法、经纬仪倾角法、光学测微法、水准仪直读法。下面只介绍水准仪直读法的观测步骤。

水准仪直读法采用 DS_3 水准仪和双面水准尺。本法适用于三、四等水准测量跨越宽度在 300m 以内，且尚能直接照准水准尺读数的情况。

以图 10-33（b）的布设形式为例，采用一台水准仪观测时，一测回观测步骤如下：

（1）照准本岸 b_1　在 I_1 置水准仪，b_1 立水准尺，按中丝法读黑、红面各一次。

（2）照准对岸 b_2　在对岸 b_2 立水准尺，按中丝法读黑、红面各一次。

以上（1）、（2）两项操作为上半测回。

（3）上半测回结束后，立即将水准仪移至对岸 I_2，同时将 b_1、b_2 点水准尺对调，按上半测回相反顺序，即先照准对岸水准尺 b_1 读数，再照准本岸水准尺 b_2 读数，完成下半测回。

以上操作组成一个测回。取上、下半测回高差的平均值，作为一个测回高差。

每一跨河水准测量需要观测两个测回。若用两台仪器观测时，应尽可能每岸一台仪器，同时观测一个测回。跨河水准测量，其两测回间高差不符值，三等水准测量不应大于 8mm，四等不应大于 16mm。在限差以内时，取两测回高差平均值作为最后结果；若超过限差应检查纠正或重测。

在仪器调岸时，注意不得碰动调焦螺旋和目镜筒，以保证两次观测其对岸标尺时望远镜视准轴不变。

跨河水准测量的观测时间应选在无风、气温变化小的阴天进行观测；晴天观测时，上午应在日出后一小时开始至九时半，下午应在十五时至日落前一小时止；观测时，仪器应用白色测伞遮蔽阳光，水准尺要用支架固定垂直稳固。

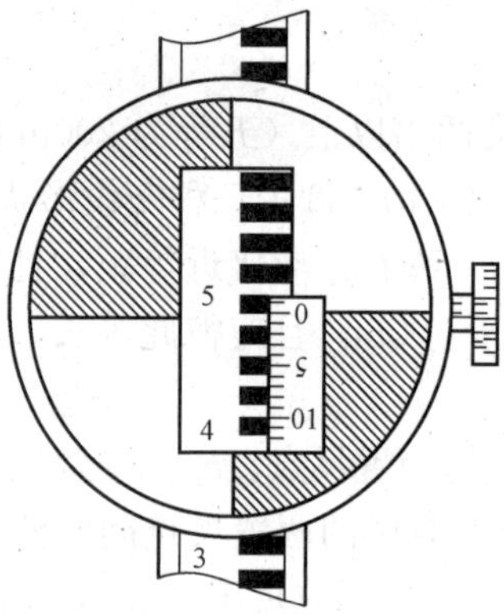

图 10 - 34　特制觇牌

若因河流较宽，不能按上述方法直接读远尺的分划线时，则采用特制的觇牌，如图 10 - 34 所示，持尺者根据观测者的信号上下移动觇牌，直至望远镜十字丝的横丝对准觇牌上红白相交处为止，然后由持尺者记下觇牌指标线上之读数。每组观测之前应将觇牌作较大的移动。

三、墩台定位测量

在桥梁墩、台施工测量中，最主要的工作是准确地定出桥梁墩、台的中心位置及墩、台的纵轴线。下面只介绍墩、台中心定位测设方法。

1. 直接丈量法

直接丈量法适用于浅水河或小桥。这种方法就是根据桥轴线控制桩和桥墩、桥台的里程，算出其间的距离，然后用钢尺或测距仪由控制桩沿中线方向依次放出各段距离，将墩台中心位置标定于地上。墩台中心位置用大木桩标定，并在木桩顶面钉一铁钉。然后在这些点位上安置经纬仪，以桥轴线为基准定出与桥轴线相重合的墩台纵向轴线和与桥轴线相垂直的墩台横向轴线，并在纵横线的每端方向上于基坑开挖线外 1～2m 处设置两个方向桩，如图 10 - 35 所示。墩台纵横轴线方向桩是施工过程中恢复墩台中心位置的依据，应妥善保存。

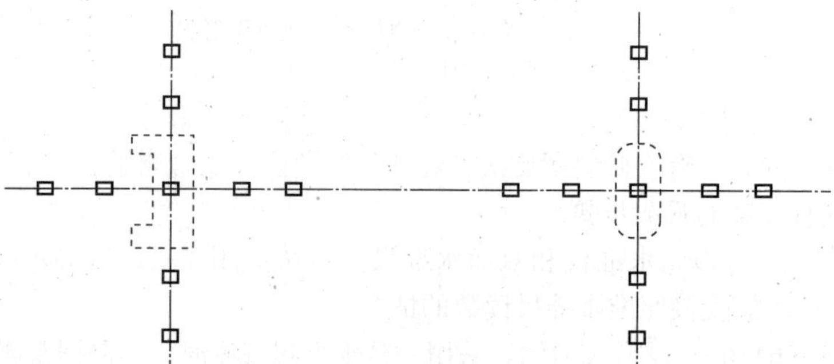

图 10 - 35　直接丈量法测设墩台

2. 极坐标法

如果有测距仪或全站仪，即可用极坐标法测设。先算出欲放样墩、台的中心坐标，再求出放样角度和距离，即可在施工控制网的任意控制点上进行放样。这种方法最为迅速、方便，只要墩、台中心处可以安置反光镜，且测距仪或全站仪与反光镜能够通视即可。

测设时应根据当时测出的气象参数对距离进行气象改正。为保证测设点位准确，常采用换站校核，如图 10-36 所示，先在测站 1 测设桥墩 P，再搬至测站 2 测设一次，两次测设的点位之差应满足规范要求。

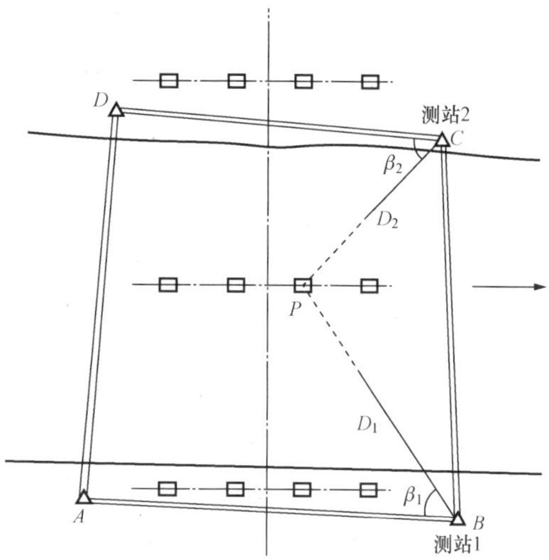

图 10-36　极坐标法测设墩台

3. 交会法

如果没有测距仪或全站仪，可用角度交会测设墩位，如图 10-37 所示。它是利用已有的平面控制点及墩位的已知坐标，计算出在控制点上应测设的角度 α、β，将型号为 DJ2 或 DJ1 的 3 台经纬仪分别安置在控制点 A、B、D 上，从 3 个方向（其中 DE 为桥轴线方向）交会得出。交会的误差三角形在桥轴线上的距离 C_2C_3，对于墩底定位不宜超过 25mm，对于墩顶定位不宜超过 15mm。再由 C_1 向桥轴线作垂线 C_1C，C 点即为桥墩中心。

理论与实践证明，交会精度与交会角 γ 有关。如图 10-38 所示，γ 角在 90°～110°范围内，交会精度最高。故在选择基线和布网时应考虑使 γ 角在 60°～120°之间，不小于 30°和不大于 150°。若出现 γ 角小于 30°时，则加测交会用的控制点；当 γ 角大于 150°时，可在基线适当位置上设置辅助点 P、Q 作为交会近岸墩位的测站，以减小 γ 角。

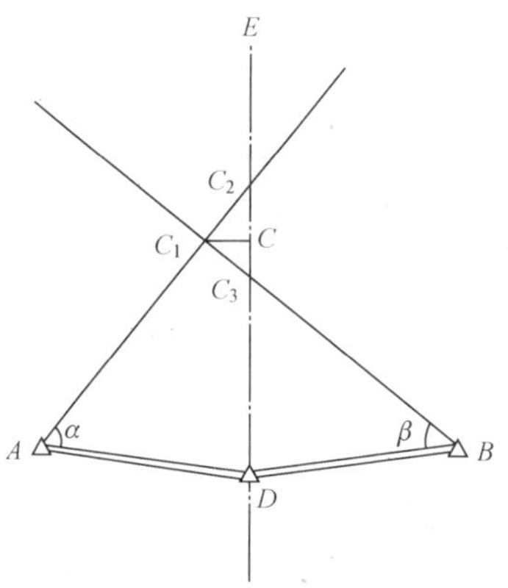

图 10-37　角度交会法测设墩台

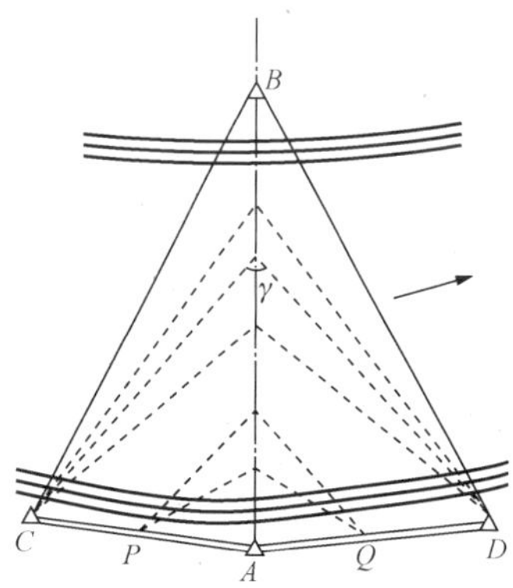

图 10-38　交会角 γ 的选择

四、桥梁上部结构架设施工测量

桥梁架设是桥梁主体结构施工的一道主要工序。桥梁梁部结构比较复杂，要求对墩台距离、方向和高程用较高的精度测定，作为架梁的依据。

墩台施工时，对其中心点位、中线方向和垂直方向以及墩顶高程都作了精密测定，但当时是以各个墩台为单元进行的。架梁时需要将相邻墩台联系起来，考虑其相关精度，要求中心点间的方向、距离和高差符合设计要求。

桥梁中心线方向测定，在直线部分采用准直法，用经纬仪正倒镜观测，在墩台上刻划出方向线。如果跨距较大（＞100m），应逐墩观测左、右角。在曲线部分，则采用偏角法。

相邻桥墩中心点之间距离用光电测距仪观测，适当调整使中心点里程与设计里程完全一致。在中心标板上刻划里程线，与已刻划的方向线正交形成十字交线，表示墩台中心。

墩台顶面高程用精密水准测定，构成水准线路，附合到两岸基本水准点上。

大跨度钢桁架或连续梁采用悬臂或半悬臂安装架设。安装开始前，应在横梁顶部和底部的中点作出标志，架梁时，用来测量钢梁中心线与桥梁中心线的偏差值。

在梁的安装过程中，应不断地测量以保证钢梁始终在正确的平面位置上，高程（立面）位置应符合设计的大节点挠度和整跨拱度的要求。

如果梁的拼装是两端悬臂在跨中合拢，则合拢前的测量重点应放在两端悬臂的相对关系上，如中心线方向偏差、最近节点高程差和距离差要符合设计和施工的要求。

全桥架通后，作一次方向、距离和高程的全面测量，其成果可作为钢梁整体纵、横移动和起落调整的施工依据，称为全桥贯通测量。

思考题与习题

1. 线路工程测量的主要任务是什么？
2. 线路中线测量包括哪些内容？各如何进行？
3. 绘图说明线路左右转角的意义。
4. 什么叫里程桩？怎样测设里程桩？
5. 什么叫基平测量和中平测量？中平测量和一般水准测量有何异同点？
6. 完成表 10-12 某一级公路中平测量记录的计算和检核。

表 10-12 **中平测量记录计算表**

测站	点号	水准尺读数（m）			视线高程（m）	高程（m）
		后视	中视	前视		
1	BM_5	1.426				417.628
	k4+980		0.87			
	k5+000		1.56			
	+020		4.25			
	+040		1.62			
	+060		2.30			
	ZD_1			2.402		
2	ZD_1	0.876				
	+080		2.42			
	+092.4		1.87			
	+100		0.32			
	ZD_2			2.004		

续表

测站	点号	水准尺读数（m）			视线高程（m）	高程（m）
		后视	中视	前视		
3	ZD_2	1.286				
	+120		3.15			
	+140		3.04			
	+160		0.94			
	+180		1.88			
	+200		2.00			
	BM_6			2.186		
	检核					

注　基平测得 BM_6 高程为 414.636m。

7. 纵横断面图是如何测绘的？图上各有哪些主要内容？

8. 道路施工测量的项目有哪些？

9. 试绘图说明在平坦地段填方路堤和挖方路堑边桩至中桩的距离如何计算。

10. 管道施工中应进行哪些测量工作？

11. 见表 10-13，已知管道起点 0+000 的管底高程为 41.72m，管道坡度为 1%的下坡，在表中计算出各坡度板处的管底设计高程，并按实测的板顶高程选定下返数 C，再根据选定的下返数计算出各坡度板顶高程的调整数 δ 和坡度钉的高程。

表 10-13　**坡度钉测设手簿**

板号	距离	坡度	管底高程 $H_{管底}$	板顶高程 $H_{板顶}$	$H_{板顶}-H_{管底}$	选定下返数 C	调整数 δ	坡度钉高程
1	2	3	4	5	6	7	8	9
0+000			41.72	44.310				
0+020				44.100				
0+040				43.825				
0+060				43.734				
0+080				43.392				
0+100				43.283				
0+120				43.051				

12. 管道施工测量中的腰桩起什么作用？在№5，№6 两井（距离为 50m）之间，每隔 10m 在沟槽内设置一排腰桩，已知№5 井的管底高程为 135.250m，其坡度为－0.8%，设置腰桩是从附近水准点（高程为 139.234m）引测的，选定下返数为 1m，设置时，以水准点作为后视读数为 1.543m，求表 10-14 中钉各腰桩的前视读数为多少。

13. 简述顶管施工测量的全过程。

14. 桥梁工程测量的主要内容有哪些？

表 10-14 **腰桩钉测设手簿**

井和腰桩编号	距离 8m	坡度	管底高程/m	选定下返数 C	腰桩高程/m	起始点高程/m	后视读数	各腰桩前视读数
1	2	3	4	5	6	97	8	109
№5（1）			135.250					
2								
3								
4								
5								
№6（6）								

15. 跨河水准测量具有哪些特点？针对这些特点应采取哪些措施？

16. 何谓墩、台施工定位？简述墩、台定位常用的几种方法。

单元十一 建筑物变形监测

在建筑物施工的各个阶段及其运行过程中，由于建筑物的地基基础所承受的载荷不断增加，加上地基土的受力变形，以及建筑物内部应力等作用，都可能使建筑物发生变形，包括建筑物的倾斜、沉降和开裂。这些变形在一定范围内，不会影响建筑物的正常使用，可视为正常现象，但如果超过一定限度（表 11 - 1）就会影响建筑物的正常使用，严重的还会危及建筑物的安全。为使建筑物能正常安全地使用，在建筑物施工各阶段及使用期间，应对建筑物进行有针对性的变形观测，通过变形观测可以分析和监视建筑物的变形情况，当发现异常变形时，及时分析原因，采取相应补救措施，确保施工质量和使用安全，同时也为将来的设计与施工积累资料。

表 11 - 1　建筑物的地基变形允许值

变形特征	地基土类别	
	中低压缩性土	高压缩性土
砌体承重结构基础的局部倾斜	0.002	0.003
工业与民用建筑相邻柱基的沉降差： （1）框架结构 （2）砌体墙填充的边排柱 （3）当基础不均匀沉降时不产生附加应力结构	 $0.002l$ $0.0007l$ $0.005l$	 $0.003l$ $0.001l$ $0.005l$
单层排架（结构柱距为 6m）柱基的沉降量/mm	（120）	200
桥式吊车轨面的倾斜（按不调整轨道考虑）： 纵向 横向	 0.004 0.003	
多层和高层建筑的整体倾斜： $H_g \leqslant 24$ $24 < H_g \leqslant 60$ $60 < H_g \leqslant 100$ $H_g > 100$	 0.004 0.003 0.0025 0.002	
体型简单的高层建筑基础的平均沉降量/mm	200	
高耸结构基础的倾斜： $H_g \leqslant 20$ $20 < H_g \leqslant 50$ $50 < H_g \leqslant 100$ $100 < H_g \leqslant 150$ $150 < H_g \leqslant 200$ $200 < H_g \leqslant 250$	 0.008 0.006 0.005 0.004 0.003 0.002	

续表

变形特征	地基土类别	
	中低压缩性土	高压缩性土
高耸结构基础的沉降量/mm：		
$H_g \leqslant 100$	400	
$100 < H_g \leqslant 200$	300	
$200 < H_g \leqslant 250$	200	

注 1. 本表数值为建筑物地基实际最终变形允许值。
2. 有括号者仅适用于中压缩性土。
3. l 为相邻基的中心距离（mm）；H_g 为自室外地面起算的建筑物高度（m）。
4. 倾斜指基础倾斜方向两端点的沉降差与其距离的比值。
5. 局部倾斜指砌体承重结构沿纵向 6～10m 内基础两点的沉降差与其距离的比值。

综上所述，在建筑物施工及运行管理期间，需要对建筑物的稳定性进行观测，这种观测称为建筑物的变形观测。建筑物变形观测的主要内容有基坑支护位移观测、沉降观测、倾斜观测和裂缝观测等。

建筑物变形观测的精度、频率和时间，应根据建筑物的重要性、观测目的和具体施工情况而定。一般而言，建筑物的变形观测应从基础施工开始，在整个施工阶段按规定进行定期变形观测，直到建成之后的一定使用阶段，如有必要应延续到变形趋于稳定为止。

任务一 基坑支护位移观测

在城市重点工程施工阶段变形监测中，基坑支护水平位移监测是一项重要内容。

在基坑开挖的施工过程中，基坑内外的土体将由原来的静止土压力状态向被动和主动土压力状态转变。应力状态的改变引起围护结构承受荷载并导致围护结构和土体变形。围护结构内力和变形中的任一量值超过容许范围，将造成基坑的失稳破坏或对周边一定范围内的建筑物和道路造成不利影响。由于基坑围护墙顶水平位移量值显著，易于实现快速反馈，数据易于实时分析，《建筑变形测量规范》（JGJ 8—2016）规定为应测项目。所以，在施工过程中，必须对基坑支护侧向水平位移值和发展趋势进行监测。监测目的在于研究基坑围护墙体在开挖土过程中受到土压力和支撑力作用下发生位移的大小和位移方向，以检验基坑土方开挖的效果是否符合施工和设计意图，为安全施工和确保建筑物质量提供保障。

一、基坑支护水平位移监测方法

进行基坑支护水平位移监测的方法很多，常使用的方法有视准线法，测小角法和前方交会法等。这些方法的共同点为必须在被监测基坑影响范围之外设立一定数量的基准点，在选择基准点时，还要考虑诸多因素。如用小角法监测水平位移除在视准线两端埋设固定标石外，还须在视准线两端各自向外的延长线上埋设检核点，观测点偏离视准线的偏角不应超过30°等，同时，这些方法均需在基坑周边基准点进行设站观测。

这些方法的缺点及存在的问题总结如下：

（1）由于基坑及周边地区均存在不同程度的变形，导致基准点的稳定性往往难以保证。

（2）这些方法需在基坑各边设置站点，工作效率低下。

（3）为保护城市环境，城市基坑施工场地必须进行围挡施工，场地空间往往非常狭窄，且围挡外常有既有的道路和建筑物，围挡内有施工车辆等移动设备及临时堆积材料，基坑周边环境往往非常复杂，基准点不仅难选，而且极易破坏，给观测的连续性和精度造成困难。所以，常规的这些监测方法已不能适应城市基坑施工的复杂环境。

随着智能型全站仪的普及应用，采用全站仪随架随测的自由设站法能有效排除基坑施工干扰及周边土体变形的影响，通过相邻周期坐标计算可以快速、准确地获取监测点的位移量和累计位移量。

二、工程实例

某重点工程基坑长为70.20m，宽为38.60m，开挖深度约为8m，采用灌注桩支护。根据地质情况、开挖深度及场地周边环境，确定基坑重要性安全等级为一级。拟建地上九层主楼为框架剪力墙结构，地下一层车库为框架结构。为保证本工程在基坑挖土过程和基础施工中的安全，需要对基坑支护稳定性进行水平位移观测。

三、自由设站法水平位移监测

本工程在监测过程中采用徕卡TS09全站仪进行水平位移监测。徕卡TS09测角精度为1″，有棱镜测距精度为1mm＋1.5ppm，测程3500m，免棱镜测距精度为2mm＋2ppm，反射片测程250m。仪器使用时采用电子整平和激光对中技术，测量时在与现场至少三个后视点保持通视的情况下，利用内置后方交会程序可以随意设站并得到测站点坐标，设站并定向后即瞄即测监测点，施测方便、速度快。《建筑变形测量规范》第3.2.2条规定，一级变形测量等级中，位移观测的观测点坐标中误差为±1.0mm，观测点点位中误差为观测点坐标中误差的$\sqrt{2}$倍，即为±1.4mm。采用徕卡TS09全站仪对各监测点进行3个测回观测时，可以满足一级基坑观测点位中误差±1.4mm的监测要求。

1. 埋设基准点

各级别位移观测的基准点不应少于3个，且各点位应便于检核校验。据此，在基坑变形的影响区域以外埋设4个混凝土标石基准点P、Q、S、T，具体位置如图11-1所示。监测期间，每两周检查一次工作基点，以确保其稳定性；当监测成果出现异常时，应及时复测并对其稳定性进行全面分析；工作基点埋设20日后开始观测；施工期间，采用专人保护、定期巡视等有效措施，尽最大可能确保工作基点的稳定和正常使用。

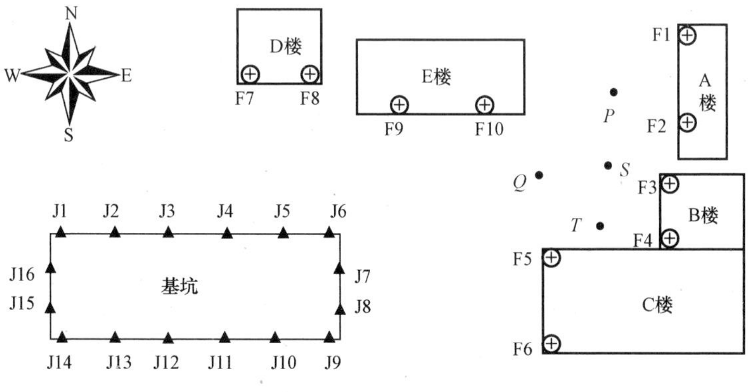

图11-1　基准点、后视点、水平位移监测点布设示意图

2. 布设反光贴后视点

各级别位移观测的后视点（方位定向点）不应少于3个，且各点位应便于检核校验。据此并结合现场施工条件和周边建筑物分布情况，布设10个反光贴作为全站仪自由设站后视点，如图11-1所示F1～F10点。反光贴位置尽量选择在周边建筑物墙面高处，布设前应用干布擦拭墙面，待墙面光滑干净后，用铅笔画十字标志，然后将徕卡40mm×40mm专用反光贴十字标志仔细贴于墙面上十字标志（中心重合、十字重合）处，按压数分钟后布设结束。监测期间，应定期检查反光贴的稳定性，如有破坏，应及时依据十字中心再次粘贴反光贴。

3. 布设反光贴水平位移监测点

基坑支护的水平位移监测点沿支护侧壁的周边布置，监测点均设置在冠梁侧壁上，冠梁施工过程中（或完成后）即可埋设位移监测点，利用反光贴进行测量。本工程水平位移监测点布设如图11-1所示J1～J16点。监测期间，采用专人保护、定期巡视擦拭等有效措施，尽最大可能确保位移监测点反光贴的稳定和正常使用。

4. 建立基坑坐标系统并确定基准点、后视点坐标

（1）首先在基坑西侧冠梁上沿基坑南北方向选取两点 M、N，精密测定水平角 $\angle MNQ$，如图11-2所示，假定一基准点 Q 点坐标为（500.0000m，500.0000m），MN 方向即为基坑坐标系 X 轴方向。

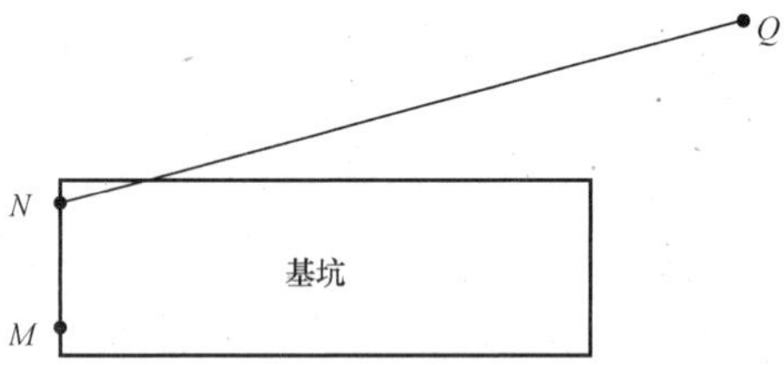

图11-2　基坑坐标系 X 轴方向示意图

（2）全站仪安置于基准点 Q，瞄准后视点 N，设立后视方向为 $360°-\angle MNQ$。在棱镜模式下，利用角度定向测定其他三个基准点 P、S、T 的平面坐标。测定三次，符合精度要求后取平均值作为基准点已知坐标。

（3）将全站仪安置于合适位置（与反光贴后视点通视），在棱镜模式下，选择后方交会方法，依次瞄准 P、Q、S、T 处棱镜中心，测定全站仪所在测站点位置，然后设定为反光贴模式，瞄准反光贴所在后视点位置，测存10个反光贴后视点坐标。为了检核是否满足精度要求，再将全站仪安置于其他两个合适位置，再次按上述过程测存10个反光贴后视点坐标，符合精度要求后，取平均值作为10个反光贴后视点已知平面坐标，正常情况下每两周检核一次后视点平面坐标。

5. 首次观测

挖土开始前，进行首次观测。全站仪自由设站后利用后方交会测定测站点平面坐标后，依次测定水平位移监测点平面坐标（测定3次，取平均值作为首次观测值）。

6. 计算水平位移变化量

根据监测周期，定期测定水平位移监测点平面坐标，为了提高测量精度，观测过程中应注意：在合适稳定位置架设仪器，至少与3个后视点通视，每个位移监测点至少观测3个测回；由于设站点位于施工场地内，应尽量选择不受施工干扰的时间段进行观测；观测时尽量减少设站次数。

通过对各点的周期性观测，便可得到各变形观测点的位移变化。具体计算公式如下

基坑东侧监测点水平位移变化量＝－（本次监测点 Y 坐标－上次监测点 Y 坐标）

基坑南侧监测点水平位移变化量＝（本次监测点 X 坐标－上次监测点 X 坐标）

基坑西侧监测点水平位移变化量＝（本次监测点 Y 坐标－上次监测点 Y 坐标）

基坑北侧监测点水平位移变化量＝－（本次监测点 X 坐标－上次监测点 X 坐标）

7. 监测频率

本基坑属于一级基坑，现场没有其他异常，根据《建筑基坑工程监测技术标准》（GB 50497—2019）第 7.0.3 条，监测频率见表 11-2。

表 11-2　现场仪器监测的监测频率

基坑类别	施工进程		监测频率
一级	开挖深度 h	≤H/3	1 次/（2～3）d
		H/3～2H/3	1 次/（1～2）d
		2H/3～H	（1～2）次/d
	底板浇筑后时间/d	≤7	1 次/d
		7～14	1 次/3d
		14～28	1 次/5d
		＞28	1 次/7d

注　h—基坑开挖深度；H—基坑设计深度。

当监测值相对稳定时，可适当降低监测频率。

当出现下列情况之一时，应加强监测，提高监测频率，并及时向委托方及相关单位报告监测结果：①监测数据达到报警值；②监测数据变化量较大或者速率加快；③基坑及周边大量积水、长时间连续降雨、市政管道出现泄漏；④基坑附近地面荷载突然增大或超过设计限值；⑤支护结构出现开裂；⑥周边地面出现突然较大沉降或严重开裂；⑦邻近的建（构）筑物出现突然较大沉降、不均匀沉降或严重开裂；⑧基坑底部、坡体或支护结构出现管涌、渗漏或流砂等现象；⑨基坑工程发生事故后重新组织施工。

8. 监测精度

根据《建筑基坑工程监测技术标准》第 6.2.4 条，基坑围护墙（坡）顶水平位移监测精度见表 11-3。

表 11-3　基坑围护墙（坡）顶水平位移监测精度要求　mm

设计控制值/mm	≤40	40～60	＞60
监测点坐标中误差	≤1.5	≤2.0	≤3.0

9. 监测报警

根据《建筑基坑工程监测技术标准》第 8.0.5 条，并由基坑工程设计单位认可，确定监测报警值见表 11-4。

表 11-4　基坑及支护结构监测报警值

序号	监测项目	支护结构类型	一级基坑		
			累计值		变化速率（mm・d^{-1}）
			绝对值（mm）	相对基坑深度（h）控制值	
1	墙（坡）顶水平位移	钢板桩、灌注桩、型钢水泥土墙、地下连续墙	30	0.3%	3

当接近或达到报警值时，应启动相应的应急预案，并通知涉及单位，并加密观测次数。

四、基坑支护水平位移监测结果分析

本文限于篇幅限制，给出了 2013 年 5 月 7～16 日基坑南侧 J9～J14 五个监测点的前 10 期累计水平位移值，见表 11-5。

表 11-5　　前 10 期累计水平位移值统计表

累计水平位移量(mm) 点号	5.7	5.8	5.9	5.10	5.11	5.12	5.13	5.14	5.15	5.16
J9	+0.0	+0.1	+0.3	+0.1	+0.3	+0.5	+0.7	+1.0	+2.3	+2.6
J10	+0.0	+0.1	+0.5	+0.4	+0.7	+2.1	+5.0	+5.8	+7.3	+7.6
J11	+0.0	+0.2	+0.7	+1.5	+2.1	+3.9	+11.6	+12.6	+15.6	+16.1
J12	+0.0	+0.1	+0.4	+0.6	+2.1	+4.1	+10.4	+11.4	+14.9	+15.4
J13	+0.0	+0.1	+0.6	+0.8	+1.4	+4.1	+6.2	+7.3	+9.2	+9.4
J14	+0.0	+0.1	+0.3	+0.5	+1.1	+2.0	+2.4	+3.0	+3.5	+3.6

注　水平位移量："+"代表向基坑内位移，"—"代表向基坑外位移。

相应的水平位移变化曲线图，如图 11-3 所示。

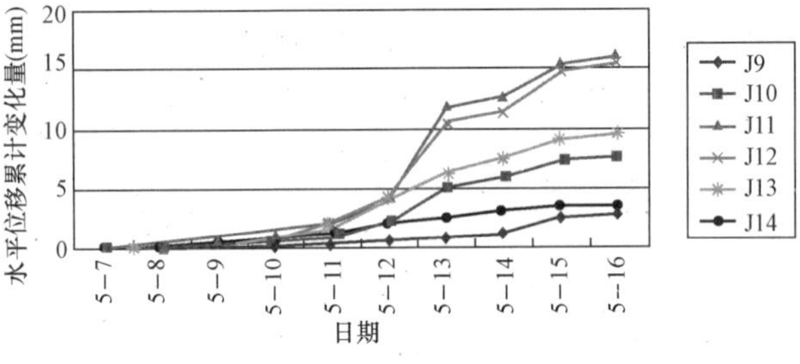

图 11-3　基坑支护水平位移变化曲线图

水平位移监测点 J9 和 J14 分别位于基坑南侧东南角附近和西南角附近，受挖土和施工影响最小，点位也较稳定。J9 和 J14 前 10 期累计向基坑内水平位移分别为 2.6mm 和 3.6mm。

水平位移监测点 J10 和 J13 位于基坑南侧东南角支撑外侧和西南角支撑外侧，受挖土和施工影响次之，前期挖土变化较小，后期随着挖土越来越深，变化稍大，但也较稳定。J10 和 J13 前 10 期累计向基坑内水平位移分别为 7.6mm 和 9.4mm。J13 比 J10 点变化稍微大的原因是在后期 J13 附近堆放了大量木板，荷载较大造成。

水平位移监测点 J11 和 J12 位于基坑南侧跨中位置附近，受挖土和施工影响最大，随着挖土越来越深，变化较大，但也较稳定。5 月 12 日夜晚，J11、J12 附近挖土突然挖至坑底，造成变化较大，分别为 7.7mm 和 6.3mm。5 月 13 日发现在 J11、J12 附近的硬化地面出现了裂缝，裂缝宽度与监测的变化量基本吻合，随后逐渐稳定。J11 和 J12 前 10 期累计向基坑内水平位移分别为 16.1mm 和 15.4mm。J11 比 J12 点变化稍微大一些的原因是在 J13 附近存在吊车作业及堆放了大量待加工钢筋，荷载较大造成。

通过分析水平位移监测点各期观测数据和水平位移变化曲线图，发现其变形趋势基本反映了现场挖土过程及施工进度实际，且在限值之内，说明基坑基本稳定。

五、提交资料

基坑支护位移观测应提交下列图表：①位移观测点布置图；②位移观测成果表；③位移曲线图。

任务二　建筑物的沉降观测

建筑物沉降观测是用水准测量的方法，根据水准基点定期测出建筑物上设置的沉降观测点的高程变化，从而求得其沉降量。

一、水准基点和沉降观测点的布设

1. 水准基点的布设

水准基点是进行建筑物沉降观测的依据，因此水准基点的埋设要求和形式与永久性水准点相同，必须保证其稳定不变和长久保存。水准基点一般应埋设在建筑物沉降影响范围之外，观测方便且不受施工影响的地方，如条件允许，也可布设在永久固定建筑物的墙角上。为了互相检核，水准基点的数目应不少于三个。对水准基点要定期进行高程检查，防止水准点本身发生变化，以确保沉降观测的准确性。

水准基点的布设一般应考虑下列因素：

（1）水准基点与观测点的距离不应大于 100m，应尽量接近观测点，以保证沉降观测的精度。

（2）水准基点应布设在建筑物或构筑物基础压力影响范围以外，以及受震动范围以外的安全地点。

（3）距铁路、公路和地下管道 5m 以外。

（4）在有冰冻的地区，水准基点的埋设深度至少在冰冻线以下 0.5m，以保证水准基点的稳定。

2. 沉降观测点的布设

建筑物的沉降量是通过水准测量方法测定的，即通过多次观测水准基点与设置在建筑物上的观测点之间的高差变化测定建筑物的沉降量。为了能全面地、准确地反映整个建筑物的沉降变化情况，必须合理确定观测点的数目和位置。

在民用建筑中，通常是在房屋的转角、沉降缝两侧、基础变化处，以及地质条件改变处设置观测点。一般在建筑物的四周每隔 10～20m 设置一沉降观测点。

建筑物的宽度较大时，还应在房屋内部纵墙上或楼梯间布置观测点。

对于工业厂房，可在柱子、承重墙、厂房转角、大型设备基础的周围设置观测点。扩建的厂房应在连接处两侧基础墙上设置观测点。

对高大的圆形构筑物（水塔、高炉、烟囱等），应在其基础的对称轴上设置观测点。

沉降观测点埋设时要注意与建筑物连接牢固，以确保观测点的变化能真正反映建筑物的沉降情况。沉降观测标志可根据不同的建筑结构类型和建筑材料，采用墙（柱）标志、基础标志和隐蔽式标志（用于宾馆等高级建筑物）等形式。各类标志的立尺部位应加工成半球形或有明显的突出点，并涂上防腐剂。

标志的埋设位置应避开如雨水管、窗台线、暖气片、暖水管、电气开关等有碍设标与观测的障碍物，并应视立尺需要离开墙（柱）面和地面一定距离。隐蔽式沉降观测点标志的形式，可按图 11 - 4～图 11 - 6 所示规格埋设。

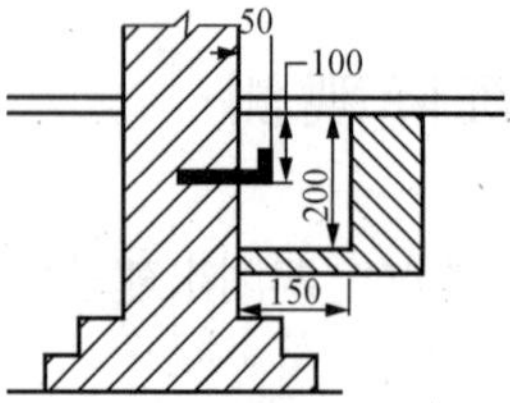

适用于建筑物内部埋设，单位：mm

图 11-4　窨井式标志

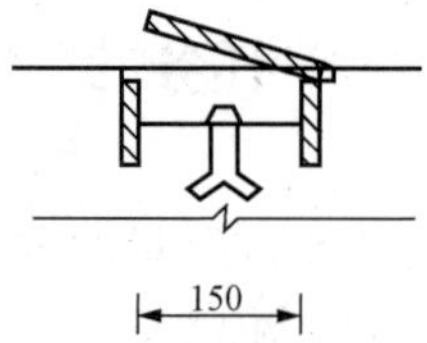

适用于设备基础上埋设，单位：mm

图 11-5　盒式标志

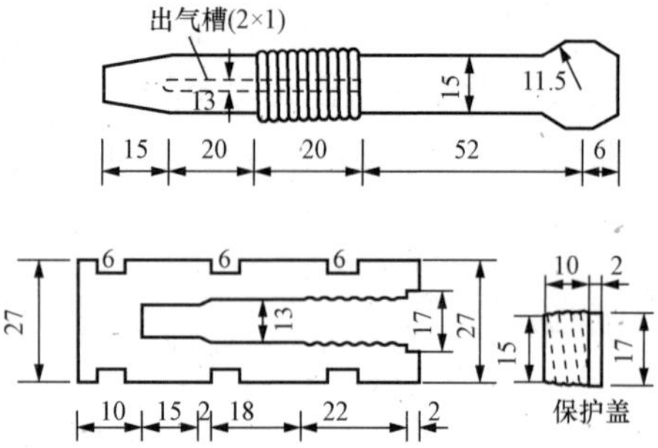

适用于墙体上埋设，单位：mm

图 11-6　螺栓式标志

二、沉降观测

1. 观测周期

（1）建筑物施工阶段的观测，应随施工进度及时进行。一般建筑，宜在基础完工后或地下室砌完后开始观测。观测次数与间隔时间应视地基与加荷情况而定。民用高层建筑可每加高 2～3 层观测一次；工业建筑可按不同施工阶段（如回填基坑、安装柱子和屋架、砌筑墙体、设备安装等）分别进行观测。如建筑物均匀增高，应至少在增加荷载的 25%、50%、75%和 100%时各测一次。施工过程中如暂时停工，在停工时及重新开工时应各观测一次。停工期间，可每隔 2～3 个月观测一次。

（2）建筑物使用阶段的观测次数，应视地基土类型和沉降速度大小而定。除有特殊要求者外，一般情况下，可在第一年观测 3～4 次，第二年观测 2～3 次，第三年后每年 1 次，直至稳定为止。

（3）在观测过程中，如有基础附近地面荷载突然增减、基础四周大量积水、长时间连续降雨等情况，均应及时增加观测次数。当建筑物突然发生大量沉降、不均匀沉降或严重裂缝时，应立即进行逐日或 2～3 天一次的连续观测。

2. 观测方法

沉降观测包括两个方面的内容：

（1）水准基点是测定沉降观测点沉降量的依据，测定时将水准基点组成闭合水准路线，或进行往返观测，其闭合差不得超过$\pm 0.30\sqrt{n}$mm（n 为测站数）（一级）。检查水准基点的高程是否有变化时，也应将水准基点组成闭合水准路线。

（2）在保证水准基点高程无变化的情况下进行沉降观测。对一般精度要求的沉降观测可用 DS3 型水准仪进行。观测时先后视水准基点，接着依次前视各沉降观测点，最后再后视该水准基点，进行校核。沉降观测的水准路线（从一个水准基点到另一个水准基点）应为附合水准路线。

3. 精度要求

沉降观测的精度要求是根据建筑物的重要性及建筑物对变形的敏感程度来确定的。对连续生产设备基础和动力设备基础、高层钢筋混凝土框架及不均匀地基上的重要建筑物，沉降观测的闭合差不应超过$\pm 1.0\sqrt{n}$mm（n 为测站数）（二级），同一后视点两次后视读数之差不应超过±1mm。对于一般多层建筑物、厂房基础和构筑物的沉降观测，往返观测水准点的高差较差不应超过$\pm3.0\sqrt{n}$mm（n为测站数）（三级），同一后视点两次后视读数之差不应超过±2mm。具体见表11-6～表11-8。

表11-6 仪器精度要求和观测方法

变形测量等级	仪器型号	水准尺	观测方法	仪器i角要求
特级	DSZ05或DS05	铟瓦合金标尺	光学测微法	≤10″
一级	DSZ05或DS05	铟瓦合金标尺	光学测微法	≤15″
二级	DS05或DS1	铟瓦合金标尺	光学测微法	≤15″
三级	DS1	铟瓦合金标尺	光学测微法	≤20″
	DS3	木质标尺	中丝读数法	

注 光学测微法和中丝读数法的每测站观测顺序和方法，应按现行国家水准测量规范的有关规定执行。

表11-7 水准观测的技术指标

等级	视线长度	前后视距差	前后视距累积差	视线高度
特级	≤10m	≤0.3m	≤0.5m	≥0.8m
一级	≤30m	≤0.7m	≤1.0m	≥0.5m
二级	≤50m	≤2.0m	≤3.0m	≥0.3m
三级	≤75m	≤5.0m	≤8.0m	≥0.2m

表11-8 水准观测的限差要求 mm

等级		基辅分划（黑红面）读数之差	基辅分划（黑红面）所测高差之差	往返较差及附合或环线闭合差	单程双测站所测高差较差	检测已测测段高差之差
特级		0.15	0.2	$\leq0.1\sqrt{n}$	$\leq0.07\sqrt{n}$	$\leq0.15\sqrt{n}$
一级		0.3	0.5	$\leq0.3\sqrt{n}$	$\leq0.2\sqrt{n}$	$\leq0.45\sqrt{n}$
二级		0.5	0.7	$\leq1.0\sqrt{n}$	$\leq0.7\sqrt{n}$	$\leq1.5\sqrt{n}$
三级	光学测微法	1.0	1.5	$\leq3.0\sqrt{n}$	$\leq2.0\sqrt{n}$	$\leq4.5\sqrt{n}$
	中丝读数法	2.0	3.0			

注 n为测站数。

4. 沉降是否进入稳定阶段的几种判断方法

（1）根据沉降量与时间关系曲线来判定。

（2）对重点观测和科研观测工程，若最后三期观测中，每期沉降量均不大于$2\sqrt{2}$倍测量中误差，则可认为已进入稳定阶段。

（3）对于一般观测工程，若沉降速度小于0.01～0.04mm/d，可认为已进入稳定阶段，具体取值宜根据各地区地基土的压缩性确定。

5. 注意事项

为了保证沉降观测获得上述的精度要求，必须注意以下几点：

（1）施测前应对测量仪器进行严格的检查校正，精度要求较高时应采用 DS1 级或 DS05 级精密水准仪及与之配套的水准尺，一般精度要求的沉降观测可采用 DS3 级水准仪。

（2）应尽可能在不转站的情况下测出各观测点的高程，前后视距应尽量相等，整个观测最好用同一根水准尺，观测应在成像清晰、稳定的条件下进行，避免阳光直射仪器。

（3）“五固定”原则：测量中应尽量做到观测人员固定，测量仪器固定，水准点固定，测量路线固定和测量方法固定。

三、沉降观测的成果整理

1. 整理计算

每次沉降观测之后，首先检查记录数据与各项计算是否正确，精度是否符合要求，然后调整闭合差，计算各观测点的高程，最后计算各观测点的本次沉降量及累计沉降量，并将观测时间、载荷情况等同时记录在沉降观测成果表中。表 11 - 9 是某宿舍楼的沉降观测成果的部分数据。其中：

沉降观测点的本次沉降量＝本次观测所得的高程－上次观测所得的高程

沉降观测点的累计沉降量＝本次沉降量＋上次累计沉降量

表 11 - 9　　沉降观测记录表

观测次数	观测时间（年 月 日）	荷载情况（kN/m²）	各观测点的沉降情况							施工进展情况
			1			2			3…	
			高程（m）	本次下沉（mm）	累计下沉（mm）	高程（m）	本次下沉（mm）	累计下沉（mm）	…	
1	1998.4.20	45.0	50.157	±0	±0	50.155	±0	±0		基础施工完
2	5.5	55.0	50.155	−2	−2	50.153	−2	−2		一层主体完
3	5.20	70.0	50.152	−3	−5	50.151	−2	−4		二层主体完
4	6.5	95.0	50.148	−4	−9	50.147	−4	−8		三层主体完
5	6.20	105.0	50.145	−3	−12	50.143	−4	−12		主体完
6	7.20	105.0	50.143	−2	−14	50.141	−2	−14		竣工
7	8.20	105.0	50.142	−1	−15	50.140	−1	−15		使用
8	9.20	105.0	50.140	−2	−17	50.138	−2	−17		
9	10.20	105.0	50.139	−1	−18	50.137	−1	−18		
10	1999.1.20	105.0	50.137	−2	−20	50.137	±0	−18		
11	4.20	105.0	50.136	−1	−21	50.136	−1	−19		
12	7.20	105.0	50.135	−1	−22	50.135	−1	−20		
13	10.20	105.0	50.135	±0	−22	50.134	−1	−21		
14	2000.1.20	105.0	50.135	±0	−22	50.134	±0	−21		

2. 绘制沉降曲线

为了更能直观地表达建筑物沉降量、载荷、时间三者之间的关系，可以按表 11 - 9 中的数据描绘出曲线图，如图 11 - 7 所示。上部为时间与载荷的关系曲线，即以载荷为纵轴，时间为横轴，根据每次观测值画出各点，连接各点可得时间与载荷的关系曲线。

时间与沉降量的关系曲线（见图 11－7），系以沉降量为纵轴，时间为横轴，根据每次观测下沉量按比例画出各点，然后将各点连接起来，并在曲线一端注明观测点点号。

两种关系曲线画在同一图上，更能清楚地表明每一观测点在一定的时间内所受到的载荷及沉降量。

3. 沉降观测中常遇到的问题及处理方法

（1）曲线在首次观测后即发生回升现象。在第二次观测时即发现曲线上升，至第三次后，曲线又逐渐下降。发生此种现象，一般都是由于首次观测成果存在较大误差所引起的。此时，如周期较短，可将第一次观测成果作废，而采用第二次观测成果作为首测成果。因此，为避免发生此类现象，首次观测应适当提高测量精度，认真施测，或进行两次观测，以资比较，确保首次观测成果可靠。

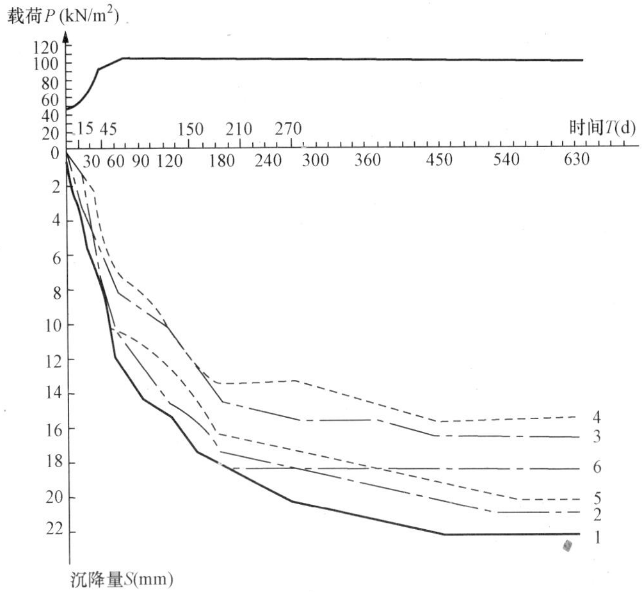

图 11－7　沉降曲线示意图

（2）曲线在中间某点突然回升。发生此种现象的原因，多半是因为水准基点或沉降观测点被碰所致，如水准基点被压低，或沉降观测点被撬高，此时，应仔细检查水准基点和沉降观测点的外形有无损伤。如果众多沉降观测点出现此种现象，则水准基点被压低的可能性很大，此时可改用其他水准点作为水准基点来继续观测，并再埋设新水准点，以保证水准点个数不少于三个。如果只有一个沉降观测点出现此种现象，则多半是该点被撬高（如果采用隐蔽式沉降观测点，则不会发生此现象），如观测点被撬后已活动，则需另行埋设新点，若点位尚牢固，则可继续使用，对于该点的沉降量计算，则应进行合理处理。

（3）曲线自某点起渐渐回升。产生此种现象一般是由于水准基点下沉所致。此时，应根据水准点之间的高差来判断出最稳定的水准点，以此作为新水准基点，将原来下沉的水准基点废除。另外，埋在裙楼上的沉降观测点，由于受主楼的影响，有可能会出现属于正常的渐渐回升现象。

（4）曲线的波浪起伏现象。曲线在后期呈现微小波浪起伏现象，其原因一般是测量误差所造成的。曲线在前期波浪起伏所以不突出，是因下沉量大于测量误差之故；但到后期，由于建筑物下沉极微或已接近稳定，因此在曲线上就出现测量误差比较突出的现象。此时，可将波浪曲线改成为水平线。后期测量宜提高测量精度等级，并适当地延长观测的间隔时间。

四、提交资料

沉降观测应提交下列图表：

（1）工程平面位置图及基准点分布图。

（2）沉降观测点位分布图。

（3）沉降观测成果表。

（4）时间—荷载—沉降量曲线图。

任务三 建筑物的倾斜观测

测定建（构）筑物倾斜度随时间而变化的工作，称为倾斜观测。建筑物产生倾斜的原因主要有：地基沉降不均匀；建筑物体型复杂（有部分高重、部分低轻）形成不同荷载；施工未达到设计要求，承载力不够；受外力作用，例如风荷、地下水抽取、地震等。建筑物主体倾斜观测，应测定建筑物顶部观测点相对于底部固定点或各层间上层相对于下层观测点的水平位移与高差，分别计算整体或分层的倾斜度、倾斜方向及倾斜速度。对具有刚性建筑物的整体倾斜，亦可通过测量顶面或基础的差异沉降来间接确定。

一、仪器设备及环境

经纬仪、激光铅直仪、激光位移计、倾斜仪（如水管式倾斜仪、水平摆倾斜仪、气泡倾斜仪或电子倾斜仪）。

倾斜观测应避开强日照和风荷载影响大的时间段。

二、观测点的布设与要求

1. 主体倾斜观测点位的布设

（1）当从建筑外部观测时，测站点的点位应选在与倾斜方向成正交的方向线上距照准目标 1.5～2.0 倍目标高度的固定位置。当利用建筑物内部竖向通道观测时，可将通道底部中心点作为测站点。

（2）对于整体倾斜，观测点及底部固定点应沿着对应测站点的建筑主体竖直线，在顶部和底部上下对应布设；对于分层倾斜，应按分层部位上下对应布设。

（3）按前方交会法布设的测站点，基线端点的选设应顾及测距或长度丈量的要求。按方向线水平角法布设的测站点，应设置好定向点。

2. 主体倾斜观测点位的标志设置

（1）建筑物顶部和墙体上的观测点标志，可采用埋入式照准标志形式。有特殊要求时，应专门设计。

（2）不便埋设标志的塔形、圆形建筑物以及竖直构件，可以照准视线所切同高边缘认定的位置或用高度角控制的位置作为观测点位。

（3）位于地面的测站点和定向点，可根据不同的观测要求，采用带有强制对中设备的观测墩或混凝土标石。

（4）对于一次性倾斜观测项目，观测点标志可采用标记形式或直接利用符合位置与照准要求的建筑物特征部位；测站点可采用小标石或临时性标志。

三、一般建筑物的倾斜观测

（1）如图 11-8 所示，将经纬仪安置在固定测站上，该测站到建筑物的距离为建筑物高度的 1.5 倍以上。然后，瞄准建筑物上部观测点 A，用正倒镜法向下投测得 B 点。用同样的方法，在与原观测方向垂直的另一方向，定出上观测点 C 和相应的下观测点 D。

（2）相隔一段时间以后，在原固定测站上安置经纬仪，分别瞄准上观测点 A 和 C，用正倒镜法向下投测得 B'点和 D'点。如果 B 与 B'点、D 与 D'点不重合，则说明建筑物发生了倾斜。

(3) 计算建筑物的倾斜度。若用 Δa 表示 B、B'两点之间的水平距离，Δb 表示 D、D'两点之间的水平距离，Δa 与 Δb 即为建筑物在两个相互垂直方向上的倾斜分量，则总的倾斜位移量为

$$\Delta = \sqrt{\Delta a^2 + \Delta b^2} \tag{11-1}$$

若以 H 表示建筑物的高度，则建筑物的倾斜度为

$$i = \Delta / H \tag{11-2}$$

四、圆形建筑物的倾斜观测

现以烟囱的倾斜观测为例，说明对圆形塔式建筑物或构筑物进行倾斜观测的方法。

如图 11-9 所示，O 为烟囱底部中心点，O'为烟囱顶部中心点，OO'为偏心距，亦称倾斜位移量。其观测方法是：

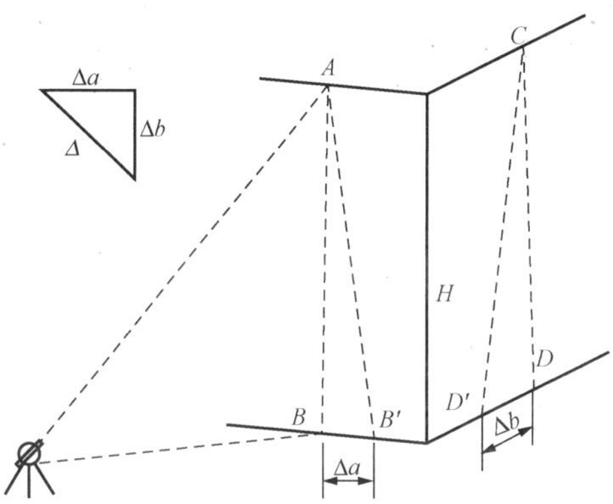

图 11-8 建筑物倾斜观测

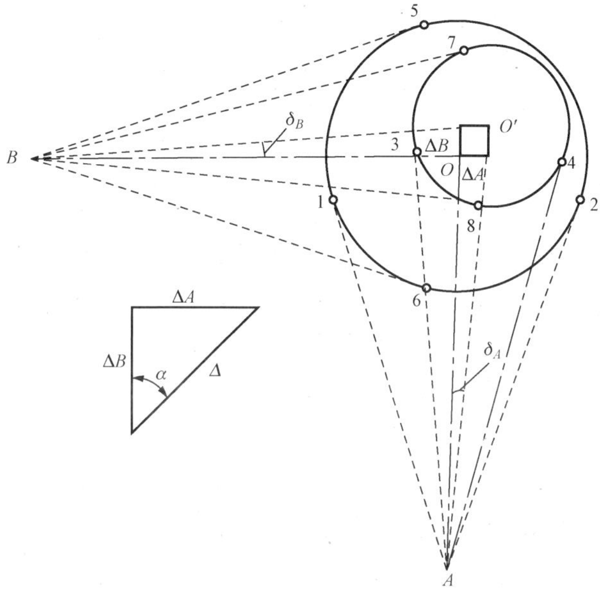

图 11-9 圆形建筑物倾斜观测

(1) 在距离烟囱底部表面大于其高度 1.5 倍的地方，分别在相互垂直的两个方向上选定两个测站点 A 和 B。先在测站点 A 上安置经纬仪，对中、整平仪器后，分别瞄准视线与烟囱底部断面相切的切点 1、2，设 1、2 点方向的水平度盘读数分别为 a_1、a_2。

(2) 仰起望远镜，用同样方法瞄准视线与顶部断面相切的切点 3、4，设 3、4 点方向的水平度盘读数分别为 a_3、a_4。

(3) 然后，计算出$\angle 1A2$ 的分角线与$\angle 3A4$ 的分角线之间的水平夹角 δ_A，即

$$\delta_A = \frac{(a_2 - a_1) - (a_4 - a_3)}{2} \tag{11-3}$$

(4) 同理，在测站点 B，用上述观测方法可得$\angle 5B6$ 的分角线与$\angle 7B8$ 的分角线之间的水平夹角 δ_B，即

$$\delta_B = \frac{(a_6 - a_5) - (a_8 - a_7)}{2} \tag{11-4}$$

(5) 计算倾斜度。O 与 O'点的倾斜偏角分量为

$$\Delta A = \frac{\delta_A (L_A + R)}{\rho} \tag{11-5}$$

$$\Delta B = \frac{\delta_B (L_B + R)}{\rho} \tag{11-6}$$

式中 L_A——A 点至烟囱底部外墙最短距离；

L_B——B 点至烟囱底部外墙最短距离；

R——烟囱底部的半径（可通过丈量周长计算出 R 值）。

$\rho = 206265''$。

再根据 ΔA、ΔB 以及烟囱的高度 H，即可求得烟囱的总倾斜位移量 Δ 和倾斜度 i，即

$$\Delta = \sqrt{\Delta A^2 + \Delta B^2}$$

$$i = \Delta / H$$

五、提交资料

倾斜观测应提交下列图表：

（1）倾斜观测点位分布图。

（2）倾斜观测成果表。

（3）倾斜变化曲线图。

六、倾斜观测实例

1. 概况

某六层住宅楼，对该住宅楼的东、南、西、北四个楼角位置进行倾斜测量。

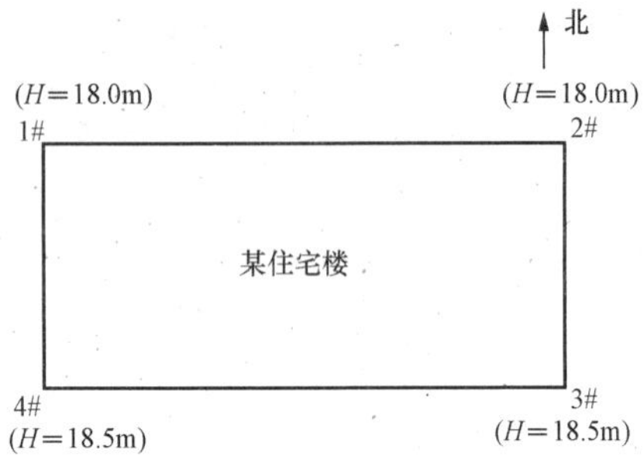

图 11 - 10 某住宅楼楼角编号及高度示意图

2. 检测仪器

采用拓普康 GPT - 6002LP 全站仪。

3. 测量结果

（1）倾斜测量成果说明。

1）所有点位的偏移量均为该楼最上面点相对于最下面点（勒脚处）沿南北向或东西向的偏移量。

2）该楼楼角编号及楼角高度如图 11 - 10 所示。

（2）倾斜测量成果见表 11 - 10。

表 11 - 10 倾斜测量成果

点号	倾斜方向	偏移方向	偏移量（mm）	倾斜率（‰）
1#	南北向	南	9.4	0.5
	东西向	东	6.4	0.4
2#	南北向	南	11.2	0.6
	东西向	西	3.2	0.2
3#	南北向	南	6.4	0.3
	东西向	西	15.6	0.8
4#	南北向	北	7.6	0.4
	东西向	西	17.9	1.0

任务四　建筑物的裂缝观测

当建筑物发生裂缝之后，应立即进行裂缝观测。通过对建筑物的裂缝观测与沉降观测，进行综合分析并及时采取相应的处理措施。

一、白铁皮固定量测

裂缝观测通常是测定建筑物某一部位裂缝发展状况。观测时，应先在裂缝的两侧各设置一个固定标志，然后定期量取两标志的间距，间距的变化即为裂缝的变化。具体方法如图 11－11 所示，用两片白铁皮，一片取 150mm×150mm 的正方形，固定在裂缝的一侧，另一片为 50mm×200mm，固定在裂缝的另一侧，并使其中一部分紧贴在相邻的正方形白铁皮上，然后在其表面涂上红色油漆。裂缝一旦持续发展，两片白铁皮将逐渐拉开，露出白铁皮上原被覆盖没有油漆的部分，其宽度即为裂缝增加的宽度，可用钢尺量取。

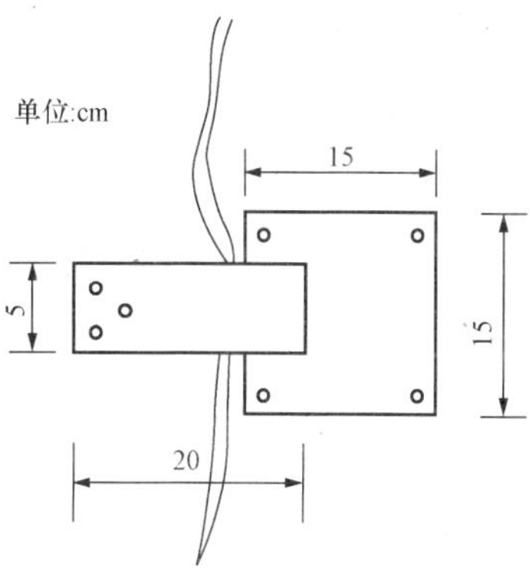

图 11－11　裂缝观测示意图

二、石膏板标志量测

裂缝观测也可用石膏板标志进行。具体方法是用厚 10mm，宽约 50～80mm 的石膏板（长度视裂缝大小而定），固定在裂缝的两侧。当裂缝继续发展时，石膏板也随之开裂，从而观察裂缝继续发展的情况。

三、提交资料

裂缝观测应提交下列图表：

（1）裂缝位置分布图。

（2）裂缝观测成果表。

（3）裂缝变化曲线图。

思考题与习题

1. 为什么要进行建筑物的变形观测？对建筑物应进行哪些变形测量？
2. 建筑物沉降观测时，水准基点和观测点各应如何布置？
3. 沉降观测应提交哪些资料？
4. 基坑支护位移观测方法有哪些？
5. 基坑支护位移观测周期如何确定？
6. 如何测定一般建筑物的倾斜度？
7. 建筑物的裂缝观测有哪些方法？

附录一 常用测量规范目录

序号	编 号	规范名称
1	GB/T 14911—2008	测绘基本术语
2	CH/T 1004—2005	测试技术设计规定
3	CH/T 1001—2005	测绘技术总结编写规定
4	GB 22021—2008	国家大地测量基本技术规定
5	GB/T 24356—2009	测绘成果质量检查与验收
6	CH/Z 1001—2007	测绘成果质量检验报告编写基本规定
7	CJJ/T 8—2011	城市测量规范
8	GB 50026—2007	工程测量规范
9	GB/T 18341—2001	地质矿产勘查测量规范
10	GB/T 18314—2009	全球定位系统（GPS）测量规范
11	CJJ 73—1997	全球定位系统城市测量技术规程
12	JTJ/T 066—1998	公路全球定位系统（GPS）测量规范
13	CH/T 2009—2010	全球定位系统实时动态测量（RTK）技术规范
14	GB 12897—2006	国家一、二等水准测量规范
15	GB/T 12898—2009	国家三、四等水准测量规范
16	CH/T 2004—1999	测量外业电子记录基本规定
17	CH/T 2006—1999	水准测量电子记录规定
18	GB/T 17278—2009	数字地形图产品基本要求
19	GB/T 14912—2005	1∶500、1∶1000、1∶2000 外业数字测图技术规程
20	GB/T 20257.1—2017	国家基本比例尺地图图式 第 1 部分：1∶500、1∶1000、1∶2000 地形图图式
21	GB/T 20257.2—2017	国家基本比例尺地图图式 第 2 部分：1∶5000、1∶10000 地形图图式
22	GB/T 17160—2008	1∶500、1∶1000、1∶2000 地形图数字化规范
23	GB/T 14804—1993	1∶500、1∶1000、1∶2000 地形图要素分类与代码
24	GB/T 13989—1992	国家基本比例尺地形图分幅和编号
25	GB/T 14268—2008	国家基本比例尺地形图更新规范
26	GB 14912—1994	大比例尺地形图机助制图规范
27	GB/T 18316—2008	数字测绘成果质量检查与验收
28	CH 5002—1994	地籍测绘规范
29	CH 5003—1994	地籍图图式
30	GB/T 17796—2009	行政区域界线测绘规范
31	GB 21139—2007	基础地理信息标准数据基本规定

续表

序号	编　　号	规范名称
32	GB/T 18578—2008	城市地理信息系统设计规范
33	CJJ 100—2004	城市基础地理信息系统技术规范
34	CH/T 1007—2001	基础地理信息数字产品元数据
35	GB/T 17986.1—2000	房产测量规范 第 1 单元：房产测量规定
36	GB/T 17986.2—2000	房产测量规范 第 2 单元：房产图图式
37	JGJ 8—2016	建筑变形测量规范
38	GB 50497—2019	建筑基坑工程监测技术标准
39	CJJ 61—2003	城市地下管线探测技术规程
40	CH/T 1020—2010	1∶500、1∶1000、1∶2000 地形图质量检验技术规程
41	CH/T 1021—2010	高程控制测量成果质量检验技术规程
42	CH/T 1022—2010	平面控制测量成果质量检验技术规程
43	GB/T 23709—2009	区域似大地水准面精化基本技术规定
44	CH 1016—2008	测绘作业人员安全规范
45	CH/T 1048—2019	测绘地理信息技能人员职业分类和能力评价

附录二　《工程测量员》国家职业标准（6-01-02-04）

1　职业概况

1.1　职业名称

工程测量员。

1.2　职业定义

使用测量仪器设备，按工程建设的要求，依据有关技术标准进行测量的人员。

1.3　职业等级

本职业共设五个等级，分别为：初级（国家职业资格五级）、中级（国家职业资格四级）、高级（国家职业资格三级）、技师（国家职业资格二级）、高级技师（国家职业资格一级）。

1.4　职业环境条件

室内、外，常温。

1.5　职业能力特征

有较强的计算能力、判断能力、分析能力和空间感觉。

1.6　基本文化程度

高中毕业（或同等学力）。

1.7　培训要求

1.7.1　培训期限

全日制职业学校教育，根据其培养目标和教学计划确定。

晋级培训期限：初级不少于360标准学时；中级不少于300标准学时；高级不少于260标准学时；技师不少于220标准学时；高级技师不少于180标准学时。

1.7.2　培训教师

培训初级、中级的教师，应具有本职业高级以上职业资格证书，或相关专业中级以上（含中级）专业技术职务任职资格；培训高级的教师，应具有本职业技师职业资格证书2年以上，或相关专业中级（含中级）以上专业技术职务任职资格；培训技师的教师，应具有本职业高级技师职业资格证书2年以上，或相关专业高级专业技术职务任职资格；培训高级技师的教师，应具有本职业高级技师职业资格证书3年以上，或相关专业高级专业技术职务任职资格。

1.7.3　培训场地设备

理论知识培训为标准教室；实际操作培训在具有被测实体的、配备测绘仪器的训练场地。

1.8　鉴定要求

1.8.1　鉴定对象

从事或准备从事本职业的人员。

1.8.2　申报条件

1.8.2.1　初级（具备下列条件之一者）：

（1）经本职业初级正规培训达规定标准学时数，并取得结业证书。

（2）在本职业连续见习 2 年以上。

1.8.2.2 中级（具备下列条件之一者）：

（1）取得本职业或相关职业初级职业资格证书后，连续从事本职业工作 3 年以上，经本职业中级正规培训达规定标准学时数，并取得结业证书。

（2）取得本职业初级职业资格证书后，连续从事本职业工作 5 年以上。

（3）取得经劳动保障行政部门审核认定的、以中级技能为培养目标的中等以上职业学校本职业（专业）毕业证书。

1.8.2.3 高级（具备下列条件之一者）：

（1）取得本职业或相关职业中级职业资格证书后，连续从事本职业工作 4 年以上，经本职业高级正规培训达规定标准学时数，并取得结业证书。

（2）取得本职业中级职业资格证书后，连续从事本职业工作 5 年以上。

（3）取得高级技工学校或经劳动保障行政部门审核认定的、以高级技能为培养目标的高等职业学校本职业（专业）毕业证书。

（4）取得本职业中级职业资格证书的大专以上本专业或相关专业毕业生，连续从事本职业工作 2 年以上。

1.8.2.4 技师（具备下列条件之一者）：

（1）取得本职业高级职业资格证书后，连续从事本职业工作 5 年以上，经本职业技师正规培训达规定标准学时，并取得结业证书。

（2）取得本职业高级职业资格证书后，连续从事本职业工作 7 年以上。

1.8.2.5 高级技师（具备下列条件之一者）：

（1）取得本职业技师职业资格证书后，连续从事本职业工作 5 年以上，经本职业高级技师正规培训达规定标准学时，并取得结业证书。

（2）取得本职业技师职业资格证书后，连续从事本职业工作 8 年以上。

1.8.3 鉴定方式

分为理论知识考试与技能操作考核。理论知识考试采用闭卷笔试方式，技能操作考核采用现场实际操作方式。理论知识考试与技能操作考核均实行百分制，成绩皆达 60 分以上者为合格。技师和高级技师还须进行综合评审。

1.8.4 考评人员和考生的配比

理论知识考试考评人员与考生配比为 1∶15，每个标准教室不少于 2 名考评人员；技能操作考核考评员与考生配比为 1∶5，且不少于 3 名考评员；综合评审委员不少于 5 名。

1.8.5 鉴定时间

各等级理论知识考试时间为 120min；实际操作技能考核时间为 90～240min；综合评审时间不少于 30min。

1.8.6 鉴定场所设备

理论知识考试在标准教室内进行，技能操作考核在具有被测实体的、配备测绘仪器的技能考核场地。

2 基本要求

2.1 职业道德

2.1.1 职业道德基本知识

2.1.2 职业守则

遵纪守法、爱岗敬业、团结协作、精益求精。

2.2 基础知识

2.2.1 测量基础知识

（1）地面点定位知识。

（2）平面、高程测量知识。

（3）测量数据处理知识。

（4）测量仪器设备知识。

（5）地形图及其测绘知识。

2.2.2 计算机基本知识

2.2.3 安全生产常识

（1）劳动保护常识。

（2）仪器设备的使用常识。

（3）野外安全生产常识。

（4）资料的保管常识。

2.2.4 相关法律、法规知识

（1）《中华人民共和国劳动法》相关知识。

（2）《中华人民共和国测绘法》相关知识。

（3）其他有关法律、法规及技术标准的基本常识。

3 工作要求

本标准对初级、中级、高级工程测量员，工程测量技师和高级技师的技能要求依次递进，高级别涵盖低级别的要求。

3.1 初级工程测量员

职业功能	工作内容	技能要求	相关知识
一、准备	（一）资料准备	1. 能理解工程的测量范围和内容 2. 能理解测量工作的基本技术要求	1. 各种工程控制网的布点规则 2. 地形图、工程图的分幅与编号规则
	（二）仪器准备	能进行常用仪器设备的准备	常用仪器设备的型号和性能常识
二、测量	（一）控制测量	1. 能进行图根导线选点、观测、记录 2. 能进行图根水准观测、记录 3. 能进行平面、高程等级测量中前后视的仪器安置或立尺（镜）	1. 水准测量、水平角与垂直角测量和距离测量知识 2. 导线测量知识 3. 常用仪器设备的操作知识
	（二）工程与地形测量	1. 能进行工程放样、定线中的前视定点 2. 能进行地形图、纵横断面图和水下地形测量的立尺 3. 能现场绘制草图、放样点的点之记	1. 施工放样的基本知识 2. 角度、长度、高度的施工放样方法 3. 地形图的内容与用途及图式符号的知识

续表

职业功能	工作内容	技能要求	相关知识
三、数据处理	（一）数据整理	1. 能进行外业观测数据的检查 2. 能进行外业观测数据的整理	水平角、垂直角、距离测量和放样的记录规则及观测限差要求
	（二）计算	1. 能进行图根导线、水准测量线路的成果计算 2. 能进行坐标正、反算及简单放样数据的计算	1. 图根导线、水准测量平差计算知识 2. 坐标、方位角及距离计算知识
四、仪器设备维护	仪器设备的使用与维护	1. 能进行经纬仪、水准仪、光学对中器、钢卷尺、水准尺的日常维护 2. 能进行电子计算器的使用与维护	常用测量仪器工具的种类及保养知识

3.2 中级工程测量员

职业功能	工作内容	技能要求	相关知识
一、准备	（一）资料准备	1. 能根据工程需要，收集、利用已有资料 2. 能核对所收集资料的正确性及准确性	1. 平面、高程控制网的布网原则，测量方法及精度指标的知识 2. 大比例尺地形图的成图方法及成图精度指标的知识
	（二）仪器准备	1. 能按工程需要准备仪器设备 2. 能对DJ2型光学经纬仪、DS3型水准仪进行常规检验与校正	1. 常用测量仪器的基本结构、主要性能和精度指标的知识 2. 常用测量仪器检校的知识
二、测量	（一）控制测量	1. 能进行一、二、三级导线测量的选点、埋石、观测、记录 2. 能进行三、四等精密水准测量的选点、埋石、观测、记录	1. 测量误差的概念 2. 导线、水准和光电测距测量的主要误差来源及其减弱措施的知识 3. 相应等级导线、水准测量记录要求与各项限差规定的知识
	（二）工程测量	1. 能进行各类工程细部点的放样、定线、验测的观测、记录 2. 能进行地下管线外业测量、记录 3. 能进行变形测量的观测、记录	1. 各类工程细部点测设方法的知识 2. 地下管线测量的施测方法及主要操作流程 3. 变形观测的方法、精度要求和观测频率的知识
	（三）地形测量	1. 能进行一般地区大比例尺地形图测图 2. 能进行纵横断面图测图	1. 大比例尺地形图测图知识 2. 地形测量原理及工作流程知识 3. 地形图图式符号运用的知识
三、数据处理	（一）数据整理	1. 能进行一、二、三级导线观测数据的检查与资料整理 2. 能进行三、四等精密水准观测数据的检查与资料整理	1. 等级导线测量成果计算和精度评定的知识 2. 等级水准路线测量成果计算和精度评定的知识

续表

职业功能	工作内容	技能要求	相关知识
三、数据处理	（二）计算	1. 能进行导线、水准测量的单结点平差计算与成果整理 2. 能进行不同平面直角坐标系间的坐标换算 3. 能进行放样数据、圆曲线和缓和曲线元素的计算	1. 导线、水准线路单结点平差计算知识 2. 城市坐标与厂区坐标的基本原理和换算的知识 3. 圆曲线、缓和曲线的测设原理和计算的知识
四、仪器设备维护	仪器设备使用与维护	1. 能进行 DJ2 及 DJ6 经纬仪、精密水准仪、精密水准尺的使用及日常维护 2. 能进行光电测距仪的使用和日常维护 3. 能进行温度计、气压计的使用与日常维护 4. 能进行袖珍计算机的使用和日常维护	1. 各种测绘仪器设备的安全操作规程与保养知识 2. 电磁波测距仪的测距原理、仪器结构和使用与保养的知识 3. 温度计、气压计的读数方法与维护知识 4. 袖珍计算机的安全操作与保养知识

3.3 高级工程测量员

职业功能	工作内容	技能要求	相关知识
一、准备	（一）资料准备	1. 能根据各种施工控制网的特点进行图纸、起算数据的准备 2. 能根据工程放样方法的要求准备放样数据	1. 施工控制网的基本知识 2. 工程测量控制网的布网方案、施测方法及主要技术要求的知识 3. 工程放样方法与数据准备知识
	（二）仪器准备	能根据各种工程的特殊需要进行陀螺经纬仪、回声测深仪、液体静力水准仪或激光铅直仪等仪器设备准备和常规检验	陀螺经纬仪、回声测深仪、液体静力水准仪或激光铅直仪等仪器设备的工作原理、仪器结构和检验知识
二、测量	（一）控制测量	1. 能进行各类工程测量施工控制网的选点、埋石 2. 能进行各类工程测量施工控制网的水平角、垂直角和边长测量的观测、记录 3. 能进行各种工程施工高程控制测量网的布设和观测、记录 4. 能进行地下隧道工程控制导线的选点、埋石和观测、记录	1. 测量误差产生的原因及其分类的知识 2. 水准、水平角、垂直角、光电测距仪观测的误差来源及其减弱措施的知识 3. 工程测量细部放样网的布网原则、施测方法及主要技术要求 4. 高程控制测量网的布设方案及测量的知识 5. 地下导线控制测量的知识 6. 工程施工控制网观测的记录和限差要求的知识
	（二）工程测量	1. 能进行各类工程建、构筑物方格网轴线测设、放样及规划改正的测量、记录 2. 能进行各种线路工程中线测量的测设、验线和调整 3. 能进行圆曲线、缓和曲线的测设及记录 4. 能进行地下贯通测量的施测和贯通误差的调整	1. 各类工程建、构筑物方格网轴线测设及规划改正的知识 2. 各种线路工程测量的知识 3. 地下工程贯通测量的知识 4. 各种圆曲线、缓和曲线测设方法的知识 5. 贯通误差概念和误差调整的知识

续表

职业功能	工作内容	技能要求	相关知识
二、测量	（三）地形测量	1. 能进行大比例尺地形图测绘 2. 能进行水下地形测绘	1. 数字化成图的知识 2. 水下地形测量的施测方法
三、数据处理	（一）数据整理	1. 能进行各类工程施工控制网观测的检查与整理 2. 能进行各类工程施工控制网轴线测设、放样及规划改正测量的检查与整理 3. 能进行各种线路工程中线测量的测设、验线和调整的检查与整理	各种轴线、中线测设及调整测量的计算知识
	（二）计算	1. 能进行各种导线网、水准网的平差计算及精度评定 2. 能进行轴线测设与细部放样数据准备的平差计算 3. 能进行地下管线测量的计算与资料整理 4. 能进行变形观测资料的整编	1. 高斯投影的基本知识 2. 衡量测量成果精度的指标 3. 地下管线测量数据处理的相关知识 4. 变形观测资料整编的知识
四、质量检查与技术指导	（一）控制测量检验	1. 能进行各等级导线、水准测量的观测、计算成果的检查 2. 能进行各种工程施工控制网观测成果的检查	1. 各等级导线、水准测量精度指标、质量要求和成果整理的知识 2. 各种工程施工控制网观测成果的限差规定、质量要求
	（二）工程测量检验	1. 能进行各类工程细部点放样的数据检查与现场验测 2. 能进行地下管线测量的检查 3. 能进行变形观测成果的检查	1. 各类工程细部点放样验算方法和精度要求的知识 2. 地下管线测量技术规程、质量要求和检查方法的知识 3. 变形观测成果计算、精度指标和质量要求的知识
	（三）地形测量检验	1. 能进行各种比例尺地形图测绘的检查 2. 能进行纵横断面图测绘的检查 3. 能进行各种比例尺水下地形测量的检查	1. 地形图测绘的精度指标、质量要求的知识 2. 纵横断面图测绘的精度指标、质量要求的知识 3. 水下地形测量的精度要求，施测方法和检查方法的知识
	（四）技术指导	能在测量作业过程中对低级别工程测量员进行技术指导	在作业现场进行技术指导的知识
五、仪器设备维护	仪器设备使用与维护	1. 能进行精密经纬仪、精密水准仪、光电测距仪、全站型电子经纬仪的使用和日常保养 2. 能进行电子计算机的操作使用和日常维护 3. 能进行各种电子仪器设备的常规操作及相互间的数据传输	1. 各种精密测绘仪器的性能、结构及保养常识 2. 电子计算机操作与维护保养知识 3. 各种电子仪器的操作与数据传输知识

3.4 工程测量技师

职业功能	工作内容	技能要求	相关知识
一、方案制定	方案制定	1. 能根据工程特点制定各类工程测量控制网施测方案 2. 能按照实际需要制定变形观测的方法与精度的方案 3. 能根据现场条件制定竖井定向联系测量施测方法、图形、定向精度的方案 4. 能根据工程特点制定施工放样方法与精度要求的方案 5. 能制定特种工程测量控制网的布设方案与技术要求	1. 运用误差理论对主要测量方法（导线测量、水准测量、三角测量等）进行精度分析与估算的知识 2. 确定主要工程测量控制网精度的知识 3. 变形观测方法与精度规格确定的知识 4. 地下控制测量的特点、施测方法及精度设计的知识 5. 联系三角形定向精度及最有利形状的知识 6. 施工放样方法的精度分析及选择 7. 特种工程测量控制网的布设与精度要求的知识
二、测量	（一）控制测量	能进行各种工程测量控制网布设的组织与实施	工程控制网布设生产流程与生产组织知识
	（二）工程测量	1. 能进行各种工程轴线（中线）测设的组织与实施 2. 能进行各种工程施工放样测量的组织与实施 3. 能进行地下工程测量的组织与实施 4. 能进行特种工程测量的组织与实施	1. 各类工程建设项目对测量工作的要求 2. 工程建设各阶段测量工作内容的知识
	（三）地形测量	能进行大比例尺地形图、纵横断面图和水下地形测绘的组织与实施	地形测量生产组织与管理的知识
三、数据处理	数据处理	1. 能进行控制测量三角网、边角网的平差计算和精度评定 2. 能进行各种工程测量控制网的平差计算和精度评定	1. 各种测量控制网平差计算的知识 2. 各种测量控制网精度评定的方法
四、质量检验与技术指导	（一）控制测量检验	1. 能进行各等级导线网、水准网测量成果的检验、精度评定与资料整理 2. 能进行各种工程施工控制网测量成果的检验、精度评定与资料整理	1. 各等级导线网、水准网质量检查验收标准 2. 各种工程施工控制网的质量检查验收标准
	（二）工程测量检验	1. 能进行各种工程轴线（中线）测设的数据检查与现场验测 2. 能进行地下管线测量成果的检验 3. 能进行变形观测成果的检验	1. 各种工程轴线（中线）的检验方法和精度要求的知识 2. 地下管线测量的质量验收标准 3. 变形观测资料质量验收标准
	（三）地形测量检验	1. 能进行各种比例尺地形图测绘的检验 2. 能进行纵横断面图测绘的检验 3. 能进行各种比例尺水下地形测量的检验	1. 各种比例尺地形图精度分析知识 2. 各种比例尺地形图测绘质量检验标准 3. 纵横断面图测绘的质量检验标准 4. 水下地形测量的质量检查验收标准

续表

职业功能	工作内容	技能要求	相关知识
四、质量检验与技术指导	（四）技术指导与培训	1. 能根据工程特点与难点对低级别工程测量员进行具体技术指导 2. 能根据培训计划与内容进行技术培训的授课 3. 能撰写本专业的技术报告	1. 技术指导与技术培训的基本知识 2. 撰写技术报告的知识
五、仪器设备维护	仪器设备使用与维护	1. 能进行各种测绘仪器设备的常规检校 2. 能制定常用测量仪器的检定、保养及使用制度	1. 测绘仪器设备管理知识 2. 各种测量仪器检校的知识

3.5 工程测量高级技师

职业功能	工作内容	技能要求	相关知识
一、技术设计	技术设计	1. 能根据工程项目特点编制各类工程测量技术设计书 2. 能根据测区情况和成图方法的不同要求编制各种比例尺地形图测绘技术设计书 3. 能根据工程的具体情况与工程要求编制变形观测的技术设计书 4. 能编制特种工程测量技术设计书	1. 工程测量技术管理规定 2. 工程测量技术设计书编写知识
二、测量	（一）控制测量	能根据规范与有关技术规定的要求对工程控制网测量中的疑难技术问题提出解决方案	规范与有关技术规定的知识
	（二）工程测量	能根据工程建设实际需要对工程测量中的技术问题提出解决方案	工程管理的基本知识
	（三）地形测量	能根据测区自然地理条件或工程建设要求，对各种比例尺地形图的地物、地貌表示方法提出解决方案	地形图测绘技术管理规定
三、数据处理	数据处理	1. 能进行工程测量控制网精度估算与优化设计 2. 能进行建筑物变形观测值的统计与分析	1. 测量控制网精度估算与优化设计的知识 2. 建筑物变形观测值的统计与分析知识
四、质量审核与技术指导	（一）质量审核与验收	1. 能进行各类工程测量成果的审核与验收 2. 能进行各种成图方法与比例尺地形图测绘成果资料的审核与验收 3. 能进行建筑物变形观测成果整编的审核与验收 4. 能根据各类成果资料审核与验收的具体情况编写观测测量的技术报告	1. 工程测量成果审核与验收技术规定的知识 2. 地形图测绘成果验收技术规定的知识 3. 建筑物变形观测成果资料验收技术规定的知识 4. 编写测量成果验收技术报告的知识

续表

职业功能	工作内容	技能要求	相关知识
四、质量审核与技术指导	（二）技术指导与培训	1. 能根据工程测量作业中遇到的疑难问题对低等级工程测量员进行技术指导 2. 能根据本单位实际情况制定技术培训规划并编写培训计划	制定技术培训规划的知识

4 比总重表

4.1 理论知识

项目		初级工程测量员（%）	中级工程测量员（%）	高级工程测量员（%）	工程测量技师（%）	工程测量高级技师（%）
基本要求	职业道德	5	5	5	5	5
	基础知识	25	20	15	10	5
相关知识	准备	15	15	10		
	测量	35	35	35	15	15
	数据处理	5	10	12	15	20
	质量检验与技术指导			18	40	40
	仪器设备维护	15	15	5	5	
	方案制定				10	
	技术设计					15
	合计	100	100	100	100	100

4.2 技能操作

项目		初级工程测量员（%）	中级工程测量员（%）	高级工程测量员（%）	工程测量技师（%）	工程测量高级技师（%）
技能要求	准备	20	10	10	—	—
	测量	50	57	52	30	30
	数据处理	15	20	15	15	20
	仪器设备维护	15	13	5	3	—
	质量检验与技术指导	—	—	18	37	30
	方案制定	—	—	—	15	—
	技术设计	—	—	—	—	20
	合计	100	100	100	100	100

参 考 文 献

[1] 魏静，李明庚．建筑工程测量．北京：高等教育出版社，2002.
[2] 周建郑．建筑工程测量．北京：中国建筑工业出版社，2004.
[3] 谢炳科．建筑工程测量．北京：中国电力出版社，2004.
[4] 周建郑．建筑工程测量技术．武汉：武汉理工大学出版社，2002.
[5] 郑庄生．建筑工程测量．北京：中国建筑工业出版社，1995.
[6] 周相玉．建筑工程测量．（第 2 版）．武汉：武汉理工大学出版社，2002.
[7] 王云江，赵西安．建筑工程测量．北京：中国建筑工业出版社，2002.
[8] 中华人民共和国住房和城乡建设部．GB 50026—2007 工程测量规范．北京：中国计划出版社，2008.
[9] 中华人民共和国国家质量监督检验检疫总局，中国国家标准化管理委员会．GB/T 20257.1—2017 国家基本比例尺地形图图式 第 1 部分：1∶500 1∶1000 1∶2000 地形图图式．北京：中国标准出版社，2018.
[10] 合肥工业大学，重庆建筑大学，天津大学，哈尔滨建筑大学．测量学．北京：中国建筑工业出版社，1995.
[11] 周建郑．建筑工程测量．北京：化学工业出版社，2005.
[12] 李生平．建筑工程测量．第二版．武汉：武汉工业大学出版社，2003.
[13] 张锡璋．设备安装测试基础．北京：中国建筑工业出版社，1990.
[14] 邹永康．工程测量．武汉：武汉大学出版社，2000.
[15] 李峰．工程测量．北京：中国电力出版社，2006.
[16] 周建郑．GPS 测量定位技术．北京：化学工业出版社，2004.
[17] 魏静，王德利．建筑工程测量．北京：机械工业出版社，2004.
[18] 武汉测绘科技大学《测量学》编写组．测量学．第三版．北京：测绘出版社，1993.
[19] 李青岳．工程测量学．北京：测绘出版社，1992.
[20] 林文介．测绘工程学．广州：华南理工大学出版社，2003.
[21] 刘玉珠．土木工程测量．广州：华南理工大学出版社，2001.
[22] 李仲．建筑工程测量．重庆：重庆大学出版社，2006.
[23] 林玉祥，杨华．GPS 技术及其在测绘中的应用．北京：教育科学出版社，2005.
[24] 中华人民共和国住房和城乡建设部．JGJ 8—2016 建筑变形测量规范．北京：中国建筑工业出版社，2016.
[25] 中华人民共和国国家质量监督检验检疫总局，中国国家标准化管理委员会．GB/T 18314—2009 全球定位系统（GPS）测量规范．北京：中国标准出版社，2011.
[26] 中华人民共和国住房和城乡建设部，国家市场监督管理总局．GB 50497—2019 建筑基坑工程监测技术标准．北京：中国计划出版社，2019.

“十三五”职业教育国家规划教材
“十二五”职业教育国家规划教材

工程测量课堂实训指导书

中国电力出版社
CHINA ELECTRIC POWER PRESS

前　言

工程测量课堂实训是土建类专业重要的实践性教学环节之一。通过课堂实训，要真正实现把理论知识转化为实践技能的职业教育目的，使学生达到熟练掌握工程测量技能的水平，提高应用测量知识与技能解决工程实际问题的能力，从而实现高职教育的培养目标。

为了更好地指导学生顺利完成课堂实训内容，真正达到实训目的，加强过程控制与考核，特编制本指导书。本指导书由李峰编写。在编写过程中得到了学院有关领导和本系许多教师的大力支持，在此一并表示感谢。

由于编者水平所限，难免存在不足与欠妥之处，恳请广大读者批评指正。

编　者

2019 年 8 月

目　　录

工程测量课堂实训须知

一、实训课的目的与要求

实训课的目的：一方面是进一步了解所学测量仪器的构造和性能；另一方面是为了巩固和验证课堂上所学的理论知识，掌握仪器的使用方法，加强实训技能，提高动手能力，使理论和实践结合起来。

实训课的要求：每次实训前均需预习教材相关部分内容并仔细阅读测量实训指导书，在弄清楚实训的内容和过程的基础上再动手实训，并认真完成规定的实训报告，实训结束后及时上交实训报告。

二、仪器的借用方法

（1）每次实训借用仪器设备时，应按实训指导的规定或指导老师的要求进行，并应遵守测量仪器室的规定，由学委办理借用手续并由各组组长按组的顺序领取。

（2）测量仪器室每次均根据实训的任务，按组配备，将仪器排列在发放台上。各组组长清点仪器及附件等，若无问题，方可将仪器借出仪器室。

（3）初次接触仪器，应先看指导老师进行操作、讲解后，再架设仪器进行操作，以免弄坏仪器。

（4）实训完毕应由仪器管理人员暂时验收，由于交还仪器时间过于集中，不可能将仪器详细检查一遍，待下次清点借给他人使用前（最长不超过一周）方可算前者借用手续完毕。

（5）测量仪器属贵重仪器，借出的仪器必须有专人保管，如发生损坏或遗失，应按照学院的规章制度办理。

三、注意事项

实训仪器是精密贵重仪器，学生应爱护仪器。每个人应养成爱护仪器的好习惯。使用仪器时应注意下列事项：

（1）领取仪器时应注意箱盖是否锁好，提手或背带是否牢固。

（2）打开仪器箱时，应将箱子平放后再打开。打开箱盖后，应注意观察仪器及附件在箱中安放的位置，以便用毕后将各部件正确地放回原处。

（3）仪器从箱中取出后必须立即将箱盖关好，以防止灰尘进入或零件丢失。箱子应放在仪器附近，不要坐在箱子上。

（4）仪器置于三脚架上后，应立即将连接螺旋旋紧；但不要过紧，以免损坏螺旋；也不要过松，以免仪器脱落。

（5）仪器镜头如有灰尘可用箱内的毛刷或镜头纸擦拭；仪器如有故障，不许自行拆卸，应立即请示指导老师进行处理。

（6）使用仪器时，必须先旋松制动螺旋，未松开时，不可强行扭转。各处的制动螺旋不可拧得过紧。微动螺旋不可旋到尽头。拨动校正螺钉时，必须小心，先松后紧，松紧适度。

（7）搬动仪器时须松动制动螺旋，三脚架与仪器的连接螺旋应旋紧，仪器最好直立抱持或将三脚架于腋下，左手托仪器向上倾斜，绝对禁止横扛仪器于肩上，长距离搬运时应将仪器装入箱内。

(8) 仪器必须有专人看护，烈日下必须打遮阳伞，以免影响仪器的测量精度。

(9) 必须爱护各类仪器及工具，在使用过程中尽量避免意外发生。不得用水准尺、花杆抬东西。

(10) 仪器用毕后按原位置装入箱内，箱盖若不能关闭时应查看原因，不可强力按下。

(11) 实训结束后，应清点各项用具，以免丢失，特别注意清点零星物品。

四、测量记录注意事项

(1) 实训记录须填在规定的表格内，随测随记，不得转抄。记录者应“回报”读数，以防听错、记错。

(2) 所有记录与计算均须用绘图铅笔记录，字体应端正清晰，字体大小只能占记录格的一半，以便留出空隙更改错误。

(3) 记录表格上规定的内容及项目必须填写，不得空白。

(4) 记录簿上禁止擦拭、涂改与挖补，如记错需要改正时，应以横线或斜线划去，不得使原字模糊不清，正确的数字应写在原字的上方。

(5) 已改过的数字又发现错误时，不准再改，应将部分成果作废重测。

(6) 观测成果不能连环涂改。

(7) 观测数据应表现其精度及真实性，如水准尺读数读至毫米，则应记为 1.530m，不能记成 1.53m。

(8) 所有的观测记录手簿均不准另行誊抄。

(9) 记录时要严格要求自己，培养良好的作业习惯，严格遵守作业规定，否则全部成果作废，另行重测。

实训一　水准仪的认识与使用

一、实训目的

（1）了解水准仪的构造，熟悉各部件的名称、功能及作用。

（2）初步掌握其使用方法，学会水准尺的读数。

二、实训器具

每组借领水准仪 1 台，三脚架 1 副，水准尺 1 对，尺垫 1 对，记录夹 1 个。

三、实训内容

（1）熟悉 DS_3 型微倾式水准仪各部件的名称及作用。

（2）学会使用圆水准器整平仪器。

（3）学会瞄准目标、消除视差及利用望远镜的中丝在水准尺上读数。

（4）学会测定地面两点间的高差。

（5）实训课时为 2 学时。

四、实训步骤

1. 安置仪器

张开三脚架，使架头大致水平，高度适中，将三脚架架设稳定。然后用连接螺旋将水准仪固定在三脚架上（注意检验，保证连接牢固）。

2. 认识仪器，练习水准仪各部件的使用方法

（1）转动脚螺旋使圆水准器居中（粗平，注意方法）。

（2）调节目镜调焦螺旋，使十字丝清晰；调节物镜调焦螺旋，使物像清晰。用照门和准星来粗略照准目标，旋紧水平制动螺旋，转动水平微动螺旋来精确照准目标（注意消除视差）。

（3）转动微倾螺旋使水准管两端的影像吻合（精平）。

（4）读数、记录练习。经过粗平仪器、瞄准水准尺、精平仪器后，用十字丝中丝读数，注意读出米数、分米数和厘米数，并估读到毫米，读数并记录四位数字（注意回读）。

3. 高差测量练习

（1）在现场地面上选择两点 A 和 B，并在点上各立一根水准尺。

（2）在前后视距离大致相等的地方安置水准仪，分别读出中丝所截取的尺面读数，记录并计算两点间的高差。

（3）不移动水准尺，改变水准仪的高度，再测两点间的高差，两次测得的高差之差应满足精度要求。

五、注意事项

（1）读取中丝读数前应消除视差，水准气泡必须严格符合。

（2）微动螺旋和微倾螺旋应保持在中间运行，禁止旋到极限。

（3）观测者的身体各部位不得接触脚架。

六、实训问答

（1）水准仪上的圆水准器和管水准器各起什么作用?

答：

（2）照准目标后，从水准尺上读数需完成哪些操作步骤？按操作的先后次序回答。

答：

（3）什么是视差？如何消除视差?

答：

（4）使用微倾式水准仪读数之前是否每次都要将管水准器居中？为什么?

答：

七、观测记录表（表 A-1）

表 A-1 **水准仪认识观测记录**

仪器号： 天 气： 观测者：

日 期： 呈 像： 记录者：

安置仪器次数	测点	后视读数（m）	前视读数（m）	高差（m）	高程（m）
第一次					
第二次					
第三次					
第四次					

实训二 普通水准测量

一、实训目的

(1) 掌握普通水准测量的观测、记录、计算和校核方法。

(2) 熟悉水准路线的布设形式。

二、实训器具

DS_3 型微倾式水准仪 1 台，三脚架 1 副，水准尺 1 对，尺垫 1 对，记录夹 1 个。

三、实训内容

(1) 闭合水准路线测量或附合水准路线测量（至少设置四个测站）。

(2) 观测精度满足要求后，根据观测结果进行水准路线高差闭合差的调整和高程计算。

(3) 实训课时为 2 学时。

四、实训步骤

从指定水准点出发按普通水准测量的要求施测一条闭合（或附合）水准路线，每人轮流观测两站，然后计算高差闭合差和高差闭合差的允许值。若高差闭合差在允许范围之内，则对闭合差进行调整，最后算出各测站改正后的高差。若闭合差超限，则应返工重测。

五、技术规定

(1) 路线长度不超过 100m，前、后视距应大致相等。

(2) 限差要求。

$$f_h = 40\sqrt{L}(\text{mm})$$

或

$$f_h = 12\sqrt{n}(\text{mm})$$

式中 L——水准路线长度，km；

n——测站数。

六、注意事项

(1) 每次读数前水准管气泡要严格居中。

(2) 注意用中丝读数，不要读成上丝或下丝的读数，读数前要消除视差。

(3) 后视尺垫在水准仪搬动之前不得移动。仪器迁站时，前视尺垫不能移动。在已知高程点上和待定高程点上不得放尺垫。

(4) 水准尺必须扶直，不得前后、左右倾斜。

七、实训问答

(1) 水准测量中，在何种情况下需设立转点？转点有什么作用？

答：

（2）水准测量中可能会产生哪些测量误差？在测量过程中如何消除或减弱它们的影响？

答：

（3）水准仪在测站上整平后，先读取后视读数，然后由后视转到前视，发现圆水准器气泡偏离中心，此时应如何处理？

答：

八、观测记录表（表 A-2）

表 A-2 **普通水准测量记录**

水准测量外业记录手簿

测自　　点至　　点　　天气：　　日期：

仪器号码：　　观测者：　　记录者：

测站	测点	后视读数（m）	前视读数（m）	高差（m）		高程（m）	备注
				+	−		
1	BM_A						

闭合水准路线内业成果计算表

测段编号	点名	距离（km）	实测高差（m）	改正数（mm）	改正后高差（m）	高程（m）	点名
1	2	3	4	5	6	7	8
	BM_A						BM_A
1							
2							
3							
4							
	BM_A						BM_A
∑							
辅助计算							

实训三　水准仪的检验与校正

一、实训目的

（1）熟悉水准仪各主要轴线之间应满足的几何条件。

（2）掌握 DS_3 型微倾式水准仪的检验和校正方法。

二、实训器具

DS_3 型微倾式水准仪 1 台，三脚架 1 副，水准尺 1 对，钢尺 1 把，记录夹 1 个。

三、实训内容

（1）圆水准器的检验和校正。

（2）望远镜十字丝横丝的检验和校正。

（3）水准管轴平行于视准轴的检验和校正。

（4）实训课时为 2 学时。

四、实训步骤

1. 圆水准器轴平行于仪器竖轴的检验和校正

（1）检验。

1）将仪器置于脚架上，然后踩紧脚架，转动脚螺旋使圆水准器气泡严格居中。

2）仪器旋转 180°，若气泡偏离中心位置，则说明两者相互不平行，需要校正。

（2）校正。

1）稍微松动圆水准器底部中央的固紧螺旋。

2）用校正针拨动圆水准器校正螺钉，使气泡返回偏离中心的一半。

3）转动脚螺旋使气泡严格居中。

4）反复检查 2～3 遍，直至仪器转动到任何位置气泡都居中为止。

2. 十字丝横丝垂直于仪器竖轴的检验与校正

（1）检验。

1）严格整平水准仪，用十字丝交点对准一固定小点。

2）旋紧制动螺旋，转动微动螺旋，使望远镜水平移动，如移动时横丝不偏离小点，则条件满足；反之则应校正。

（2）校正。用小旋具松开十字丝分划板的 3 个固定螺钉，转动十字丝环使横丝末端与小点重合，再拧紧被松开的固定螺钉。

3. 水准管轴平行于视准轴的检验与校正

（1）检验。

1）在比较平坦的地面上选择相距 80～100m 的 A、B 两点，分别在两点上竖立上水准尺。

2）置水准仪于 A、B 两点的中间，精确整平后分别读取两水准尺上的中丝读数 a_1 和 b_1，求得正确高差 $h_1=a_1-b_1$（为了提高精度并防止错误，可两次测定 A、B 两点的高差，并取平均值作为最后结果）。

3）将仪器搬至离 A 点 2～3m 处，精确整平后读取 A 尺读数 a_2，计算 $b_2'=a_2-h_{AB}$，如 B 尺读数 b_2 与 b_2' 不符，则表明误差存在，其误差大小为 $i=(b_2-b_2')\rho''/D_{AB}$，对于 DS_3 型水准仪，当 $i>20''$ 时，应校正。

（2）校正。

首先转动微倾螺旋，使读数由 b_2 变成 b_2'，然后用校正针拨动水准管的左右两个固定螺钉，然后拨动上下两个校正螺钉，一松一紧，升降水准管的一端，使水准管气泡居中，符合要求后，再拧紧校正螺钉即可。

五、注意事项

（1）必须按实训步骤规定的顺序进行检验和校正，不得颠倒。

（2）拨动校正螺钉时，应先松后紧，松一个紧一个，用力不宜过大；校正结束后，校正螺钉不能松动，应处于旋紧状态。

六、实训问答

（1）水准仪提供水准视线的充要条件是什么？

答：

（2）水准测量时，水准管气泡已严格居中，视线一定水平吗？为什么？

答：

（3）经过检验，如果圆水准器轴平行于仪器的竖轴，那么，是否只要圆水准器气泡居中，竖轴就一定处于铅垂位置？望远镜的视准轴也一定处于水平位置吗？

答：

（4）水准仪检验、校正时，若将水准仪搬向 A 尺，计算 B 尺正确读数的公式是什么？

答：

七、观测记录表（表 A-3）

表 A-3　　　　水准仪的检验与校正记录

实训日期：________　　天气：________　　仪器型号：________　　组别：________

实训任务	微倾式水准仪的检验与校正
主要仪器及工具	
1. 一般性检验记录	
检验项目	检验结果
三脚架是否牢固	
脚螺旋是否有效	
制动与微动螺旋是否有效	
对光螺旋是否有效	
望远镜成像是否清晰	
其他	
2. 简述圆水准器的检验与校正过程（可辅以简图说明），并写出检验与校正结果	
3. 简述十字丝中丝的检验与校正过程（可辅以简图说明），并写出检验与校正结果	

续表

<table>
<tr><td colspan="5">4. 水准管的检验记录：</td></tr>
<tr><td>仪器位置</td><td>项目</td><td>第一次</td><td>第二次</td><td>原理略图</td></tr>
<tr><td rowspan="4">在 A、B 两点中间安置仪器，测高差 h_{AB}</td><td>后视 A 点尺上读数 a_1</td><td></td><td></td><td rowspan="4"></td></tr>
<tr><td>前视 B 点尺上读数 b_1</td><td></td><td></td></tr>
<tr><td>$h_{AB}=a_1-b_1$</td><td></td><td></td></tr>
<tr><td>高差结果</td><td></td><td></td></tr>
<tr><td rowspan="6">在 A 点（或 B 点）附近安置仪器进行检验</td><td colspan="2">A 点尺上读数 a_2</td><td></td><td rowspan="6"></td></tr>
<tr><td colspan="2">计算 $b_2'=a_2-h_{AB}$</td><td></td></tr>
<tr><td colspan="2">B 点尺上读数 b_2</td><td></td></tr>
<tr><td colspan="2">计算偏差值 $\Delta b=b_2-b_2'$</td><td></td></tr>
<tr><td colspan="2">计算 $i=\frac{|\Delta b|}{D_{AB}}\rho$</td><td></td></tr>
<tr><td colspan="2">是否需校正</td><td></td></tr>
<tr><td colspan="5">5. 简述水准管的校正过程，并写出校正结果</td></tr>
<tr><td colspan="5">6. 结论</td></tr>
</table>

实训四　经纬仪的认识和使用

一、实训目的

（1）了解 DJ_6 型光学经纬仪的基本构造及各部件的功能。

（2）练习仪器的对中、整平、照准、读数（要求对中误差不超过±3mm，整平误差不超过1小格）。

二、实训器具

DJ_6 型光学经纬仪1台、三脚架1副，标杆或测钎2根、记录板1块。

三、实训内容

（1）测量两个方向间的水平角。

（2）使用水平度盘变换手轮配置度盘。

（3）实训课时为2学时。

四、实训步骤

1. 安置经纬仪

将经纬仪从箱中取出，安置到三脚架上，拧紧中心连接螺旋。然后熟悉仪器构造和各部件的功能，正确使用制动螺旋、微动螺旋、调焦螺旋和脚螺旋，了解分微尺的读数方法及水平度盘变换手轮的使用。

2. 规范练习对中和整平

用光学对中器对中的具体操作方法如下：

（1）对中。

1）将三脚架安置在测站上，使架头大致水平并用垂球尖大致对中。

2）调节对中器的目镜和物镜，使分划板小圆圈和测站点标志同时清晰。

3）固定一条架腿，移动其余两架腿，眼睛观察使光学对中器照准圈大致对准测站点标志，并踩踏三脚架，使其稳固地插入地面。

（2）整平。

1）粗略整平。根据圆水准器气泡偏离情况，分别伸长或缩短三脚架腿，使圆水准器气泡居中。注意这步操作中不能使脚架位置移动，因此在伸缩脚架时，最好用脚轻轻踏住脚架。

2）精确整平。先转动仪器的照准部，使水准管平行于任意一对脚螺旋的连线，然后用两手同时相对转动两脚螺旋，直到气泡居中，注意气泡移动方向始终与左手大拇指移动方向一致；再将照准部转动90°，使水准管垂直于原两脚螺旋的连线，转动另一脚螺旋，使水准管气泡居中。如此反复进行，直到在这两个方向气泡都居中为止。水准管气泡居中误差一般不得大于一格。

在精确整平后，需检查仪器对中情况。若测站点标志不在照准圈中心且偏移量较小，可松开仪器中心连接螺旋，在架头上平移仪器使其精确对中。由于在平移仪器时，整平可能受到影响，所以再精确整平；在精确整平时，对中又可能受到影响，于是这两项工作需要反复进行，直到两者都满足为止。

（3）测量两个方向间的水平角。松开照准部和望远镜的制动螺旋，用准星和照门瞄准左边目标，拧紧照准部和望远镜的制动螺旋。经过调焦使物像清晰，然后用照准部和望远镜的微动螺旋使十字丝的单丝（平分目标）或双丝（夹住目标）准确照准左目标，并读出水平度盘的读数（以 a 表示），计入手簿。松开照准部和望远镜的制动螺旋，顺时针转动照准部，如前所述再瞄准右目标，读出水平度盘的读数（以 b 表示），记入手簿。$\beta=b-a$，当 b 不够减时，将 b 加上 360°。

五、注意事项

（1）仪器从箱中取出前，应看好它的放置位置，以免装箱时不能恢复到原位。

（2）仪器在三脚架上未固定连接好前，手必须握住仪器，不得松手，以防止仪器跌落。

（3）转动望远镜或照准之前，必须先松开制动螺旋，用力要轻；一旦发现转动不灵，要及时检查原因，不可强行转动。

（4）仪器装箱后要及时上锁，以防存在事故危险。

六、实训问答

（1）经纬仪对中、整平的目的各是什么？

答：

（2）照准部的制动螺旋和微动螺旋各起什么作用？

答：

（3）望远镜的制动螺旋和微动螺旋各起什么作用？

答：

七、观测记录表（表 A-4）

表 A-4　　水平角观测记录及计算

测站点：　　仪器型号：　　观测者：　　记录者：　　日期：

目标	水平度盘读数 (°　′　″)	水平角 (°　′　″)	备注
左目标点 A			
右目标点 B			
左目标点 C			
右目标点 D			

实训五　测回法观测水平角

一、实训目的

（1）掌握测回法观测水平角的方法及工作程序。

（2）掌握测回法观测水平角的记录、计算方法和各项限差要求。

二、实训器具

DJ_6 型光学经纬仪 1 台，三脚架 1 副，标杆或测钎 2 根，记录板 1 块。

三、实训内容

（1）练习用测回法观测水平角。

（2）实训课时为 2 学时。

四、实训要求

（1）每人至少测两测回。

（2）对中误差小于±3mm，水准管气泡偏离不应超过一小格。

（3）第一测回度盘配置为 0°00′00″，其他测回改置为 180°/n。

（4）上、下半测回角值差不超过±40″，各测回角值差不超过±40″。

五、实训步骤

（1）仪器安置在测站上，对中、整平后，盘左照准左目标，用度盘变换手轮使起始读数等于或略大于 0°00′00″，关上度盘变换手轮保险，将起始读数记入手簿；松开照准部制动螺旋，顺时针转动照准部，照准右目标，读数并记入手簿，称为上半测回。及时计算上半测回角值并记入手簿。

（2）转动望远镜，将其由盘左位置转换为盘右位置，首先照准右目标，读数并记入手簿，松开制动螺旋，逆时针旋转照准部照准左目标，读数并记入手簿，称为下半测回（上半测回和下半测回称为一个测回）。计算下半测回角值并记入手簿，若上、下半测回角值差不超过±40″，则取上、下半测回角值的平均值并记入手簿。

（3）测完第一测回后，应检查水准管气泡是否偏离；若气泡偏离值小于 1 格，则可测第二测回。第二测回开始前，始读数要设置在等于或略大于 90°00′00″（若测回数 $n=2$），再重复第一测回的各步骤。当两个测回间的测回差不超过±24″时，再取平均值并记入手簿。

六、注意事项

（1）测回法每一个单角起始方向盘左应将度盘配置在 0°00′00″附近。

（2）一测回观测过程中，当水准管气泡偏离值大于 1 格时，应整平后重测。

（3）观测目标不应过粗或过细，否则以单丝平分目标或双丝夹住目标均有困难。

七、实训问答

（1）水平角观测中，若右目标读数小于左目标读数时，应如何计算角值？

答：

（2）为什么用盘左、盘右观测水平角，且取平均值？

答：

八、观测记录表（表 A-5）

表 A-5　　　　　　　　　　　　测回法水平角观测记录

仪器：　　　　　　　　　　测　站：　　　　　　　　　　日期：

天气：　　　　　　　　　　观测者：　　　　　　　　　　开始时间：

成像：　　　　　　　　　　记录者：　　　　　　　　　　结束时间：

测站	竖盘位置	目标	水平度盘读数（° ′ ″）	半测回角值（° ′ ″）	一测回角值（° ′ ″）	各测回平均角值（° ′ ″）	备注

实训六　竖直角观测

一、实训目的

（1）了解竖直度盘与望远镜的转动关系以及竖盘指标与竖盘指标水准管的关系。

（2）掌握竖直角的观测、记录及指标差和竖直角的计算。

二、实训器具

DJ_6 光学经纬仪 1 台，三脚架 1 副，记录板 1 块。

三、实训内容

（1）用盘左、盘右观测一高处目标进行竖直角的练习。

（2）实训课时为 2 学时。

四、实训要求

（1）每人照准一目标观测两个测回。

（2）竖盘指标差之差均小于 25″（单个指标差小于 60″）。

五、实训步骤

（1）设置测站点及目标点，并做好标志。

（2）在仪器上确定垂直角计算公式，记录于外业测量手簿。

（3）将仪器安置于测站点上，对中、整平后，置盘左位置，调焦与照准目标，用竖盘指标水准管微动螺旋使竖盘指标水准管气泡居中，读取竖盘读数并记入外业测量手簿，称为上半测回，计算上半测回角值并记入手簿。

（4）倒转望远镜成盘右位置，调焦与照准目标，转动竖盘指标水准管微动螺旋使竖盘指标水准管气泡居中，读取竖盘读数并记入手簿，称为下半测回，计算下半测回角值并记入手簿。

（5）取上下半测回角值的平均值作为一测回角值，并计算竖盘指标差。

（6）根据竖盘指标差互差进行精度评定，若精度不符合要求，则返工重测。

六、实训回答

（1）天顶距与竖直角的关系是什么？

答：

（2）经纬仪是否也能像水准仪那样提供一条水平视线？如何提供？若 DJ_6 经纬仪竖盘的指标差为＋36″，则竖盘读数为多少时才是一条水平视线？

答：

（3）用盘左、盘右观测一个目标的竖直角，其值相等吗？若不相等，说明了什么？应如何处理？

答：

七、观测记录表（表 A-6）

表 A-6　　竖直角观测记录

仪器：　　测站：　　日期：

天气：　　观测者：　　开始时间：

成像：　　记录者：　　结束时间：

测站	目标	竖盘位置	竖盘读数（° ′ ″）	半测回竖直角（° ′ ″）	指标差（″）	竖直角（° ′ ″）	备注

实训七　经纬仪的检验与校正

一、实训目的

（1）掌握经纬仪应满足的几何条件，并检验这些几何条件是否满足要求。

（2）初步掌握照准部水准管、视准轴、十字丝和竖盘指标水准管的校正方法。

二、实训器具

DJ_6 光学经纬仪 1 台，校正针 1 根，旋具 1 把，记录板 1 块，花杆 2 根。

三、实训内容

（1）照准部水准管轴的检验与校正。

（2）十字丝竖丝的检验与校正。

（3）视准轴的检验与校正。

（4）横轴的检验与校正。

（5）竖盘指标差的检验与校正。

四、实训要求

（1）只检验，不校正。各项内容经检验后，若发现条件不满足，需弄清要校正时应该拨动哪些校正螺钉即可。

（2）实训课时为 2 学时。

五、实训步骤

1. 照准部水准管轴的检验与校正

（1）检验。安置好仪器后，调节两个脚螺旋，使水准管气泡严格居中，旋转照准部 180°，若气泡偏离中心大于 1 格，则需校正。

（2）校正。拨动水准管的校正螺钉，使气泡返回偏离格值的一半，另一半用脚螺旋调节，使气泡居中。若气泡偏离值小于 1 格，一般可不校正。

2. 十字丝竖丝垂直于横轴的检验与校正

（1）检验。用十字丝交点照准一个明显的点目标，转动望远镜微动螺旋，若该目标离开竖丝，则需要校正。

（2）校正。旋下望远镜前护罩，旋松十字丝分划板座的四个固定螺旋，微微转动十字丝环，使竖丝末端与该目标重合。重复上述检验，满足要求后，再旋紧四个固定螺旋并装上护罩即可。

3. 视准轴垂直于横轴地检验与校正

（1）检验。在仪器到墙的相反方向上，相等距离处立花杆，视线水平时在花杆上做一标志 *A*。用盘右精确瞄准 *A*，纵转望远镜，仍使视线水平，在墙上标出 *B*1；再用盘右瞄准 *A*，纵转望远镜，在墙上标出 *B*2；若两点不重合且间距大于 2cm，则需校正（仪器距墙距离为 30cm 左右）。

（2）校正。在 *B*1，*B*2 两点之间的 1/4 处定出一点 *B*，即为十字丝中心应照准的正确位置。取下十字丝分划板护罩，拨动十字丝分划板左、右校正螺钉，使十字丝交点对准 *B* 点。

4. 横轴垂直于竖轴的检验与校正

（1）检验。盘左瞄准楼房处一目标 P，松开望远镜制动螺旋，慢慢将望远镜放到水平位置，在墙上标出一点 a；盘右再瞄准 P 点，将望远镜放到水平位置后标出一点 b；若 a，b 两点不重合，相距超过规定限差，应进行校正。

（2）校正。用十字丝交点照准 ab 的中点，然后将望远镜上翘到和 P 点同高的位置；取下左边支架盖板（盘右时），松开偏心环（轴瓦）的固定螺旋，转动偏心环，使十字丝交点对准 P 点，最后拧紧偏心环固定螺钉，盖上护盖。

5. 竖盘指标差的检验与校正

（1）检验。瞄准一个明显的小目标，读取盘左、盘右的竖盘读数 L 和 R，按下式

$$x = \frac{(L-R)-360^\circ}{2}$$

计算出指标差。若指标差大于 60″，则应校正。

（2）校正。先算出盘右的竖盘正确读数 $R'=R-X$，以盘右照准原目标，用指标水准管微倾螺旋使竖盘读数变为正确读数，此时指标水准管气泡偏离中心；旋下指标水准管校正螺钉的护盖，再用校正针将指标水准管气泡调至居中，然后重复检验一次。

六、注意事项

（1）必须按实训步骤规定的顺序进行检验和校正，不得颠倒。

（2）选择仪器的安置位置时，应顾及视准轴和横轴的两项检验，既能看到远处水平目标，又能看到墙上高处目标。

七、实训问答

（1）水平角观测采用盘左、盘右取平均值，是为了消除仪器的什么误差？

答：

（2）检验视准轴应垂直于仪器竖轴时，为什么要选择一个与仪器水平视线同高的目标点？而检验仪器横轴应垂直于竖轴时，目标为什么要选高一点？

答：

八、观测记录表（表 A-7）

表 A-7 经纬仪的检验与校正

<table>
<tr><td colspan="2">训练题目</td><td colspan="3">DJ_6 光学经纬仪的检验与校正</td></tr>
<tr><td colspan="2">训练目的</td><td colspan="3"></td></tr>
<tr><td colspan="2">主要仪器及工具</td><td colspan="3"></td></tr>
<tr><td colspan="5">1. 一般性检验结果是：三脚架（　　　　），水平制动与微动螺旋（　　　　），望远镜制动与微动螺旋（　　　　），照准部转动（　　　　），望远镜转动（　　　　），望远镜成像（　　　　），脚螺旋（　　　　）。
2. 经纬仪的主要轴线有（　　　　）。它们之间正确的几何关系是（　　　　）。</td></tr>
<tr><td rowspan="2">3. 水准管轴的检验</td><td>水准管平行一对脚螺旋时气泡位置图</td><td>照准部旋转 180°后气泡的位置图</td><td>照准部旋转 180°后气泡应有的正确位置图</td><td>是否需要校正</td></tr>
<tr><td></td><td></td><td></td><td></td></tr>
<tr><td rowspan="2">4. 十字丝纵丝的检验</td><td>检验开始时望远镜视场图</td><td>检验结束时望远镜视场图</td><td>正确的望远镜视场图</td><td>是否需要校正</td></tr>
<tr><td></td><td></td><td></td><td></td></tr>
<tr><td rowspan="2">5. 视准轴的检验</td><td colspan="2">检验略图</td><td>观测数据及说明</td><td>是否需要校正</td></tr>
<tr><td colspan="2"></td><td></td><td></td></tr>
</table>

续表

<table>
<tr><td rowspan="2">6. 横轴的检验</td><td colspan="3">检验略图</td><td>观测数据及说明</td><td>是否需要
校正</td></tr>
<tr><td colspan="3"></td><td></td><td></td></tr>
<tr><td rowspan="5">7. 竖盘指标差检验</td><td>仪器安置点</td><td>目标</td><td>盘位</td><td>竖盘读数</td><td>竖直角</td></tr>
<tr><td rowspan="2">O</td><td rowspan="2">A</td><td>左</td><td></td><td rowspan="4"></td></tr>
<tr><td>右</td><td></td></tr>
<tr><td rowspan="2">检验</td><td colspan="3">计算指标差</td></tr>
<tr><td colspan="3">是否需要校正</td></tr>
<tr><td rowspan="5">8. 校正方法简述</td><td>水准管轴</td><td colspan="4"></td></tr>
<tr><td>十字丝纵丝</td><td colspan="4"></td></tr>
<tr><td>视准轴</td><td colspan="4"></td></tr>
<tr><td>横轴</td><td colspan="4"></td></tr>
<tr><td>竖盘
指标差</td><td colspan="4"></td></tr>
<tr><td>9. 结论</td><td colspan="5"></td></tr>
</table>

实训八　视　距　测　量

一、实训目的

掌握视距测量的观测、记录和计算。

二、实训仪具

经纬仪 1 台，水准尺 1 根，小钢尺 1 把，记录板 1 块。

三、实训内容

练习经纬仪视距测量的观测与记录。实训课时为 2 学时。

四、实训要求

（1）每人测量周围 4 个固定点，将观察数据记录在实训报告中，并用计算器算出各点的水平距离与高差。

（2）水平角、竖直角读数到分，水平距离和高差均计算至 0.1m。

五、实训步骤

（1）在测站上安置经纬仪，对中、整平后，量取仪器高 i（精确到厘米），设测站点地面高程为 H_0。

（2）选择若干个地形点，在每个点上立水准尺，读取上、下丝读数，中丝读数 v（可取与仪器高相等，即 $v=i$），竖盘读数 L 并分别记入视距测量手簿。竖盘读数时，竖盘指标水准管气泡应居中。

（3）用公式 $D=Kl\cos^2\alpha$，$h=\frac{1}{2}Kl\sin2\alpha+i-v$ 计算平距和高差。用公式 $H=H_0+\frac{1}{2}Kl\sin2\alpha+i-v$ 计算高程，分别记入视距测量手簿。

六、注意事项

（1）视距测量前应校正竖盘指标差。

（2）标尺应严格竖直。

（3）仪器高度、中丝读数和高差计算精确到厘米，平距精确到分米。

（4）一般用上丝对准尺上整米读数，读取下丝在尺上的读数，心算出视距。

七、实训问答

试述经纬仪“水准仪”的实训步骤？

答：

八、观测记录表（表 A-8）

表 A-8 **视 距 测 量 记 录**

测站名称： 测站高程： 仪器高： 时间：

观测者： 记录者：

点号	视距读数		视距	中丝读数	竖盘读数	竖直角	平距	高差	高程
	上丝（m）	下丝（m）	（m）	（m）	（° ′ ″）	（° ′ ″）	（m）	（m）	（m）

实训九　图根导线测量

一、实训目的

掌握图根导线测量的观测、记录和计算。

二、实训仪具

50m 钢尺 1 把，DJ_6 型经纬仪 1 套，花杆 3 根，测钎 1 束，木桩 3 个，斧子 1 把。

三、实训内容

练习经纬仪图根导线测量的观测与记录、计算。实训课时为 4 学时。

四、实训要求

1. 精度要求

（1）上下半测回水平角之差不应大于 40″。

（2）各测回所测水平角之差不应大于 40″。

（3）普通钢尺量距的主要技术要求应符合表 A-9 的规定。

表 A-9　　普通钢尺量距的主要技术要求

等级	边长量距较差相对误差	作业尺数	量距总次数	定线最大偏差（mm）	尺段高差较差（mm）	读定次数	估读值至（mm）	温度读数值至（℃）	同尺各次或同段各尺较差（mm）
二级	1/20000	1～2	2	50	≤10	3	0.5	0.5	≤2
三级	1/10000	1～2	2	70	≤10	2	0.5	0.5	≤3

注　1. 量距边长应进行温度、坡度和尺长改正。

2. 当检定钢尺时，其相对误差不应大于 1/100000。

（4）三角形闭合导线角度闭合差 $f_\beta \leqslant \pm 60''\sqrt{3}$。

2. 成果要求

提交图根导线测量的外业工作手簿。

五、实训步骤

1. 踏勘选点

在选点前，应先收集测区已有地形图和高一级控制点的成果资料，然后到现场踏勘，了解测区现状和寻找已知控制点，再拟订导线的布设方案。最后到野外踏勘，选定导线点的位置。选点时一般应注意下列事项：

（1）相邻点间应相互通视良好，地势平坦，便于测角和量距。

（2）点位应选在土质坚实，便于安置仪器和保存标志的地方。

（3）导线点应选择在视野开阔的地方，便于碎部测量。

（4）导线边长应大致相等。

（5）导线点应有足够的密度，分布均匀合理，以便能控制整个测区。

2. 建立标志

导线点位置选定后，要用标志将点位在地面上固定下来。一般的图根点，常在点位上打一大木桩，在桩顶钉一小钉作为标志，也可在水泥地面上用红漆划“十”字，作为临时标志。

3. 导线边长测量

导线采用普通钢尺丈量导线边长。

4. 测转折角

在闭合导线中均测内角（测回法观测水平角方法）。

六、注意事项

（1）测站点、目标点的位置要明确，标志要清晰，否则照准目标有困难，测角误差大。

（2）一测回观测过程中，当水准管气泡偏离值大于一格时，应整平后重测。

（3）在一个测回的观测中，除起始读数需配度盘外，其他任何时候均不得再动用复测扳手或度盘变换手轮。

（4）钢尺容易损坏，为维护钢尺，应做到四不：不扭，不折，不压，不拖。用毕要擦净后才可卷入尺壳内，需擦净、涂油。

（5）前、后尺手动作要配合好，定线要直，尺身要水平，尺子要拉紧，用力要均匀，待尺子稳定时再读数或插测钎。

（6）用测钎标志点位，测钎要竖直插下。前、后尺所量测钎的部位应一致。

（7）读数要细心，小数要防止错把 9 读成 6、或将 21.041 读成 21.014 等。

（8）记录应清楚，记好后及时回读，互相校核。

七、实训问答

在校园内模拟实训时，欲布设导线点，导线点布设在什么位置比较合适？

答：

八、观测记录表（表 A - 10）

表 A - 10 闭合导线外业工作表

日 期： 年 月 日 天气： 观测者： 记录者： 立杆者：

测站	竖盘位置	目标	水平度盘读数（° ′ ″）	半测回角值（° ′ ″）	一测回角值（° ′ ″）	各角值改正数（″）	改正后角值（° ′ ″）	边长量距记录
								边长名：
								第 1 次：
								第 2 次：
								平均值：
								边长名：
								第 1 次：
								第 2 次：
								平均值：
								边长名：
								第 1 次：
								第 2 次：
								平均值：
								边长名：
								第 1 次：
								第 2 次：
								平均值：
								边长名：
								第 1 次：
								第 2 次：
								平均值：
								边长名：
								第 1 次：
								第 2 次：
								平均值：
								边长名：
								第 1 次：
								第 2 次：
								平均值：
								边长名：
								第 1 次：
								第 2 次：
								平均值：
			Σ					
校核	角度闭合差 f_β=____；$f_{\beta容}=\pm60''\sqrt{3}$；精度____要求							

实训十　碎 部 测 量

一、实训目的

了解经纬仪配合量角器测图的方法和步骤，掌握在一个测站上的测绘工作。

二、实训器具

DJ_6 经纬仪 1 台，绘图板 1 副，视距尺 1 根，量角器 1 个，三角板 1 副，小钢卷尺 1 个，小针 1 根，自备橡皮、铅笔、可编程序计算器。

三、实训内容

(1) 在一个测站点上施测周围的地物和地貌，采用边测边绘的方法进行。

(2) 根据地物特征点勾绘地物轮廓线，根据地貌特征点按等高距为 1m，用目估法勾绘等高线。

(3) 实训课时为 2 学时。

四、实训步骤

(1) 在测站上安置经纬仪，对中、整平、定向（选择起始零方向，使水平度盘对零）然后量取仪器高，假定测站点高程。

(2) 将图板安置在测站点附近，在图纸上定出测站点位置，画上起始方向线，将小针钉在测站点上，并套上量角器使之可绕小针自由转动。

(3) 跑尺员按地形和地貌有计划地跑点。

(4) 观测员对每一立尺依次读取视距截尺、竖直度盘和水平度盘读数。

(5) 用可编程序计算器计算水平距离和高程。

(6) 绘图员根据水平角读数和水平距离将立尺点展绘到图纸上，并在点的右侧注上高程；然后按照实际地形勾绘等高线并按地物形状连接各地物点。

五、注意事项

(1) 测定碎部点只用竖盘盘左位置，故观测前需校正竖盘指标差，使其小于 $1'$。

(2) 观测员报出水平角后，绘图员随即将零方向线对准量角器上水平角读数。待报出平距和高程后，马上展绘出该碎部点。

(3) 比较平坦的地区可用“平截法”测定碎部点，将竖盘读数对准 $L=90°$（竖盘水准管气泡居中）读出中丝截尺数 v，即可算出该点的高程：$H=H_0+i-v$。读取视距时，仍可用上丝对准尺上整米数；因为倾角很小，视距不加倾斜改正即为平距。在平坦地区，采用“平截法”测定碎部点，计算简单，碎部点的高程精度也较高。

(4) 每测 30 个碎部点要及时检查零方向，此项工作称为归零，归零差不得超过 $5'$。

六、实训问答

(1) 测一个碎部点需观测哪些数据？

答：

(2) 简述在一个测站上进行碎部点测量的工作要点。

答：

七、实训记录表（表 A-11）

表 A-11　　　　碎 部 测 量 手 簿

测区：　　　　测站：　　　　仪器高：　　　　指标差：

定向点：　　　　测站高程：　　　　观测者：　　　　记录者：

测点	水平角 (° ′ ″)	视距 Kl (m)	中丝读数 v (m)	竖盘读数 (° ′ ″)	竖直角 (° ′ ″)	水平距离 (m)	高差 (m)	测点高程 (m)	备注

实训十一　全站仪的认识与使用

一、实训目的

(1) 了解全站仪的构造、各部件的名称及作用。

(2) 熟悉全站仪的操作界面及按键的基本功能。

(3) 熟悉全站仪的角度测量和距离测量方法。

(4) 掌握全站仪的坐标测量方法。

二、实训器具

全站仪1台，棱镜1个，对中杆1对，测伞1把。

三、实训内容

(1) 全站仪的基本认识。

(2) 全站仪的基本操作。

(3) 实训课时为2学时。

四、实训要求

1. 精度要求

对中误差≤±3mm，水准管气泡偏差<1格。

2. 成果要求

提交全站仪坐标测量观测记录表若干份。

五、实训步骤

1. 全站仪的认识

无论哪个品牌的全站仪，其主要外部构件均由望远镜、电池、显示器及键盘、水准器、制动和微动螺旋、基座、手柄等组成，如图A-1所示。

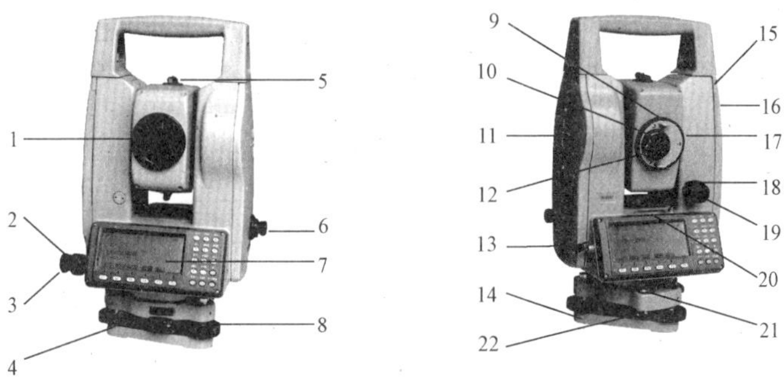

图A-1　南方NTS600系列全站仪的外貌和结构

1—物镜；2—水平制动螺旋；3—水平微动螺旋；4—脚螺旋；5—粗瞄准器；6—光学对中器；7—显示屏；8—基座固定钮；9—望远镜把手；10—目镜调焦螺旋；11—仪器中心标志；12—目镜；13—数据通信接口；14—底板；15—电池锁紧杆；16—电池NB-30；17—望远镜调焦螺旋；18—垂直制动螺旋；19—垂直微动螺旋；20—管水准器；21—圆水准器；22—圆水准器校正螺旋

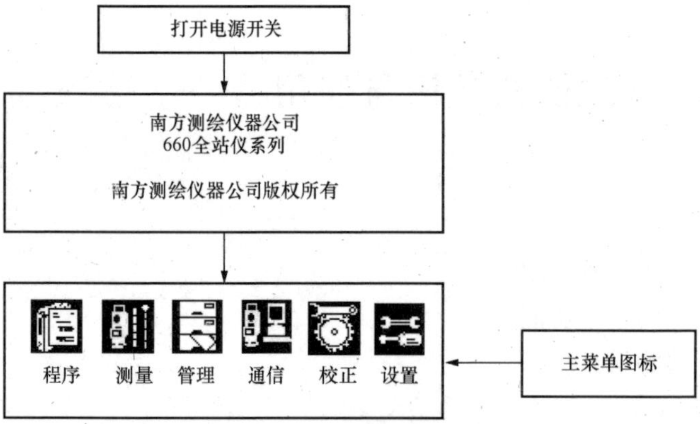

图 A-2　开机操作示意图

2. 全站仪的操作和使用

(1) 测量前的准备工作。首先安装电力充足的配套电池，也可以使用外部电源。对中、整平工作与普通经纬仪操作方法相同，如果实施测距工作等则需要在目标处设置反光棱镜。

(2) 开机。如图 A-2 所示。

确认显示窗中显示有足够的电池电量，当电池电量不多时，应及时更换电池或对电池进行充电。

(3) 角度测量。确认在角度测量模式下，具体操作步骤见表 A-12。

表 A-12　　**角度测量操作流程**

操作步骤	按键	显　示
①照准第一个目标（A）	照准 A	【角度测量】 V ： 87°56′09″ HR: 130°44′38″ 斜距 平距 坐标 置零 锁定 P1↓
②设置目标 A 的水平角读数为 0°00′00″，按［F4］（置零）键和［F6］（设置）键	［F4］［F6］	【水平度盘置零】 HR: 0°00′00″ 退出 设置 【角度测量】 V ：87°56′09″ HR: 0° 00 00″ 斜距 平距 坐标 置零 锁定 P1↓
③照准第二个目标（B），仪器显示目标 B 的水平角和垂直角	照准 B	【角度测量】 V ： 57°16′09″ HR: 120°44′38″ 斜距 平距 坐标 置零 锁定 P1↓

（4）距离测量。确认在距离测量模式下，具体操作步骤见表 A-13。

表 A-13　　距离测量操作流程

操作步骤	按键	显　示
①照准棱镜中心	照准	【角度测量】 V ： 87°56′09″ HR: 120°44′38″ 斜距　平距　坐标　置零　锁定　P1↓
②按［F1］（斜距）键或［F2］（平距）键，并按［F2］（模式）键，选择连续精测模式※1），※2） ［示例］平距测量 显示测量结果※3）～※6）	［F2］	【平距测量】 V ： 87°56′ 09″ HR: 120°44′ 38″ HD: < VD: PSM 30 PPM 0 (m) ＊F.R 测量　模式　角度　斜距　坐标　P1↓ 【平距测量】 V ： 87°56′09″ HR: 120°44′38″ HD: 796.097 VD: 4.001 PSM 30 PPM 0 (m) F.R 测量　模式　角度　斜距　坐标　P1↓

※1）显示在窗口第四行右面的字母表示如下测量模式：

F：精测模式　　T：跟踪模式

R：连续（重复）测量模式　　S：单次测量模式　　N：N 次测量模式

※2）若要改变测量模式，按［F2］（模式）键，每按下一次，测量模式就改变一次。

※3）当电子测距正在进行时，“＊”号就会出现在显示屏上。

※4）测量结果显示时伴随着蜂鸣声。

※5）若测量结果受到大气折光等因素影响，则自动进行重复观测。

※6）返回角度测量模式，可按［F3］（角度）键。

（5）坐标测量。实际上坐标测量也是通过测量角度和距离，再由仪器内的软件根据已知点坐标来计算未知点坐标的，根据坐标正算原理，在坐标测量前须先输入测站点坐标和后视点坐标或已知方位角，下面以直接输入测站点坐标和已知方位角为例来说明，见表 A-14。

表 A-14　　坐标测量的操作步骤

操作步骤	按键	显示
①设置测站坐标和仪器高/棱镜高※1） ②设置已知点的方向角※2） ③照准目标点	设置方向角 照准	【角度测量】 V ： 87°56′09″ HR: 120°44′38″ 斜距 平距 坐标 置零 锁定 P1↓
④按［F3］（坐标）键※3）	［F3］	【坐标测量】 N:　　< E: Z: PSM 30 PPM 0 (m) *F.R 测量 模式 角度 斜距 平距 P1↓
⑤显示测量结果		【坐标测量】 N ： 14235.458 E: −12344.094 Z: 10.674 PSM 30 PPM 0 (m) F.R 测量 模式 角度 斜距 平距 P1↓

※1）若未输入测站点坐标，则以缺省值（0，0，0）作为测站坐标。若未输入仪器高和棱镜高，则亦以 0 代替，测站点坐标、仪器高和棱镜高的输入见说明书。

※2）参见说明书相关部分。

※3）按［F2］（模式）键，可更换测距模式（单次精测/*N* 次精测/重复精测/跟踪测量）。

●要返回正常角度或距离测量模式可按［F6］（P2↓）键进入第 1 页功能，再按［F3］（角度），［F4］（斜距）或［F5］（平距）键。

注意，如果棱镜高度改变，应将新的棱镜高度输入到全站仪，否则高程结果将产生错误。此外，定向完成后应首先观测定向点的坐标和高程，并与已知数据对照检查，确认设置测站和定向正确。最好能再检测另一个已知点，以确保无误。在观测过程中，每隔一定时间和观测了若干个点后，以及观测结束时，也应检测一次后视点。

六、注意事项

全站仪是贵重的精密测量仪器，除了按一般的光学测量仪器保管和维护外，还需注意以下事项：

（1）仪器操作前应仔细阅读实训指导书和仪器使用手册，并认真听从指导教师讲解，否则严禁操作仪器。

（2）仪器应在对中整平完成后再开机。

（3）搬站前应先关机，距离较近时可将仪器和三脚架一起搬动，但应保持仪器竖直向上；距离较远时应装箱搬运。

（4）仪器换电池前必须关机，数据线插入和拔出时，也应先关机。

（5）仪器要防碰撞振动、防日晒、防雨淋，严禁将仪器望远镜直接对准太阳。

七、实训问答

（1）与普通光学水准仪、经纬仪相比，全站仪的优点有哪些？

答：

（2）简述全站仪坐标测量的基本原理。

答：

（3）操作全站仪时需注意哪些问题？

答：

八、观测记录（表 A-15）

表 A-15 **全站仪坐标测量记录表**

实训日期：________班别：________组别：________天气：________仪器型号：________

测站点：X 坐标________ Y 坐标________高程 H ________仪器高________

定向点：X 坐标________ Y 坐标________

点号	棱镜高（m）	纵坐标 X（m）	横坐标 Y（m）	高程 H（m）	备注

实训十二　测设的基本工作

一、实训目的

（1）学会已知水平角的测设方法，要求水平角测设误差不超过±40″。

（2）学会已知水平距离的测设方法，要求水平距离测设的相对误差不低于1/3000。

（3）学会已知高程的测设方法，要求高程测设误差不大于±8mm。

二、实训器具

经纬仪1台，水准仪1台，钢尺一把，水准尺1根，标杆2根，记录夹1个。

三、实训内容

（1）已知水平角的精密测设方法。

（2）已知水平距离的钢尺测设方法。

（3）已知高程的测设方法。

（4）实训课时为2学时。

四、实训要求

本次实训内容要全部完成工作量较大，各组可任选其中两项完成。如时间充足，可安排4个学时全部完成。

五、实训步骤

1. 测设已知水平角

（1）在地面上选择A、O两点，做好标志，以OA为已知方向，测设已知水平角β。

（2）参阅本书相关方法，在地面上标定出B点，OB即该水平角的另一边。

（3）检查：用测回法观测∠AOB两个测回，所测角值β'和β之差应小于±40″。

2. 测设已知水平距离

（1）从地面上O点开始，在OB方向上，测设已知水平距离D。

（2）参阅本书相关方法，在地面上标定出水平距离的另一端点C点。

（3）检查：用钢尺量距的一般方法丈量OC边，所测水平距离D'和D之差应小于1/3000。

3. 测设已知高程

（1）设A点为已知水准点，将设计高程测设到B点的木桩上。

（2）在B点木桩上画一水平线，该线即为测设的高程位置。

（3）检查：根据已知点A重新测定上述水平线的高程，测设误差应不大于±8mm。

六、注意事项

（1）在测设前应检定钢尺、经纬仪、水准仪。

（2）测设完应进行自检。

（3）自检完及时请指导教师检查验收。

七、实训问答

（1）简述已知水平角的精密测设方法。

答：

（2）在此次测设中，放样 B 点的顺序是：先将水准仪安置在________与放样点 B 之间，在已知点 A 上竖立水准尺，水准仪________后，照准________水准尺，读取水准尺的中丝读数 a_1，并根据公式________计算出竖立的水准尺读数（中丝读数）b_1。

八、观测记录表（表 A-16）

记录表格见表 A-16。

表 A-16　　测设的基本工作表格

画出测设略图及测设步骤： 1. 已知水平角的精密测设方法   2. 已知水平距离的钢尺测设方法   3. 已知高程的测设方法

实训十三　点的平面位置测设

一、实训目的

（1）学会用极坐标法测设点的平面位置的方法。

（2）体会用直角坐标法、距离交会法和角度交会法测设点的平面位置的方法。

二、实训器具

经纬仪1台，钢尺1把，标杆2根，测钎若干，木桩若干，计算器1个，记录夹1个。

三、实训内容

（1）在空旷地面选择一点A，做好标志（打一木桩，桩顶划十字线，交点即为A点），从A点开始测设一段50m的距离标定出B点（注意精度），同样作好标志。设A、B两控制点的坐标为：A（100.000m，100.000m），B（100.000m，150.000m）。

设某建筑物外轮廓轴线交点P_1、P_2点的坐标为：P_1（109.340m，104.680m），P_2（109.340m，124.680m）。测设P_1、P_2点的具体位置。

（2）实训课时为2学时。

四、实训要求

（1）精度要求：相对误差$K \leqslant 1/3000$。

（2）成果要求：提交极坐标法测设计算表若干份。

五、实训步骤

（1）布设控制点。按任务的具体要求布设控制点，如图A-3所示。

（2）测设数据的计算。

（3）用极坐标法测设点的平面位置。测设时，在A点安置经纬仪，对中、整平后，瞄准B点，逆时针方向测设β_1角，注意盘左盘右测设两次取中线得AP_1方向线，再沿该方向测设水平距离D_1，即得P_1点的平面位置。

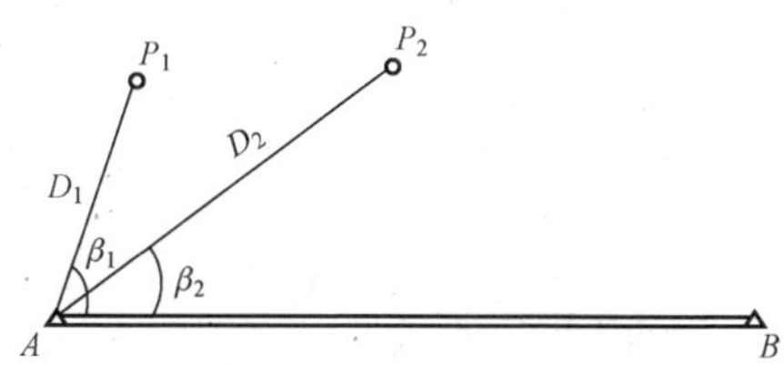

图A-3　极坐标法测设点的平面位置示意图

用同样的方法根据B点测设P_2点的平面位置。

（4）测设后进行实测校核。

六、注意事项

（1）测设数据应独立计算，相互校核，证明正确无误后再进行测设。

（2）轴线点的平面位置测设好以后应进行两点间距离的校核。

（3）测设时，水平角与水平距离的测设方法和要求应符合相关要求。

七、实训问答

极坐标法测设点的平面位置适用于什么场合？

答：

八、观测记录表（表 A-17）

表 A-17　　极坐标法测设点的平面位置表格

<table>
<tr><td rowspan="2">测设数据</td><td>1. 因为 Δx_{AP1} 为________，Δy_{AP1} 为________，
所以：$\alpha_{AP1}=$________，$\alpha_{AB}=$________；
$\beta_1=\alpha_{AP1}-\alpha_{AB}=$________；
$D_1=\sqrt{(x_{P1}-x_A)^2+(y_{P1}-y_A)^2}=$________</td></tr>
<tr><td>2. 同理计算根据 B 点测设 P_2 的测设数据 $\beta_2=$________和 $D_2=$________</td></tr>
<tr><td>测设后经检查</td><td>点 P_1 与点 P_2 的水平距离 $D_{12}=$________ m，与已知值 20.00m 相差________ mm，相对误差 $K=$________，$K_{容}=1/3000$，测设精度________符合要求</td></tr>
</table>

实训十四 建筑物的定位

一、实训目的

学会根据建筑基线或已有建筑物测设新建筑物的方法。

二、实训器具

经纬仪1台，钢尺1把，木桩和小钉各15个，斧头1把，工程线30m，记录夹1个。

三、实训内容

(1) 如图A-4所示，根据新建筑物尺寸以及它与原有建筑物或建筑基线的关系进行测设。

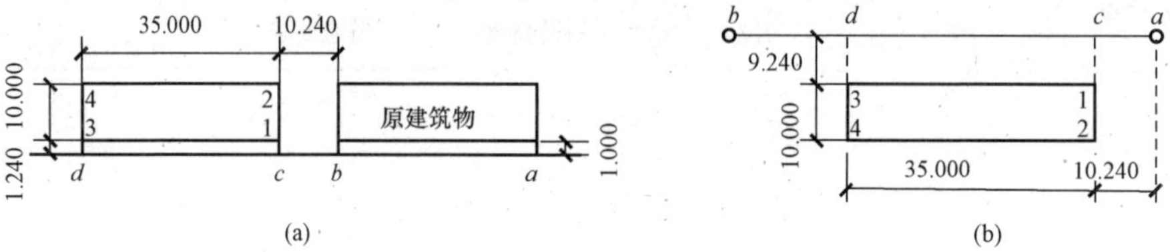

图A-4 新建筑物测设方法示意图

(a) 根据原有建筑物测设新建筑物；(b) 根据建筑基线测设新建筑物

(2) 实训课时为2学时。

四、实训要求

(1) 要求每个实习小组，测设一座新建筑物的四个角桩，并钉设轴线控制桩。

(2) 精度要求：测设边长相对误差应不低于1/5000，各内角与90°的差值应不超过±1′。

五、实训步骤

(1) 如图A-4所示，用工程线沿原有建筑物的东西墙，向南延长出1m得a、b两点，作出标志。

(2) 在a点安置经纬仪，瞄准b点，沿视线方向从b点向前测设水平距离10.240m，定出c点，作出标志；继续沿此方向从c点开始测设水平距离35.000m，定出d点，作出标志，cd线就是测设新建筑物的建筑基线。

(3) 分别在c、d两点安置经纬仪，瞄准a点，逆时针方向测设90°角，沿视线方向测设水平距离1.240m，定出1、3两点，作出标志，再继续沿此方向测设距离10.000m，定出2、4点，作出标志，1、2、3、4点即为新建筑物的角桩。

(4) 利用建筑基线测设建筑物的方法，与上述第2、3步相同。

(5) 检查2、4两点间的距离是否等于35.000m，∠2和∠4是否等于90°，其精度应符合要求。

(6) 根据测设出的四个角桩，用经纬仪将各轴线延长（可延长5～6m），钉设各轴线控制桩，轴线边长较短时（如12、34边），也可用工程线直接将其延长。

六、注意事项

（1）测设数据应独立计算，相互校核，证明正确无误后再进行测设。

（2）轴线点的平面位置测设好以后应进行两点间距离的校核。

（3）测设时，水平角与水平距离的测设方法和要求应符合相关要求。

七、实训问答

（1）建筑物的定位有哪些方法？

答：

（2）简述建筑定位轴线的桩位。

答：

八、观测记录表（表 A-18）

表 A-18 建筑物的定位表格

1. 画出示意图：
2. 写出测设基本步骤：
3. 小结：

中国电力出版社官方微信

中国电力教材服务官方微信

中国电力出版社教材中心

教材网址 http://jc.cepp.sgcc.com.cn
服务热线 010-63412542 63412548

ISBN 978-7-5198-3914-7

定价：59.00 元

"十三五"职业教育国家规划教材
"十二五"职业教育国家规划教材

施工测量模拟实训指导书

中国电力出版社
CHINA ELECTRIC POWER PRESS

前　言

施工测量模拟实训是土建类专业重要的实践性教学环节之一。通过施工测量模拟实训，要真正实现把理论知识转化为实践技能的职业教育目的，使学生达到熟练掌握施工测量技能，提高综合应用测量知识与技能解决工程实际问题的能力，从而实现高职教育的培养目标。

为了更好地指导学生顺利完成施工测量模拟实训内容，真正达到实训目的，加强过程控制与考核，特编制本指导书。本指导书由胡海斌编写，并得到了学院有关领导和本系许多教师的大力支持，在此一并表示感谢。

由于编者水平所限，难免存在不足与欠妥之处，恳请广大读者批评指正。

编　者

2019 年 8 月

目　　录

施工测量实训任务书

一、实训教学目标与基本要求

施工测量模拟实训是工程管理专业等在完成全部校内课程，进行毕业顶岗实习前，校内模拟实训的主要内容之一，是整体教学体系的重要组成部分。集中进行一周施工测量模拟实训，要进一步巩固课堂所学的基本理论知识，加强基本操作技能训练，提高学生独立思考和分析问题解决实际问题的能力。通过模拟完成施工测量实战任务，建立实际工作的整体概念，在实施施工测量的工作中，获得感性认识与经验，提高实战能力，为“零距离上岗、顶岗”的培养目标服务。

二、实训的主要内容

（1）全站仪的功能及使用辅导与训练。

（2）施工控制网的建立。

（3）桩位的测设及验收。

三、任务布置

（一）全站仪的功能及使用辅导与训练

1. 了解全站仪的主要功能

全站仪主要功能包括：任意测算斜距、平距、高差、高程、水平角、方位角、竖直角，还可以测算出点的坐标或根据坐标进行自动测设等测量工作，即人工设站瞄准目标后，通过操作仪器上的操作按键即可自动记录被测地面点的坐标、高程等参数。

另外，全站仪还有许多其他功能，如导线测量、悬高测量、对边测量、角度复测、坐标放样、线高测量、偏心测量等，可参阅相关操作手册进行操作。

2. 学会全站仪的使用方法

参阅相关操作手册进行操作，主要是掌握距离测量、角度测量、坐标测量等。

（二）施工测量前的准备工作

1. 熟悉设计图纸

设计图纸是施工测量的主要依据，测量前首先要熟悉图纸，了解设计意图。与测设有关的图纸有：建筑总平面图、建筑平面图、基础平面图、立面图和剖面图及建筑施工图等。同时还需要了解施工的建筑物与相邻建筑物的相互关系，以及施工要求等，并对设计图纸的有关尺寸及测设数据进行核对。

2. 现场踏勘

现场踏勘的目的是为了了解现场的地物、地貌和原有测量控制点的分布情况，并调查与施工测量有关的问题。对建筑场地上的平面控制点、水准点要进行检核，获得正确的测量起始数据和点位。

3. 确定测设方案

首先了解设计要求和施工进度计划，然后结合现场地形和控制网布置情况，确定测设方案。

4. 制定施工测量方案

根据设计要求、定位条件、现场地形和施工方案等因素，制定施工测量方案，包括施工场地整理（平整和清理施工场地，以便进行测设工作）、测设方法、测设数据计算和绘制测设略图，人员组织与测量仪器和工具的准备等。

（三）施工控制网的建立

施工控制网一般可以布设成三角网、导线网、建筑基线和建筑方格网。其布设形式应根据施工现场的地形及建筑物的分布情况来决定。

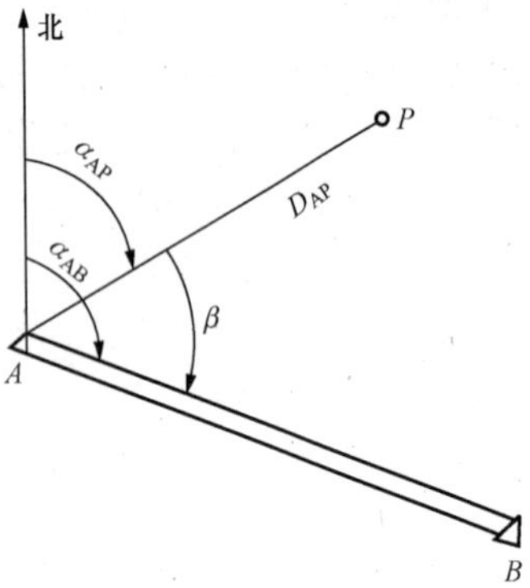

图 C-1　极坐标法测设点位示意图

根据场地情况，建立导线网。导线点平面坐标由指导教师给定。

（四）桩位的测设

每一小组结合基础平面图桩点坐标，利用经纬仪和全站仪分别进行桩点坐标的测设。本次实训采用极坐标法进行测设。

极坐标法是根据一个水平角和一段水平距离测设地面点的平面位置的方法。它适用于欲测设的点距离控制点较近，且量距方便的地方。如图 C-1 所示，设 A、B 为地面上已有控制点，已知坐标分别为 x_A、y_A 和 x_B、y_B，欲测设 P 点，其设计坐标为 x_P、y_P。

1. 经纬仪测设方法

测设前，先按下列坐标反算公式求出测设数据水平角 β 和水平距离 D，即

$$\beta = \alpha_{AB} - \alpha_{AP}$$

$$D = \sqrt{(x_P - x_A)^2 + (y_P - y_A)^2}$$

$$\alpha_{AP} = \arctan \frac{y_P - y_A}{x_P - x_A}$$

$$\alpha_{AB} = \arctan \frac{y_B - y_A}{x_B - x_A}$$

式中　α_{AP}——AP 边的坐标方位角；

α_{AB}——AB 边的坐标方位角。

注意：反算坐标方位角时，应根据 Δx、Δy 的正负情况，判断该边所属象限。

测设时，在 A 点安置经纬仪，对中、整平后，瞄准 B 点，逆时针方向精密测设 β 角，得 AP 方向线，再沿该方向测设水平距离 D，即得 P 点的平面位置。

2. 全站仪测设方法

用全站仪测设平面点位时操作简便，不需要计算设计数据，只要提供坐标即可进行放样，现已被广泛应用，如图 C-2 所示，其方法如下。

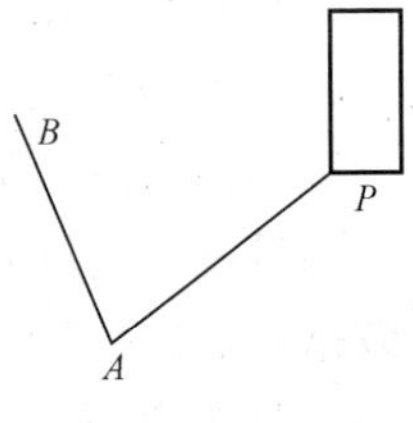

图 C-2　全站仪测设点位示意图

全站仪架设在已知点 A 上，输入测站点 A、后视点 B 和待定点 P 的三点坐标，照准后视点 B 定向，按下反算方位角键。此时，仪器自动将测站与后视的方位角设置在该方向上。然后按下放样键，仪器会自动在屏幕上显示出左右箭头以提示应将其往左或往右旋转，这样就

可使仪器到达设计的方向线上。然后，通过测距离，仪器自动提示棱镜前后移动，直到放样出设计的点位，这样就能方便地完成点位的放样。若需要放样下一个点位，只要重新输入或调用待放样点的坐标即可。按下放样键后，仪器会自动提示旋转的角度和移动的距离。

用全站仪放样点位，可事先输入气象元素，即现场的温度和气压，仪器会自动进行气象改正。

3. 验收

(1) 量距。量取相邻桩点的水平距离，结合基础平面图尺寸关系进行校核（限差10mm）。

(2) 测角。经纬仪测回法测定相邻桩点间的水平角，与90°角比较校核（限差40″）。

四、实训时间安排（表C-1）

表C-1　　实训时间安排表

序　号	内　　容	时间（天）	备注
1	实训动员、布置任务、领借仪器	0.5	
2	全站仪的功能及使用辅导与训练	1	
3	施工控制网的建立	1	
4	桩位的测设及验收	2	
5	小结、交还仪器工具	0.5	
合　计		5	

五、实训指导教师职责

(1) 全面负责实训工作，落实实训地点，制定实训计划，编制实训指导书，实训前指导学生进行思想、组织、物质准备工作。

(2) 指导学生实训，了解实训效果，掌握实训进度，进行日常考核，组织专题技术讨论，检查实训完成情况。

(3) 对违反安全、纪律的学生，队长有思想教育、批评、警告直至停止实训的决定权。

(4) 实训结束前，组织成绩考核，进行实训总结。实训结束后，审阅实训报告，综合评定实训成绩。

六、实训报告

在实训中，要求学生针对每个项目，描述具体任务及给定的已知数据。计算测设数据，必要时辅以草图。完成相关记录计算表。

实训结束时，每人除提交上述内容外，还必须提交一份实训总结，内容包括任务概述、资料分析、技术方案、规范要求、仪器配置、作业组织与计划、实训体会、收获、建议等。

七、有关说明

实训期间的组织工作由指导教师全面负责，实训分小组进行，每小组由6～8名学生组成，每组设组长一名，负责本小组的实训组织和考勤工作，实训要特别注意安全。

施工测量实训报告

一、全站仪的主要功能及用途

二、施工控制网的建立

日期		天气		仪器与工具	
具体任务及已知数据： 实训步骤及草图： 					

三、桩位的测设（经纬仪测设方法）

日期		天气		仪器与工具	
具体任务及已知数据： 测设数据计算及草图： 测设步骤： 					

四、桩位的测设（全站仪测设方法）

日期		天气		仪器与工具	

具体任务及已知数据：

测设步骤：

实 训 总 结

考核与成绩评定表

综合成绩评定：________

<table>
<tr><th colspan="3">评　定　项　目</th><th>评分标准</th><th>得分</th></tr>
<tr><td rowspan="6">提交
成果
（50%）</td><td rowspan="3">完成工作量（30%）</td><td>90%～100%</td><td>20～30</td><td rowspan="3"></td></tr>
<tr><td>60%～90%</td><td>0～20</td></tr>
<tr><td>60%以下</td><td>0</td></tr>
<tr><td rowspan="3">规范、整洁程度（20%）</td><td>字迹工整、图面整洁、表达规范</td><td>18～20</td><td rowspan="3"></td></tr>
<tr><td>字迹欠工整、表达欠规范</td><td>6～18</td></tr>
<tr><td>字迹潦草、图面混乱</td><td>6 分以下</td></tr>
<tr><td rowspan="9">平时
成绩
（50%）</td><td rowspan="3">实训态度及纪律（10%）</td><td>态度端正，实训认真，遵守纪律</td><td>10</td><td rowspan="3"></td></tr>
<tr><td>表现一般，无违纪现象</td><td>5～10</td></tr>
<tr><td>有违纪现象</td><td>0～5</td></tr>
<tr><td rowspan="3">仪器操作（20%）</td><td>熟练</td><td>15～20</td><td rowspan="3"></td></tr>
<tr><td>基本熟练</td><td>10～15</td></tr>
<tr><td>不熟练</td><td>0～10</td></tr>
<tr><td rowspan="3">出勤（20%）</td><td>全勤</td><td>20</td><td rowspan="3"></td></tr>
<tr><td>缺勤两次及以下</td><td>10～15</td></tr>
<tr><td>缺勤两次以上</td><td>0</td></tr>
<tr><td>总评</td><td colspan="4">

教师签字__________
审核人__________</td></tr>
<tr><td>备注</td><td>成绩
考核
标准</td><td colspan="3">优：得分 90 分或以上　良：得分 80 分或以上
中：得分 70 分或以上　及格：得分 60 分或以上
不及格：得分 60 分以下</td></tr>
</table>

实训日常考核记录（样表）

一、学生考勤

日期 姓名														

二、日常考核记录（包括学生不良现象、违纪情况、共性的实训问题、教育和解决的过程与效果、学生突出表现等）

三、实训小结

中国电力出版社官方微信
中国电力教材服务官方微信
中国电力出版社教材中心
教材网址 http://jc.cepp.sgcc.com.cn
服务热线 010-63412542 63412548
ISBN 978-7-5198-3914-7
9 787519 839147 >
定价：59.00 元

“十三五”职业教育国家规划教材
“十二五”职业教育国家规划教材

工程测量综合实训指导书

中国电力出版社
CHINA ELECTRIC POWER PRESS

前　　言

工程测量综合实训是土建类专业重要的实践性教学环节之一。通过工程测量综合实训，要真正实现把理论知识转化为实践技能的职业教育目的，使学生达到熟练掌握工程测量技能，提高综合应用测量知识与技能解决工程实际问题的能力，从而实现高职教育的培养目标。

为了更好地指导学生顺利完成工程测量综合实训内容，真正达到实训目的，加强过程控制与考核，特编制本指导书。本指导书由赵雪云编写，并得到了学院有关领导和许多教师的大力支持，在此一并表示感谢。

由于编者水平有限，难免存在不足与欠妥之处，恳请广大读者批评指正。

编　者

2019 年 8 月

目　　录

工程测量综合实训大纲

一、实训的性质与任务

工程测量综合实训是一项重要的实践性教学环节。通过实训要求学生掌握测量的基本理论和一定的操作技能，使学生能进行建筑施工中的测设、大比例尺地形图的测绘等工作，为今后工作打下基础。

二、实训教学目标

（一）知识目标

掌握测定的基本方法，并应用这些知识完成大比例尺地形图的测绘和工程施工放样工作。

（二）能力目标

具有测绘大比例尺地形图和工程施工放样的能力。

（三）德育目标

通过实训，要求学生在学习中养成科学、严谨、实事求是的学习态度，灵活掌握所学知识并加以应用。同时，培养学生的责任感，把自身利益与集体利益紧密联系起来。

三、实训内容与要求

1. 测量仪器的检验与校正
2. 高程控制测量
3. 平面控制测量
4. 地形图测绘
5. 工程施工放样

四、实训时间安排

一周。

五、大纲说明

（1）实训前要召开动员会，使学生认识到实训的重要性，努力提高主动性和积极性；实训中辅导教师应注意启发学生，培养学生理论与实践相结合的能力及动手能力，切实达到实训目的。

（2）实训按实训表现、实训报告、实训成果等几项严格考核。

工程测量综合实训任务书

一、实训目的

工程测量是一门实践性很强的专业基础课。除了课堂讲授之外，还安排有课堂实训和集中的测量实训。课堂实训是为了掌握仪器的使用方法及验证和巩固所学理论知识；而集中的测量实训则是课堂教学与课堂实训的延续和提高，是一个系统的实践环节，旨在进一步巩固课堂理论基础知识，加强基本操作技能的训练，提高学生独立思考和分析解决实际问题的能力。

通过实训，使学生具备以下能力：

(1) 熟练地掌握水准仪、经纬仪的检验方法；了解水准仪、经纬仪的校正方法；掌握高程、角度、距离的测量和测设方法。

(2) 能了解地形图测绘的外业和内业组织工作，具体会进行导线测量的外业观测和内业计算，会进行地形图测绘、拼接与整饰。

(3) 了解点的平面位置测设方法，熟练掌握极坐标法进行拟建建筑物的定位放线，会计算测设数据和进行具体放样工作。

二、实训内容与要求

1. 测量仪器的检验与校正

DS_3 型水准仪和 DJ_6 型经纬仪的检验并在教师指导下进行校正。

2. 高程控制测量

以图根水准测量的精度要求测定各控制点高程，作为测区内的高程控制。

3. 平面控制测量

以图根导线测量的精度要求测定并计算各控制点的坐标，作为测区内的平面控制。

4. 地形图测绘

进行 1/500 大比例尺地形图的测绘。绘制坐标方格网、展绘控制点；测绘地形图；地形图的检查、拼接、整饰。

5. 工程施工放样

在已测绘的图纸上，设计 2～3 个拟建建筑物。运用极坐标法测设拟建建筑物的四个角点，并进行检核。

三、实训成果要求

(1) 仪器检验与校正记录；

(2) 经纬仪导线测量记录及计算表；

(3) 水准测量记录及平差计算表；

(4) 测绘的地形图；

(5) 按图放样的测设数据及放样步骤；

(6) 个人实训小结。

四、实训时间安排

实训时间安排见表 B-1。

表 B-1 实训时间安排

序号	内容	时间（日）	备注
1	布置实训任务，踏勘选点，仪器检校	0.5	
2	高程控制测量外业工作、内业工作	0.5	
3	平面控制测量外业工作	1.0	
4	平面控制测量内业工作	0.5	
5	展绘控制点及测图的准备工作	0.5	
6	碎部测量并进行总结	1.0	
7	建筑物的定位放线	0.5	
8	机动	0.5	
合计		5	

五、实训成绩评定

实训成绩作为一门单独课程，记入学生成绩册。评分标准依据如下：

（1）水准仪、经纬仪的基本操作技能。

（2）小组上交资料（所在测区的地形图）及个人上交的资料（所有内业计算书及成果整理）。

（3）学生在实训期间的实训态度、遵守纪律、团结协作、爱护仪器等表现。

（4）答辩及实训小结。

工程测量综合实训指导书

一、准备工作

1. 思想动员

测量实训是理论知识和实践技能的综合应用，涉及本课程的所有内容和所有仪器，由于实训时间集中、劳动强度大，且多属重复性操作，故易使学生的注意力分散，影响实训效果，甚至发生仪器事故。因此，在实训前进行“实训动员”，阐明实训的重要性和必要性，提出实训任务和技术要求；同时，向学生宣布实训计划日程、分组名单及借用仪器方法，使学生在实训中思路清晰、勤于思考、团结互助、相互配合，以保证按时保质完成任务。

2. 仪器与工具

各组配备：经纬仪、水准仪各 1 台，水准尺各 2 件；钢尺 1 把；标杆 2 根；脚架 2 个；记录板、计算器、量角器、比例尺、卡规各 1；木桩 10 个左右；斧子 1 把；小钉 10 个左右。

3. 场地准备

选择一处 200m×300m 既有地物又有地形起伏，又便于放样的场地，如已有国家或城建部门的控制点 2～3 个点则更为理想。

4. 人员组织

以班为单位，划分成若干小组，每组 5 人，设组长 1 人，负责全组实训的安排与管理，小组成员在实训中必须密切配合，团结互助，主动工作以便按时保质完成实训任务。

二、实训内容

（一）大比例尺地形图的测绘

测图比例尺选用 1∶500，等高距视地面起伏情况取 1m 或 2m，测区面积 150m×150m。

1. 平面控制测量

（1）平面控制测量外业。

1）选点并建立标志。根据测区的具体情况，每小组选取 6～8 个导线点，构成闭合导线。若测区中有高级控制点，则以高级控制点为起算数据；若测区中无高级控制点，可假设一点的坐标，用罗盘仪测一边的磁方位角作为起算数据。点位选好之后，用准备好的木桩或小钉在选好的点位上作标志，并画好草图，标注点号。

2）测转折角。在闭合导线中，均测内角，对图根导线，用 DJ_6 经纬仪测一测回。若盘左、盘右测得的角值不超过±40″，则取其平均值。

3）导线边长测量。用检定过的 30m 或 50m 钢尺，采用往返丈量的方法依次量出每条导线边的边长，要求各导线边的相对误差不超过 1/3000。

（2）平面控制测量的内业计算。计算之前，应全面检查导线测量外业记录数据是否齐全，有无计错、算错，成果是否符合精度要求，起算数据是否准确，然后绘制计算略图，并把边长、转折角、起始边方位角及已知点坐标等计算数据注在图上相应位置。

1）角度闭合差的计算及调整，即

$$f_\beta = \sum\beta - (n-2) \times 180^\circ$$

$$f_{\beta}=\pm 60\sqrt{n}$$

若 $|f_{\beta}|\leqslant|f_{\beta容}|$，调整闭合差，并计算出调整后的角度。

2）推算各边的坐标方位角。根据标注的点号，判断转折角是左角还是右角，采用下列公式推算各边的坐标方位角，即

$$\alpha_{前}=\alpha_{后}+180^{\circ}+\beta_{左}$$

$$\alpha_{前}=\alpha_{后}+180^{\circ}-\beta_{右}$$

3）坐标增量的计算与调整。根据已推算出的坐标方位角及相应边的边长，计算各边的坐标增量及坐标增量的闭合差。

$$f_x=\sum\Delta x, f_y=\sum\Delta y$$

由 f_x，f_y 计算出导线全长闭合差 f_D 及导线全长相对闭合差 K，若 $K\leqslant 1/2000$，计算纵、横坐标增量改正数，求出改正后各导线边的坐标增量值。

4）导线点的坐标计算。根据导线起始点坐标，推算各导线点的坐标。

2. 高程控制测量

（1）高程控制测量外业。以平面控制点作为高程控制点，按等外水准测量的方法进行测量，并作好记录。

（2）高程控制测量内业。首先检查野外观测手簿，计算各点间高差，经检核无误，计算高差闭合差 f_h，高差闭合差允许值为

$$f_{h容}=\pm 40\sqrt{n}(\mathrm{mm})(平地)$$

$$f_{h容}=\pm 12\sqrt{n}(\mathrm{mm})(山地)$$

若 $|f_h|\leqslant|f_{h容}|$，则调整高差闭合差，最后根据已知点高程（若无，可假设1点高程为100m），计算出各点的高程。

3. 地形图测绘

（1）展绘控制点。在图纸上精确地绘制坐标格网后，根据控制点的坐标确定其位置。要求：各方格网的交点在同一直线上，其偏离值不超过0.2mm；小方格的边长与对角线长不超过0.2mm、0.3mm；图上相邻两控制点之间的长度与实际两点之间长度相差不超过0.3mm。

（2）地形图测绘。地形图测绘方法有多种，下面以经纬仪测图为例进行说明。

将经纬仪安置在控制点上，测出碎部点方向和已知方向之间的水平夹角；再用视距测量的方法测出测站点至碎部点之间的平距及碎部点的高程；然后根据测定数据，用量角器和比例尺把碎部点的平面位置展绘在图纸上，并在点的右侧注明其高程。按照地形图图式规定的符号勾绘地形图。

（二）按图放样

在已测绘好的地形图上，选择相对空旷的场地，结合已有控制点位置，设计2～3个拟建建筑物。

从图中确定每个拟建建筑物的四个角点平面位置，作为测设的设计坐标。

利用极坐标法计算每个拟建建筑物的测设数据，然后利用已有控制点作为测站点和后视点，进行精密水平角测设和钢尺量距测设工作，最后标定出每个角点的具体位置。

自检复核标定的每个角点实际位置与设计位置是否在允许误差范围内（平距：1cm；水

平角：1′）。

三、测量记录要求

（1）各项记录源于测量进行中，边测边记入手簿，不可用另外的纸记录，然后再进行誊抄。

（2）记录字体要端正、整洁，不得潦草。

（3）记录手簿中规定应填写之项目，不得留有空白。

（4）记录者听到观测读数后，应向观测员回报一遍，以免听错、记错。

（5）记录数字如有错误，不准用橡皮擦拭、重笔涂改。应以一横线画去，而将正确数字写在原数上方，并在备注内说明错误原因；或把整组数以一斜线画去，移填于后面的格子。

（6）记录数字表示观测精度。如水准尺读数，准确到 mm，应记 1.320m，不要记 1.32m。

四、实训注意事项

测量仪器属于精密、贵重仪器，损坏或丢失仪器工具，不但造成学校和个人的经济损失，还将影响今后的教学工作，因此，在实训时注意爱护仪器，养成爱护公共财物的良好品德。

现对各种仪器的使用、维护常识进行介绍。

（一）经纬仪、水准仪等主要仪器

1. 借领仪器时的注意事项

（1）检查仪器箱盖是否关牢、锁好。

（2）检查背带、提手是否结实、牢固。

（3）检查脚架与仪器是否相配，脚架各部分是否完好，其他测量器材和附件是否齐全。

2. 打开仪器箱时的注意事项

（1）仪器箱应平放在地面上或平台上才能打开，不要托在手上或抱在怀里打开箱子，以免将仪器摔坏。

（2）开箱后，未取出仪器前，要注意仪器在箱内各部分安放位置与方向，以免用毕装箱时，因安放位置不正确而损坏仪器。

3. 自箱内取出仪器时的注意事项

（1）不论何种仪器，在取出前，应先松制动螺旋，以免取出时，因强行扭转而损坏制、微动装置，甚至损坏轴条。

（2）自箱内取出仪器时，应用两只手同时分别握住基座部分和照准部分，轻拿轻放，不要用一只手抓仪器。

（3）取出仪器或在仪器使用过程中，要注意避免触摸仪器目镜、物镜，以免玷污，影响成像质量，绝对不允许用手指或手帕等物去擦拭仪器的目镜、物镜等光学部分。

（4）自箱内取出仪器后，要立即将仪器箱盖好，以免砂土、杂草等进入箱内，还要防止搬动仪器时丢失附件，箱锁和钥匙一定要注意保管。

（5）仪器箱多为薄木板或薄铁皮制成，不能承重，因此不要蹬、坐仪器箱，以免仪器箱受压、变形或损坏。

4. 架设仪器时的注意事项

（1）伸缩式脚架三条腿抽出后，要把固定螺丝拧紧，防止因螺旋未拧紧而造成架腿自行收缩而摔坏仪器。

(2) 架设脚架时，三条腿分开的跨度要适中。不得太靠拢，容易被碰倒；分得太开，又容易滑开，都易造成事故。若在斜坡地上架设仪器，应使两条腿在坡下（可稍放长），另一条腿在坡上（可稍缩短），这样比较稳当；如在光滑地面（如水泥地、柏油路上）架设仪器，要采取安全措施，可用细绳把三条腿互相拉住，以防止脚架滑动摔坏仪器。

5. 仪器在使用过程中的注意事项

(1) 防止烈日曝晒，防止雨淋。

(2) 在任何时候，仪器旁必须有人看护。

(3) 操作仪器时，用力要均匀，动作要轻捷、准确，用力过大或动作太猛，都会造成对仪器的损伤。

(4) 若仪器的某部出现故障时，切勿强力扳动，应立即停止使用，报告指导教师，设法查明原因，及时进行维修。

(5) 装箱前，要放松各部制动螺旋，装入箱内后，箱盖先试盖一次，在确认仪器位置正确后，再将各部制动螺旋略微拧紧，防止仪器在箱内自由转动，而损坏某些部件。

(6) 清点箱内附件，如有缺少，应立即寻找，然后将仪器箱关紧、锁好。

(7) 使用经纬仪时，必须拧紧基座上的轴座螺旋，以免照准部脱出摔坏。

6. 仪器搬站时的注意事项

(1) 在平坦地区短距离搬站时，先检查中心连接螺旋，一定要上紧。微松照准部制动螺旋，即使万一被碰撞时，可稍转动，望远镜应直立向下安放，然后将脚架收拢，一手抱脚架，一手托住仪器照准部，尽量保持仪器直立状态搬迁，严禁将仪器扛在肩上迁移。

(2) 长距离或在通行不便的地区迁站，应将仪器装入箱内再搬迁。

(3) 每次迁站，都要清点所有仪器、附件、器具等，防止丢失。

（二）其他仪器和工具

(1) 钢尺性脆易断，使用时要倍加小心，不要在地面上往返拖拽，防止尺面刻划磨损；尺子拉伸在地面上时，严禁行人脚踏，以及各种车辆辗压；拉紧钢尺前，需注意钢尺是否扭结，以防拉断；尺子用毕收卷时，应慢慢顺序卷入，同时用布擦去尘土。

(2) 各种标尺（水准尺、地形尺），不要随意往树上、墙上立靠，以防倒下摔断；标尺如平放地面时，不要让尺面向下，更不准用标尺垫坐或用来抬东西。

(3) 标尺、花杆、三脚架上的泥土，应随时擦净，如着水，应随时擦干，以免油漆脱落。

实践教学管理规定

一、带队（指导）教师的职责与要求

（1）执行实训大纲、实训计划，提前认真准备，完成实训工作任务。

（2）实训前指导学生进行思想、组织、物质准备工作。

（3）带队（指导）教师要以身作则，言传身教，加强对学生的教育并认真抓好学生的学习、生活、健康与安全，以保证实训工作的顺利进行。

（4）实训期间应深入实训一线指导学生实训，引导学生深入实际，动脑与动手相结合，充分利用学过的知识解决实际问题；检查学生实训态度，掌握实训进度，进行日常考核；向学生提出问题，了解实训效果；组织专题技术讨论，进行现场直观教学活动等。

（5）实训过程中，要做好学生考勤，做好日常检查记录（见附表，包括学生不良现象、违纪情况、共性的实训问题、教育和解决的过程与效果等），加强过程控制。

（6）实训结束前进行必要的成绩考核，实训结束后，审阅实训报告，综合评定实训成绩，写出简要评语。最后上交学生成绩，搞好实训小结并报系部备案。

（7）广泛开展教书育人活动，推动学生德、智、体全面发展。

二、学生实训须知

（1）实训期间，学生必须听从实训指导教师的管理与安排，按照实训大纲和实训任务书、指导书的规定完成实训任务。

（2）每个学生必须自始至终参加各项工作，不得无故缺勤。实训期间，一般不准事假，由各组长严格考勤，指导教师监督，学生不得迟到早退。

（3）服从领导，听从指挥，发扬团结友爱，互助协作的集体主义精神和勤奋学习，不怕苦，不怕累，勇挑重担，顽强战斗的作风。

（4）每项实训工作前，应认真阅读实训指导书及教材中的有关内容，工作时要严肃认真，不得开玩笑或随意取闹。

（5）按时完成各阶段工作，不得拖延，以免影响其他组的工作进程。

（6）爱护仪器、工具，避免发生人身、仪器设备事故，每天出工、收工要求集体行动。

（7）外业记录成果组内可以转抄，内业计算、成果整理必须独立完成（地形图每组至少一套成果）。

（8）各组长职责：负责领借、保管和归还本组仪器、工具；负责本组的实训工作组织、计划和人员分工，做到人人心中有数，既各负其责，又紧密配合，保证实训任务的完成。

三、实践考核与成绩评定

（1）学生必须完成实训要求的全部任务，写好实训报告，方可参加考核。

（2）实训成绩按优、良、中、及格和不及格五级分制评定，主要对成绩突出和表现极差的加注评语。

（3）部分项目考核可灵活采取笔试、口试、答辩和实操等多种形式，对照大纲与任务要求给予成绩评定。

(4）评分标准。

1）完成工作量30%。

2）成果的规范、整洁程度20%。

3）实训态度纪律10%。

4）仪器操作20%。

5）出勤20%。

(5）凡有下列情况之一者，均给予不及格。

1）经综合评定，分值在60分以下者。

2）因病因事缺席累计时间达实训规定时间的1/3及以上者。

3）无故旷工累计一天及以上者。

4）在实训期间，严重违反校纪、校规，并造成严重后果或恶劣影响者。

5）经教育仍不服从实训（指导）教师的管理者。

工程测量综合实训报告

一、测量仪器和工具

（1）从测量仪器室领借的仪器、工具清单（仪器注明编号）：

（2）测量仪器的检校情况（主要是仪器问题）：

二、控制测量（表 B-2～表 B-6）

表 B-2　　钢尺量距记录计算表

精度要求：$K \leq 1/3000$

<table>
<tr><td colspan="8">日期________　天气________　测量________　记录________</td></tr>
<tr><td colspan="2" rowspan="2">测线</td><td colspan="2">分段丈量长度（m）</td><td rowspan="2">总长度（m）</td><td rowspan="2">平均长度（m）</td><td rowspan="2">精度 K</td><td rowspan="2">备注</td></tr>
<tr><td>整尺段（nl）</td><td>零尺段（l）</td></tr>
<tr><td rowspan="2"></td><td>往</td><td></td><td></td><td></td><td rowspan="2"></td><td rowspan="2"></td><td rowspan="2"></td></tr>
<tr><td>返</td><td></td><td></td><td></td></tr>
<tr><td rowspan="2"></td><td>往</td><td></td><td></td><td></td><td rowspan="2"></td><td rowspan="2"></td><td rowspan="2"></td></tr>
<tr><td>返</td><td></td><td></td><td></td></tr>
<tr><td rowspan="2"></td><td>往</td><td></td><td></td><td></td><td rowspan="2"></td><td rowspan="2"></td><td rowspan="2"></td></tr>
<tr><td>返</td><td></td><td></td><td></td></tr>
<tr><td rowspan="2"></td><td>往</td><td></td><td></td><td></td><td rowspan="2"></td><td rowspan="2"></td><td rowspan="2"></td></tr>
<tr><td>返</td><td></td><td></td><td></td></tr>
<tr><td rowspan="2"></td><td>往</td><td></td><td></td><td></td><td rowspan="2"></td><td rowspan="2"></td><td rowspan="2"></td></tr>
<tr><td>返</td><td></td><td></td><td></td></tr>
<tr><td rowspan="2"></td><td>往</td><td></td><td></td><td></td><td rowspan="2"></td><td rowspan="2"></td><td rowspan="2"></td></tr>
<tr><td>返</td><td></td><td></td><td></td></tr>
<tr><td rowspan="2"></td><td>往</td><td></td><td></td><td></td><td rowspan="2"></td><td rowspan="2"></td><td rowspan="2"></td></tr>
<tr><td>返</td><td></td><td></td><td></td></tr>
<tr><td rowspan="2"></td><td>往</td><td></td><td></td><td></td><td rowspan="2"></td><td rowspan="2"></td><td rowspan="2"></td></tr>
<tr><td>返</td><td></td><td></td><td></td></tr>
</table>

表 B-3 水平角测量手簿

日期________ 天气________ 测量________ 记录________

测站	竖盘位置	测点	水平度盘读数 (° ′ ″)	半测回水平角值 (° ′ ″)	一测回水平角值 (° ′ ″)	备注
	左					
	右					
	左					
	右					
	左					
	右					
	左					
	右					
	左					
	右					
	左					
	右					
	左					
	右					
	左					
	右					
	左					
	右					

表 B-4

经纬仪导线坐标计算表

点号	实测内角 (° ′ ″)	角度改正数 (″)	改正后内角 (° ′ ″)	坐标方位角 (° ′ ″)	边长 D (m)	坐标增量计算值(m)		改正后增量值(m)		坐标值(m)		点号
						$\Delta xi(i+1)$	$\Delta yi(i+1)$	$\Delta xi(i+1)$	$\Delta yi(i+1)$	x	y	

续表

点号	实测内角 (° ′ ″)	角度改正数 (″)	改正后内角 (° ′ ″)	坐标方位角 (° ′ ″)	边长 D (m)	坐标增量计算值(m)		改正后增量值(m)		坐标值(m)		点号
						$\Delta xi(i+1)$	$\Delta yi(i+1)$	$\Delta xi(i+1)$	$\Delta yi(i+1)$	x	y	
Σ												
辅助计算						导线示意图：						

表 B-5　　　　水准测量手簿

日期________　　天气________　　测量________　　记录________

测站	测点	后视读数（m）	前视读数（m）	高差（m）		高程（m）	备注
				+	−		
	Σ						
计算校核							

表 B-6　　　　水准测量成果计算表

测站	水准路线长 D_i(m)	测站数 n_i(m)	实测高差 (m)	高差改正值 v_i(mm)	改正后高差 (m)	高程 (m)	备注
Σ							
辅助计算							

三、碎部测量手簿（表 B-7）

表 B-7　　　　　　　　　　　　　　碎 部 测 量 手 簿

日期________　天气________　观测________　记录________　计算________　仪器高 i=________ m										
测站点	碎部点	尺间隔 l（m）	中丝读数（m）	竖盘读数 L（° ′ ″）	竖直角 α（° ′ ″）	水平角 β（° ′ ″）	水平距离 D（m）	高差 h（m）	高程（m）	备注

续表

日期________ 天气________ 观测________ 记录________ 计算________ 仪器高 i=________ m

测站点	碎部点	尺间隔 l（m）	中丝读数（m）	竖盘读数 L（° ′ ″）	竖直角 α（° ′ ″）	水平角 β（° ′ ″）	水平距离 D（m）	高差 h（m）	高程（m）	备注

四、建筑物的放样（极坐标法）（表 B-8）

表 B-8　　建筑物的放样（极坐标法）

具体任务及已知数据：   测设数据计算及草图：   测设步骤：   复核情况：

五、个人实训小结

（内容包括目的要求、测区概括、实训主要内容及过程、成果或结论、收获体会等，重点说明实训中本组和个人出现的技术问题以及解决办法）

实 训 小 结

考核与成绩评定表

综合成绩评定：________

评定项目			评分标准	得分
提交成果（50%）	完成工作量（30%）	90%～100%	20～30	
		60%～90%	0～20	
		60%以下	0	
	规范、整洁程度（20%）	字迹工整、图面整洁、表达规范	18～20	
		字迹欠工整、表达欠规范	6～18	
		字迹潦草、图面混乱	6分以下	
平时成绩（50%）	实训态度及纪律（10%）	态度端正，实训认真，遵守纪律	10	
		表现一般，无违纪现象	5～10	
		有违纪现象	0～5	
	仪器操作（20%）	熟练	15～20	
		基本熟练	10～15	
		不熟练	0～10	
	出勤（20%）	全勤	20	
		缺勤两次及以下	10～15	
		缺勤两次以上	0	
总评	教师签字___________ 审核人___________			
备注	成绩考核标准	优：得分90分或以上　良：得分80分或以上 中：得分70分或以上　及格：得分60分或以上 不及格：得分60分以下		

实训日常考核记录（样表）

一、学生考勤

日期 姓名														

二、日常考核记录（包括学生不良现象、违纪情况、共性的实训问题、教育和解决的过程与效果、学生突出表现等）

三、实训小结

中国电力出版社官方微信

中国电力教材服务官方微信

中国电力出版社教材中心
教材网址 http://jc.cepp.sgcc.com.cn
服务热线 010-63412542 63412548

ISBN 978-7-5198-3914-7

9 787519 839147 >

定价：59.00 元